机床线路识图及常见故障处理

孙余凯　孟　泉　项绮明 等　编著

中国电力出版社
CHINA ELECTRIC POWER PRESS

内 容 提 要

本书全面系统地对机床线路识图与常见故障处理技能做了较全面的阐述。内容包括：机床线路常用电气元件的识别技能，常用机床线路识图技能，检修机床线路故障必备技能，普通C5225型、普通61××系列、普通C–6250系列、普通6136系列、普通C616型、C620型、C650型车床及其他车床，普通7120系列、普通M1432A型、M7130型、普通M7475B型磨床及其他磨床，普通Z35型、Z525型、Z3050型钻床识图及其他钻床线路识图与常见故障处理，普通X62W–4型、X8120W型、普通XA–6132系列万能铣床及其他铣床，普通镗床、刨床线路识图与常见故障处理。这些内容特别适用于机床线路维修初学者，对于电气维修人员也具有一定的参考价值，具有拿来就用、一学就会的特点。

本书分类明确，结构合理，说明通俗易懂，既可作为初学机床识图技术与维修人员企业在岗人员随身携带手册，也可作为中等职业学校相关技术学校的机床识图技术与维修技术学科的参考书，还可供电气初学者、乡镇企业电气技术与维修人员或机床电气设备产品开发及生产技术人员和广大电工爱好者应用参考使用。

图书在版编目（CIP）数据

机床线路识图及常见故障处理/孙余凯等编著. —北京：中国电力出版社，2017.9
（无师自通系列书）（2025.1重印）
ISBN 978-7-5198-1123-5

Ⅰ. ①机…　Ⅱ. ①孙…　Ⅲ. ①机床–电气设备–电路图–识图②机床–电气设备–故障修复　Ⅳ. ①TG502.34

中国版本图书馆CIP数据核字（2017）第217182号

出版发行：中国电力出版社
地　　址：北京市东城区北京站西街19号（邮政编码100005）
网　　址：http://www.cepp.sgcc.com.cn
责任编辑：丁　钊（zhao-ding@sgcc.com.cn）
责任校对：太兴华
装帧设计：王英磊
责任印制：杨晓东

印　　刷：中国电力出版社有限公司
版　　次：2018年1月第一版
印　　次：2025年1月北京第三印刷
开　　本：850毫米×1168毫米　32开本
印　　张：12.875
字　　数：320千字
印　　数：0001—2000册
定　　价：38.00元

Preface 前　言

本书在编写过程中，本着从初学机床线路识图技术人员的实际学习需要出发，在内容上力求简明实用，尽量以图、表的方式对各种机床线路识图技能进行具体的指导，并在此基础上给出了常见故障的快捷处理方法。本书内容通俗易懂，针对的是一般初学机床线路识图技术的人员，重点介绍了机床线路识图技术与读识技能以及常见故障的处理方法，使读者学习后，可迅速应用到实际工作中，具有立竿见影的效果。

1. 内容新颖、简明实用

本书最大特点是内容新颖、简明实用，使读者阅读后一目了然，以便于读者理解和迅速应用到日常工作中。

2. 起点低适用面广

本书的第二个特点是起点低，可供具有初中文化程度的机床线路维修技术人员使用，但也兼顾了不同技术水平读者的需要。

3. 叙述简明实用

本书的第三个特点是所编的内容分类明确、便于查找、层次分明、内容丰富、重点突出、文字简练、通俗易懂，内容虽涉及具体机床线路，但所介绍的具体识图技能以及常见故障的处理方法思路是通用的，对于不同型号的其他同类机床线路均具有参考价值。

4. 突出实用便查

本书在编排上，从基础知识入手，然后逐步深入介绍具体机床线路识图技术与识图技能。本书内容上浅显通俗、图文并茂、取材新颖、资料丰富、实用性强，具有手把手教机床线路识图技术与技能的特点。

本书主要由孙余凯、孟泉、项绮明统稿，参加本书编写的人员还有张朝纲、刘跃、孙永章、罗国风、项宏宇、孙余正、王国珍、丁秀梅、孙静等同志。

本书在编写过程中，除参考了大量的国外、境外的现行期刊外，还参考过国内有关机床线路识图与检修技术方面的期刊、书籍、报纸及资料，在此谨向有关单位和作者一并致谢，同时对给予我们支持和帮助的相关专家和部门深表谢意。

由于机床线路控制技术极其广泛，应用技术发展极为迅速，加之作者水平有限，书中难免存在不足之处，恳请专家和读者批评指正。

编　者

Contents 目录

第1章

机床线路常用电气元件的识别技能

机床线路通常都是由多个电气元件根据不同的控制功能要求采用线路连接而成的。要顺利读懂、读通机床线路，首先需要认识各种电气元件及与其有关的基本知识，本章主要介绍机床线路常用电气元件的内容。

1.1 常用开关类元件的识别

开关在机床控制线路中通常是用来接通或断开工作电源或控制信号的。不同的场合有不同的控制开关。断路器也属于开关范畴。

1.1.1 控制按钮开关的识别

控制按钮开关简称控制按钮或按钮开关，通常用于远距离操作接触器、继电器、起动器等具有控制线圈的电器。控制按钮开关的有关知识见表1–1。

表1–1 控制按钮开关的有关知识

内容	具体说明		
外形示意图			
图形符号	动合按钮	该开关的图形符号如右图所示，在手指没有按下前其触点是断开的，手指按下时其触点闭合接通；而手指松开时，触点自动复位又断开	SB
	动断按钮	该开关的图形符号如右图所示，该开关在手指没有按下前其触点是闭合接通的，手指按下时其触点断开；而手指松开时，触点自动复位又接通	SB

续表

内容	具体说明	
图形符号	复合按钮	该开关的图形符号如右图所示，有两组触点。在没有操作该开关前，两组触点处于右图所示状态，即 SB1 断开、SB2 闭合；手指按下时，SB1 闭合接通、SB2 断开；手指松开后，两组触点同时自动复位至右图所示初始状态
文字符号	控制按钮开关在电路图中的文字符号通常采用 SB 来表示，标注在其图形符号的旁边。对于同一电路中使用的多个控制开关，则在文字符号 SB 后依次加数字 1，2，…来加以区别，如 SB1、SB2…	

1.1.2 低压刀开关的识别

低压刀开关又称为闸刀开关，是一种利用动触头（触刀）和静触头（刀座）的契合或分离状态，来实现接通或断开电路的一种开关。低压刀开关的有关知识见表 1–2。

表 1–2 低压刀开关的有关知识

内容	具体说明	
类型	低压刀开关按极数不同可分为单极、双极与三极；按转换方式不同可分为单投式、双投式；按操作方式不同可分为手柄直接操作式与杠杆式，其中手柄直接操作式应用较广泛。常用的低压刀开关有开关板用刀开关、胶壳瓷底刀开关、封闭式负荷开关、熔断器式刀开关等	
外形示意图	封闭式负荷开关	封闭式负荷开关又称铁壳开关，适用于在额定交流电 380V、直流 400V，额定电流到 60A 的电路，作为不频繁地接通与分断负荷电路及短路保护用，通常用于控制小容量（28kW 以下）交流异步电动机。封闭式负荷开关的结构典型结构如右图所示。它主要由刀开关、瓷插式或封闭管式熔断器、操作机构和钢板（或铸铁）外壳等组成，并设置了灭弧装置

续表

<table>
<tr><th>内容</th><th colspan="2">具 体 说 明</th></tr>
<tr><td rowspan="3">外形示意图</td><td>熔断器式刀开关</td><td>其典型结构如下图所示。它主要由刀开关和熔断器组合而成，具有刀开关和熔断器的基本特性，也就是有一定的接通分断能力和短路分断能力，可用于电气设备和线路的过负荷和短路保护 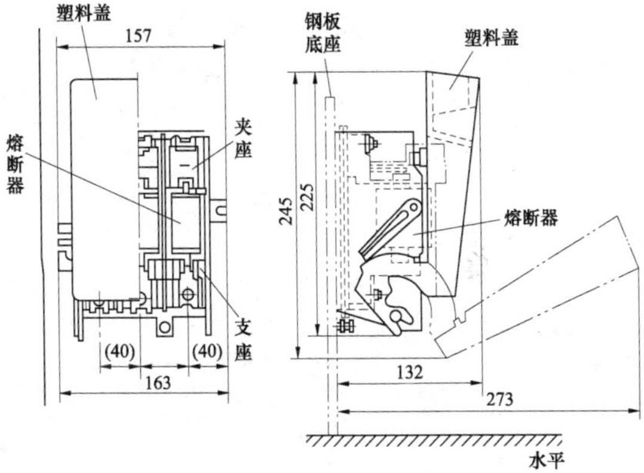
塑料盖 157 熔断器 夹座 支座 (40) (40) 163 钢板底座 塑料盖 245 225 熔断器 132 273 水平</td></tr>
<tr><td>开关板用刀开关</td><td>外形如下图所示，是低压配电电器中结构最简单、用途最广泛的刀开关，适用于额定电压交流380V或直流440V、额定电流 1500A 以下的低压配电装置的开关板式开关柜或动力箱中，作为不频繁手动接通、切断交、直流电路或隔离电源用 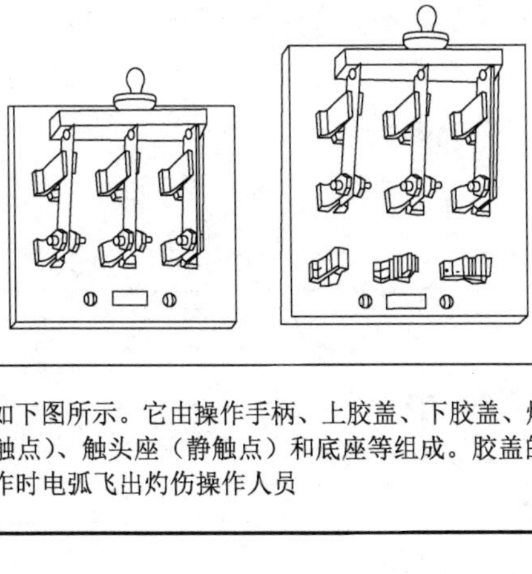</td></tr>
<tr><td>胶壳瓷底刀开关</td><td>外形如下图所示。它由操作手柄、上胶盖、下胶盖、熔丝、触刀（动触点）、触头座（静触点）和底座等组成。胶盖的作用是防止操作时电弧飞出灼伤操作人员</td></tr>
</table>

续表

内容	具体说明	
外形示意图	胶壳瓷底刀开关	胶盖 下胶盖 触刀座 触刀 瓷柄 胶盖紧固螺母 出线端脚 熔丝 触刀铰链 瓷底座 进线端脚
图形与文字符号	不管是什么类型的低压刀开关，其在电路图中的图形符号如右图所示，通常都采用文字符号 QS 来表示，对于同一电路中使用的多个低压刀开关，则在文字符号 QS 后依次加数字 1、2、…来加以区别，如 QS1、QS2…	QS

1.1.3 低压断路器的识别

低压断路器又称为自动空气开关，简称自动开关，是一种可以自动切断线路故障的保护开关。当电路发生严重的过载、短路以及失压等故障时，能自动切断故障电路，有效保护与其相串联的电子电气设备，在正常情况下也可用于不频繁地接通和断开电路以及控制电动机的起动和停止。需要掌握的低压断路器的有关知识见表 1–3。

表 1–3 低压断路器的有关知识

内容	具体说明
类型	低压断路器按结构可分为框架式（又称为万能式）和塑料外壳式（又称为装置式）两种；根据极数的不同可分为单极、双极、三极和四极

续表

内容	具体说明	
外形示意图	万能式低压断路器	如右图所示，万能式低断路器通常都有一个钢制的框架，所有零部件，包括触点系统、脱扣器等经绝缘体均安装在框架内。由于该类断路器具有容量大、维修容易、分断能力强、热稳定性较好的特点，故适用于交流 380V 电压的低压配电系统中作过载、短路及欠电压保护用 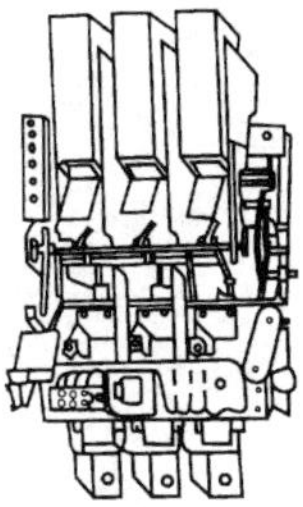
	塑料外壳式低压断路器	如右图所示，塑料外壳式低压断路器的所有零部件均装于一塑料外壳内，与万能式断路器相比，它具有结构紧凑、体积小、操作简便和安全等特点，但其分断能力和容量（600A 以下）低于万能式断路器，保护与操作方式较少，有的可维修，有的不能维修，适用于配电支路末端，作为配电网络的保护及电动机、照明电路的控制 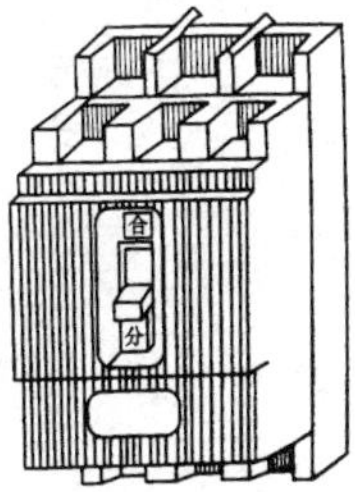
图形与文字符号	不管是什么类型的低压断路器，其在电路图中的图形符号如下图所示，通常都采用文字符号 QF 来表示，对于同一电路中使用的多个低压断路器，则在文字符号 QF 后依次加数字 1、2、…来加以区别，如 QF1、QF2… 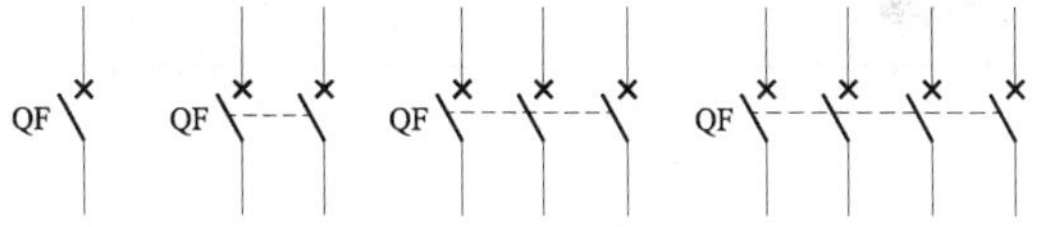 (a)单极 (b)双极 (c)三极 (d)四极	

1.1.4 行程开关的识别

行程开关又称为限位开关或位置开关，其作用和按钮开关基本相同，可以把机械的位移信号转变为电气信号，仅使其触点的动作不是用手按动，而是利用生产设备某些运动部件的机械位移来碰撞开关，使触头动作，以完成对某个电路的接通或断开。行程开关的有关知识见表1–4。

表1–4 行程开关的有关知识

内容	具 体 说 明
类型	行程开关根据用途不同可分为机床、自动生产线及其他生产机械的限位和程序控制与起重设备用行程开关，主要用于限制起重机及各种冶金辅助设备的行程；根据结构形式不同，行程开关可分为按钮式、单轮旋转式和双轮旋转式三种
外形示意图	如右图（a）所示为按钮式（又称为直动式）行程开关，这类开关不宜用于速度低于0.4m/min的场合；图（b）所示为单轮旋转式（又称为单滚轮式）行程开关；图（c）所示为双轮旋转式（又称为双滚轮式）行程开关，该开关具有两个稳态，有“记忆”作用，在某些情况下可以简化线路 (a) (b) (c)
图形与文字符号	不管是什么类型的行程开关，其在电路图中的图形符号都如右图所示，通常都采用文字符号SQ来表示，对于同一电路中使用的多个行程开关，则在文字符号SQ后依次加数字1、2、…来加以区别，如SQ1、SQ2… SQ SQ SQ 动合触点 动断触点 复合触点

1.2 常用继电器与接触器类元件的识别

机床线路中使用的继电器、接触器类型较多，如时间继电器、热继电器、交流或直流接触器等，接触器触点的容量通常大于继电器，故控制电动机供电通路的触点多为接触器触点。

1.2.1 时间继电器的识别

时间继电器实际上就是一种定时器，在定时信号发出之后，就会按预先设定好的时间、时序延时接通或断开被控制的电路。时间继电器的有关知识见表 1–5。

表 1–5　时间继电器的有关知识

内容		具体说明
类型		时间继电器根据动作原理可分为电磁阻尼式、空气阻尼式、电子式和电动式等四种。有的电子式时间继电器还具有数字显示功能，故应用越来越广泛
外形示意图	电子式	右图所示为 JS20 与 JSZ3 型时间继电器外形示意图。它们主要以集成电路为核心构成，适用于机床自动控制、成套设备的自动控制等要求高精度、高可靠性的自动控制系统中作为延时控制元件 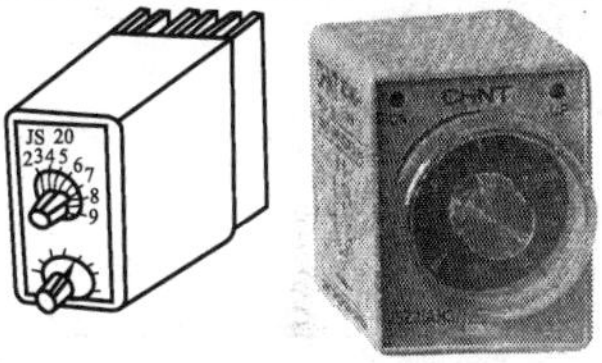
	空气阻尼式	空气阻尼式时间继电器又称为气囊式时间继电器，其典型外形如右图所示。它主要由电磁系统、触点与延时机构等构成，是根据空气阻尼原理制成的，利用空气通过小孔节流原理来得到延时动作，结构简单、调整简便、工作可靠、价格较低、延时范围较大（0.4～180s），但由于其延时精度较低，因此通常主要用于要求不高的场合 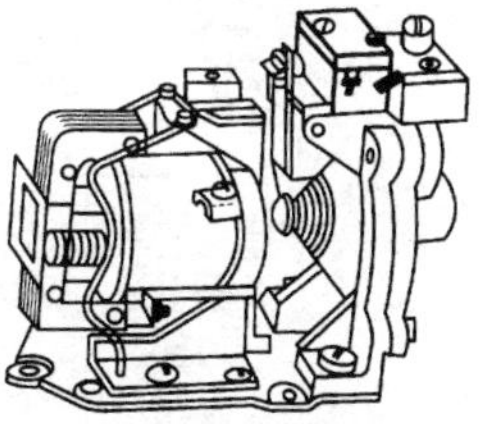
	电动式	电动式时间继电器的典型外形如下图所示，主要由同步电动机、传动机构、离合器凸轮、调节旋钮和触头几个部分组成。其延时时间不受电源电压波动及环境温度变化的影响，调整方便、重复精度高、延时范围大（可长达数十小时），但结构复杂、寿命低、受电源频率影响较大，不适合频繁工作 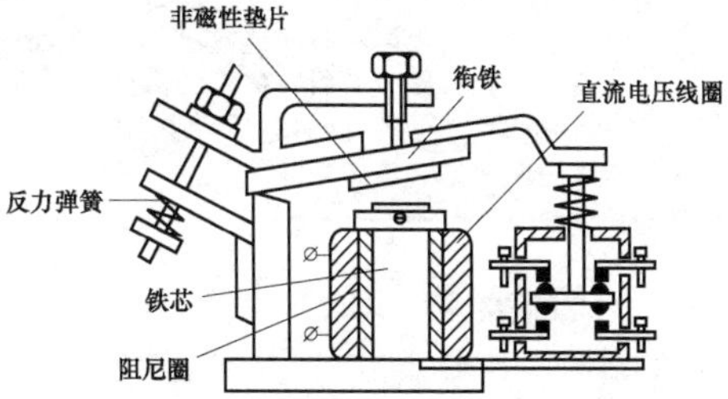

续表

内容	具体说明	
外形示意图	电磁阻尼式	电磁阻尼式时间继电器又称为直流电磁式时间继电器，是一种在通用直流电压继电器的铁芯上安装一个阻尼圈构成的，其典型外形如右图所示
图形符号	线圈通电延时方式	右图所示是一种线圈通电延时方式的时间继电器的图形符号
	线圈断电延时方式	右图所示是一种线圈断电延时方式的时间继电器图形符号
	线圈通电和断电均有延时方式	右图所示是一种线圈通电和断电均有延时方式的时间继电器图形符号
	复合方式	右图所示是一种既有通电延时型触点（线圈右边第两个触点），也有断电延时型触点（线圈右边第3个触点），还有通电瞬时动作（闭合接通）型触点（线圈右边第1个触点）时间继电器的图形符号
文字符号	不管是什么类型的时间继电器，其在电路图中通常都采用文字符号KT来表示，其线圈及其触点的标注方法与交流接触器基本相同。对于同一电路中使用的多个时间继电器，则在文字符号KT后依次加数字1、2、…来加以区别，如KT1、KT2、…	

1.2.2 热继电器的识别

热继电器是用来对负载（通常为三相交流异步电动机）

进行过载保护时常用的一种装置。热继电器的有关知识见表 1–6。

表 1–6　热继电器的有关知识

内容	具体说明
类型	热继电器根据极数分类，可分为单极、两极和三极共三种类型；从复位方式上看，热继电器又可以分为自动和手动复位两种。自动复位只需一对动断触点，使用比较方便；手动复位需要一对动合触点和一对动断触点，结构比较复杂，但安全可靠性较高
外形示意图	在热继电器中，用得最多、最普遍的是双金属式热继电器，这类继电器的外形如右图所示。热继电器电流调整范围一般在 1:1.6 左右，调节范围越大，热元件的规格就越少，选择使用也就越方便；由于三相交流异步电动机断相保护的需要，有些热继电器还设置了断相保护功能。少数热继电器（如 JR9 系列产品）还设置了短路保护功能，以实现短路保护作用。热继电器触点受热元件的控制，当负载电流超过热元件的额定电流时，受控触点就会断开，从而切断了被触点控制的电路
图形与文字符号	右图所示为单极、双极和三极热继电器在电路图中的图形符号，通常都采用文字符号FR来表示。对于同一电路中使用的多个热继电器，则在文字符号FR后依次加数字 1、2、…来加以区别，如 FR1、FR2、…

1.2.3 中间继电器的识别

中间继电器又称为辅助继电器，起中间转换（传递、放大、翻转、分路和记忆等）作用。中间继电器的有关知识见表 1–7。

表 1–7 中间继电器的有关知识

内容	具 体 说 明
类型	从本质上看，中间继电器也是电压继电器，仅是触点数量较多而已。中间继电器类型较多，除了专门的中间继电器外，额定电流较小的接触器（5A）也常被用于中间继电器
外形示意图	中间继电器典型外形如右图所示。其结构与小容量直动式交流接触器相似，也由电磁系统与触点系统共同构成，其工作原理与接触器也基本相同，不同之处仅在于中间继电器的触头容量较小 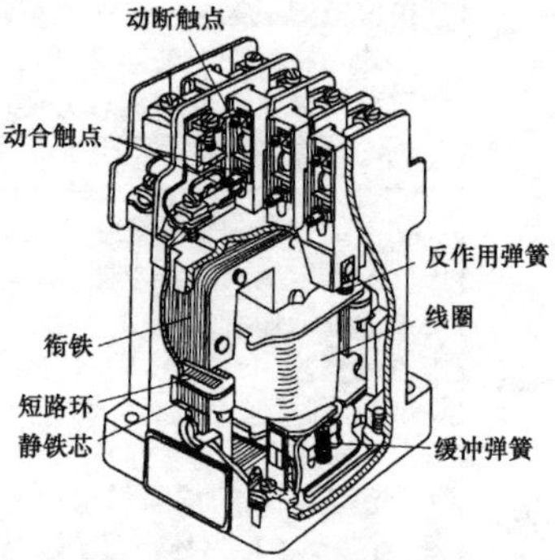 动断触点 动合触点 反作用弹簧 线圈 衔铁 短路环 静铁芯 缓冲弹簧
图形与文字符号	不管是什么类型的中间继电器，其在电路图中的图形符号如右图所示。通常都采用文字符号 KA 来表示，对于同一电路中使用的多个中间继电器，则通过在文字符号 KA 后依次加数字 1、2、…来加以区别，如 KA1、KA2、… 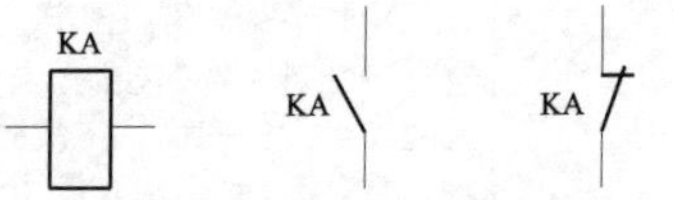 KA KA KA (a) 激磁线圈 (b) 动合触点 (c) 动断触点

1.2.4 交流接触器的识别

交流接触器的主要控制对象多为电动机，广泛应用于自动控制电路中。交流接触器的有关知识见表 1–8。

表 1–8 交流接触器的有关知识

内容	具 体 说 明
外形示意图	交流接触器的规格、型号较多，电流在 5～1000A 不等，在电器控制电路中作为执行元件，其电磁线圈接控制信号，各组触点与被控制的负载相连接，通过受电磁线圈吸力的作用来接通或断开被控负载的供电。右图所示为其典型外形参考示意图 

续表

内容	具 体 说 明
典型结构示意图	右图所示为交流接触器的典型结构。交流接触器主要由电磁系统、触点系统、灭弧装置三个部分构成。下表为这三个部分的组成情况及其功能 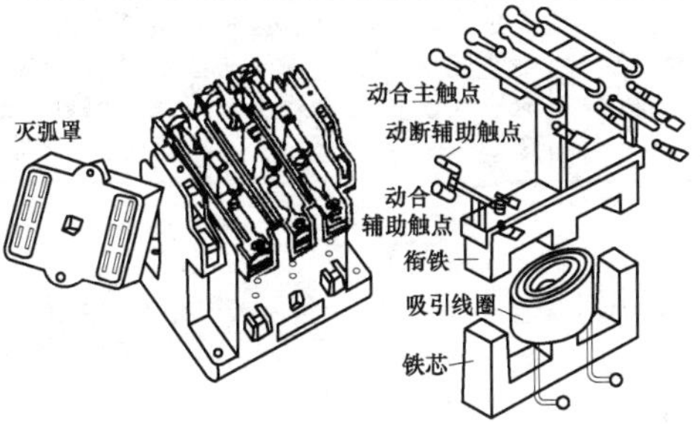

系统或装置	组成及功能
电磁系统	可动铁芯（衔铁）、静铁芯、电磁线圈、反作用弹簧
触点系统	主触点（用于接通、断开主电路的大电流）、辅助触点（用于控制电路的小电流）；通常有三对动合主触点，若干对辅助触点
灭弧装置	用于迅速切断主触点断开时产生的电弧，以防止主触点烧毛、熔焊。大容量的接触器（＞20A）采用缝隙灭弧罩及灭弧栅片灭弧，小容量接触器采用双断口触点灭弧、电动力灭弧、相间隔弧及陶土灭弧罩灭弧方式灭弧

内容	具 体 说 明
图形符号	交流接触器的图形符号如右图所示。右图中的文字符号仅供参考，具体标注情况因使用的接触器数量的不同而不同，常用的两种标注方式见下表中的说明，对于同一电路中使用的多个交流接触器，则在文字符号 KM 后依次加数字 1、2、…来加以区别，如 KM1、KM2、…

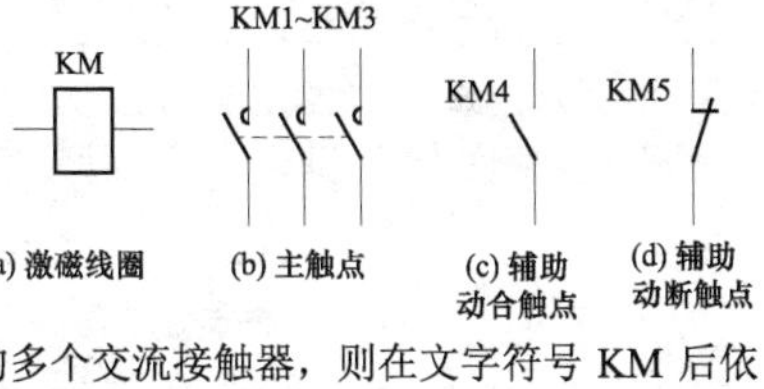

(a) 激磁线圈　(b) 主触点　(c) 辅助动合触点　(d) 辅助动断触点

项目	激磁线圈标注方式	标注方式 1	标注方式 2	说 明
图形符号	KM	全部标注为 KM	KM1、KM2、…	通常用于单个交流接触器的场合
	以 KM1 为例	全部标注为 KM1	KM1–1、KM1–2、…	通常用于多个交流接触器的场合

续表

内容	具 体 说 明
使用更换注意	交流接触器的电磁线圈额定电压一定要与控制电路所使用的电压相匹配；三组主触点的额定电压应不小于负载的额定电压，额定电流应大于负载电路额定电流，也可根据被控制电动机最大功率进行选择

1.3 其他常用元件的识别

除了以上介绍的电气元件外，机床线路中还使用了另外一些元件，如为了安全而使用的熔断器、为了辅助电动机起动或制动的频敏变阻器、制动器等。

1.3.1 低压熔断器的识别

低压熔断器是一种最简单的保护电器，当机床设备驱动与控制电路过载或出现短路故障时可以有效地进行保护。低压熔断器的有关知识见表 1–9。

表 1–9 低压熔断器的有关知识

内容	具 体 说 明	
类型	熔断器按结构不同可分为开启式、半封闭式与封闭式三大类。其中，封闭式应用最广泛，常见主要有瓷插式、螺旋式、无填料封闭式、有填料封闭式、快速式等几种	
外形示意图	瓷插式	瓷插式熔断器亦称插入式熔断器，主要由瓷盖、瓷座、触头（动触头和静触头）和熔丝等组成。该熔断器的外形和结构示意图如右图所示，一般用于交流 50Hz、额定电压 380V 及以下、额定电流在 200A 及以下的低压线路末端或支路电路中，作为电气设备的短路保护及一定程度的过载保护之用

续表

内容	具体说明	
外形示意图	螺旋式	螺旋式熔断器的外形如下图所示。它主要由瓷帽、熔管、瓷套、上接线端、下接线端和底座等组成。其主要特点是在其熔管内，除了装有熔丝外，还填满了石英砂，以增强熔断器的灭弧能力；而且在熔管上盖中还有一熔断指示器，当熔体熔断时，指示器会弹出，通过瓷帽上的玻璃窗口就可以看见 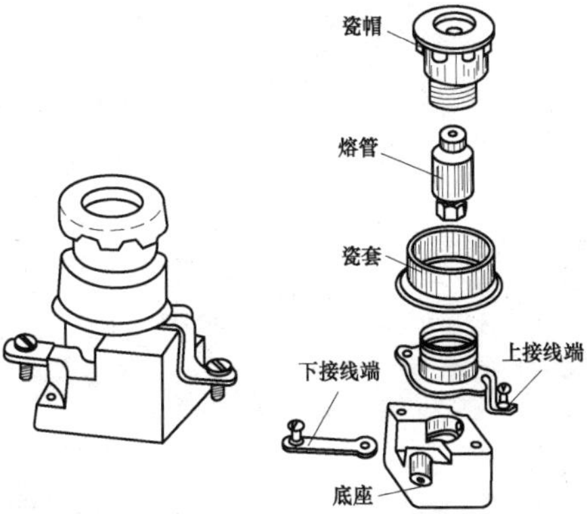 瓷帽 熔管 瓷套 上接线端 下接线端 底座 (a)外形 (b)结构
	无填料封闭式	无填料封闭管式熔断器的外形如下图所示。它主要由熔管、熔体和夹座等组成，适用于交流 50Hz、额定电压为 380～500V 及直流额定电压 440V 的电网。它是一种可拆卸的低压熔断器。当熔断器起保护作用使熔体熔断后，用户可以自行拆开，重新装入新熔体，检修方便，恢复供电快。因此，它最适宜在故障经常发生的场合使用 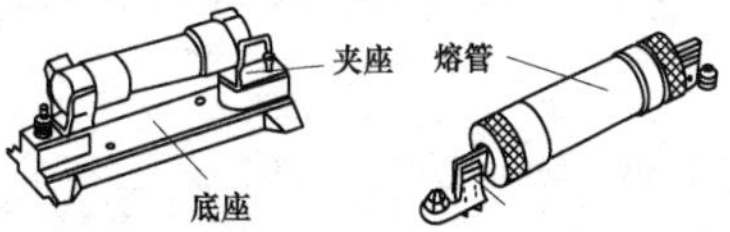 夹座 熔管 底座 (a)外形 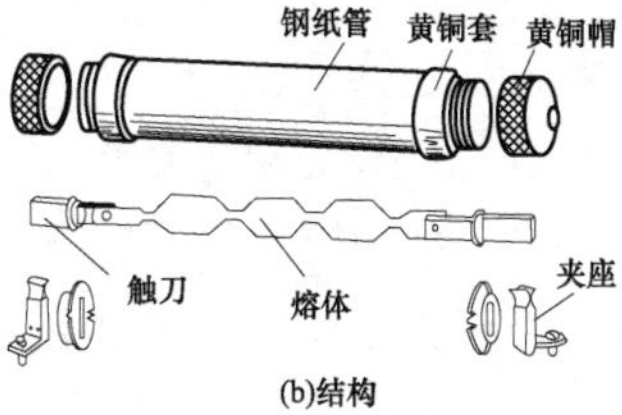 钢纸管 黄铜套 黄铜帽 触刀 熔体 夹座 (b)结构

续表

内容	具体说明	
外形示意图	有填料封闭式	有填料封闭管式熔断器的外形如下图所示。熔断器具有红色或其他颜色醒目的熔断指示器，便于识别故障电路，有利于迅速恢复供电。有填料封闭管式熔断器主要用于具有大短路电流的电力网或配电装置中，作为电缆、导线、电动机、变压器以及其他电气设备的短路保护和电缆、导线的过载保护 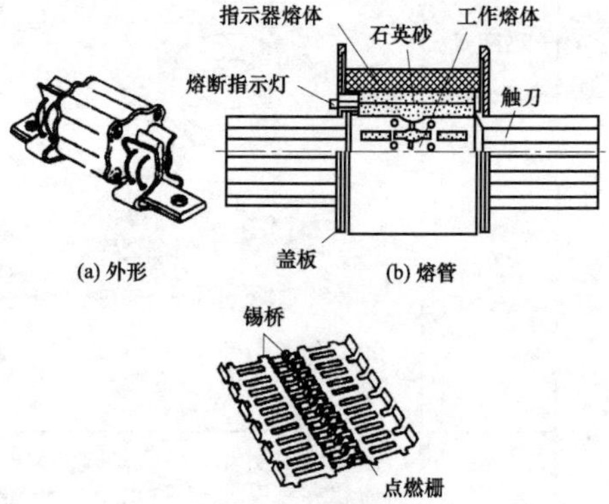 指示器熔体 石英砂 工作熔体 熔断指示灯 触刀 盖板 (a) 外形 (b) 熔管 锡桥 点燃栅 (c) 熔体
图形与文字符号	不管是什么类型的熔断器，其在电路图中的图形符号如下图所示。通常都采用文字符号 FU 来表示，对于同一电路中使用的多个熔断器，则通过在文字符号 FU 后依次加数字 1、2、…来加以区别，如 FU1、FU2… 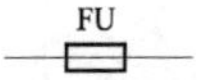 FU	

1.3.2 频敏变阻器的识别

频敏变阻器是频敏变阻起动器中的主要设备，是一种静止的无触点电磁器件，利用它对频率的敏感而实现自动变阻，常用来代替起动电阻以控制绕线转子异步电动机的起动。频敏变阻器的有关知识见表 1–10。

表 1–10　　频敏变阻器的有关知识

内容	具体说明
外形示意图	频敏变阻器的典型外形如右图所示。它具有接近恒转矩的机械特性，能减小机械和电流的冲击，实现电动机平稳无级起动。但由于其电感量大、功率因数较低、起动转矩不大，故仅适用于绕线式电动机的轻载起动。频敏变阻器类似于一个没有二次绕组的三相变压器，它有一个由铸铁片或钢板叠成的三柱铁芯，每个柱上有一个绕组。三个绕组一般接成星形，每个绕组有 4 个抽头，可以组成绕组匝数的100%、85%、71%，出厂时通常连接在绕组的85%处
图形与文字符号	频敏变阻器在电路图中的图形符号如右图所示。通常都采用文字符号 RF 来表示。对于同一电路中使用的多个频敏变阻器，则在文字符号 RF 后依次加数字 1、2、…来加以区别，如 RF1、RF2、…不过，在实际线路中，有的仅画出了实际使用的抽头绕组，而没有使用的抽头绕组往往不画出，这一点应注意到。频敏变阻器通常都与电动机的三个端脚相连接 RF
使用应注意的问题	在使用过程中，如果出现以下情况，则应及时调整频敏电阻器的匝数和气隙。 （1）起动电流过大，起动太快。应适当增加匝数，可以采用换接油头的方法，使用 100%的匝数。当匝数增加后，就会使起动电流减小，转矩减小。 （2）起动电流过小，起动转矩不够，起动太慢。应适当减小匝数，使用 80%或更小的匝数。当匝数减小后，就会使起动电流增大，转矩增大。 （3）增加铁芯气隙，稳定转速。在刚起动时，起动转矩过大，有机械冲击现象；但起动结束后，稳定的转速又太低（偶尔起动用变阻器起动完毕短接时，冲击电流较大），可以增加铁芯气隙。由于增加气隙会使起动电流略增，起动转矩略减，但起动结束时转矩会增大，由此就提高了稳定转速

1.3.3　三相电动机制动元件的识别

所谓制动，就是当电动机断开电源后使其迅速停止运转的一种方式。常见的制动方法主要有机械制动与电力制动两大类，这两种制动方式的主要特点及其常用元件的识别见表 1–11。

表 1–11　　三相电动机机械制动与电力制动方式的特点

类　型		特　点	
机械制动	外形与构成	机械制动通常为电磁抱闸方式，主要由电磁铁与闸瓦制动器构成，故又称为电磁抱闸制动	电磁铁外形如右图所示，主要由电磁线圈、静铁芯和衔铁等组成 
			闸瓦制动器外形如下图所示。闸轮与电动机转轴相连接，闸瓦对闸轮制动力矩的大小可通过调节弹簧的作用力来改变 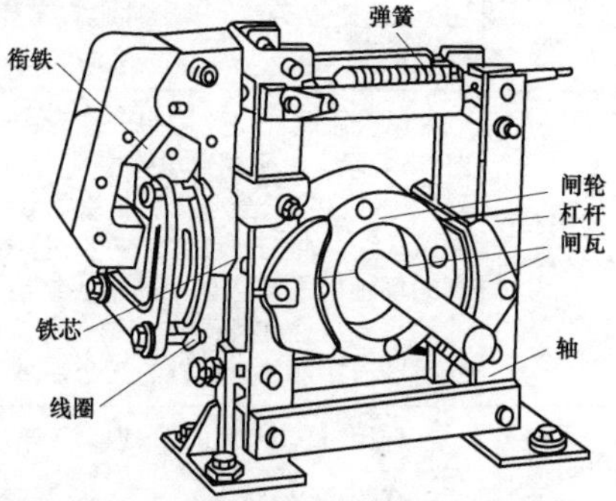 弹簧 衔铁 闸轮 杠杆 闸瓦 铁芯 轴 线圈
	图形与文字符号	电磁抱闸制动在电路图中通常采用电磁铁线圈的图形及其文字符号来表示，如右图所示。这类制动方式广泛应用于电梯、起重机、卷扬机等这一类升降机械设备上 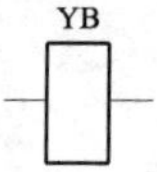 YB	
	与机械系统组合时的图形	电磁抱闸制动在电路图中电磁铁线圈的图形及其文字符号与机械系统组合时的图形如下图所示。该图中虚线就表示对电动机 M 进行的制动 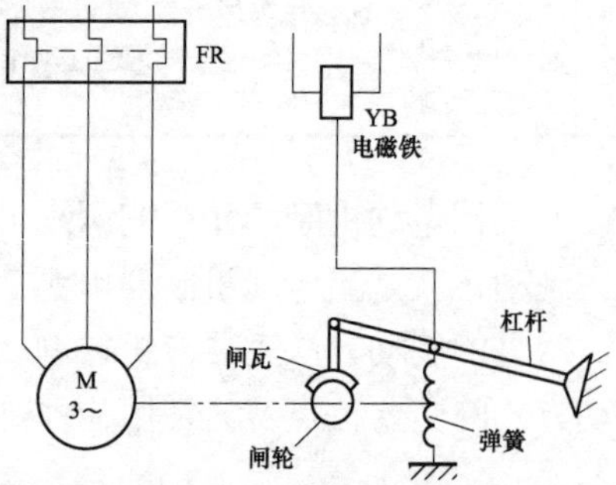 FR YB 电磁铁 杠杆 闸瓦 M 3～ 弹簧 闸轮	

续表

类　型		特　点
电力制动	反接制动	这是一种通过改变电动机定子绕组中三相电源的相序，使定子绕组中的旋转磁场反向，产生和原有转动方向相反的电磁转矩（也就是制动力矩），而使电动机迅速停转的一种制动方式
	能耗制动	能耗制动（又称为动能制动或直流制动）是一种在断开电动机三相电源的同时，从任意两相定子绕组输入直流电流，以获得大小、方向不变的恒定磁场，从而产生一个和电动机原转矩方向相反的电磁力矩，从而实现制动的一种方式

第 2 章

常用机床线路识图技能

了解了组成机床线路各主要元件的图形及与其有关的基本知识后，要想顺利读懂、读通机床线路，还需要了解与线路连接有关的知识。本章主要介绍常用机床线路识图的相关内容。

2.1　各种机床型号含义的识别

机床类型较多，不同类型机床型号的含义也不相同。表 2–1 中以常见机床型号为例，给出了它们的实际含义，供读者参考。

表 2–1　　常见机床型号含义的识别举例

序号	机床类型	举例型号	实 际 含 义
1	车床	C650	“C”表示车床，“6”表示卧式，“50”表示中心高为 160mm
		CA6140	“C”表示车床，“A”表示第一次重大改进，“6”表示卧式，“1”表示普通车床，“40”表示最大回转直径 400mm 系列卧式车床
		C5225	“C”表示车床，“5”表示立式，“2”表示双立柱，“25”表示最大回转直径 2500mm
2	磨床	M1432A	“M”表示磨床，“1”表示外圆，“4”表示万能，“32”表示最大磨削直径为 320mm，“A”表示第一次重大改进
		M7120	“M”表示磨床，“7”表示平面，“1”表示卧轴矩台，“20”表示最大磨削直径为 200mm
		M7475B	“M”表示磨床，“7”表示平面，“4”表示立轴圆台，“75”表示最大磨削直径为 750mm，“B”表示第二次重大改进

续表

序号	机床类型	举例型号	实际含义
3	钻床	Z37	“Z”表示钻床，“3”表示摇臂，“7”表示最大钻孔直径为70mm
		Z3050	“Z”表示钻床，“3”表示摇臂，“0”表示圆柱形立柱，“50”表示最大钻孔直径为50mm
4	铣床	X62W	“X”表示铣床，“6”表示卧式，“2”表示工作台宽320mm，“W”表示万能
		X6132A	“X”表示铣床，“6”表示卧式，“1”表示回转工作台，“32”表示工作台宽320mm，“A”表示滚珠丝杠
5	镗床	T68	“T”表示镗床，“6”表示卧式，“8”表示镗轴直径85mm
		T612	“T”表示镗床，“6”表示卧式，“12”表示镗轴直径120mm

2.2 机床线路常用导线标注的识别

机械设备控制电器之间是由线路进行连接的，用于连接的导线即为连接线。实际的连接线有粗有细。

2.2.1 不同粗细导线图形的识别

为了区分不同电路的功能，有些机械控制线路在图样上采用了不同粗细的图线加以区别，具体情况见表2–2。

表2–2 不同粗细导线图形的识别

功能电路	电源主电路、主连接电路、大电流电路	母线	控制电路、电压电路、二次回路
导线图形	粗实线	比粗实线宽2～3倍	一般实线或细实线

2.2.2 导线数量、特征与换位图形的识别

在机械设备的控制电路中，对导线的数量、特征与换位图形多采用图形来表示，具体情况见表 2–3。

表 2–3 导线数量、特征与换位图形的识别方法

典型图形	图形含义	实际图形	提示
L1 ~ L3	导线上的三根短斜线，表示导线的数量为三根，其相当于右面的实际图形	L1 L2 L3	导线有单根和多根之分，用于表示走向一致元件之间的连接线，当走向变化时再分开
n	导线数量多于 3 根，采用一根斜线旁加数字来表示根数，n 为≥4 的整数数字	n根导线	

2.2.3 导线特征与换位图形的识别

在机床设备的控制电路中，对导线的特征与换位图形多采用图形来表示，具体情况见表 2–4。

表 2–4 导线特征与换位图形的识别方法

内容	典型图形	图形含义	提　示
导线换位图形	L3 L1	表示 L1 与 L3 相换位	通常用于表示电路相序变更、极性的反向、导线的交换等情况
导线的特征图形	3N～50Hz 380V Al 3×8+1×6	表示导线使用交流电的频率为 50Hz，电压为 380V，有 3 根相线，其截面积为 8mm²；一根中性线，其截面积为 6mm²；连接导线材料为铝（Al）	导线特征一般采用字母、数字符号标注在导线的上方、下方或中断处。通常在横线的上方标出电流种类、配电系统、电压和其频率等，在横线的下方标出电路的导线数量乘以每根导线的截面积（mm²）；如果导线的截面积不同，通常采用“+”将其分开，导线材料采用化学元素符号表示

续表

内容	典型图形	图形含义	提　示
导线的特征图形	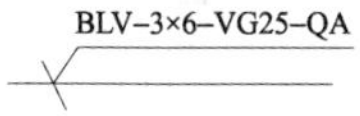 BLV−3×6−VG25−QA	导线型号为BLV（铝芯塑料绝缘线）；有3根，截面积均为$6mm^2$；敷设方式为采用管径为25mm的塑料管（VG）沿墙暗敷（QA）	对于需要对导线型号及其安装方式等有要求的场合，多采用短划指引线加注导线属性和敷设方式

2.2.4 导线连接点图形的识别

在机械设备的控制电路中，对导线连接点多采用图形来表示，具体情况见表2–5。

表2–5　　导线连接点的识别方法

内容	典型图形	图形含义	说明
“十”字形连接点	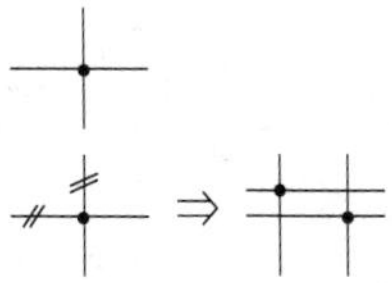 ⇒	左图均表示采用“十”连接方式导线的连接图形。其中：上图为两根线“十”连接方式加实心圆点的连接方式图形；下图为多根导线“十”连接方式加实心圆点的连接方式图形	“十”形连接方式的连接点必须加实心圆点
	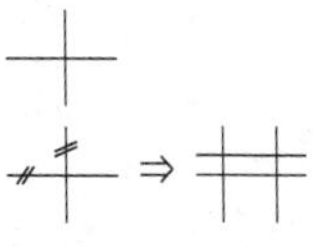 ⇒	左图表示采用“十”连接方式导线交叉不连接的两种图形	不连接的交叉线，不能加实心圆点
“T”字形连接点	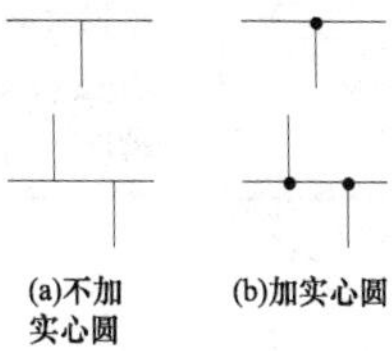 (a)不加实心圆　(b)加实心圆	左图均表示采用“T”连接方式导线的连接图形	“T”连接方式的导线加与不加实心圆点均可

2.2.5 连接导线去向的识别

在机械设备的控制电路接线图中，对导线去向采用图形来表示，具体情况见表2–6。

表2–6 连接导线去向的识别方法

典型图形	图形含义	实际图形	说明
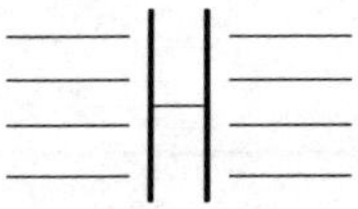	表示去向相同的多根连接线的去向，它们的连接顺序实际情况相当于右图所示	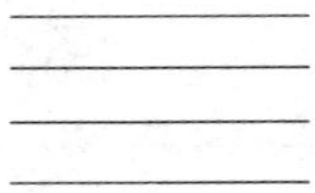	这种典型图形有些情况下为了防止接错，还标注有标记，只有在不会引起接错的情况下才省略标记
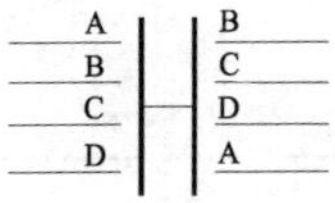 A B C D B C D A	表示去向不相同多根连接线的去向，由于它们的连接顺序不相同，故加注了字母标记，实际情况相当于右图所示	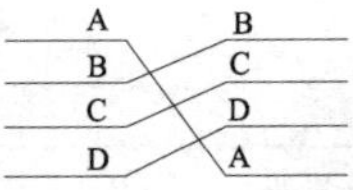 A B C D B C D A	这种典型图形通常应用在导线组中的两端处于不同接线位置时的情况，通常都在导线两端分别标注相对应的文字符号
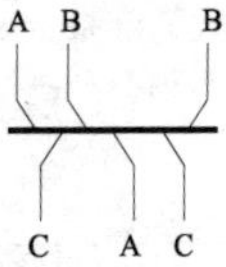 A B B C A C	表示导线中途汇入、汇出的一组平行连接线，实际情况相当于右图所示	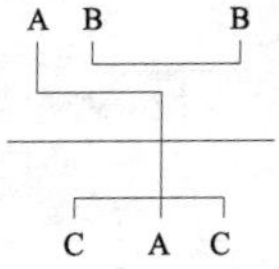 A B B C A C	当导线中途汇入、汇出采用单线表示时，汇接处采用斜线表示导线的去向，连接线的末端加注有相同的标记符号
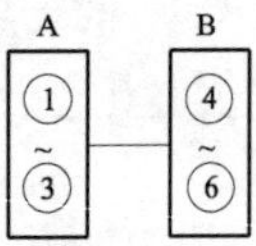 A B ①~③ ④~⑥	不同接线板或插接件等之间顺序连接方式，实际情况相当于右图所示	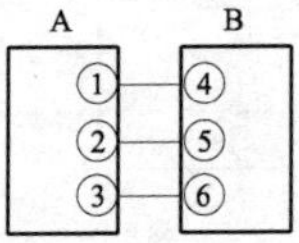 A B ① ④ ② ⑤ ③ ⑥	图中的A与B是两块接线板或插接件或其他连接插件，它们属于顺序连接方式。有的图形上没有套圆圈

2.2.6 连接导线中断的识别

在机械设备的控制电路图中，对穿过图中符号较密集的区域，或从一张图样连接到另一张图样，或出现连接线较长的情况，往往采用中断表示方式，也就是把去向相同的导线组、元件端脚连线及穿越图线较多区域的连接线中间处中断，以保证图面清晰，但在该连接线的中断处两端标记有相应的字母、文字或数字编号来表示该中断处是连接在一起的，具体情况见表 2–7。

表 2–7 连接导线中断的识别方法

典型图形	图形含义	实际图形
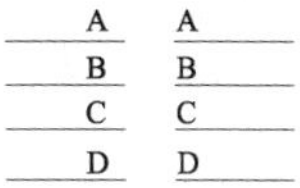 A A B B C C D D	表示这一导线组在此中断，实际情况相当于右图所示	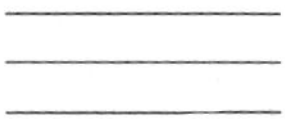
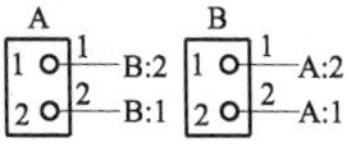 A B 1 2 B:2 B:1 1 2 A:2 A:1	表示元件端脚在此中断，实际情况相当于右图所示	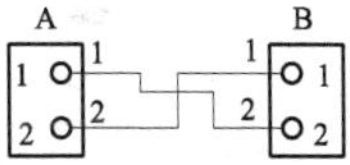 A B 1 2 1 2
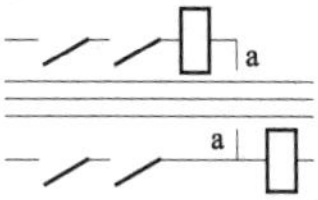 a a	表示穿越图线时连接线中断，实际情况相当于右图所示	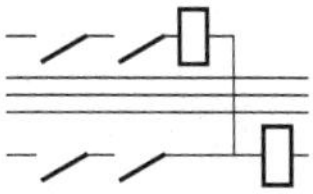

2.3 图形的集中、半集中与分散表示方法的识别

在线路图中，电气元件和连接线几种特殊的表示方法有集中表示法、半集中表示法及分开表示法。

2.3.1 图形的集中、半集中与分散表示方法适用场合

图形的集中、半集中与分散表示方法通常主要用于存在机械连接关系的电气元件（如继电器、接触器的线圈和其触点等）以及同一个设备的多个电气元件（如控制或转换开关的各对触点等）。

2.3.2 图形的集中、半集中与分散表示方法举例说明

以接触器为例，各种表示方法的具体情况见表 2–8。

表 2–8 图形的集中、半集中与分散表示方法

内容	举例图形	具体说明	适用场合
集中表示法	SB KM	是指将一个元器件各组成部分的图形符号绘制在一起的一种表示方法。左图所示是把接触器线圈与其两组触点用直虚线连接起来，以示它们是一个整体；有的则不采用虚线，但采用实线（也有采用虚线的）方框将它们框在一个方框内来表示它们属于一个整体	适用于简单的电气图
半集中表示法	SB KM	是指将一个元器件的某一部分（如左图中的 KM 线圈与其下面的一组动断触点）采用集中表示，而把另一组触点(与 SB 控制开关并联的触点）的图形符号在图上分开布置，其间的关系用机械连接线的表示方法，目的是为了简化电路，从而得到一个清晰的电路布局。这类机械连接线可以是直线，也可以折弯、分支和交叉	适用于内部具有机械联系的元器件
分开表示法	KM(或KM2) SB KM KM(或KM1)	是指将一个元器件（用于有功能联系的元器件）各组成部分的图形符号（如左图中的 KM 线圈与其两组触点）分散画于图中不同的位置或另外图样上的一种表示方法，其间的关系用项目代号来表示，通常有两种表示方式：① 采用与线圈 KM 相同的字母来表示，但在该线圈图形的下方画两条竖线（见表 2–11 及其相关文字的介绍)加数字的方式来告知其各组触点所处的位置；② 采用与线圈相同的字母，但在该字母后面加不同数字来加以区别，如左图括号中的 KM1、KM2。 对于有多个接触器的电路，通常按顺序在 KM 字母后加 1、2、3、…，而采用在线圈字母符号后加“–1、–2、–3、…”来区分各组触点。例如：某触点标注为 KM2–4，则表示该触点为 KM2 接触器的第 4 组触点，其余类推	适用于复杂电气图

2.4 机床控制线路图主要作用与特点

机械设备电气控制电路图简称电气电路或电气线路，是进行技术交流不可缺少的一种手段。

2.4.1 机床设备控制线路图的主要作用

机械设备电气电路图是一种用各种电气符号、图线来表示电气系统中各种电气装置、电气设备和电气元器件之间的相互关系或连接关系，阐述电的工作原理，描述电气控制产品的构成和功能，指导各种电气控制设备、电气控制电路的安装接线、运行、维护和管理的工程语言。

2.4.2 机械设备控制线路图的主要特点

机械设备电气控制电路图主要由各种单元电路组成，各单元电路又由各种元器件或零部件根据不同功能的需要组合而成。线路图既有简单的，也有复杂的，但复杂的电气控制线路图都是由一些简单的基本环节根据需要组合而成的。

2.5 机床控制线路图的基本组成常用线路及其识别

用选定的导线将电气设备或装置中的所有元件或部件相互连接成电流回路，即可构成一幅机床电气控制线路图。

2.5.1 机床典型控制线路及其文字符号的含义

了解机械实际机床电气控制线路图的内在联系和组成特点，对轻松看懂机床电气控制电路图很有好处。

1. 典型电路

图2–1所示是一种较典型的机床控制线路图（仅作为识图说明用）。该图虚线左边为主电路，右边为控制电路，也就是说，机床电气控制电路图通常都由这两部分构成。当然，实际的机床控制电路还有一些诸如照明和信号指示等电路，但这些都属于附属

电路，这里暂时不考虑。

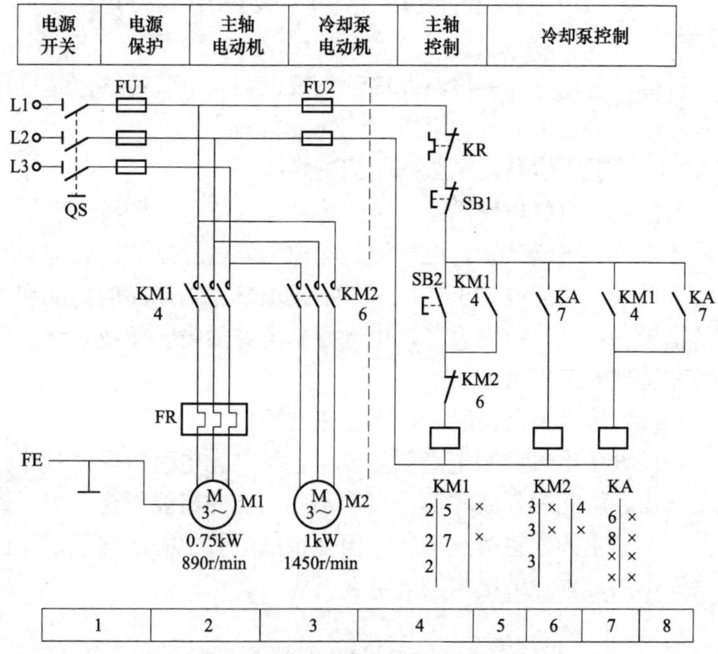

图 2–1　机床典型控制线路图示例

2. 文字符号的含义

机床典型控制线路各组成件文字符号的含义（具体电气元件的外形、特点及其电路图形符号见下一节内容）见表 2–9。

表 2–9　　机床典型控制线路各组成件文字符号的含义

类型	代号	含　义
主电路	L1、L2、L3	三相交流电源连接端，380V 交流电压由这三根线进入主电路与控制电路
	QS	三相交流电源控制开关，不同的电气控制电路采用的开关也不一样。有的开关还具有一定的保护作用（如空气开关）
	FU1	三相进线电源保护熔断器，这里的 FU1 表示有三个熔断器（有的线路则将其分开来表示，各自有各自的字母代号）

续表

类型	代号	含　义
主电路	KM1 4	控制 M1 电动机三相供电的三组动合主触点，这里的 KM1 表示三组主触点（有的线路则将其分开来表示，各组触点有各自的字母代号），属于 KM1 交流接触器线圈的主触点，该接触器线圈的位置在 4 区（KM1 下面的 4 就是这种含义）
	KM2 6	控制 M2 电动机三相供电的三组动合主触点，这里的 KM2 表示三组主触点（有的线路则将其分开来表示，各组触点有各自的字母代号），属于 KM2 交流接触器线圈的主触点，该接触器线圈的位置在 6 区（KM2 下面的 6 就是这种含义）
	FR	热继电器的三组热元件的符号用于对电动机过热进行保护，其动断触点 FR 在 4 区，受控于热元件，一旦电动机过热，4 区的动断触点 FR 就会断开
	FE	保护接地端，作为和大地相连接端，用于对电动机 M1 进行漏电保护
	M1	该电动机属于三相交流电动机（圆圈内的“$\underset{3\sim}{M}$”就是这种含义），额定功率为 0.75kW（千瓦），转速为 890r/min（转/每分钟）
	M2	该电动机属于三相交流电动机（圆圈内的“$\underset{3\sim}{M}$”就是这种含义），额定功率为 1kW（千瓦），转速为 1450r/min（转/每分钟）
控制电路	FU2	控制线路保护熔断器，这里的 FU2 表示有两个熔断器（有的线路则将其分开来表示，各自有各自的字母代号）
	SB1	动断控制开关，在这里用于控制整个控制电路的供电，当按下该开关其动断触点断开后，控制电路就会断电，电动机停止工作
	SB2	动合控制开关，在这里用于控制交流接触器 KM1 线圈的供电，当按下该开关其动合触点闭合接通后，KM1 线圈得电工作，M1、M2 电动机相继工作

续表

类型	代号	含　义
控制电路	5 区的 KM1 4	辅助动合触点，在这里起自锁作用，也就是保证松开 SB2 后 KM1 线圈中的电流不会断开，属于 KM1 线圈的辅助触点，该接触器线圈的位置在 4 区（KM1 下面的 4 就是这含义）
	KM2 6	辅助动合触点，在这里起互锁作用，也就是保证交流接触器 KM2 线圈工作后，KM1 线圈不会出现误动作，属于 KM2 线圈的辅助触点，该接触器线圈的位置在 6 区（KM2 下面的 6 就是这种含义）
	KM1 线圈	该交流接触器线圈的供电受 SB2 开关的控制，有三组动合主触点，两组辅助触点，具体情况见该线圈符号下面两条竖线区域中所标
	6 区的 KA 7	中间继电器的动合触点，用于接通 KM2 交流接触器线圈的供电，属于 KA 继电器线圈的触点，该继电器线圈的位置在 7 区（KA 下面的 7 就是这种含义）
	KM1 线圈	该交流接触器线圈的供电受 KA 触点的控制，有三组动合主触点，一组辅助触点，具体情况见该线圈符号下面两条竖线区域中所标
	7 区的 KM1 4	辅助动合触点，用于接通 KA 继电器线圈的供电，属于 KM1 交流接触器线圈的触点，该接触器线圈的位置在 4 区（KM1 下面的 4 就是这种含义）
	KA 线圈	该中间继电器线圈的供电受 KM1 动合触点的控制，有两组动合触点，具体情况见该线圈符号下面竖线左边区域中所标
	8 区的 KA 7	中间继电器的动合触点，在这里起自锁作用，也就是保证 7 区的 KM1 动合闭合后触点再次断开后 KA 线圈中的电流不会断开，属于 KA 线圈的触点，该继电器触点线圈的位置在 7 区（KA 下面的 7 就是这种含义）

2.5.2 机床典型控制线路功能与区域方框的识别

在图 2–1 中，最上面的长方形方框通过分割后，采用文字标出了其对应垂直下方电气元件的作用；最下面的长方形方框通过分割后，采用数字标出了其垂直上方各种电气元件所在的区域。

2.5.3 接触器线圈图形符号下的数字标记含义识别

有些机床线路图在每个接触器线圈文字符号（KM）的下部两条竖直线分成的左、中、右三栏中所给的数字，通常表示受其控制动作触点所在图的区号，具体情况见表 2–10。而所给的字母“X”，则表示没有使用而作为备用的触点。

表 2–10　接触器线圈图形符号下的数字标记含义

左　栏	中　栏	右　栏
主触点所在图的区号	辅助动合触点所在图的区号	辅助动断触点所在图的区号

2.5.4 继电器线圈图形符号下的数字标记含义识别

有些机械线路图在每个继电器线圈文字符号（KA）的下部一条竖直线分成的左右两栏中所给的数字，通常表示受其控制而动作触点所在图的区号，具体情况见表 2–11。而所给的字母“X”，则表示没有使用而作为备用的触点。

表 2–11　继电器线圈图形符号下的数字标记含义

左　栏	右　栏
动合触点所在图的区号	动断触点所在图的区号

第3章

检修机床线路故障必备技能

虽然不同类型的机床线路有一定的差异，在出现问题时的故障现象、故障原因、危害程度和排除方法上不尽相同，但它们通常存在一定的共性。机床维修人员如果能够熟练地掌握这些共性和相应的检修方法，往往会事半功倍，使问题迅速得到处理。本章介绍的就是这方面的技能。

3.1 检修机床线路故障的一般程序

机床线路出现问题后，通常都是根据故障现象，通过一定的分析、判断、检测来确定故障的大概范围和损坏元件的。

3.1.1 对机床线路故障检修人员的基本要求

（1）机床维修人员必须熟悉和掌握所修机床电气供电系统线路的结构、机床设备的工作原理（图）、电气控制元件的实物接线（图）方式，以及在配电柜（箱）的元件位置。

（2）机床线路故障的检修是一项技术性很强的工作，要迅速有效地找到故障原因，就必须灵活运用各种检修方法；也就是说，要熟练掌握和运用各种检查故障的方法。

3.1.2 排除机床线路故障时通常的步骤

实际检修机床线路故障时的通常步骤为：机床故障的调查了解→对所修机床线路故障原因进行分析，以确定故障的大概范围→在没有通电的情况下对线路进行检查，或测试关键点电阻，如果没有查出问题再通电进行检查→对找出的故障原因进行处理→确认问题得到彻底解决后再投入使用。

3.1.3 对机床故障进行调查了解的方法

对机床故障进行调查了解，通常是向机床操作人员了解发生故障的情况，然后通过直观观察来排除某些硬性、明显的故障，或通过发现某些蛛丝马迹来判断故障的大概部位及可能的原因等。

1. 向操作人员了解情况

机床维修人员在处理故障前，应先向机床操作人员了解发生故障的情况，因为操作人员最熟悉所使用机床的性能和经常发生故障的部位。通常需要向操作人员了解表3–1所列的几种情况。

表3–1 需要向操作人员了解情况

序号	需要了解的情况
1	故障发生在起动之前还是之后。如故障是在机床运行过程中发生的，则机床是自动停止的，还是发现异常后由操作人员停下来的
2	出现故障时机床的工况及操作了哪个按钮、开关；故障发生前是否过载、频繁起动和停止等
3	故障发生前后有何异常情况（如是否有异常声响或振动、异常气味，是否有冒烟、冒火等现象）
4	以前是否出现过类似故障，当时是怎样处理的

2. 直观观察

直观观察就是不借助仪器和仪表，仅凭眼睛或其他感觉器官，即眼（看）、耳（听）、鼻（闻）、手（拨和摸），以及应用必要的工具（如螺丝刀等）对机床线路进行外表检查，从而发现损坏部位或故障原因。这种检查方法十分简捷，对检修机床线路故障十分有效。直观观察时通常需要观察的情况见表3–2。

表3–2 直观观察时通常需要观察的情况

观察手段	具体说明	
眼看	静态观察	首先观察机床线路的各接线头、各种开关、熔断器、操作旋钮等是否处于正确位置或有无松动（指断路器、熔断器）；继电器或接触器触点是否烧熔、氧化；熔断器熔体是否熔断；热继电器是否脱扣，其整定值是否合适，瞬时动作整定电流是否符合要求；导线和线圈是否烧焦等

续表

<table>
<tr><th>观察手段</th><th colspan="2">具 体 说 明</th></tr>
<tr><td rowspan="2">眼看</td><td>通电观察</td><td>通电以后，观察机床线路相关处有无冒烟、打火等异常现象。一旦发现不良，应迅速断电，以防故障进一步扩大</td></tr>
<tr><td>断电观察</td><td>断电后，可视情况分别观察相应部分的连线和闸刀、开关和连接是否异常或发热，变压器等元器件有无缺损、烧焦和爆裂现象，导线上是否有烧焦痕或鼓包处，是否有折断压痕等。在允许通电的情况下，还可以观察机床相关机械的运转和传动系统的运行是否正常</td></tr>
<tr><td rowspan="2">耳听</td><td>检查方法</td><td>机床线路通电以后，仔细听有无异常声音，如线路接头处有无打火声、机床设备电动机起动时是否只有“嗡嗡”响而不转、接触器线圈得电后噪声是否很大，运行时有无机械零件碰击声、按动某一功能键时继电器有无正常的吸合声等</td></tr>
<tr><td>需要说明的问题</td><td>利用耳听法，还可以积累对各种机床线路的起动、各种开关的开或闭等工作方式的感性认识，使维修各种机床线路故障变得简单</td></tr>
<tr><td>鼻闻</td><td colspan="2">断开电源后，靠近电动机、自耦变压器、继电器、接触器、绝缘导线等处，鼻闻有无焦味或其他怪味出现。如有焦煳味，说明电器绝缘层已被烧坏，主要原因多为过载、短路或三相电流严重不平衡等故障造成的。找出发出气味的部位或元件（零件、接线），也有助于维修工作的顺利进行</td></tr>
<tr><td>手拨或摸</td><td colspan="2">断开电源后，触摸或轻拉机床线路的连线、皮带轮等，凭手感判断其接触是否牢固，松紧程度是否正常。例如，轻摸电动机、自耦变压器和电磁线圈表面，感觉温度是否过高；轻推电器活动机构，看移动是否灵活；用手转动一下电动机，看其阻力大小和有无异响，必要时可松开联轴器、皮带轮后试转动（该方法常用于判断机械故障）。只要不断积累手感的实践经验，凭手感也可以很快发现故障部位或故障元件（零件）</td></tr>
</table>

3.1.4 对所修机床线路故障原因进行分析，以确定故障大概范围

通过对机床故障进行调查了解后，就可以进一步根据调查了解到的情况或发现的蛛丝马迹，来确定故障的大概范围或可能的原因。通常是参阅机床的电气原理图及有关技术说明书进行电路分析，大致估计产生故障的可能部位，是在电气柜外还是柜内，是主电路还是控制电路，是交流电路还是直流电路等，以此来缩

小故障范围。

1. 分析判断故障部位的常用方法

对于复杂的机床电气线路，可先将复杂线路划分成若干个单元，然后配合必要的现场检测（具体检测方法见后面的内容），来分析判断故障。几种常用、有效的分析判断故障部位的方法见表3–3，供参考。

表3–3　几种常用、有效的分析判断故障部位的方法

方法	具体说明
推理分析法	这种方法就是根据机床出现的故障现象，由表及里，寻根溯源，进行层层分析和推理。 在机床电气装置中，其各组成部分和功能都有其内在的联系，如连接顺序、动作顺序、电流流向、电压分配等都有着特定的规律，故当某一组件、部件或元器件出现问题时，必然会对其他部分产生影响，表现出特有的故障现象。 因此，在分析机床线路故障时，可以从这一故障联系到对其他部分的影响或由某一故障现象找出故障根源。这一过程就是逻辑推理过程，也就是所谓的推理分析法。通常分为顺推理分析法与逆推理分析法两种。 （1）顺推理分析法。通常是根据故障机床，从电源开始到控制设备及线路等进行一一分析与判断。 （2）逆推理分析法。通常是由故障机床倒推到控制设备及线路、电源等，以此来确定故障的大概部位。这种方法在某些情况下比顺推理分析法快捷一些，只要找到了故障部位，就不必再往下查找了
状态分析法	这种方法就是根据机床出现故障时电气部件所处的状态来进行分析。机床的运行过程一般都可以分解成若干连续的阶段，这些阶段也可以称为状态。任何机床都处在一定的状态下工作，如电动机的工作过程就可以分解成起动、运转、正转、反转、高速、低速、制动、停止等状态。机床出现的故障总发生于某一状态，而在该状态中，各种元件处于何种状态，正是我们分析故障原因的重要依据。例如：机床电动机起动时，分析哪些元件工作、哪些触点闭合等，可以帮助我们快速排除电动机起动方面的故障。一般来说，状态划分得越细，对分析判断、排除故障越有利
电位、电压分析法	机床线路在不同状态下，其各连接点具有不同的电位分布。因此，可以通过分析（检测）线路中某些关键点上的电位及其分布，来确定故障的类型和部位。实际上，当线路中存在故障时，各点电位必将发生变化，据此就可以分析判断出故障点。 另外，由于阻抗的变化会导致电流的改变，电位的变化也造成了电压的变化，因此，也可以采用电流分析法和电位分析法来确定线路故障点

续表

方法	具 体 说 明
简化分析法	组成机床线路的部件、元器件等虽然都是必需的，但从不同的角度去分析，总可以划分出主要的和次要的部件、元器件。因此，在分析机床线路故障时，可以根据具体情况注重分析主要的、核心的、本质的部件或元器件，这就是所谓的简化分析法。 例如：某机床电动机可正转，但不能反转。在分析该故障时，就可以把与正转有关的控制部分删去，将线路简化成只有反转控制的线路，据此线路来分析故障原因
试探分析法	由于这种方法通常是在通电的情况下进行，故应在确保人身安全的情况下进行。例如，在通电的情况下强行按下起动按钮，观察有关继电器或接触器是否动作、是否按控制顺序进行工作，如发现某一电器工作状态不对，则说明该电器或相关回路有问题，进一步只要对该回路进行检查，就可以找出故障点或故障原因
单元分割分析法	再复杂的机床线路，通常都是由若干个功能相对独立的单元构成。故在检修机床线路故障时，可把这些单元分割开来，然后根据故障现象进行分析，尽量把故障范围压缩在其中一个或几个单元，以便于有的放矢地进行下一步的检查。例如，检修机床电动机不运转的故障时，在保证供电正常的情况下，按下起动按钮，观察交流接触器是否吸合。 （1）如果吸合。则故障在中间单元（中间单元通常由交流接触器和热继电器组成）与后级执行单元（电动机）之间（即在交流接触器与电动机之间）。故障原因可能为：电动机缺相、断线或电动机本身问题。 （2）如果不吸合。则故障在前级控制线路（通常为起动按钮、停止按钮、热继电器保护触点等）。 这样，由中间单元为分界，就可以将整个线路一分为二，以判断故障是在前一半还是后一半线路，是控制线路还是主线路
回路分割分析法	一个复杂的机床线路总是由若干回路构成，每个回路都具有特定的功能，电气故障就意味着某功能的丧失。因此，故障也总是发生在某几个回路中。对机床有关功能回路进行分割，实际就是简化线路，缩小了故障查找的范围，具有事半功倍的效果
菜单分析法	这种方法特别适用于初学者，其实质就是根据故障现象和特征，将引起该故障的原因顺序罗列出来，通过一一分析或验证，来找出故障原因或具体故障元件
比较分析法	这种方法特别适用于对机床的特征、工作状态等不是十分了解的情况，其实质就是通过和同类机床的特征、工作状态进行比较，来分析确定故障原因。例如，判断电器元件线圈是否局部短路，可以采用与同类且完好的线圈进行测量比较来判别
代换分析法	这种方法直观可靠，特别适用于初学者，其实质就是根据故障现象，采用性能良好的电器元件代换怀疑元件，以此来确定故障原因或部位

续表

方法	具体说明
经验分析法	经验法就是：应用在检修中长期积累的一些经验来检修同类或类似机床线路经常出现的一些常见性故障。 例如，起动控制电路发生故障变为点动，不能自锁，其故障点往往是与起动按钮并联的交流接触器动合触点通电闭合时接触不良或接线松动等有关。 再如，X62W 型万用铣床变速冲动失灵，多数情况下都是冲动开关的动合触点在瞬间闭合时接触不良（其次是冲动行程开关松动、位置发生了变化），变速手柄推回原位的过程中，机械装置未碰上冲动行程开关所致。 采用经验法判断机床线路故障的大概部位时，是根据自己日积月累获得的实际经验来进行的，故在日常检修中应注意积累自己或别人的检修经验

2. 图形变换

在对机床线路故障进行分析时，往往需要把实物与电气图对照进行。但电气图种类较多，从检修实效出发，往往又需要把一种形式图变换为另一种形式的图。最常见的是把机床布置接线图变换为电路原理图，把集中式布置电路图变换为分布式电路原理图。

机床布置接线图是一种按各种部件大致形状和相对位置画出的图，这种图对于机床的安装、接线以及电气故障的检修十分有用。但从机床布置接线图上不易看出部件或元件的工作原理，而了解其工作原理和过程是分析电气故障的基础，对检修电气故障也至关重要，因而需要把机床布置接线图变换为电路图。通常，机床主电路的变换较为简单，控制电路的变换较为复杂。

将机床控制线路布置接线图变换为电路图的要领是：以电源输入线为主线，把所有元器件的电流通路表示清楚。具体步骤见表 3–4，供参考使用。

表 3–4　将机床控制线路布置接线图变换为电路图的具体步骤

项目	具 体 说 明
画电源线	机床控制线路的电源通常只有两根引线，可将这两根线中的一根画成红色，另一根画成绿色，凡是与该红色线相连接的散件焊点、连接点等的结点均可采用彩笔画成红色；凡是与绿色线相连接的所有焊点、结点均画成绿色
编号	按照机床控制线路布置图上元器件的编号对电路图上的同样元器件进行编号（可每画一个标注一下，如原印制电路板或线路上没有编号，则可以采用自编号的方法对两图进行编号）
绘出电路草图	为防止出现漏查和重查现象，每检查一个结点（或焊点）时必须把与此点相连接的所有元件和引线查完后再查另一个点。边查边画，同时用铅笔将装配点已查过的部分逐一做个记号，待记号做完后，说明所有元件均已查过
复查	草图画完以后，再将草图与布置图对照检查一遍，看有无错、漏之处。在检查过程中，可以辅之测量的方法来判断焊点之间或元器件引脚之间的通断
整理成标准的电路图	将所画的草图整理成标准的电路图。所谓标准电路图应具备下列条件：① 电路符号、元件代号使用应正确；② 元件的供电通路清晰；③ 元件分布合理（走线最短捷）、均匀、美观，编号书写清楚

3.1.5　断电与通电检查，以便查找出故障部位或元件

通过分析判断确定了故障可能的大概部位以后，就可以通过实际检测来查找故障的具体部位或某个不良元件了。通常是先在没有通电情况下对线路进行检查，或测试关键点电阻，如果没有查出问题再通电进行检查。

1. 断电检查

断电检查就是先断开机床的电源（必要时取下动力配电箱的熔断器），在确保安全的情况下，根据故障性质不同和可能产生故障的部位，有所侧重地进行故障的检查。断电检查的基本内容和要求见表 3–5，供参考使用。

表3–5 断电检查的基本内容和要求

序号	检查的基本内容和要求
1	对电源线进口处进行检查，看有无碰伤、砸伤而造成的电源接地、短路等现象
2	检查电气箱内的熔断器是否有烧损的痕迹，熔断器是否熔断。若发现熔断器熔断，则应查找熔断器熔断的原因并处理
3	观察配线、电器元件有无明显的变形、损坏或因过热烧焦和变色而有焦臭气味
4	检查限位开关、继电保护以及热继电器是否动作；检查断路器、接触器、继电器等电器元件的可动部分的动作是否灵活
5	采用绝缘电阻表检查电动机及其控制线路的绝缘电阻，通常不应小于0.5MΩ

2. 通电检查

如果断电检查仍然没有发现问题，则应进行通电检查。通电检查机床故障的方法很多（具体检测方法见后面的内容），但在检查时通常应注意表3–6中的几个问题。

表3–6 通电检查通常应注意的问题

注意的问题	具体说明
先要做好安全保障措施	维修人员一定要遵守电气安全操作规程，保证人身安全及机床设备安全。在通电检查之前，应尽量使电动机与传动的机械部分脱开，把电气控制装置上相应转换开关置于零位，行程开关恢复到常态位置。开动机床时，一定要在操作人员的配合下进行
检查要先易后难	通电检查通常根据先易后难的顺序一部分一部分进行下去，而每次通电检查的范围不要太大。检查顺序为：一般先检查控制线路，后检查主线路；先检查辅助系统，后检查主传动系统；先检查控制系统，后检查调整系统；先检查交流系统，后检查直流系统；先检查重点怀疑部位，后检查一般部位
先考虑好检查顺序	在对比较复杂的机床电气线路故障进行检查时，要在检查前考虑好一个初步的检查顺序，把复杂线路划分成若干单元，要耐心仔细地一个单元、一个单元地检查

续表

注意的问题	具体说明
先断开开关和取下熔断器	具体检查时，要先断开所有开关，取下所有熔断器，再按顺序逐一插入需检查部位的熔断器，然后合上开关，观察有无冒火、冒烟、熔丝熔断现象。如没有这些现象，给予动作指令，观察各电器元件是否按要求顺序动作
正确使用检测仪表	在对机床线路故障进行检查时，一定要注意测试点的功能和万用表的测试内容、量程相对应，以免造成电源短路，使故障扩大或损坏万用表

3.1.6 对找出的故障原因进行处理

当采用一定的检查方法找出了故障原因或损坏的元件后，就可以对故障原因进行处理了。对于损坏的电气元件，最好采用原规格型号的元件来进行替换，严禁改动原电气系统线路，以保证机床的技术参数和安全性能不会改变。

3.1.7 确认问题得到彻底解决后再投入使用

检修后的机床，经检查测试电源供电系统、控制系统、主回路系统、负载（电动机）系统均正常后，再接通负载试运行，测试电动机三相电流应符合要求，试运行期间注意观察电路系统工作情况及电动机运行情况，在保证各系统安全、可靠运行的情况下再投入使用。

3.2 查找机床线路故障部位常用的检测方法

查找机床线路故障部位的方法有很多，通过测量线路中的电阻、电压、电流的大小和三相是否平衡来判断故障，是最基本，也是最直接、最可靠的方法。

3.2.1 测量电压查找机床线路故障部位的方法

在检修机床线路故障时，通过测量有关线路的交流或直流电压（电位）来查找故障所在，可以说是最常用也是最有效的方法之一。检测时，可将万用表转换开关置于交流或直流合适的挡位，测量故障线路的线路电压或电器元件的接点电压，以此来确定故障点或故障原因。具体检测方法见表3–7，供参考使用。

表3–7　　测量电压查找机床线路故障部位的方法

检测方式	具体说明	
万用表分阶测量电压诊断与检测故障部位的方法	以图3–1所示的某一电气线路或设备线路为例，采用电压分阶测量法判断电气线路与设备故障大概部位的方法与步骤如下所述	
	测量L1与L2间电压	先用万用表检测L1与L2之间的电压U，如L1与L2为相线，U应为380V；如L1与L2通过控制变压器供电，则控制电压常见的有下列几种：220、127、110、36V等
	测量U_6	测量①与⑦点之间的电压U_6，正常值应为电源电压U，如无电压应检查熔断器FU1、FU2是否熔断。如熔断，则应检查交流接触器线圈是否有短路，其铁芯机械运动是否受阻；检查熔断器熔体接触是否良好，其额定值是否偏小
	检测U_5～U_1	按下SB2不放，用一表笔（如黑表笔）接在⑦点上，另一表笔（红表笔）分别去测U_1、U_2、U_3、U_4、U_5、U_6电压。正常电压均应为电源电压U。 若测到某一点（如⑥点）电压为0V，则说明是断路故障，将红表笔向上移，当移至某点（如④点）有正常的电压U，说明该点之上的（如③、②、①点）触点、线路是完好的，该点之后（下）的触点或线路有断路。一般来说，该点之后的第一个触点（图3–1中限位开关SQ1动断触点）断路或连接线断线
	确认诊断的正确性	为了确认上述这一诊断的正确性，可以进一步用分段电阻测量法确认。有经验的维修人员，对接点较多的线路往往不会逐点去测量，而是用红表笔跳跃性地往前移和往后移来测量接点电压，以提高查找故障的效率
万用表分段电压测量诊断与检测故障部位的方法	以图3–2所示的某一电气线路或设备线路为例，采用电压分段测量法判断电气线路与设备故障大概部位的方法与步骤如下所述	
	检测U_6电压	用万用表测量①与⑦点之间的电压，正常值应为电源电压U。如无电压，应检查FU1、FU2熔断器是否完好
	检测U_6～U_1电压	按下起动按钮SB2不放，用万用表两表笔分别测量相邻两标号点①与②、②与③、③与④、④与⑤、⑤与⑥、⑥与⑦间的电压。如果接触点接触良好，⑥与⑦两点间即交流接触器线圈KM1电压应为电源电压U，其他任意相邻两点间的电压都应为0V。 （1）如果测得的电压不为0V且指针不停地摆动，说明这两点所包含的触点、接线似通非通，呈接触不良状态。 （2）如果测得的电压为电源电压U，说明该两点间包含的触点、接线接触或断路。例如，②与③点间电压为U，说明停止按钮SB1开关触点接触不良或开路

续表

检测方式	具 体 说 明	
万用表测电压降诊断与检测故障部位的方法	测量方法	测电压法是使用万用表电压挡，测量回路中各元件上的电压。使用测电压法不需要断开回路电源，但表针量程应大于电源电压。查直流二次回路用万用表直流电压挡，查交流回路用万用表交流电压挡
	使用测电压降法的原理	使用测电压降法的原理是：在回路处于接通状态下，接触良好的接点两端电压应等于零。如不为零或为电源电压，则说明该接点接触不良或未接通，而回路中其他元件基本完好。电流线圈两端电压正常时应近似于零，电压线圈两端则应有一定电压。回路中仅有一个电压线圈、无串联电阻时，电压线圈两端电压应接近电源电压
万用表测对地电位诊断与检测故障部位的方法	测量方法	测对地电位法应先分析被回路各点的对地电位和极性，把测量值与分析结果及极性相比较，通常就可以判断出故障点。该方法既适用于查找直流二次回路断路故障，也适用于直流二次回路的两个断开点的故障，测量时不需要断开电源
	使用对地电位法的原理	使用测对地电位法的原理是：根据故障情况进行电位分析，然后测量。所测值和极性与分析的相同，或误差不大，表明各元件良好。若与分析相反或误差很大，表明这部分有问题。若某点的电位为零，则说明这两侧都有断开点

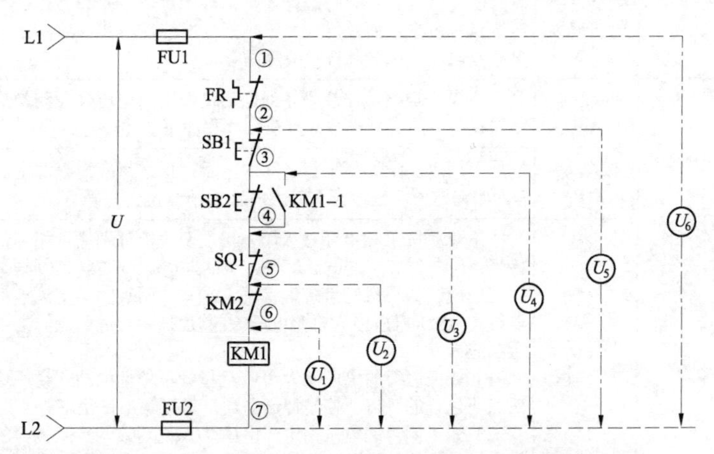

图 3-1　电压分阶测量法判断机床线路与设备故障示意图

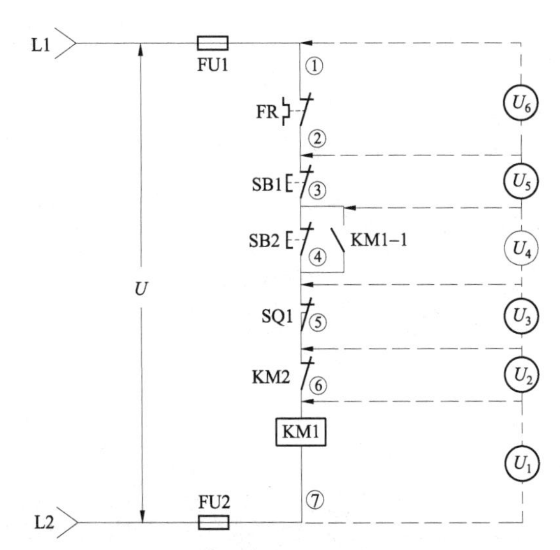

图 3–2　电压分段测量法判断机床线路与设备故障示意图

3.2.2　万用表测量电阻查找机床线路故障的方法

使用电阻测量法时，必须先断开电源，将万用表拨至合适的电阻挡，具体检测方法见表 3–8，供参考使用。

表 3–8　　测量电阻查找机床线路故障部位的方法

<table>
<tr><th>检测方式</th><th colspan="2">具 体 说 明</th></tr>
<tr><td rowspan="4">万用表结点电阻测量诊断与检测故障部位的方法</td><td colspan="2">这种测量方法就是通过测量故障电路的线路两结点之间电阻或触点电阻，以此来判断故障点。检测的结果及其判断方法如下所述</td></tr>
<tr><td>两测试点间的电阻为∞</td><td>如果测试点间的电阻为∞，则说明电路或触点开路</td></tr>
<tr><td>有电阻值存在</td><td>如果测试点间包含线圈元件，则电阻应为线圈的阻值，如果电阻增大许多，则说明测试点间的触点或接线接触不良</td></tr>
<tr><td>电阻为零</td><td>如果测试点间仅为触点与导线的连接通路，则电阻应为零</td></tr>
</table>

续表

检测方式	具体说明	
万用表分阶电阻测量诊断与检测故障部位的方法	以图 3–1 所示电路为例，检测时断开电源，按下起动按钮 SB2，用万用表电阻挡“$R×10$”进行测量，具体检测方法如下所述	
	测量①与⑦两点间的电阻	如检测到的电阻为∞，则说明电路开路
	逐段分阶测量其他点	逐段分阶测量图中（电压的测试连线去掉）①与②、②与③、①与④、①与⑤、①与⑥各点间的电阻值，其阻值应基本等于零，若测到某点时（如①与⑤间）阻值为∞或异常，而此前的点（①与④间）阻值为零，则说明断路点在这两点（④与⑤）之间，即图中 SQ1 动断触点无法导通或接触不良
万用表分段电阻测量诊断故障的方法	以图 3–2 所示电路为例，检测时断开电源，按下起动按钮 SB2，将图中的电压测量改为电阻测量，选用万用表电阻挡“$R×10$”，测量①与②、②与③、③与④、④与⑤、⑤与⑥间的电阻，其值应基本为零，否则说明这两点间的触点接触不良或导线断路。⑥与⑦间电阻为 KM1 线圈的电阻，为 50～100Ω	
万用表测量开路电阻查找故障的方法	适用范围	开路电阻测量法是指将元器件脱开电路单独进行测量。开路电阻测量法在机床线路检修中应用范围很广，机床中的大部分电气元件（如继电器、接触器等）均可以采用开路测量电阻的方法做定性的检查，而且任何故障的检修，最后也要依据测量开路电阻来确认故障元件
	检测特点	开路电阻测量法一般是将被测元器件的一端或整个元器件从印制电路板上脱焊下来，再进行电阻测量。虽然此法比较麻烦，但由于这种测量方法排除了外围电路的影响，避免了在路测量的局限性，因此测量的结果准确、可靠
	其他方面	开路测量法不仅适用于对各种电气元件的测量，对机床设备电路中因导线断裂、印制电路板腐蚀霉断、漏电等引起的故障，采用此法也可以很方便地检查出来
绝缘电阻表表测量绝缘电阻诊断故障的方法	绝缘电阻表上分别标有接地“E”端、线路“L”端和屏蔽（或保护环）“G”的接线柱。测量电动机的绝缘电阻时，应将电动机绕组接于绝缘电阻表“L”端的接线柱上，机壳接于“E”端接线柱上，如右图所示 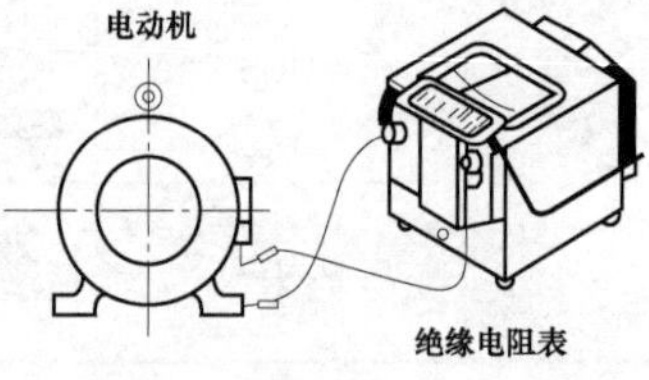	电动机 绝缘电阻表

3.2.3 万用表测量电流查找机床线路故障的方法

这种方法尤其适用于对机床电子电路故障的诊断。万用表测量电流诊断故障的方法是通过测量晶体管、集成电路的工作电流、各局部电路的总电流和电源的负载电流来检修机床设备中电子电路故障的一种方法。

由于测量电流时必须把电流表串入电路中，故使用起来不太方便，在一般情况下，直接测量电流的诊断方法用得较少，而常用电压检查法（间接电流检查法）代替。但如果遇到熔丝熔断等出现短路性故障时，往往难以用电压法进行检查，此时只有采用电流法来进行检查。万用表测量电流查找机床线路故障的方法见表3–9，供检修故障时参考。

表3–9　　万用表测量电流查找机床线路故障的方法

项目	具体说明	
电流诊断判断故障两种方法的特点	如果某部分电流相对于正常值变化较大，则表明这部分电路存在故障；如果电流变得异常大，则必然存在短路性故障。采用万用表测量电流，既可以采用直接测量法，也可以采用间接测量法	
	直接测量	直接测量是把万用表的电流挡直接串入电路的一种测量方法。因此法使用比较麻烦，要切断电路，故适用于有熔丝插座或有调试缺口的情况
	间接测量	间接测量是指通过测量回路中某一已知电阻上的压降来间接估算电流。此法的优点是不必切断电路，而且测量电流的大小也不受万用表电流量程的限制，因此使用起来很方便。 例如：对于设置有（温度）熔丝电阻的机床设备，通过测量这些电阻上的电压降，就可以间接计算出其负载支路的电流
	需要说明的问题	利用电流诊断法判断机床设备故障时，要根据具体情况灵活使用。若能知道各部分电路的正常工作电流值，则对判断故障是有帮助的。各种不同机床设备的电路形式不同，电源电压也不可能一样，其工作电流也就不一样，故应以产品设计文件中给出的数据为准。但是，维修人员一般不易得到这些数据，必要时只能通过用上述方法测量正常设备来获得，也可以根据有关的电压、功率来推算。 例如： 根据设备的消耗功率和电源电压，采用以下公式就可以计算出整个设备的总电流，即

续表

<table>
<tr><th>项目</th><th colspan="2">具 体 说 明</th></tr>
<tr><td>电流诊断判断故障两种方法的特点</td><td>需要说明的问题</td><td>$$W \approx IU$$
式中 W——设备消耗的功率，W；
I——设备的总电流，A；
U——使用的电源电压，V</td></tr>
<tr><td rowspan="5">电流诊断故障在机床方面的应用方法</td><td colspan="2">电流测量法是通过测量机床设备整机电路或某一部分电路的电流数值，并与正常工作时的数值相比较，以此来判断故障部位的一种方法。
在对机床设备故障检修的过程中，当检查电源电压正常，但电路仍存在故障时，这时就可以检查整机电流或怀疑某部分电路的电流</td></tr>
<tr><td>支路电流的测量</td><td>依次断开各负载支路，观察其电流变化情况，可判断故障产生于某个支路，或某个单元电路、某个元件。因为各级电路都有各自规定的静态工作点（这些电流值可从集成电路工作参数表中查得）。假设检测的静态电流与规定的静态工作电流对比，明显过大或过小，则都说明有故障</td></tr>
<tr><td>测量各级驱动管的工作电流</td><td>有些机床设备（如数控机床等）的某些功能是由分立元器件电路组成的。检修这类机床设备时，可以采用测量有关驱动功率管电流的方法来寻找故障的部位。这类电路的各级晶体管都有一个正常工作的电流值（如集电极电流等），可将检测值与之对照，以判断被测管的工作是否正常</td></tr>
<tr><td>拆跨接线测电流</td><td>有些机床设备的印制电路板都有一些跨接线，可以拆开这些跨接线，接入电流表，即可对电流进行测量。
对于没有跨接线的情况，可以通过测量某些电阻两端上的电压，然后按以下公式计算出来，即
$$I=U/R$$
式中 I——流过电阻支路中的电流；
U——电阻两端上的电压；
R——被测电阻的电阻值</td></tr>
<tr><td>操作方法</td><td>将万用表拨至直流电流挡，估计被测电流的大小，将量程选择开关拨至适当位置，断开被测电路的电极或电路板铜箔（引线），将正表笔接到被测电路的正（高电位）端，负表笔接被测电路的负（低电位）端，即把万用表串联在电路板上</td></tr>
</table>

3.2.4 短接查找机床线路故障部位的方法

采用短接法判断机床线路故障大概部位时，在线路带电的情况下，用一根绝缘良好的导线将所怀疑的断路或接触不良的部位短接，如短接到某处时线路接通则说明该处或该段断路。

一般采用长短结合接法，即一次短接一个或多个触点来检查故障线路。短接查找机床线路故障部位的方法见表3–10，供检修故障时参考。

表3–10　　短接查找机床线路故障部位的方法

项目	具体说明
具体操作方法	以下图所示的某一机床线路为例，先用试电笔（或万用表）测试电源①与⑦端是否正常。若正常，则用绝缘导线短接③与④点。 （1）如果KM1接触器吸合，说明起动按钮SB2按下后接触不良。 （2）如果KM1接触器仍不吸合，则用绝缘导线短接①与⑥点。如果仍不吸合，则说明KM1线圈开路；如果吸合，则说明KM1线圈完好，①与⑥点间电路有断路故障。 继续按下起动按钮SB2不放，再用绝缘导线分别短接①与③、④与⑥，缩小故障点范围，然后采用局部短接逐步找出故障点。例如，若初步判断出故障点在①与③点之间，则再分别短接①与②、②与③，以进一步确定故障的准确位置 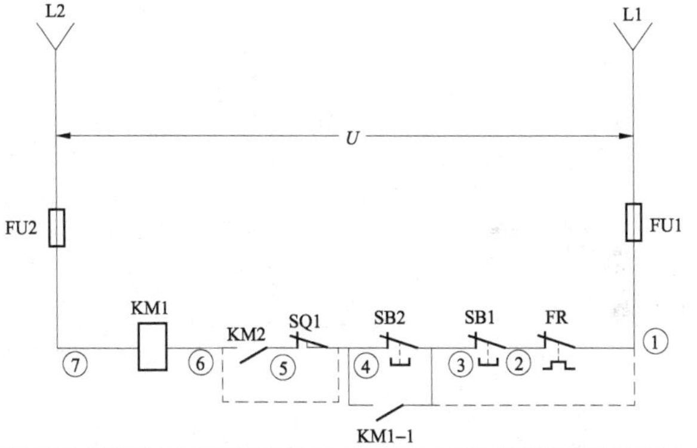
应注意问题	短接法使用器材少（通常仅使用试电笔和绝缘导线），没有万用表也能进行故障检修且判断速度较快，但对电阻、线圈、绕组不可采用短接法。因是带电检修，短接法也有一定的危险性，应注意安全。 使用短接法时，也可与其他检测方法相互配合，相互佐证，可以使检修快捷准确

3.2.5 机床线路故障查找方法归纳总结

机床线路故障的查找是一项技术性很强的工作，要迅速有效地找到故障原因，就必须灵活运用各种检修方法。机床线路故障查找方法归纳总结见表 3–11，供检修故障时参考。

表 3–11　　机床线路故障查找方法归纳总结

项目	具 体 说 明
灵活运用各种不同的检查方法	在上述各种查找机床线路故障的方法之中，每一种方法都可用来检查和判断多种故障，同一种故障又可以采用多种方法来进行检查。故在查找机床线路故障时，应灵活运用这些方法，才能使检修工作事半功倍。检修的速度完全取决于检修者掌握检修方法的多少和熟练程度，以及灵活运用的能力
灵活采用不同的检查顺序	各种检查机床线路故障方法的检查顺序是不完全相同的。如有的查找方法是从后往前逐级进行检查，而有的则是从前往后逐级进行检查。但在实际检修过程中，可以不必过多地考虑这种顺序，而应从检修实效出发，采用最方便的检修方法和步骤。例如：在检修数控机床的计算机数控系统故障时，通常优先采用测量供电电压的方法；检修功率模块故障时，通常应先测量功率模块输出的信号是否正常等

第 4 章

普通 C5225 型车床线路识图与常见故障处理

所谓普通车床，是指由交流接触器、继电器等组成的、采用机械触点方式进行功能切换的车加工设备。

4.1 普通车床功能与外形说明

普通车床是一种应用极其广泛的金属切削机床。常见普通车床的外形示意见表 4–1。

表 4–1　常见普通车床的外形示意图

内容	具体说明	
功能说明	普通车床可用于车削工件的内圆、外圆、端面、钻孔、镗孔、车端面、倒角、割槽、切断等	
典型外形示意图	卧式车床	1—进给箱；2—挂轮箱；3—主轴变速器；4—卡盘；5—溜板与刀架；6—溜板箱；7—尾座；8—丝杠；9—光杠；10—床身

续表

内容	具体说明	
典型外形示意图	立式车床	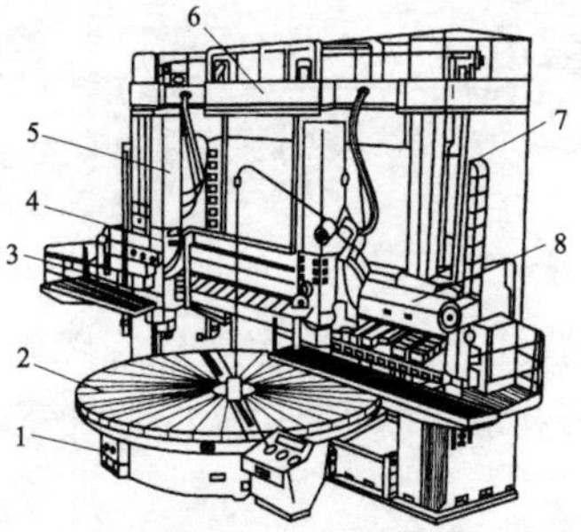 1—底座；2—工作台；3—垂直刀架；4—侧刀架；5—左立柱；6—顶梁；7—右立柱；8—横梁

4.2 普通 C5225 型立式车床控制线路识图指导

C5225 型普通立式车床主轴采用垂直设置，故适用于加工径向尺寸大、轴向尺寸相对较小的大型和重型工件。

4.2.1 普通 C5225 型立式车床电气控制电路结构

普通 C5225 型立式车床线路如图 4–1 所示。其线路较为复杂，图形较大，为了避免线路交叉和简化电路，故此将它们分开来画，电路图中采用(70)、(71)、(72)、③、⑭、(80)、(81)、(604)、(607)等符号来进行连接，也就是说，凡是符号相同的点就表示是连接在一起的。该机床的电路结构与几只电动机的功能说明见表 4–2，供识图时参考。

4.2.2 普通 C5225 型立式车床供电电路

普通 C5225 型立式车床主轴电动机 M1 与油泵电动机 M2、横梁升降电动机 M3、右立刀架快速移动电动机 M4、右立刀架进给电动机 M5、左立刀架快速移动电动机 M6、左立刀架进给电动机 M7 的供电均直接取自三相交流电源，控制电源变压器 TC 的一次侧电压取自三相交流电源的 L1、L2 两相，该变压器输出的交流电压作为控制系统的供电。

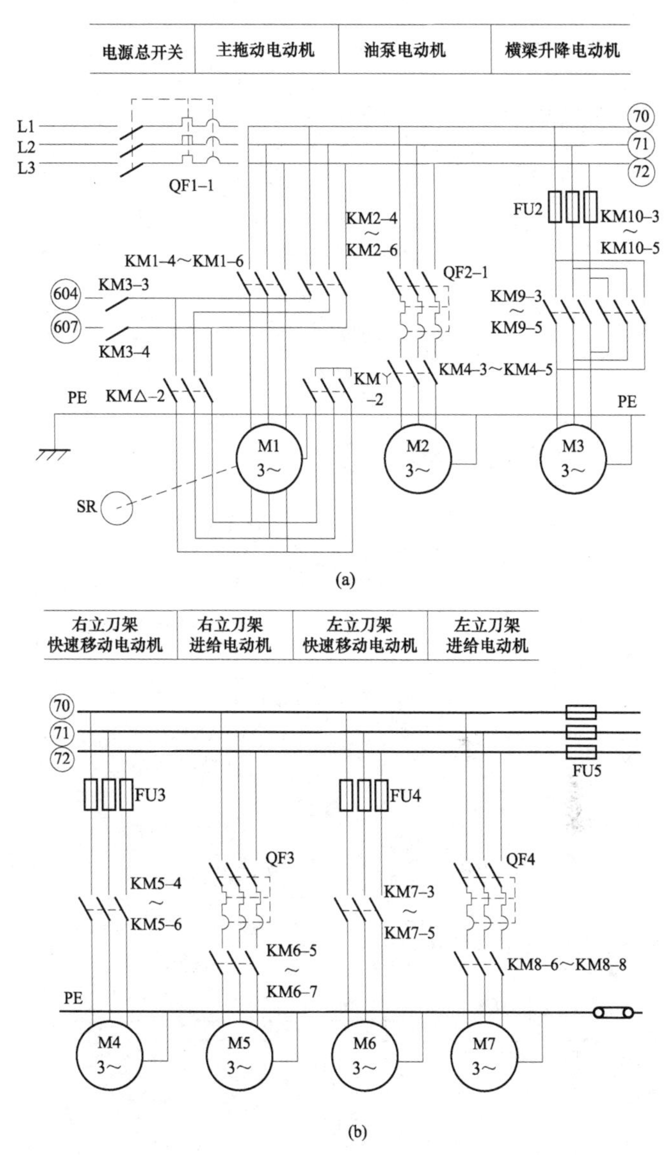

图4–1 普通C5225型立式车床线路（一）

（a）普通C5225型立式车床M1~M3电动机电路；

（b）普通C5225型立式车床M4~M7电动机电路

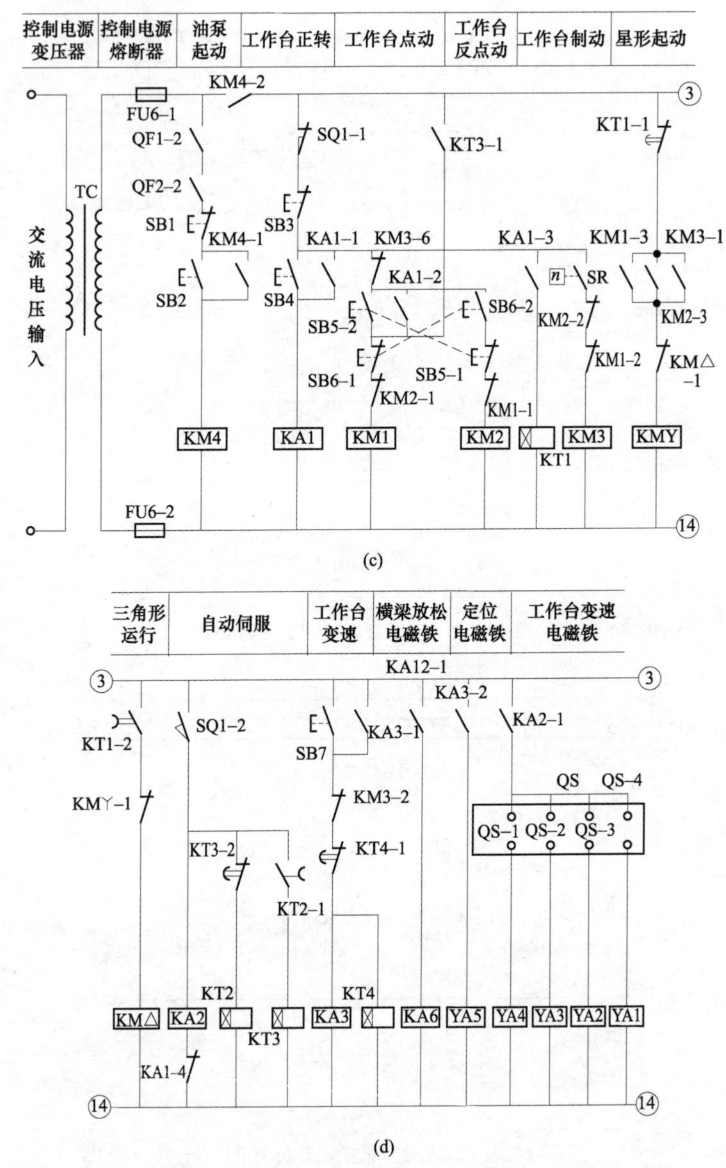

图 4–1 普通 C5225 型立式车床线路（二）

（c）普通 C5225 型立式车床控制电路（1）；（d）普通 C5225 型立式车床控制电路（2）

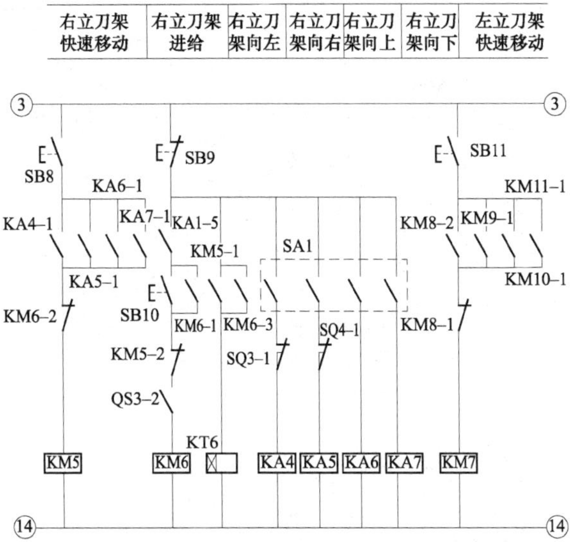

右立刀架快速移动	右立刀架进给	右立刀架向左	右立刀架向右	右立刀架向上	右立刀架向下	左立刀架快速移动

(e)

左立刀架进给	左立刀架向左	左立刀架向右	左立刀架向上	左立刀架向下	横梁上升	横梁下降

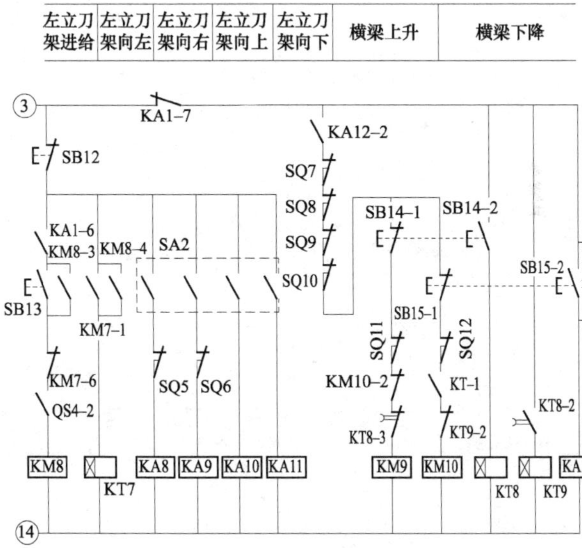

(f)

图4–1 普通C5225型立式车床线路（三）

（e）普通C5225型立式车床控制电路（3）；（f）普通C5225型立式车床控制电路（4）

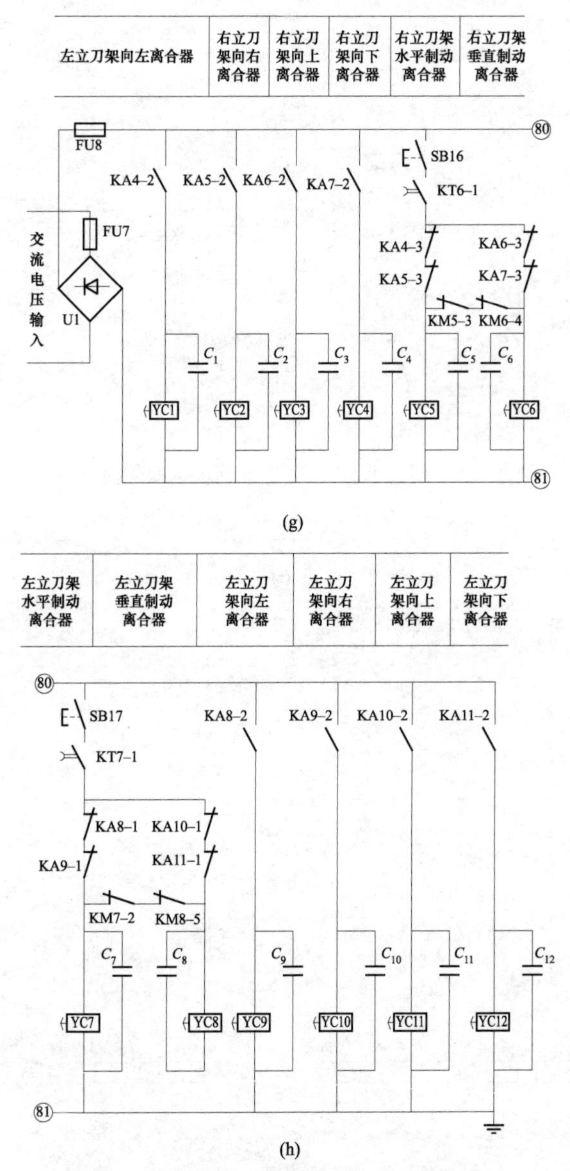

图 4–1　普通 C5225 型立式车床线路（四）

（g）普通 C5225 型立式车床控制电路（5）；（h）普通 C5225 型立式车床控制线路（6）

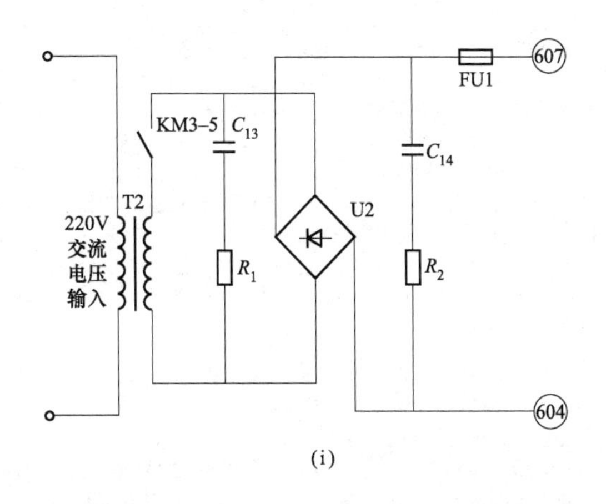

(i)

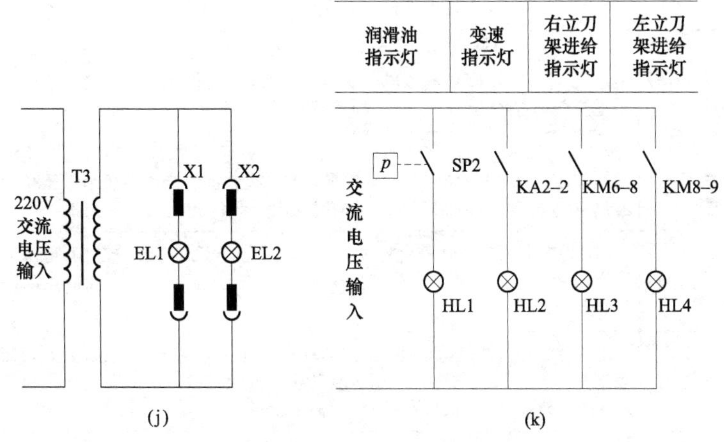

(j)　　(k)

图 4–1　普通 C5225 型立式车床线路（五）

（i）普通 C5225 型立式车床直流制动线路；（j）普通 C5225 型立式车床低压灯线路；（k）普通 C5225 型立式车床指示灯电路

表 4-2 普通 C5225 型机床的电路结构与几只电动机的功能说明

项目	具 体 说 明
电路结构	图 4-1（a）所示为 C5225 型普通立式车床 M1～M3 电动机电路，图 4-1（b）所示为 C5225 型普通立式车床 M4～M7 电动机电路，图 4-1（c）所示为 C5225 型普通立式车床控制电路（1），图 4-1（d）所示为 C5225 型普通立式车床控制电路（2），图 4-1（e）所示为 C5225 型普通立式车床控制电路（3），图 4-1（f）所示为 C5225 型普通立式车床控制电路（4），图 4-1（g）所示为 C5225 型普通立式车床控制电路（5），图 4-1（h）所示为 C5225 型普通立式车床控制电路（6），图 4-1（i）所示为 C5225 型普通立式车床直流制动电路，图 4-1（j）所示为 C5225 型普通立式车床低压灯电路，图 4-1（k）所示为 C5225 型普通立式车床指示灯电路
电动机 M1	C5225 型普通立式车床的 M1 为工作台主拖动电动机，交流接触器 KM1 用于控制其正转电源，交流接触器 KM2 用于控制其反转电源。交流接触器 KM Y 用于起动控制主轴电动机 M1 时将其绕组连接成Y连接方式，交流接触器 KM△用于控制主轴电动机 M1 在全压运行时将其绕组连接成△连接方式。速度继电器 SR 与交流接触器 KM3 和桥式整流能耗制动电路［见图 4-1（i）］构成了主轴电动机 M1 的能耗制动电路，自动控制开关 QF1 为主轴电动机 M1 短路保护和过载保护
电动机 M2	M2 为油泵电动机，用于为机床工作台润滑油及液压系统的压力油。由自动空气开关 QF2 与接触器 KM4 控制该电动机电源的接通与断开。自动空气开关 QF2 还具有过载与短路保护功能
电动机 M3	M3 为横梁升降电动机，交流接触器 KM9 用于控制其正转电源，交流接触器 KM10 用于控制其反转电源。M3 通过机械传动系统用于驱动横梁沿立柱导轨上、下移动。FU2 熔断器用于 M3 电动机的短路保护
电动机 M4	M4 为右立刀架快速移动电动机，交流接触器 KM9 用于控制其电源的接通与断开，用于驱动右立刀架快速移动。FU3 熔断器用于 M4 电动机的短路保护
电动机 M5	M5 为右立刀架进给电动机，由自动空气开关 QF3 与交流接触器 KM6 控制其电源的接通与断开，用于驱动右立刀架进给。自动空气开关 QF3 对 M5 电动机还具有过载与短路保护功能
电动机 M6	M6 为左立刀架快速移动电动机，由交流接触器 KM7 控制其电源的接通与断开，用于驱动左立刀架快速移动。FU4 熔断器用于 M6 电动机的短路保护
电动机 M7	M7 为左立刀架进给电动机，由自动空气开关 QF4 与交流接触器 KM8 控制其电源的接通与断开，用于驱动右立刀架进给。自动空气开关 QF4 对 M7 电动机还具有过载与短路保护功能

4.2.3　普通 C5225 型立式车床油泵电动机 M2 的控制原理

大型车床加工工件通常较重，绝不能缺少润滑油，否则会导致机床事故。因此这类机床在主轴电动机 M1 起动之前，应先起动油泵电动机 M2，只有在保证机床润滑状况良好的情况下，才能起动主轴电动机 M1 以及其他电动机。电路在设计时，采用连锁控制方式，只有在油泵电动机 M2 起动后，主轴及其他电动机才能起动工作。具体工作原理见表 4–3，供识图时参考。

表 4–3　普通 C5225 型立式车床油泵电动机 M2 的控制原理

<table>
<tr><th>项目</th><th colspan="2">具 体 说 明</th></tr>
<tr><td rowspan="4">起动控制</td><td colspan="2">合上总电源开关 QF1–1，再合上自动空气开关 QF1–2 与 QF2–2[见图 4–1（c）]后，当按下油泵电动机 M2 起动按钮开关 SB2 时，就会使接触器 KM4 线圈得电吸合，其各组触点就会动作，具体动作情况如下所述</td></tr>
<tr><td>KM4–1 闭合</td><td>当动合触点 KM4–1 闭合后，就实现了自锁，以保证在松开起动按钮开关 SB2 后，维持 KM4 线圈中的电流通路不会断开</td></tr>
<tr><td>KM4–2 闭合</td><td>当动合触点 KM4–2 闭合后，就接通了后级控制电路的供电，为对各个电动机进行控制进行前期准备</td></tr>
<tr><td>KM4–3 ～ KM4–5 闭合</td><td>当三组动合主触点 KM4–3～KM4–5 闭合接通后，就会使油泵电动机 M2 得电起动运行，为机床工作台提供润滑油，同时也为液压系统提供压力油。当机床润滑正常时，压力继电器 SP2［见图 4–1（k）］动合触点被压合接通后，使 HL1 指示灯点亮，以示机床润滑良好</td></tr>
<tr><td>停止控制</td><td colspan="2">SB1 为油泵电动机 M2 的停止按钮开关，当按下该开关后，就会使接触器 KM4 线圈断电释放，其各组触点复位后，就会使油泵电动机 M2 停止工作</td></tr>
</table>

4.2.4　普通 C5225 型车床主轴电动机 M1 的Y–△降压起动控制原理

SB4 为主轴电动机 M1 的起动按钮开关，当按下该开关后，就会使中间继电器 KA1 线圈得电吸合，其各组触点就会动作，具体动作情况见表 4–4，供识图时参考。

表 4–4 普通 C5225 型车床主轴电动机 M1 的 Y–△降压起动控制原理

<table>
<tr><th>项目</th><th colspan="4">具 体 说 明</th></tr>
<tr><td>KA1–1
闭合</td><td colspan="4">当动合触点 KA1–1 闭合后，就实现了自锁，以保证在松开起动按钮开关 SB4 后，维持 KA1 线圈中的电流通路不会断开</td></tr>
<tr><td rowspan="7">KA1–2
闭合</td><td colspan="4">当动合触点 KA1–2 闭合后，就接通了交流接触器 KM1 线圈中的电流通路而吸合，其各组触点就会动作，具体动作情况如下所述</td></tr>
<tr><td>KM1–1
断开</td><td colspan="3">当动断触点 KM1–1 断开后，就断开了反转控制交流接触器 KM2 线圈中的电流通路，以防止该接触器出现误动作而发生事故</td></tr>
<tr><td>KM1–2
断开</td><td colspan="3">当动断触点 KM1–2 断开后，就断开了交流接触器 KM3 线圈中的电流通路，以防止该接触器出现误动作而发生事故</td></tr>
<tr><td rowspan="3">KM1–3
闭合</td><td colspan="2">当动合触点 KM1–3 闭合后，就接通了交流接触器 KMY 线圈中的电流通路而吸合，其各组触点就会动作，具体动作情况如下所述</td></tr>
<tr><td>KMY–
1 断开</td><td>当动断触点 KMY–1 断开后，就断开了交流接触器 KM△线圈中的电流通路，以防止该接触器出现误动作而发生事故</td></tr>
<tr><td>KMY–
2 闭合</td><td>当三组动合主触点 KMY–2 闭合接通后，就会使主轴电动机 M1 绕组被连接成Y形，与接触器 KM1 配合，采用星形降压对电动机 M1 进行起动</td></tr>
<tr><td>KM1–4～
KM1–6
闭合</td><td colspan="3">当三组动合主触点接通后，就会使主轴电动机 M1 获得三相交流工作电源而起动工作</td></tr>
<tr><td rowspan="5">KA1–3
闭合</td><td colspan="4">当动合触点 KA1–3 闭合后，就接通了时间继电器 KT1 线圈中的电流通路而吸合，通电延时，经过一定时间，也就是当主轴电动机 M1 转速上升到一定速度时，其各组触点就会动作，具体动作情况如下所述</td></tr>
<tr><td>KT1–1
断开</td><td colspan="3">动断延时断开触点 KT1–1 断开后，就断开了交流接触器 KMY 线圈中的电流通路而释放，其各组触点复位</td></tr>
<tr><td rowspan="3">KT1–2
闭合</td><td colspan="2">动合延时接通触点 KT1–2 闭合后，就接通了交流接触器 KM△线圈中的电流通路而吸合，其各组触点均会动作，具体动作情况如下所述</td></tr>
<tr><td>KM△–
1 断开</td><td>动断触点 KM△–1 断开后，就切断了交流接触器 KMY线圈中的电流通路，以防止该接触器出现误动作而发生事故</td></tr>
<tr><td>KM△–
2 闭合</td><td>当三组动合主触点 KM△–2 闭合接通后，就会使主轴电动机 M1 绕组从Y形起动转换为△全压运转</td></tr>
</table>

4.2.5 普通 C5225 型立式车床主轴电动机 M1 点动控制原理

C5225 型普通立式车床主轴电动机 M1 具有正、反向点动控制方式，通常主要用来对工件的位置进行调整。具体工作情况见表 4–5，供识图时参考。

表 4–5　　普通 C5225 型立式车床主轴电动机 M1 点动控制原理

<table>
<tr><th>序号</th><th>项目</th><th colspan="2">具 体 说 明</th></tr>
<tr><td rowspan="2">1</td><td rowspan="2">正向点动控制</td><td>起动控制</td><td>SB5 为主轴电动机 M1 正向点动控制按钮开关，当按下该开关后，其动断触点 SB5–1 断开后，就切断了接触器 KM2 线圈的电流通路，以防止该接触器出现误动作而发生事故；而动合触点 SB5–2 闭合后，就接通了 KM1 接触器线圈的供电而吸合，其各组触点就会动作。与上述情况相同，KM1–1 与 KM1–2 动断触点断开后分别切断了 KM2 与 KM3 接触器线圈的供电，KM1–3 动合触点闭合后，接通了接触器 KMY线圈中的电流通路而吸合，该接触器与 KM1 接触器配合把主轴电动机 M1 绕组连接成Y形，主轴电动机 M1 起动工作后驱动工作台正向旋转</td></tr>
<tr><td>停止控制</td><td>当松开正向点动控制按钮开关 SB5 后，KM1 接触器线圈的供电就会断开而使工作台正转停止</td></tr>
<tr><td rowspan="2">2</td><td rowspan="2">反向点动控制</td><td>起动控制</td><td>SB6 为主轴电动机 M1 反向点动控制按钮开关，当按下该开关后，其动断触点 SB6–1 断开后，就切断了接触器 KM1 线圈的电流通路，以防止该接触器出现误动作而发生事故；而动合触点 SB6–2 闭合后，就接通了 KM2 接触器线圈的供电而吸合，其各组触点就会动作。与上述情况相同，KM2–1 与 KM2–2 动断触点断开后分别切断了 KM1 与 KM3 接触器线圈的供电，KM2–3 动合触点闭合后，接通了接触器 KMY线圈中的电流通路而吸合，该接触器与 KM2 接触器配合把主轴电动机 M1 绕组连接成Y，主轴电动机 M1 起动工作后驱动工作台反向旋转</td></tr>
<tr><td>停止控制</td><td>当松开正向点动控制按钮开关 SB6 后，KM2 接触器线圈的供电就会断开而使工作台反转停止</td></tr>
</table>

4.2.6 普通 C5225 型立式车床主轴电动机 M1 的制动控制原理

当主轴电动机 M1 起动运转且其转速达到 120r/min 时，速度继电器 SR 的动合触点［见图 4–1（c）］闭合后，为主轴电动机 M1 的制动控制做好了前期准备。普通 C5225 型立式车床主轴电动机 M1 的制动控制原理见表 4–6，供识图时参考。

表 4–6　　普通 C5225 型立式车床主轴电动机 M1 的制动控制原理

序号	具体说明	
1	SB3 为主轴电动机 M1 停止控制按钮开关，当按下该开关后，中间继电器 KA1 线圈、KM1 接触器线圈、时间继电器 KT1 线圈、KM△接触器线圈先后断电释放后复位。其中，接触器 KM1 的三组主触点 KM1–4～KM1–6 切断了主轴电动机 M1 的供电，但其已断开的动断触点 KM1–2 复位后，使 KM3 接触器线圈得电吸合，其各组触点就会动作，具体动作情况如下所述	
2	KM3–2 断开	当动断触点 KM3–2 断开后，就切断了中间继电器 KA3 和时间继电器 KT4 线圈的供电，防止它们出现误动作而发生事故
	KM3–3～KM3–5 闭合	当动合触点 KM3–5 闭合后，就接通了桥式整流能耗制动电路［见图 4–1（i）］与 T2 变压器输出端的连接。这样，T2 电源变压器二次侧输出的交流电压，经已闭合的动合触点 KM3–5→桥式整流器 U2 整流，得到的直流电压经 FU1 熔断器→(604)、(607)符号去主电路［见图 4–1（a）］→KM3–3 与 KM3–4 闭合的触点，加到主轴电动机 M1 的绕组上，从而使该电动机进行能耗制动→工作台速度迅速下降
3	一旦主轴电动机 M1 的转速下降到 100r/min 以下时，速度继电器 SR 的动合已闭合的触点又断开，从而切断了接触器 KM3 线圈的供电而释放，其各组触点复位后，断开了桥式整流能耗制动电路，完成了电动机能耗制动过程	

4.2.7　普通 C5225 型立式车床工作台的变速控制原理

如图 4–1（d）所示，QS 为车床工作台变速控制开关，该开关与电磁铁 YA1～YA4、液压传动机构驱动齿轮来完成工作台的变速控制。QS 开关有 QS–1～QS–4 四组触点，用于分别控制电磁铁 YA1～YA4 线圈电压的通断，QS 开关在不同位置时，会使电磁铁 YA1～YA4 有不同的组合。QS 转换开关在不同状态时，电磁铁 YA1～YA4 线圈的通断和工作台转速情况见表 4–7，供识图时参考。

表4–7　开关QS不同状态时电磁铁YA1～YA4线圈的通断和工作台转速情况

电磁铁		YA1	YA2	YA3	YA4
转换开关QS触点		QS–1	QS–2	QS–3	QS–4
花盘各级转速电磁铁及QS接通与断开情况	2	断开	接通	接通	接通
	2.5	接通	接通	接通	接通
	3.4	接通	断开	接通	接通
	4	断开	断开	接通	接通
	6	接通	接通	断开	接通
	6.3	断开	断开	断开	接通
	8	接通	接通	断开	接通
	10	断开	断开	断开	接通
	12.5	接通	接通	接通	断开
	16	断开	接通	接通	断开
	20	接通	断开	接通	断开
	25	断开	断开	接通	断开
	31.5	接通	接通	断开	断开
	40	断开	接通	断开	断开
	50	接通	断开	断开	断开
	63	断开	断开	断开	断开

SB7为工作台变速控制按钮开关，当需要对工作台进行变速时，先把转换开关QS扳到所需要转速的位置后，按下该开关后，就可以使中间继电器KA3与时间继电器KT4线圈同时得电吸合，具体工作情况见表4–8，供识图时参考。

表 4–8　普通 C5225 型立式车床工作台的变速控制原理

<table>
<tr><th>项目</th><th colspan="2">具 体 说 明</th></tr>
<tr><td rowspan="3">KA3 线圈吸合</td><td colspan="2">当中间继电器 KA3 吸合后，其动合触点 KA3–1 闭合后自锁，用于松开 SB7 按钮开关后，维持中间继电器 KA3 线圈中的电流不会断开；而动合触点 KA3–2 闭合后，接通了定位电磁铁 YA5 线圈的供电，其动作后使锁杆油路被接通，由此就会使压力油进入锁杆油缸，把锁杆抬起，并接通了变速油路。
当锁杆抬起时位置开关 SQ1 就会被压合，其动断触点 SQ1–1 断开后，就切断了所有与工作台工作有关的控制电路电流通路；而动合触点 QS1–2 闭合后，同时接通了中间继电器 KA2、时间继电器 KT2 线圈的供电而吸合，具体动作情况如下所述</td></tr>
<tr><td>KA2 线圈吸合</td><td>当中间继电器 KA2 线圈吸合后，其动合触点 KA2–2 闭合后，就会使变速指示灯 HL2 点亮，以示进入变速状态；而动合触点 KA2–1 闭合后，通过 QS［见图 4–1（K）］转换开关接通了相应的电磁铁→压力油就会进入相应的油缸，从而使拉杆和拨叉推动变速工作台获得相应的转速</td></tr>
<tr><td>KT2 线圈吸合</td><td>时间继电器 KT2 线圈吸合，经过一定的时间后，其延时闭合动合触点 KT2–1 闭合，使时间继电器 KT3 线圈得电吸合，其瞬时动合触点 KT3–1［见图 4–1（c）］闭合后，使接触器 KM1 与 KMY线圈先后得电吸合，其各组触点动作后，接通了主轴电动机 M1 的供电而使其短时起动运转，以保证变速齿轮顺利啮合；而 KT3–2 延时断开动断触点经过一定时间断开后，使时间继电器 KT2 线圈断电释放，进而其延时已经闭合的动合触点复位时又断开了 KT3 时间继电器线圈的供电而释放→接触器 KM1 与 KMY线圈均断电释放→主轴电动机 M1 停止工作。
当 KT3 线圈断电释放后，其延时断开动断触点 KT3–2 复位接通后，又接通了 KT2 线圈的供电而吸合，其动合延时闭合触点 KT2–1 闭合，再一次使主轴电动机 M1 重复出现短时起动运转的动作。
一旦齿轮啮合好后，机械锁杆就会复位，松开位置开关 SQ1 并使其复位→中间继电器 KA2、时间继电器 KT2 与 KT3 及电磁铁 YA1～YA4 均断电，从而结束了工作台的变速过程</td></tr>
<tr><td>KT4 线圈吸合</td><td colspan="2">当时间继电器 KT4 线圈得电吸合后，由于该继电器只有一组延时断开动断触点 KT4–1，因此该触点串接在中间继电器 KA3 与时间继电器 KT4 线圈供电通路之间，用于在工作台变速时实时地断开中间继电器 KA3 与时间继电器 KT4 线圈的供电通路</td></tr>
</table>

4.2.8　普通 C5225 型立式车床横梁升降控制原理

C5225 型普通立式车床横梁升降控制是由升降电动机 M3 驱动

来完成的，但在横梁升降之前，均应在放松横梁夹紧装置的情况下进行，对横梁的放松是由液压系统通过机械方式来实现的。普通C5225型立式车床横梁升降控制原理见表4–9，供识图时参考。

表4–9　　普通C5225型立式车床横梁升降控制原理

<table>
<tr><th>序号</th><th>项目</th><th colspan="3">具 体 说 明</th></tr>
<tr><td rowspan="6">1</td><td rowspan="6">横梁上升控制</td><td colspan="3">SB15为横梁上升控制按钮开关，当按下该开关后，其动断触点SB15–1断开后，切断了接触器KM10线圈的电流通路，动合触点SB15–2闭合后，就接通了中间继电器KA12线圈的供电而吸合，其两组动合触点同时动作而闭合，具体动作情况如下所述</td></tr>
<tr><td>KA12–1闭合</td><td colspan="2">动合触点KA12–1闭合后，就接通了横梁放松电磁铁YA6线圈的电流通路而动作，从而接通了液压系统油路，使横梁夹紧机构放松，位置开关SQ7～SQ10复位闭合</td></tr>
<tr><td rowspan="4">KA12–2闭合</td><td colspan="2">动合触点KA12–2闭合后，就接通了接触器KM9线圈的电流通路而吸合，其各组触点均会动作，具体动作情况如下所述</td></tr>
<tr><td>KM9–2断开</td><td>当动断触点KM9–2断开后，就断开了反转控制交流接触器KM10线圈中的电流通路，以防止该接触器出现误动作而发生事故</td></tr>
<tr><td>KM9–1闭合</td><td>当动合触点KM9–1闭合后，为刀架快速移动接触器KM7线圈得电工作做好了前期准备</td></tr>
<tr><td>KM9–3～KM9–5闭合</td><td>三组动合主触点KM9–3～KM9–5闭合接通后，就会使横梁升降电动机M3得电正向起动运行，驱动横梁上升</td></tr>
<tr><td>2</td><td>横梁上升停止控制</td><td colspan="3">一旦横梁上升到需要的高度时，松开SB15按钮开关后，中间继电器KA12线圈就会断电释放，其已闭合的动合触点KA12–2复位断开后，进而又使接触器KM9线圈断电释放，使横梁升降电动机M3停转，横梁停止上升；而已闭合的动合触点KA12–1复位断开后，又切断了电磁铁YA6线圈的供电而释放，复位后又接通了夹紧液压系统的油路，由夹紧装置把横梁夹紧在立柱上</td></tr>
<tr><td rowspan="2">3</td><td rowspan="2">横梁下降控制</td><td colspan="3">SB14为横梁下降控制按钮开关，当按下该开关后，其动断触点SB14–1断开后，切断了接触器KM9线圈的电流通路，动合触点SB14–2闭合后，就接通了时间继电器KT8线圈的供电而吸合，其各组触点同时动作，具体动作情况如下所述</td></tr>
<tr><td>KT8–3断开</td><td colspan="2">延时断开动断触点KT8–3断开后，就断开了正转控制交流接触器KM9线圈中的电流通路，以防止该接触器出现误动作而发生事故</td></tr>
</table>

续表

<table>
<tr><th>序号</th><th>项目</th><th colspan="4">具 体 说 明</th></tr>
<tr><td rowspan="6">3</td><td rowspan="6">横梁下降控制</td><td rowspan="6">KT8–2闭合</td><td colspan="3">延时闭合动合触点 KT8–2 闭合后，又使时间继电器 KT9 线圈得电吸合，其延时闭合动合触点 KT9–1 闭合后，接通了 KA12 中间继电器线圈的电流通路而吸合，其两组动合触点同时动作而闭合，具体动作情况如下所述</td></tr>
<tr><td>KA12–1闭合</td><td colspan="2">动合触点 KA12–1 闭合后，就接通了横梁放松电磁铁 YA6 线圈的电流通路而动作，从而接通了液压系统油路，使横梁夹紧机构放松，位置开关 SQ7～SQ10 复位闭合</td></tr>
<tr><td rowspan="4">KA12–2闭合</td><td colspan="2">动合触点 KA12–2 闭合后，就接通了接触器 KM10 线圈的电流通路而吸合，其各组触点均会动作，具体动作情况如下所述</td></tr>
<tr><td>KM10–2断开</td><td>当动断触点 KM10–2 断开后，就断开了正转控制交流接触器 KM9 线圈中的电流通路，以防止该接触器出现误动作而发生事故</td></tr>
<tr><td>KM10–1闭合</td><td>当动合触点 KM10–1 闭合后，为刀架快速移动接触器 KM7 线圈得电工作做好了前期准备</td></tr>
<tr><td>KM10–3～KM10–5闭合</td><td>三组动合主触点 KM10–3～KM10–5 闭合接通后，就会使横梁升降电动机 M3 得电反向起动运行，驱动横梁下降</td></tr>
<tr><td>4</td><td>横梁下降停止控制</td><td colspan="4">一旦横梁下降到需要的高度时，松开 SB14 按钮开关后，时间继电器 KT9 线圈断电释放，但由于其已闭合的延时闭合动合触点 KT9–1 的延时作用，中间继电器 KA12 线圈仍然获得供电。故接触器 KM9 线圈得电吸合，横梁电动机 M3 正转。此时，由于横梁下降后还没有夹紧，故横梁会作短时回升，由此可消除蜗轮与蜗杆之间的啮合间隙。
一旦 KT9–1 的动合延时触点断开后，KA12 继电器线圈就会断电释放，这一方面使横梁升降电动机 M3 停转，横梁停止上升；而已闭合的动合触点 KA12–1 复位断开后，又切断了电磁铁 YA6 线圈的供电而释放，复位后又接通了夹紧液压系统的油路，由夹紧装置把横梁夹紧在立柱上</td></tr>
<tr><td>5</td><td>限位保护</td><td colspan="4">位置开关 SQ11 与 SQ12 用于对横梁上、下移动的位置进行保护。这两只保护开关的动断触点串接在接触器 KM9 与 KM10 线圈的供电通路中，一旦横梁上、下移动到极限位置时，就切断 KM9 与 KM10 线圈的供电通路，以实现限位保护</td></tr>
</table>

4.2.9 普通 C5225 型立式车床右立刀架快速移动控制原理

SA1 为车床右立刀架快速移动控制十字开关，将该开关扳向不同方向时，可以实现对刀架的快速移动。具体工作情况见表 4–10，供识图时参考。

表 4–10 普通 C5225 型立式车床右立刀架快速移动控制原理

<table>
<tr><th>序号</th><th>项目</th><th colspan="2">具 体 说 明</th></tr>
<tr><td rowspan="3">1</td><td rowspan="3">右立刀架快速向左移动的前期准备</td><td colspan="2">如图 4–1（e）所示，当把十字开关 SA1 扳向向左位置时，中间继电器 KA4 线圈得电吸合，其各组触点均会动作，具体动作情况如下所述</td></tr>
<tr><td>KA4–3 断开</td><td>当动断触点 KA4–3 断开后［见图 4–1（g）］，就切断了右立刀架水平制动离合器 YC5 电磁铁线圈的电流通路，以防该离合器误动作而发生事故</td></tr>
<tr><td>KA4–2 闭合</td><td>当动合触点 KA4–2 闭合后，就接通了右立刀架向左离合器 YC1 电磁铁线圈的电流通路而闭合→右立刀架向左离合器齿轮啮合，为右立刀架向左快速移动做好前期准备</td></tr>
<tr><td rowspan="5">2</td><td rowspan="5">右立刀架快速向左移动控制</td><td colspan="2">如图 4–1（e）所示，SB8 为右立刀架快速向左移动电动机的起动按钮开关，当按下该开关后，接触器 KM5 线圈得电吸合，其各组触点就会动作，具体动作情况如下所述</td></tr>
<tr><td>KM5–2 断开</td><td>动断触点 KM5–2 断开后，就断开了交流接触器 KM6 线圈中的电流通路，以防止该接触器出现误动作而发生事故</td></tr>
<tr><td>KM5–1 闭合</td><td>动合触点 KM5–1 闭合后使 KT6 得电吸合，其 KT6–1 闭合［见图 4–1（g）］，为右立刀架水平制动离合器 YC5 电磁铁线圈供电通路的接通做好了前期准备</td></tr>
<tr><td>KM5–3 断开</td><td>动断触点 KM5–3 断开后，就将由 YC5 线圈组成的右立刀架水平制动离合器供电支路与由 YC6 线圈组成的垂直制动离合器供电支路分开</td></tr>
<tr><td>KM5–3～KM5–5 闭合</td><td>三组动合主触点 KM5–3～KM5–5 闭合接通后，就会使右立刀架快速移动电动机 M4 得电起动运行，驱动右立刀架快速向左移动</td></tr>
<tr><td>3</td><td>右立刀架快速向左移动停止控制</td><td colspan="2">当松开右立刀架快速向左移动电动机的起动按钮开关 SB8 后，右立刀架快速移动电动机 M4 就会断电停机，右立刀架也停止移动</td></tr>
</table>

续表

序号	项目	具 体 说 明
4	限位保护	位置开关SQ3与SQ4用于对右立刀架左、右移动的位置进行保护。SQ3与SQ4的动断触点SQ3–1、SQ4–1串接在中间继电器KA4与KA5线圈的供电通路中，一旦右立刀架左、右移动到极限位置时，就切断KA4与KA5线圈的供电通路，以实现限位保护
5	右立刀架快速向右、向上、向下移动控制	右立刀架快速向右、向上、向下移动控制时的工作原理基本相同，当把十字开关SA1扳到向右、向上、向下方向时［见图4–1（g）］，就可使右立刀架各快速方向电磁离合器YC2～YC4动作从而使右立刀架向右、向上、向下快速移动。位置开关SQ5与SQ6用于对左立刀架左、右移动的位置进行保护

4.2.10 普通C5225型立式车床右立刀架进给控制原理

表4–11为普通C5225型立式车床右立刀架进给控制原理，供识图时参考。

表4–11 普通C5225型立式车床右立刀架进给控制原理

<table>
<tr><th>序号</th><th>项目</th><th colspan="2">具 体 说 明</th></tr>
<tr><td>1</td><td>前期准备</td><td colspan="2">上面已经说过，当工作台主轴电动机M1被起动，中间继电器KA1得电吸合后，如图4–1（e）所示，其动合触点KA1–5就会闭合接通，此时，如合上QS3开关，其动断触点QS3–1断开后，就断开了中间继电器KA4线圈中的电流通路，以防止该继电器出现误动作而发生事故；而动合触点QS3–2闭合后，就为接触器KM6线圈通电做好了前期准备</td></tr>
<tr><td rowspan="3">2</td><td rowspan="3">起动控制</td><td colspan="2">在起动右立刀架快进给电动机M5之前，如图4–1（b）所示，先要合上控制开关QF3。在图4–1（e）所示电路中，SB10为右立刀架快进给电动机的起动按钮开关，当按下该开关后，接触器KM6线圈得电吸合，其各组触点就会动作，具体动作情况如下所述</td></tr>
<tr><td>KM6–1闭合</td><td>当动合触点KM6–1闭合后，就实现了自锁，以保证在松开起动按钮开关SB10后，维持KM6线圈中的电流通路不会断开</td></tr>
<tr><td>KM6–5～KM6–7闭合</td><td>三组动合主触点KM6–5～KM6–7闭合接通后，就会使右立刀架快进给电动机M5得电运行，驱动右立刀架工作进给</td></tr>
</table>

续表

序号	项目	具体说明	
2	起动控制	KM6–8 闭合	动合触点 KM6–8 闭合后，就会使 HL3 指示灯点亮，以示机床处于右立刀进给状态
3	停止控制	SB9 为右立刀架各种方向控制总停止按钮开关，当按下该开关后，接触器 KM6 线圈就会断电释放，其各组触点复位，右立刀架快进给电动机 M5 也因断电而停止工作	

4.2.11 普通 C5225 型立式车床左立刀架快速移动与进给控制原理

普通 C5225 型立式车床左立刀架快速移动与进给控制原理见表 4–12，供识图时参考。

表 4–12 普通 C5225 型立式车床左立刀架快速移动与进给控制原理

序号	项目	具体说明
1	左立刀架快速移动控制	如图 4–1（f）所示，SA2 为车床左立刀架快速移动控制十字开关，将该开关扳向不同方向时，通过控制离合器 YC9～YC12 线圈中电流通路的接通与断开可以实现对左刀架的快速移动控制。 SB11 为左立刀架快速向左移动电动机 M6 的起动按钮开关，当按下该开关后，通过向左移动电动机 M6 配合相关机械系统来实现左立刀架各个方向的快速移动控制。其控制原理与右立刀架快速移动控制基本相同，读者可自行分析
2	左立刀架进给控制	如图 4–1（f）所示，SB13 为左立刀架进给起动按钮开关，用于控制接触器 KM8 线圈中电流的接通与断开，进而起动左立刀架进给电动机 M7 使其运转，驱动左立刀架工作进给。SB12 为左立刀架各种方向控制总停止按钮开关。HL4 用于对左立刀进给进行指示，由 KM8–9 动合触点进行控制。这部分电路的控制原理与上述的右立刀架进给控制基本相同，读者可自行分析

4.2.12 普通 C5225 型立式车床左、右立刀架快速移动和进给制动以及各种运动的连锁保护控制原理

普通 C5225 型立式车床左、右立刀架快速移动和进给制动以及各种运动的连锁保护控制原理见表 4–13，供识图时参考。

表 4–13　　左、右立刀架快速移动和进给制动及各种运动的连锁保护控制原理

序号	项目	具 体 说 明
1	左、右立刀架快速移动和进给制动控制	在左、右立刀架快速移动控制和进给控制过程中，当接触器 KM5 或 KM6 及接触器 KM7 或 KM8 线圈得电吸合后，它们的动合触点 KM5–1 或 KM6–3 及 KM7–1 或 KM8–4 闭合后，又使时间继电器 KT6 或 KT7 线圈得电吸合，如图 4–1（g）与图 4–1（h）所示。它们的瞬时闭合延时断开触点 KT6–1 或 KT7–1 就会闭合。这样，在松开左、右立刀架快速移动按钮开关或按下左、右立刀架进给停止按钮后，时间继电器 KT6、KT7 断电延时，在一定时间内，其瞬时闭合延时断开触点 KT6–1 或 KT7–1 仍然闭合。当停止左、右立刀架快速移动和进给运动时，由于惯性的作用，左、右立刀架快速移动和进给运动不会立即停止，此时，只要分别按下左、右立刀架垂直和水平制动离合器按钮 SB16 或 SB17，就可以分别接通对应制动离合器 YC5～YC8 线圈的供电，从而使制动离合器动作后，对左、右立刀架快速移动和进给进行制动控制，使其迅速停止
2	各种运动的连锁保护	为了保证安全，C5225 型普通立式车床在电气设计上采用了多种连锁保护方式。其中：工作台运转和工作台变速系统与横梁的升降采用中间继电器 KA1 和位置开关 SQ1 进行连锁，当主轴电动机 M1 驱动工作台运转时［见图 4–1（d）］，KA1–4 动断触点断开后，工作台变速系统就会断电，而 KA1–7 动断触点［见图 4–1（f）］断开后，从而又切断了横梁升降电路。工作台在变速时，由锁杆压动行程开关 SQ1 使其动断触点 SQ1–1 断开，也防止了工作台被误起动

4.3 普通 C5225 型立式车床控制线路常见故障处理

普通 C5225 型立式车床常见故障处理见表 4–14，供检修故障时参考。

表 4–14　　普通 C5225 型立式车床常见故障处理

序号	故障现象	故障原因	处理方法
1	车床不工作，照明灯也不亮	电源总开关 QF1–1 不良或损坏	对电源总开关 QF1–1 进行修理或更换新的、同规格的配件
		FU5 熔断器熔断	查找 FU5 熔断器熔断的原因并处理后，再更换新的、同规格的熔断器

续表

序号	故障现象	故障原因	处理方法
2	车床不工作，但照明灯亮	FU6熔断器熔断	查找FU6熔断器熔断的原因并处理后，再更换新的、同规格的熔断器
		电源控制变压器TC不良或损坏	对电源控制变压器TC进行修理或更换新的、同规格的配件
3	油泵电动机M2无法起动	电源控制开关QF1–2或自动控制开关QF2–2某一触点闭合后接触不良或损坏	对控制开关QF1–2或QF2–2触点进行检查修理或更换新的、同规格的配件
		停机按钮开关SB1动断触点接触不良或损坏	对停机按钮开关SB1动断触点进行修理或更换新的、同规格的配件
		起动开关按钮SB2触点压合后接触不良或损坏	对起动开关按钮SB2触点进行修理或更换新的、同规格的配件
		交流接触器KM4线圈不良或损坏	对交流接触器KM4线圈进行修理或更换新的、同规格的配件
		三组KM4–3～KM4–5主触点闭合后接触不良或损坏	对三组KM4–3～KM4–5主触点进行修理或更换新的、同规格的配件
		油泵电动机M2本身不良或损坏	对油泵电动机M2进行修理或更换新的、同规格的配件
4	主轴电动机M1无法起动	三组KM1–4～KM1–6主触点闭合后接触不良或损坏	对三组KM1–4～KM1–6主触点进行修理或更换新的、同规格的配件
		三组KMY–2主触点闭合后接触不良或损坏	对三组KMY–2主触点进行修理或更换新的、同规格的配件
		主轴电动机M1本身不良或损坏	对主轴电动机M1进行修理或更换新的、同规格的配件
		位置开关SQ1–1动断触点接触不良或损坏	对位置开关SQ1–1动断触点进行修理或更换新的、同规格的配件
		起动开关按钮SB4触点压合后接触不良或损坏	对起动开关按钮SB4触点进行修理或更换新的、同规格的配件

续表

序号	故障现象	故障原因	处理方法
4	主轴电动机 M1 无法起动	停机按钮开关 SB3 动断触点接触不良或损坏	对停机按钮开关 SB3 动断触点进行修理或更换新的、同规格的配件
		中间继电器 KA1 线圈不良或损坏	对中间继电器 KA1 线圈进行修理或更换新的、同规格的配件
		动断触点 KM3–6 接触不良或损坏	对动断触点 KM3–6 进行修理或更换新的、同规格的配件
		反转点动按钮开关 SB6–1 动断触点接触不良或损坏	对反转点动按钮开关 SB6–1 动断触点进行修理或更换新的、同规格的配件
		交流接触器 KM1 线圈不良或损坏	对交流接触器 KM1 线圈进行修理或更换新的、同规格的配件
		中间继电器 KA1–1 动合触点闭合后接触不良或损坏	对中间继电器 KA1–1 动合触点进行修理或更换新的、同规格的配件
		接触器 KMY线圈不良或损坏	对接触器 KMY线圈进行修理或更换新的、同规格的配件
		动断触点 KM△–1 接触不良或损坏	对动断触点 KM△–1 进行修理或更换新的、同规格的配件
		时间继电器延时断开动断触点 KT1–1 接触不良或损坏	对时间继电器延时断开动断触点 KT1–1 进行修理或更换新的、同规格的配件
5	主轴电动机 M1 可Y起动，但无法采用△运行	接触器 KM△线圈不良或损坏	对接触器 KM△线圈进行修理或更换新的、同规格的配件
		接触器 KMY–1 动断触点接触不良或损坏	对接触器 KMY–1 动断触点进行修理或更换新的、同规格的配件
		时间继电器延时闭合动合触点 KT1–2 接触不良或损坏	对时间继电器延时闭合动合触点 KT1–2 进行修理或更换新的、同规格的配件
		接触器 KM△–2 三组动合触点闭合后有接触不良或损坏	对接触器 KM△–2 三组动合触点进行修理或更换新的、同规格的配件

续表

序号	故障现象	故障原因	处理方法
6	横梁升降电动机M3无法起动，或虽可起动但横梁无法升降	电磁铁YA6线圈不良或损坏	对电磁铁YA6线圈进行修理或更换新的、同规格的配件
		中间继电器KA12–1动合触点闭合后接触不良或损坏	对中间继电器KA12–1动合触点进行修理或更换新的、同规格的配件
		位置开关SQ7～SQ10动断触点中有接触不良或损坏	对位置开关SQ7～SQ10动断触点进行检查修理或更换新的、同规格的配件
		中间继电器KA12–2动合触点闭合后接触不良或损坏	对中间继电器KA12–2动合触点进行修理或更换新的、同规格的配件
		中间继电器KA12线圈不良或损坏	对中间继电器KA12线圈进行修理或更换新的、同规格的配件
		时间继电器KT8线圈不良或损坏	对时间继电器KT8线圈进行修理或更换新的、同规格的配件
		中间继电器KA1–7动断触点接触不良或损坏	对中间继电器KA1–7动断触点进行修理或更换新的、同规格的配件
		FU2熔断器熔断	查找FU2熔断器熔断的原因并处理后，再更换新的、同规格的熔断器
7	右立刀架快速移动电动机M4无法起动	十字架开关SA1动合触点闭合后接触不良或损坏	对十字架开关SA1动合触点进行修理或更换新的、同规格的配件
		起动开关按钮SB2触点压合后接触不良或损坏	对起动开关按钮SB2触点进行修理或更换新的、同规格的配件
		接触器KM5线圈不良或损坏	对接触器KM5线圈进行修理或更换新的、同规格的配件
		接触器KM6–1动断触点接触不良或损坏	对接触器KM6–1动断触点进行修理或更换新的、同规格的配件
		右立刀架快速移动电动机M4本身不良或损坏	对右立刀架快速移动电动机M4进行修理或更换新的、同规格的配件

续表

序号	故障现象	故障原因	处理方法
7	右立刀架快速移动电动机M4无法起动	三组KM5–4～KM5–6主触点接触不良或损坏	对三组KM5–4～KM5–6主触点进行修理或更换新的、同规格的配件
		FU3熔断器熔断	查找FU3熔断器熔断的原因并处理后，再更换新的、同规格的熔断器
8	右立刀架不能向相应方向快速移动	相应的电磁铁离合器线圈不良或损坏	对相应的电磁铁离合器线圈进行修理或更换新的、同规格的配件
		动合触点KA4–2～KA7–2中闭合后有接触不良或损坏现象	对相应的中间继电器的动合触点KA4–2～KA7–2进行修理或更换新的、同规格的配件
		动合触点KA4–1～KA7–1中有闭合后接触不良或损坏现象	对相应的中间继电器的动合触点KA4–1～KA7–1进行修理或更换新的、同规格的配件
		相应的中间继电器KA4～KA7线圈不良或损坏	对相应的中间继电器KA4～KA7线圈进行修理或更换新的、同规格的配件
		位置开关SQ3、SQ4动断触点中有接触不良或损坏	对位置开关SQ3、SQ4动断触点进行检查修理或更换新的、同规格的配件
		十字架开关SA1动合触点闭合后接触不良或损坏	对十字架开关SA1动合触点进行修理或更换新的、同规格的配件
9	右立刀架进给电动机M5无法起动	交流接触器KM6线圈不良或损坏	对交流接触器KM6线圈进行修理或更换新的、同规格的配件
		接触器KM5–2动断触点接触不良或损坏	对接触器KM5–2动断触点进行修理或更换新的、同规格的配件
		起动开关按钮SB10触点压合后接触不良或损坏	对起动开关按钮SB10触点进行修理或更换新的、同规格的配件
		中间继电器KA1–5动合触点闭合后接触不良或损坏	对中间继电器KA1–5动合触点进行修理或更换新的、同规格的配件
		停止按钮开关SB9动断触点接触不良或损坏	对停止按钮开关SB9动断触点进行修理或更换新的、同规格的配件

续表

序号	故障现象	故障原因	处理方法
9	右立刀架进给电动机M5无法起动	右立刀架进给电动机M5不良或损坏	对右立刀架进给电动机M5进行修理或更换新的、同规格的配件
		三组KM6–5～KM6–7动合主触点闭合后接触不良或损坏	对三组KM6–5～KM6–7动合主触点进行修理或更换新的、同规格的配件
		自动开关QF3三组动合触点闭合后接触不良或损坏	对自动开关QF3三组动合触点进行修理或更换新的、同规格的配件
10	右立刀架没有制动功能	电磁铁YC5、YC6线圈不良或损坏	对电磁铁YC5、YC6线圈进行修理或更换新的、同规格的配件
		动断触点KA4–3～KA7–3中有接触不良或损坏现象	对中间继电器的动断触点KA4–3～KA7–3进行修理或更换新的、同规格的配件
		时间继电器瞬时闭合延时断开触点KT6–1接触不良或损坏	对时间继电器瞬时闭合延时断开触点KT6–1进行修理或更换新的、同规格的配件
11	左立刀架无法向相应方向快速移动	动合触点KA8–2～KA11–2中有接触不良或损坏现象	对相应的中间继电器动合触点KA8–2～KA11–2进行修理或更换新的、同规格的配件
		动合触点KA8–1～KA11–1中有接触不良或损坏现象	对相应的中间继电器动合触点KA4–1～KA7–1进行修理或更换新的、同规格的配件
		相应的中间继电器KA4～KA7线圈中不良或损坏	对相应的中间继电器KA4～KA7线圈进行修理或更换新的、同规格的配件
		位置开关SQ5、SQ6动断触点中有接触不良或损坏	对位置开关SQ5、SQ6动断触点进行检查修理或更换新的、同规格的配件
		十字架开关SA2动合触点闭合后接触不良或损坏	对十字架开关SA2动合触点进行修理或更换新的、同规格的配件

续表

序号	故障现象	故障原因	处理方法
12	左立刀架进给电动机 M7 无法起动	交流接触器 KM8 线圈不良或损坏	对交流接触器 KM8 线圈进行修理或更换新的、同规格的配件
		动断触点 KM7–6 接触不良或损坏	对动断触点 KM7–6 进行修理或更换新的、同规格的配件
		起动开关按钮 SB13 触点压合后接触不良或损坏	对起动开关按钮 SB13 触点进行修理或更换新的、同规格的配件
		中间继电器 KA1–6 动合触点闭合后接触不良或损坏	对中间继电器 KA1–6 动合触点进行修理或更换新的、同规格的配件
		停止按钮开关 SB12 动断触点接触不良或损坏	对停止按钮开关 SB12 动断触点进行修理或更换新的、同规格的配件
		左立刀架进给电动机 M7 不良或损坏	对左立刀架进给电动机 M7 进行修理或更换新的、同规格的配件
		三组 KM8–6～KM8–8 动合主触点闭合后接触不良或损坏	对三组 KM8–6～KM8–8 动合主触点进行修理或更换新的、同规格的配件
		自动开关 QF4 三组动合触点闭合后接触不良或损坏	对自动开关 QF4 三组动合触点进行修理或更换新的、同规格的配件
13	左立刀架没有制动功能	电磁铁 YC7、YC8 线圈不良或损坏	对电磁铁 YC7、YC8 线圈进行修理或更换新的、同规格的配件
		动断触点 KA8–1～KA11–1 中有接触不良或损坏	对中间继电器的动断触点 KA8–1～KA11–1 进行修理或更换新的、同规格的配件
		时间继电器瞬时闭合延时断开触点 KT7–1 接触不良或损坏	对时间继电器瞬时闭合延时断开触点 KT7–1 进行修理或更换新的、同规格的配件
14	工作台无法变速	时间继电器瞬时触点 KT3–1 闭合后接触不良或损坏	对时间继电器瞬时触点 KT3–1 进行修理或更换新的、同规格的配件
		中间继电器 KA2 线圈不良或损坏	对中间继电器 KA2 线圈进行修理或更换新的、同规格的配件

续表

序号	故障现象	故障原因	处理方法
14	工作台无法变速	中间继电器的动断触点KA1–4接触不良或损坏	对中间继电器的动断触点KA1–4进行修理或更换新的、同规格的配件
		位置开关SQ1–2动合触点闭合后接触不良或损坏	对位置开关SQ1–2动合触点进行检查修理或更换新的、同规格的配件
		电磁铁YA5线圈不良或损坏	对YA5线圈进行修理或更换同规格的配件
		中间继电器的动合触点KA3–2闭合后接触不良或损坏	对中间继电器的动合触点KA3–2进行修理或更换新的、同规格的配件
		时间继电器瞬时断开触点KT4–1闭合后接触不良或损坏	对时间继电器瞬时断开触点KT4–1进行修理或更换新的、同规格的配件
		动断触点KM3–2接触不良或损坏	对动断触点KM3–2进行修理或更换新的、同规格的配件
		起动开关按钮SB7触点闭合后接触不良或损坏	对起动开关按钮SB7触点进行修理或更换新的、同规格的配件
		变速电磁铁YC1～YC4线圈不良或损坏	对变速电磁铁YC1～YC4线圈进行修理或更换新的、同规格的配件
		变速开关QS不良或损坏	对变速开关QS进行修理或更换同规格配件
		中间继电器的动合触点KA2–1闭合后接触不良或损坏	对中间继电器的动合触点KA2–1进行修理或更换新的、同规格的配件
15	工作台无法制动	动合触点KM3–3或KM3–4闭合后接触不良或损坏	对动合触点KM3–3或KM3–4进行修理或更换新的、同规格的配件
		直流制动电路中FU1熔断器熔断	查找直流制动电路中FU1熔断器熔断的原因并处理后，再更换新的、同规格的熔断器

续表

序号	故障现象	故障原因	处理方法
15	工作台无法制动	桥式整流器U2不良或损坏	对U2进行修理或更换新的、同规格的配件
		直流制动电路中动合触点KM3–5闭合后接触不良或损坏	对直流制动电路中动合触点 KM3–54进行修理或更换新的、同规格的配件
		动断触点 KM1–2 或KM2–2接触不良或损坏	对动断触点KM1–2或KM2–2进行修理或更换新的、同规格的配件
		速度继电器SR动合触点闭合后接触不良或损坏	对速度继电器SR动合触点进行修理或更换新的、同规格的配件
		直流制动电路中电源变压器T2不良或损坏	对直流制动电路中电源变压器T2进行修理或更换新的、同规格的配件
		交流接触器KM3线圈不良或损坏	对交流接触器KM3线圈进行修理或更换新的、同规格的配件

第5章

普通61××系列车床线路识图与常见故障处理

61××系列车床型号较多，有多种前缀字母符号，前缀字母符号不同，线路图也有一定的差别，本章介绍几种较市场上拥有量较大、较典型的61××系列车床的识图与常见故障处理方法，希望能够起到触类旁通的作用。

5.1 普通卧式C6132型车床线路识图与常见故障处理

普通C6132型卧式车床价格便宜、操作方便，故在一些中小型工矿企业中被广泛应用。图5–1所示就是该车床控制线路图。其组成特点见表5–1。

表5–1 普通C6132型卧式车床控制线路组成特点

序号	项目	具 体 说 明
1	主电路	图5–1（a）所示为普通C6132型卧式车床控制系统主电路，该电路主要由进给电动机M1、润滑油泵电动机M2、冷却泵电动机M3、动合主触点KM1–2～KM1–4、KM2–2～KM2–4、KM3–3～KM3–5，QF1与QF2开关、电动机M1～M3过载保护热继电器KR1～KR3、熔断器FU1等组成
2	控制电路	控制电路主要由电动机M1～M3过载保护热继电器KR1～KR3的动断触点，停止按钮开关SB1，起动按钮开关SB2，电动机正、反转转换开关SA1，中间继电器KA线圈，接触器KM1～KM3线圈等组成
3	指示灯与照明电路	指示灯与照明电路主要由TC电源降压变压器、照明灯控制开关SA2、熔断器FU3、电源指示灯HL、照明灯EL等组成。当机床总电源开关QF1接通后，电源指示灯HL就会点亮，以示控制系统已经通电

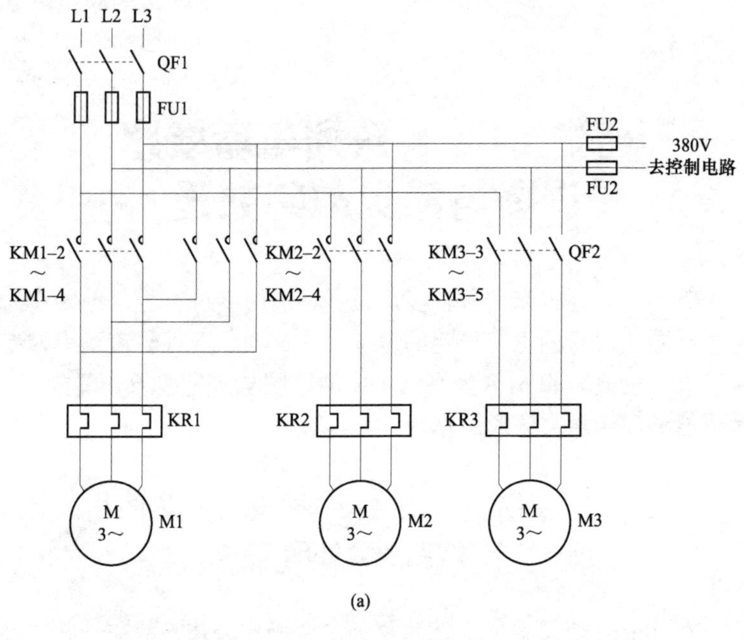

(a)

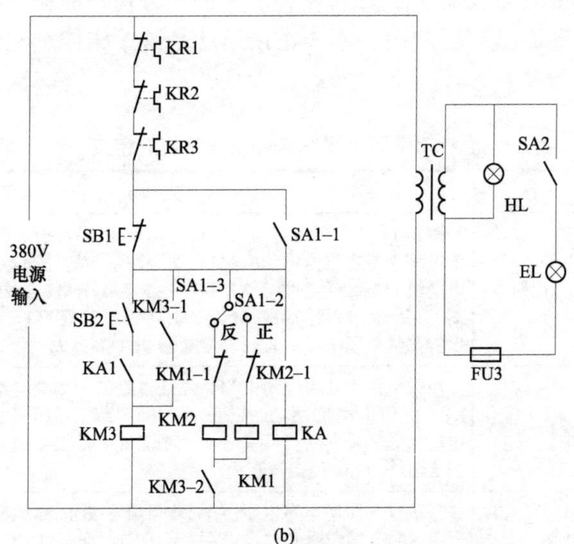

(b)

图 5–1 普通 C6132 型卧式车床控制线路

（a）主线路；（b）控制线路

5.1.1 普通卧式C6132型车床线路识图指导

普通卧式C6132型车床线路控制原理见表5–2，供识图时参考。

表5–2　　普通卧式C6132型车床线路控制原理

<table>
<tr><th>序号</th><th>项目</th><th colspan="3">具 体 说 明</th></tr>
<tr><td rowspan="4">1</td><td rowspan="4">润滑油电动机M2的起动控制</td><td colspan="3">当机床通电接通总电源开关QF1后，中间继电器KA线圈就会得电吸合，其动合触点KA1闭合后，为润滑泵电动机M2控制电路的工作做好前期准备。
SB2为润滑泵电动机M2起动控制按钮开关，当按下该开关后，接触器KM3线圈得电吸合，其各组触点就会动作，具体工作情况如下所述</td></tr>
<tr><td>KM3–1闭合</td><td colspan="2">当动合触点KM3–1闭合后，就实现了自锁，以保证在松开起动按钮开关SB2后，维持KM3线圈中的电流通路不会断开</td></tr>
<tr><td>KM3–3～KM3–5闭合</td><td colspan="2">当三组动合主触点KM3–3～KM3–5闭合接通后，就会使润滑泵电动机M2得电运行，驱动润滑油泵为主轴电动机M1工作做准备</td></tr>
<tr><td>KM3–1闭合</td><td colspan="2">当动合触点KM3–2闭合后，接通了接触器KM2、KM1线圈的供电通路，为控制主轴电动机M1工作做好前期准备</td></tr>
<tr><td rowspan="4">2</td><td rowspan="4">主轴电动机M1的起动控制</td><td colspan="3">M1的正、反转起动控制是由SA1转换开关来实现的，该开关有三组控制触点，其中的SA1–3触点接通后实现主轴电动机M1的正转起动控制，SA1–2触点接通后实现主轴电动机M1的反转起动控制，具体工作情况如下所述</td></tr>
<tr><td rowspan="3">正转起动控制</td><td colspan="2">当将SA1置于“正”位置后，SA1–2触点闭合，就接通了接触器KM1线圈的供电而吸合，其各组触点就会动作，具体工作情况如下所述</td></tr>
<tr><td>KM1–1断开</td><td>当动断触点KM1–1断开后，就断开了反转控制交流接触器KM2线圈中的电流通路，以防止该接触器出现误动作而发生事故</td></tr>
<tr><td>KM1–2～KM1–4闭合</td><td>三组动合主触点KM1–2～KM1–4闭合接通后，就会使主轴电动机M1得电起动进入正向运行状态</td></tr>
</table>

续表

<table>
<tr><th>序号</th><th>项目</th><th colspan="3">具 体 说 明</th></tr>
<tr><td rowspan="3">2</td><td rowspan="3">主轴电动机M1的起动控制</td><td rowspan="3">反转起动控制</td><td colspan="2">当将SA1转换开关置于“反”位置后，SA1–3触点闭合，就接通了接触器KM2线圈的电流通路而吸合，其各组触点就会动作，具体动作情况如下所述</td></tr>
<tr><td>KM2–1断开</td><td>当动断触点KM2–1断开后，就断开了正转控制交流接触器KM1线圈中的电流通路，以防止该接触器出现误动作而发生事故</td></tr>
<tr><td>KM2–2～KM2–4闭合</td><td>三组动合主触点 KM2–2～KM2–4闭合接通后，就会使主轴电动机 M1 得电起动进入反向运行状态</td></tr>
<tr><td>3</td><td>M2与M1的停止控制</td><td colspan="3">SB1为机床润滑油泵电动机M2与主轴电动机M1停止控制开关，当机床加工结束后，按下该开关后，就可以使机床润滑油泵电动机M2与主轴电动机M1停止工作</td></tr>
<tr><td>4</td><td>电动机M3的起动控制</td><td colspan="3">QF2为冷却泵电动机M3的起动控制开关，当工件加工需要冷却时，合上该开关后，冷却泵电动机M3就会得电运行，驱动冷却泵为机床加工提供冷却液。当断开 QF2 后，就会使冷却泵电动机M3停止工作</td></tr>
</table>

5.1.2 普通C6132型卧式车床常见故障处理

普通C6132型卧式车床常见故障现象、故障原因与处理方法见表5–3，供检修故障时参考。

表5–3 普通C6132型卧式车床常见故障处理

<table>
<tr><th>序号</th><th>故障现象</th><th>故障原因</th><th>处理方法</th></tr>
<tr><td rowspan="2">1</td><td rowspan="2">三台电动机均无法起动，指示灯HL也不亮</td><td>电源总开关 QF1 不良或损坏</td><td>对电源总开关 QF1 进行修理或更换新的、同规格的配件</td></tr>
<tr><td>FU1 或 FU2 熔断器熔断</td><td>查找FU1或FU2熔断器熔断的原因并处理后，再更换新的、同规格的熔断器</td></tr>
</table>

续表

序号	故障现象	故障原因	处理方法
2	三台电动机均无法起动，但指示灯 HL 亮	停机按钮开关 SB1 动断触点接触不良或损坏	对停机按钮开关 SB1 动断触点进行修理或更换新的、同规格的配件
		控制线路中热继电器 KR1～KR3 中有触点不良或损坏	对控制线路中热继电器 KR1～KR3 触点进行修理或更换新的、同规格的配件
3	仅冷却泵电动机能工作	中间继电器 KA 线圈不良或损坏	对中间继电器 KA 线圈进行修理或更换新的、同规格的配件
		中间继电器 KA1 动合触点闭合后接触不良或损坏	对中间继电器 KA1 动合触点进行修理或更换新的、同规格的配件
		起动开关按钮 SB2 触点闭合后接触不良或损坏	对起动开关按钮 SB2 触点进行修理或更换新的、同规格的配件
		交流接触器 KM3 线圈不良或损坏	对交流接触器 KM3 线圈进行修理或更换新的、同规格的配件
		动合触点 KM3–1 闭合后接触不良或损坏	对动合触点 KM3–1 进行修理或更换新的、同规格的配件
4	主轴电动机 M1 无法起动	动合触点 KM3–2 闭合后接触不良或损坏	对动合触点 KM3–2 进行修理或更换新的、同规格的配件
		SA1 转换开关不良或损坏	对 SA1 转换开关进行修理或更换新件
		主电路中热继电器 KR1 不良或损坏	对主电路中热继电器 KR1 进行修理或更换新的、同规格的配件
		M1 本身不良或损坏	对 M1 进行修理或更换新的配件
5	主轴电动机 M1 无法反转起动	SA1–3 转换开关不良或损坏	对 SA1–3 进行修理或更换新的配件
		交流接触器 KM2 线圈不良或损坏	对交流接触器 KM2 线圈进行修理或更换新的、同规格的配件
		动断触点 KM1–1 接触不良或损坏	对动断触点 KM1–1 进行修理或更换新的、同规格的配件

续表

序号	故障现象	故障原因	处理方法
6	主轴电动机M1无法正转起动	SA1–2转换开关不良或损坏	对SA1–2开关进行修理或更换新的配件
		交流接触器KM1线圈不良或损坏	对交流接触器KM1线圈进行修理或更换新的、同规格的配件
		动断触点KM2–1接触不良或损坏	对动断触点KM2–1进行修理或更换新的、同规格的配件
7	冷却泵电动机M3无法起动	冷却泵电动机M3本身不良或损坏	对冷却泵电动机M3进行修理或更换新的、同规格的配件
		控制开关QF2不良或损坏	对QF2进行修理或更换新的配件
		主电路中热继电器KR3接触不良或损坏	对主电路中热继电器KR3进行修理或更换新的、同规格的配件
8	没有工作照明	FU3熔断器熔断	查找FU3熔断器熔断的原因并处理后，再更换新的、同规格的熔断器
		照明灯EL不良或损坏	对EL进行修理或更换新的配件
		SA2控制开关触点不良或损坏	对SA2控制开关触点进行修理或更换新的、同规格的配件

5.2 普通CL6132–1型卧式16车床线路识图与常见故障处理

CL6132–1型卧式16车床控制电路是在CL6132型卧式16车床的基础上经改进后得到的。图5–2（a）所示为CL6132–1型卧式16车床主电动机电路；图5–2（b）所示为CL6132–1型卧式16车床控制电路。它主要由电流为20A、线圈耐压为110V的四只交流接触器KM1～KM4，具有秒级通电延时的时间继电器KT，热继电器FR，主电动机M等组成。控制电路的AC110V供电取自交流电源变压器的110V交流电压输出端，该交流变压器供电电路较为简单，因此这里没有画出。

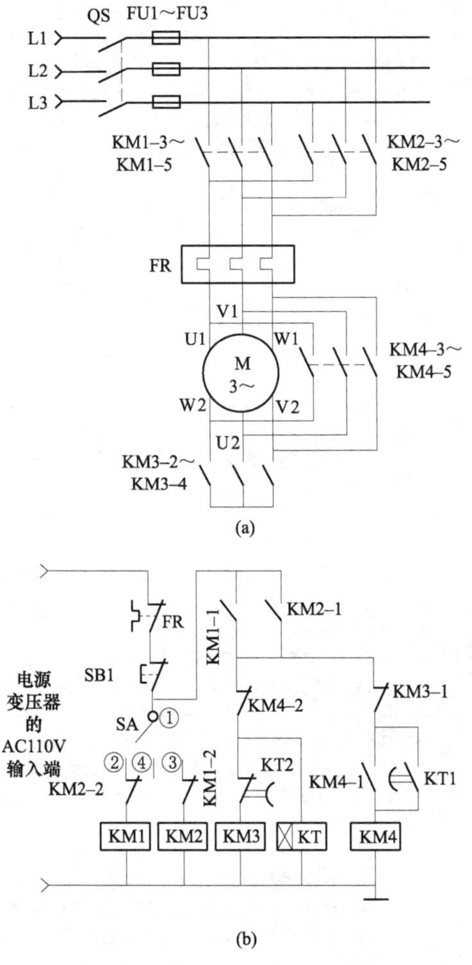

图 5–2　CL6132–1 型卧式 16 车床主电动机控制电路

（a）主电动机电路示意图；（b）主电动机控制电路示意图

5.2.1　普通 CL6132–1 型卧式 16 车床线路识图指导

普通 CL6132–1 型卧式 16 车床线路控制原理见表 5–4，供识图时参考。

表 5–4　　普通 CL6132–1 型卧式 16 车床线路控制原理

<table>
<tr><th>序号</th><th>项目</th><th colspan="4">具 体 说 明</th></tr>
<tr><td rowspan="3">1</td><td rowspan="3">工作特点</td><td colspan="4">CL6132–1 型卧式 16 车床主电动机控制电路将正、反转控制与Y–△起动控制结合在一起，电动机 M 采用星形/三角形起动时，电动机 M 绕组先为Y连接方式，一旦转速上升到一定值时，自动转换为△连接方式，直到电动机稳定运行</td></tr>
<tr><td>Y方式起动特点</td><td colspan="3">电动机 M 采用Y方式起动时，可使每相定子绕组所承受的电压，在起动时降为电路电压的 $1/\sqrt{3}$，其电流为直接起动时的 1/3，由于起动电流的减小，车床由正转转换为反转时有一个缓冲过程，由此可以避免直接起动时转矩较大带来的巨大冲击力。该缓冲过程的延时时间约为 2s（该时间不能太长，过长会导致车刀在加工工件表面留下麻点）</td></tr>
<tr><td>SA 的作用</td><td colspan="3">当抬起或压下起动杆时带动鼓形开关 SA 转动而接通正转或反转控制交流接触器后，就会使电动机进入某一方向的起动运转</td></tr>
<tr><td rowspan="6">2</td><td rowspan="6">正转起动控制</td><td colspan="4">当起动杆带动鼓形开关 SA 转动使其①与②触点闭合接通后，交流接触器 KM1 线圈就会得电，其各组触点就会动作，具体工作情况如下所述</td></tr>
<tr><td>KM1–2 断开</td><td colspan="3">当动断触点 KM1–2 断开后，就切断了交流接触器 KM2 线圈电流通路，以防 KM2 出现误动作而造成事故</td></tr>
<tr><td>KM1–3～KM1–5 闭合</td><td colspan="3">动合触点 KM1–3～KM1–5 闭合接通后，就接通了电动机 M 的三相供电通路，为其提供工作电源</td></tr>
<tr><td rowspan="3">KM1–1 闭合</td><td colspan="3">动合触点 KM1–1 闭合接通后，就同时接通了交流接触器 KM3 与时间继电器 KT 线圈的电流通路，使两者均进入工作状态，具体工作情况如下所述</td></tr>
<tr><td rowspan="2">KM3 得电工作</td><td colspan="2">交流接触器 KM3 得电工作后，其各组触点就会动作，具体动作情况如下所述</td></tr>
<tr><td>KM3–1 断开</td><td>动断触点 KM3–1 断开后，就切断了交流接触器 KM4 线圈电流通路，以防 KM4 出现误动作而造成事故</td></tr>
</table>

续表

<table>
<tr><th>序号</th><th>项目</th><th colspan="5">具体说明</th></tr>
<tr><td rowspan="7">2</td><td rowspan="7">正转起动控制</td><td rowspan="7">KM1–1
闭合</td><td>KM3
得电
工作</td><td>KM3–2
～
KM3–4
闭合</td><td colspan="2">三组动合触点KM3–2～KM3–4闭合接通，从而使电动机定子线圈绕组成为Y连接方式，从而使电动机M采用Y连接方式进入起动方式</td></tr>
<tr><td rowspan="6">KT线
圈得
电工
作</td><td colspan="3">当时间继电器KT线圈得电工作约2s以后，其两组触点就会动作，具体动作情况如下所述</td></tr>
<tr><td>KT2
断开</td><td colspan="2">当延时动断触点KT2断开以后，就切断了KM3交流接触器线圈中的电流通路，其各组触点就会复位，使三组动合触点KM3–2～KM3–4复位断开</td></tr>
<tr><td rowspan="4">KT1
接通</td><td colspan="2">当延时动合触点KT1接通以后，就接通了KM4交流接触器线圈中的电流通路，其各组触点就会动作，具体动作情况如下所述</td></tr>
<tr><td>KM4–1
闭合</td><td>动合互锁触点KM4–1闭合接通后，进行自锁，也就是当KT1延时动合触点断开以后，继续维持KM4交流接触器线圈中的电流通路不致断开</td></tr>
<tr><td>KM4–2
断开</td><td>动断触点KM4–2断开以后，就切断了交流接触器KM3线圈电流通路，以防KM3出现误动作而造成事故；同时也切断了KT时间继电器线圈的供电</td></tr>
<tr><td>KM4–3
～
KM4–5
闭合</td><td>三组动合触点KM4–3～KM4–5闭合接通后，就使电动机M定子绕组由Y连接方式自动转换为△连接方式，进入正常运行状态</td></tr>
<tr><td rowspan="2">3</td><td rowspan="2">反转起动控制</td><td colspan="5">当起动杆带动鼓形开关SA转动使其①与③触点闭合接通后，交流接触器KM2线圈就会得电，其各组触点就会动作，具体动作情况如下所述</td></tr>
<tr><td>KM2–2
断开</td><td colspan="4">动断触点KM2–2断开后，就切断了交流接触器KM1线圈电流通路，以防KM1出现误动作而造成事故</td></tr>
</table>

续表

序号	项目	具体说明	
3	反转起动控制	KM2–3～KM2–5闭合	动合触点KM2–3～KM2–5闭合接通后，就接通了电动机M的三相供电通路，为其提供工作电源，使其进入另一个方向的起动运转状态
		KM2–1闭合	动合触点KM2–1闭合接通后，就同时接通了交流接触器KM3与时间继电器KT线圈的电流通路，使两者均进入工作状态。以下的工作情况与上述情况相同，不再重述
4	停机控制	停机控制既可以由停机开关SB1来控制，也可以由起动杆带动鼓形开关SA转动使其①与④触点闭合接通来控制，均是通过断开KM1或KM2交流接触器线圈中的电流通路来实现的，控制原理较简单，不再多述	

5.2.2 普通CL6132–1型卧式16车床线路常见故障处理

普通CL6132–1型卧式16车床线路常见故障处理方法见表5–5，供参考。

表5–5 普通CL6132–1型卧式16车床线路常见故障处理

序号	故障现象	故障可能原因	检修方法
1	通电后无法起动	提供给机床的三相交流电压没有到达机床	查找三相交流电压没有到达机床的原因并排除故障
		电源进线的熔断器FU1～FU3熔断	查找熔断器FU1～FU3熔断的原因并排除故障后，再更换新的、同规格的熔断器
		AC110V交流电压很低或为0V	查找AC110V交流电压很低或为0V的原因并排除故障
		鼓形开关SA触点接触不良或损坏	对鼓形开关SA进行修理或更换新的、同规格的配件
		停机动断开关SB1触点接触不良或损坏	对停机开关SB1触点进行修理或更换新的、同规格的配件
		热继电器FR动断触点接触不良或损坏	对热继电器FR动断触点进行修理或更换新的、同规格的配件
		电动机M本身不良或损坏	对电动机M本身进行修理或更换同规格配件

续表

序号	故障现象	故障可能原因	检修方法
2	电动机仅能够正转起动运转，不能反向起动运转	SA触点接触不良或损坏，导致仅①与②触点间能接通	对鼓形开关SA进行修理或更换新的、同规格的配件
		动断KM1–2触点接触不良或损坏	对动断KM1–2触点进行修理或更换新的、同规格的配件
		动合触点KM2–1触点接触不良或损坏	对动合触点KM2–1触点进行修理或更换新的、同规格的配件
		动合主触点KM2–3～KM2–5接触不良或损坏	对动合主触点KM2–3～KM2–5触点进行修理或更换新的、同规格的配件
3	电动机仅能够反转起动运转，不能正向起动运转	SA触点接触不良或损坏，导致仅①与③触点间能接通	对鼓形开关SA进行修理或更换新的、同规格的配件
		动断KM2–2触点接触不良或损坏	对动断KM2–2触点进行修理或更换新的、同规格的配件
		动合触点KM1–1接触不良或损坏	对动合触点KM1–1触点进行修理或更换新的、同规格的配件
		动合主触点KM1–3～KM1–5接触不良或损坏	对动合主触点KM1–3～KM1–5触点进行修理或更换新的、同规格的配件
4	电动机起动能够运转但不能转入正常运行状态	动断触点KM3–1接触不良或损坏	对动断触点KM3–1触点进行修理或更换新的、同规格的配件
		时间继电器动合延时动合触点KT1接触不良或损坏	对时间继电器动合延时动合触点KT1进行修理或更换新的、同规格的配件
		动合互锁触点KM4–1接触不良或损坏	对动合互锁触点KM4–1进行修理或更换新的、同规格的配件
		交流接触器KM4本身开路或损坏	对交流接触器KM4本身进行检查排除其开路处或更换新的、同规格的配件
		动合主触点KM4–3～KM4–5接触不良或损坏	对动合主触点KM4–3～KM4–5触点进行修理或更换新的、同规格的配件
5	通电后电动机就会往某一个反向运转	鼓形开关SA触点烧蚀黏结在一起	对鼓形开关SA进行修理或更换新的、同规格的配件
		与鼓形开关SA连接的线路出现了短路现象	查找鼓形开关SA连接线路的短路处并进行修理或更换导线

5.3 普通 CA–6140 系列车床线路识图与常见故障处理

普通 CA–6140 系列车床在工矿企业中应用相当广泛，用来完成各种车削加工任务。这类车床的结构相对较为简单，主要由主动力电路与电气控制电路、照明电路三大部分共同构成，采用继电器组合控制方式。其中：主动力线路如图 5–3（a）所示；电气控制线路如图 5–3（b）所示。电气元器件清单见表 5–6，供更换元件时参考。该车床的组成特点见表 5–7，供识图时参考。

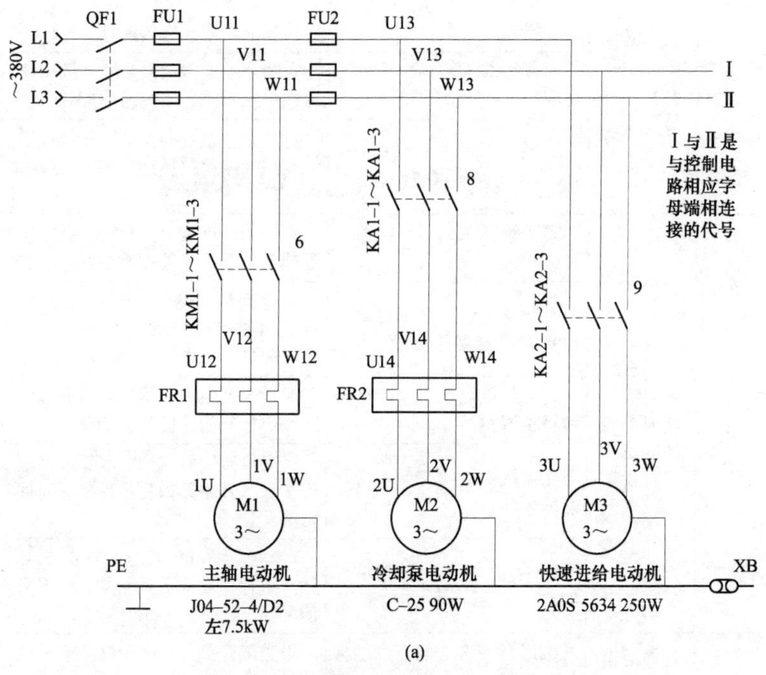

图 5–3 普通 CA–6140 系列车床主动力电路控制线路（一）

（a）普通 CA–6140 系列车床主动力电路示意图

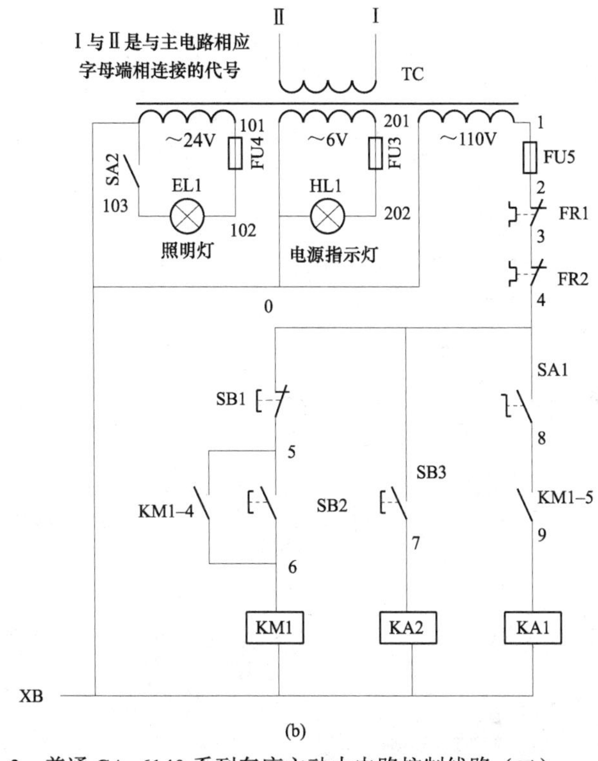

(b)

图 5–3 普通 CA–6140 系列车床主动力电路控制线路（二）

（b）普通 CA–6140 系列车床控制与照明、指示灯电路示意图

表 5–6 普通 CA6140 型车床控制线路图电气元器件清单

代号	名 称	型 号	规 格	作 用
M1	三相异步电动机	J04–52–4/D2	7.5kW	主轴驱动
M2	冷却泵电动机	C25	90W	驱动冷却泵
M3	三相异步电动机	2A0S5634	250W	驱动工作台快速移动
FR1	热继电器	JR16–20/3D	15.1A	M1 的过载保护
FR2	热继电器	JR16–20/3D	0.32A	M2 的过载保护
KM1	交流接触器	C10–20B	线圈电压 110V	控制 M1 电动机
KA1	中间继电器	JZ7–44	线圈电压 110V	控制 M2 电动机

续表

代号	名 称	型 号	规 格	作 用
KA2	中间继电器	JZ7–44	线圈电压 110V	控制 M3 电动机
FU1	螺旋式熔断器	RL1–15	熔芯 6A	M1 短路保护
FU2	螺旋式熔断器	RL1–15	熔芯 6A	M2、M3 短路保护
FU2	螺旋式熔断器	RL1–15	熔芯 2A	控制电路短路保护
FU3	螺旋式熔断器	RL1–15	熔芯 2A	指示灯短路保护
FU4	螺旋式熔断器	RL1–15	熔芯 2A	照明灯短路保护
SB1	按钮开关	LA19–11	红色	M1 停止
SB2	按钮开关	LA19–11	绿色	M1 起动
SB3	按钮开关	LA9	绿色或黑色	M3 起动
QF1	组合开关	HZ2–25/3	25A	车床电源总开关
SA1	组合开关	HZ2–10/1	10A	控制 M2
SA2	钮子开关	—	—	照明灯开关
TC	控制变压器	BK–150	380V/110，24V，6.3V	控制、照明、指示

表 5–7 普通 CA–6140 系列车床组成特点

序号	项目	具 体 说 明	
1	主动力线路组成特点	普通 CA–6140 系列车床主动力电路主要由四台电动机组合而成，如图 5–3（a）所示。具体情况说明如下	
		电动机 M1	电动机 M1 用来驱动主轴进行运转，该电动机的供电电压取自熔断器 FU1 的输出端，分别由交流接触器 KM1 的三组动合主触点 KM1–1～KM1–3 控制其工作
		电动机 M2	电动机 M2 用来驱动冷却泵进行工作。为机床工作时提供冷却液，以对加工的零件进行冷却。该电动机的供电取自熔断器 FU2 输出端，由继电器 KA1 的三组动合主触点 KA1–1～KA1–3 对其供电进行控制

续表

<table>
<tr><th>序号</th><th>项目</th><th colspan="2">具 体 说 明</th></tr>
<tr><td rowspan="3">1</td><td rowspan="3">主动力线路组成特点</td><td>电动机 M3</td><td>电动机 M3 用来控制机床工作台的快速进给。该电动机的供电电压取自熔断器 FU2 的输出端，分别由继电器 KA2 的三组动合主触点 KA2–1～KA2–3 控制其工作，以实现工作台的进给运动</td></tr>
<tr><td>热继电器 FR1 与 FR2</td><td>热继电器 FR1 与 FR2 的触点串接在继电器控制电路的供电回路中，用于保护相应电动机不会过热损坏。热继电器 FR1 用于保护主轴电动机 M1，热继电器 FR2 用于保护冷却泵电动机 M2。一旦电动机过热、超过了设定的温度时，串接在继电器控制电路的供电回路中的热继电器触点就会自动断开，使继电器控制电路的供电回路断开，从而切断了继电器、交流接触器线圈的供电，机床因此而停止工作，实现了过热保护功能</td></tr>
<tr><td>过电流或过载保护</td><td>在普通 CA–6140 系列车床的主电路中，设置了两组熔断器，每一组均有三只熔断器，一组的 FU1 熔断器设置在车床的供电进线总开关 QF1 的输出端，另一组的 FU2 熔断器设置在 M1 电动机供电之后，用于保护 M2 与 M3 电动机和控制电路、照明电路</td></tr>
<tr><td rowspan="4">2</td><td rowspan="4">控制系统与照明电路的供电特点</td><td colspan="2">普通 CA–6140 系列车床控制系统的供电与照明电路的供电均由一只电源变压器 TC 提供。相关电路如图 5–3（b）所示。该变压器一次侧的 380V 交流供电取自 L3 与 L2 相线上，该电压经变压（降压）隔离以后，分成三组从其二次侧输出。具体情况如下所述</td></tr>
<tr><td>照明电路的供电</td><td>照明电路的供电取自电源变压器 TC 二次侧的交流 24V 电压输出端，该电压通过 FU4 熔断器、SA2 开关提供给照明灯泡 EL1。SA2 开关用于控制照明灯的点亮与熄灭，FU4 熔断器为保护元件</td></tr>
<tr><td>电源指示灯的供电</td><td>电源指示灯供电电压取自电源变压器 TC 二次侧交流 6V，该电压通过 FU3 熔断器提供给指示灯灯泡 HL1。该指示灯只要车床的供电总开关 QF1 一接通就会点亮，以示车床的供电已经接通</td></tr>
<tr><td>控制电路的供电</td><td>继电器控制电路的供电电压取自电源变压器 TC 二次侧的交流 110V 电压输出端，该电压通过 FU5 熔断器直接提供给继电器控制电路，作为该电路的工作电压</td></tr>
</table>

5.3.1 普通 CA–6140 系列车床线路识图指导

普通 CA–6140 系列车床线路控制原理见表 5–8，供识图时参考。

表 5–8 普通 CA–6140 系列车床线路控制原理

<table>
<tr><th>序号</th><th>项目</th><th colspan="2">具 体 说 明</th></tr>
<tr><td rowspan="4">1</td><td rowspan="4">主轴电动机 M1 的起动控制</td><td colspan="2">普通 CA–6140 系列车床的继电器控制电路如图 5–3（b）所示。当合上车床总电源开关 QF1 以后，三相供电就会进入车床电路，电源指示灯 HL1 就会点亮，以示电源变压器 TC 输出的电压正常，进一步就可以对车床进行操作。
当按下主轴电动机起动按钮 SB2 以后，就会形成以下的电流通路：电源变压器 TC 二次侧输出的交流 110V 输出电压的右端→FU5 熔断器→热继电器动断触点 FR1→热继电器动断触点 FR2→主轴电动机停止控制按钮开关 SB1 动断触点→起动按钮 SB2 闭合的触点→交流接触器 KM1 线圈→电源变压器 TC 二次侧输出的交流 110V 输出电压的左端，形成回路。
上述这一供电通路，使交流接触器 KM1 线圈得电工作，其多组触点就会动作，具体动作如下所述</td></tr>
<tr><td>KM1–4 闭合</td><td>当 KM1 线圈得电工作以后，其自锁动合触点 KM1–4 就会闭合接通实现自锁，以使松开起动按钮开关 SB2 以后，保持交流接触器 KM1 线圈中的供电通路不致断开，维持其正常的工作不受影响</td></tr>
<tr><td>KM1–5 闭合</td><td>当 KM1 线圈得电工作以后，其动合触点 KM1–5 就会闭合，为冷却泵电动机 M2 控制继电器 KA1 线圈的工作提供供电通路做好准备</td></tr>
<tr><td>KM1–1 ～ KM1–3 闭合</td><td>当交流接触器 KM1 线圈得电工作以后，如图 5–3（a）所示。其三组动合主触点 KM1–1～KM1–3 就会闭合接通，从而使主轴电动机 M1 得电工作，用来驱动主轴运转</td></tr>
<tr><td>2</td><td>M1 停止控制</td><td colspan="2">按钮开关 SB1 为主轴电动机 M1 停止控制开关，当需要停车按下该开关后，就会使 KM1 交流接触器线圈的供电通路被切断，其各组触点均会复位。主轴电动机 M1 停止运行</td></tr>
<tr><td>3</td><td>冷却泵电动机 M2 控制</td><td colspan="2">如图 5–3（b）所示，SA1 为冷却泵电动机 M2 自锁式控制旋钮开关，当主轴电动机 M1 受控工作以后，如接通 SA1 开关，就形成了如下的电流通路：电源变压器 TC 二次侧输出的交流 110V 输出电压的右端→FU5 熔断器→热继电器动断触点 FR1→热继电器动断触点 FR2→自锁式控制旋钮开关 SA1 闭合的触点→交流接触器 KM1 动合已闭合的触点→继电器 KA1 线圈→</td></tr>
</table>

续表

序号	项目	具 体 说 明
3	冷却泵电动机 M2 控制	电源变压器 TC 二次侧输出的交流 110V 输出电压的左端，形成回路。 上述这一回路，使继电器 KA1 线圈得电吸合，如图 5–3（a）所示。其三组动合主触点 KA1–1～KA3–3 闭合以后，就会使冷却泵电动机 M2 进入工作状态。当断开冷却泵电动机 M2 控制旋钮开关 SA1 以后，就会使继电器 KA1 线圈断电，其三组动合已闭合的主触点 KA1–1～KA3–3 又复位断开，从而切断了冷却泵电动机 M2 的供电使其停止工作
4	进给电动机 M3 的控制	如图 5–3（b）所示，SB3 为快速进给电动机 M3 控制开关，当按下该开关使其触点接通后，就形成了如下的电流通路：电源变压器 TC 二次侧输出的交流 110V 输出电压的右端→FU5 熔断器→热继电器动断触点 FR1→热继电器动断触点 FR2→快速进给控制开关 SB3 闭合的触点→继电器 KA2 线圈→电源变压器 TC 二次侧输出的交流 110V 输出电压的左端，形成回路。 上述这一供电通路，使继电器 KA2 线圈得电工作，其三组动合主触点 KA2–1～KA2–3 闭合以后，就会使快速进给电动机 M3 进入工作状态。当松开快速进给电动机 M2 控制旋钮开关 SB3 以后，就会使继电器 KA2 线圈断电，其三组动合已闭合的主触点 KA2–1～KA2–3 又复位断开，从而切断了快速进给电动机 M2 的供电使其停止工作

5.3.2 普通 CA–6140 系列车床常见故障处理

普通 CA–6140 系列车床经过长时间使用以后，较常见的故障除了交流接触器 KM1 的三组动合主触点出现接触不良外，还有表 5–9 中的几种较常见的故障现象与处理方法。

表 5–9　普通 CA–6140 系列车床几种较常见的故障现象与处理方法

序号	故障现象	故障原因	处理方法
1	主轴电动机不能起动工作	电源变压器 TC 损坏	更换新的、同规格的电源变压器，有条件可更换容量比原规格稍大一些的
		FU1、FU2、FU5 熔断器熔断	查找 FU1、FU2、FU5 熔断器熔断的原因并处理后，再更换同规格熔断器

续表

序号	故障现象	故障原因	处理方法
1	主轴电动机不能起动工作	热继电器FR1或FR2某一因过热而出现了动作	查找热继电器动作的原因，并进行相应的处理
		停机按钮开关SB1触点接触不良	对停机按钮开关SB1进行修理或更换新的、同规格的配件
		起动按钮开关SB2损坏	更换新的、同规格的起动按钮开关SB2
		KM1线圈本身损坏	更换新的、同规格的交流接触器KM1
		主轴电动机M1本身不良或损坏	对主轴电动机M1进行修理或更换新的、同规格的配件
		车床电源总开关QF1损坏	更换新的、同规格的电源总开关QF1
2	主轴电动机有时工作有时不工作	搭在床身外部经常活动的那部分线路，也就是金属穿管线软管处的金属软管破损为几段，线路存在的接头处出现了接触不良	该故障属于这类车床的通病，长时间使用以后的车床许多均会出现该故障。处理方法是：找一根完整的金属穿线软管，重新穿线连接好各连接线即可
3	起动M1时，该电动机不能起动或运转很慢，有很响的“嗡嗡”声	这种故障多为电动机M1缺相引起的	重点对KM1交流接触器的三组主触点KM1–1～KM1–3的连接情况进行检查
		电动机M1本身出现卡死现象	对电动机M1进行检查与修理或更换
4	快速进给功能失效	快速进给电动机M3本身损坏	对快速进给电动机M3进行检查或更换新的、同规格的电动机
		控制开关SB3本身损坏	更换新的、同规格的按钮开关SB3
		KA2继电器本身损坏	更换新的、同规格的KA2继电器
5	冷却泵电动机M2不能工作	冷却泵电动机M2本身损坏	对M2进行检查或更换新的电动机
		自锁式开关SA1本身损坏	更换新的、同规格的自锁式开关SA1

续表

序号	故障现象	故障原因	处理方法
5	冷却泵电动机 M2 不能工作	KA1 继电器本身损坏	更换新的、同规格的 KA1 继电器
		交流接触器 KM1 的动合触点 KM1–5 接触不良	对触点 KM1–5 接触情况进行检查或更换新的配件
6	通电以后电源指示灯不亮，但机床其他功能基本正常	电源指示灯 HL1 本身损坏	更换新的、同规格的电源指示灯 HL1
		FU3 熔断器已经熔断	查找 FU3 熔断器熔断的原因并处理后，再更换新的、同规格的熔断器
7	照明灯不能点亮，但机床其他功能基本正常	照明灯 EL1 本身损坏	更换新的、同规格的照明灯 EL1
		FU4 熔断器已经熔断	查找 FU4 熔断器熔断的原因并处理后，再更换新的、同规格的熔断器
		照明灯控制开关 SA2 不亮或损坏	对照明灯控制开关 SA2 进行修理或更换新的、同规格的配件

第6章

普通C–6250系列车床线路识图与常见故障处理

普通 C–6250 系列车床在工矿企业中应用相当广泛，用来完成各种车削加工任务。这类车床的主轴采用电磁离合器来变换运转方向、采用离合器来快速制动主轴的工作。

6.1 普通C–6250系列车床电气控制线路的基本组成

普通 C–6250 系列车床电气控制线路主要由主动力电路与电气控制电路、照明电路三大部分共同构成，采用继电器组合控制方式。其中：电气控制电路如图 6–1（a）所示；主动力电路如图 6–1（b）所示；照明与电磁离合器控制电路如 6–1（c）所示。该车床的组成特点见表 6–1，供识图时参考。

表 6–1　　普通 C–6250 系列车床线路组成特点

序号	项目	具体说明	
1	主动力线路组成特点	普通 C–6250 系列车床主动力电路主要由四台电动机组合而成，如图 6–1（b）所示，各个电动机的组成特点具体说明如下所述	
		电动机 M1	M1 用来驱动主轴进行运转，该电动机的供电电压取自熔断器 FU1 的输出端，分别由交流接触器 KM1 的三组动合主触点 KM1–1～KM1–3 与 KM2 的三组动合主触点 KM2–1～KM2–3 控制其正转、反转。 不过，C–6250 系列车床主轴的正、反转变换，与一般的车床有些不同，该车床既可以通过转换开关 SA2 对交流接触器 KM1、KM2 线圈的供电进行切换，来控制主轴电动机 M1 的正、反转，也可以采用电磁离合器 YC1、YC2 交替通电工作，来实现主轴电动机 M1 的正、反转

续表

序号	项目	具体说明	
1	主动力线路组成特点	电动机M2	电动机M2用来驱动润滑泵进行工作。为机床润滑系统提供润滑油。该电动机的供电电压也取自熔断器FU1的输出端，由QF2断路器的三组动合触点对其供电进行控制
		电动机M3	M3用来驱动冷却泵进行工作，为机床工作时提供冷却液，以对加工零件进行冷却。该电动机的供电取自熔断器FU2的输出端，由交流接触器KM3的三组动合主触点KM3–1～KM3–3对其供电进行控制
		电动机M4	电动机M4用来控制机床工作台的快速进给。该电动机的供电电压取自熔断器FU2的输出端，分别由交流接触器KM4的三组动合主触点KM4–1～KM4–3与KM5的三组动合主触点KM5–1～KM5–3控制其正转、反转，以实现工作台作快速进给运动
		热继电器FR1与FR2	热继电器FR1与FR2的触点串接在继电器控制电路的供电回路中，用于保护相应电动机不会过热损坏。热继电器FR1用于保护主轴电动机M1，热继电器FR2用于保护冷却液泵电动机M2。一旦电动机过热、超过了设定的温度，串接在继电器控制电路的供电回路中的热继电器触点就会自动断开，使继电器控制电路的供电回路断开，从而切断了所有交流接触器线圈的供电，机床因此而停止工作，实现了过热保护功能
		过电流或过载保护	在普通C–6250系列车床的主电路中，设置了两组熔断器，每一组均有三只熔断器，一组的FU1熔断器设置在车床的供电进线总开关QF1的输出端，另一组的FU2熔断器设置在M1与M2电动机供电之后，用于保护M3与M4电动机和控制电路、照明电路。 另外，QF1也具有保护作用，用来对整台车床进行短路与过载保护
2	供电特点	普通C–6250系列车床控制系统与照明电路的供电均由一只电源变压器T提供。相关电路如图6–1（c）所示。该变压器一次侧的380V交流电取自L3与L2相线上，该电压经变压器隔离后，分成三组从其二次侧输出，具体情况如下所述	
		照明电路的供电	照明电路的供电电压取自电源变压器T二次侧的交流24V电压输出端，该电压通过FU3熔断器、SA1开关提供给照明灯泡HL1的。SA1开关用于控制照明灯的点亮与熄灭，FU3熔断器为保护元件
		指示灯电路的供电	指示灯电路的供电电压取自电源变压器T二次侧的交流5.5V电压输出端，该电压通过FU3熔断器提供给指示灯灯泡HL2的。该指示灯只要车床的供电总开关QF1一接通，就会点亮，以示车床的供电已经接通

续表

序号	项目	具体说明	
2	供电特点	电磁离合器线路的供电	电磁离合器电路的供电电压取自电源变压器 T 二次侧的交流 20V 电压输出端，该电压通过 FU5 熔断器、经由 VD1～VD4 四只整流二极管组成的桥式整流电路整流，得到的直流 U_{CC} 电压提供给电磁离合器电路。其中的 YB 为主轴停止时的制动离合器
		继电器线路的供电	继电器控制电路的供电电压取自电源变压器 T 二次侧的交流 110V 电压输出端，该电压通过 FU6 熔断器直接提供给继电器控制电路，作为该电路的工作电压
3	保护电路特点	普通 C–6250 系列车床设置了挂轮箱盖安全保护电路，如图 6–1（c）所示。该保护电路主要由一只行程开关 SQ8 为核心构成。该开关触点串接在继电器控制电路的变压器二次侧交流 110V 供电回路中，当车床的挂轮箱盖打开时，行程开关 SQ8 的触点就会断开，车床就不能进入工作状态，只有当车床的挂轮箱盖闭合、行程开关 SQ8 的触点闭合时，车床才能开机工作	

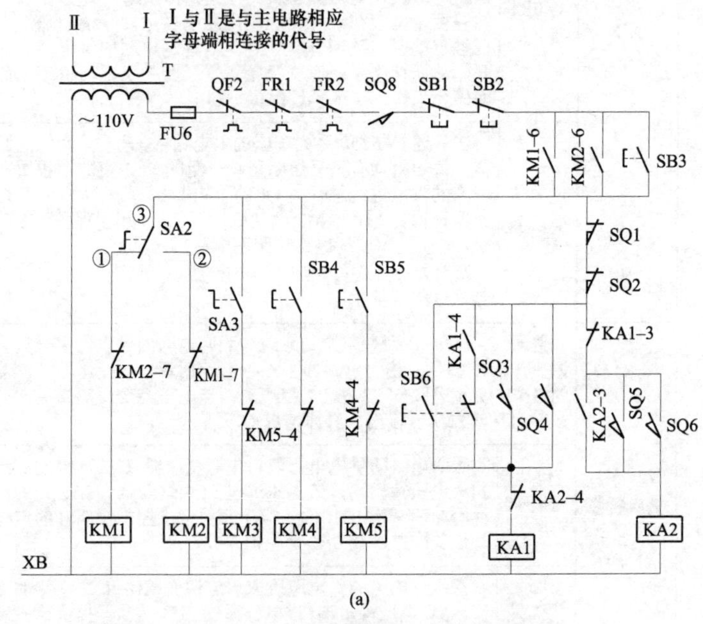

图 6–1　普通 C–6250 系列车床电气控制线路（一）

（a）电气控制线路示意图

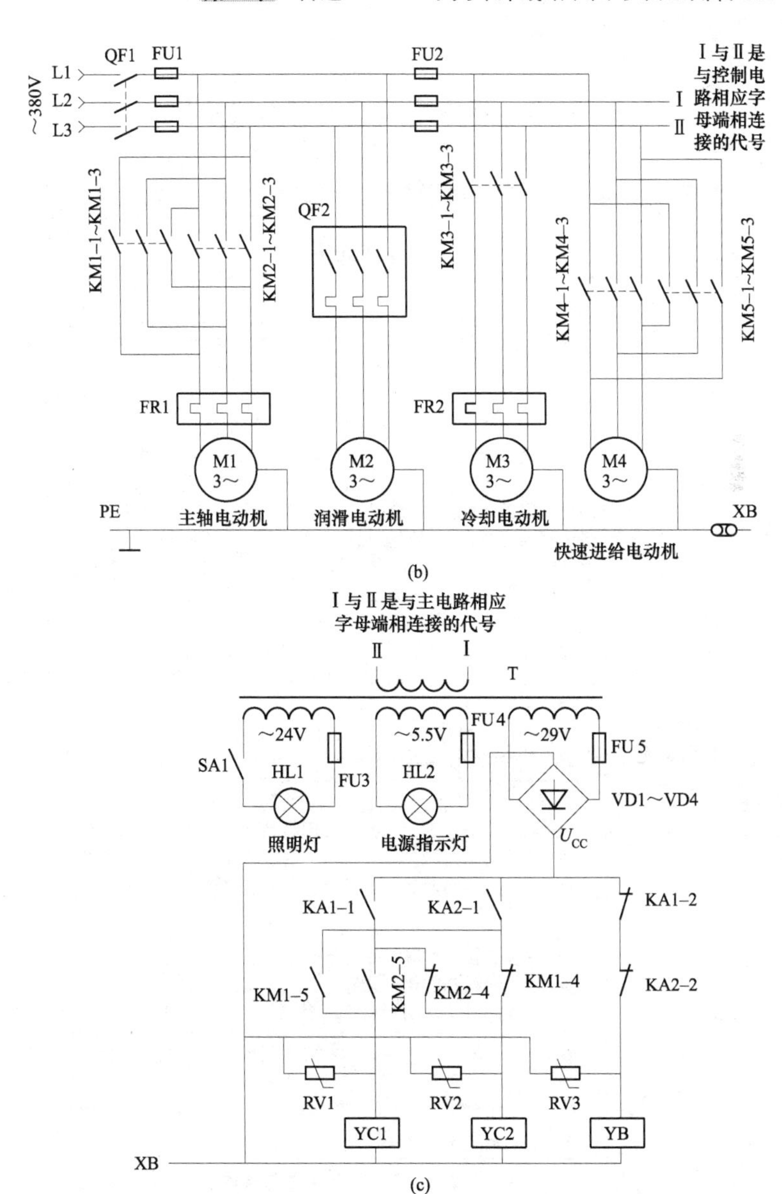

图6–1　普通C–6250系列车床电气控制线路（二）

（b）主动力线路示意图；（c）电磁离合器与照明、指示灯线路示意图

6.2 普通 C–6250 系列车床线路识图指导

普通 C–6250 系列车床线路控制原理见表 6–2，供识图时参考。

表 6–2　　普通 C–6250 系列车床线路控制原理

<table>
<tr><th>序号</th><th>项目</th><th colspan="2">具体说明</th></tr>
<tr><td rowspan="5">1</td><td rowspan="5">M1 的正转控制</td><td colspan="2">普通 C–6250 系列车床的继电器控制电路如图 6–1（c）所示。当合上车床总电源开关 QF1 以后，外线的三相供电就会进入车床电路，电源指示灯 HL2 就会点亮，以示电源变压器 T 输出的电压正常，进一步就可以对车床进行操作。
如果旋钮开关 SA2 的①与③触点接通以后，当按下起动按钮 SB3 以后，就会形成如下的电流通路：电源变压器 T 二次侧输出的交流 110V 输出电压的右端→FU6 熔断器→QF2 开关动断触点→热继电器动断触点 FR1→热继电器动断触点 FR2→行程开关 SQ8 已闭合的触点→安装在进给箱操作面板上的主轴电动机停止动断开关 SB1→安装在溜板箱操作面板上的主轴电动机停止动断开关 SB2→闭合的起动按钮 SB3 触点→旋钮开关 SA2 ①与③接通的触点→KM2 交流接触器动断的 KM2–7 触点→交流接触器 KM1 线圈→电源变压器 T 二次侧输出的交流 110V 输出电压的左端，形成回路。
上述这一供电通路，使交流接触器 KM1 线圈得电工作，其多组触点就会动作，具体动作情况如下所述</td></tr>
<tr><td>KM1–6 闭合</td><td>当交流接触器 KM1 线圈得电工作以后，其自锁动合触点 KM1–6 就会闭合接通实现自锁，以使松开起动按钮开关 SB3 以后，保持交流接触器 KM1 线圈中的供电通过不致断开，维持其正常的工作不受影响</td></tr>
<tr><td>KM1–7 断开</td><td>当交流接触器 KM1 线圈得电工作以后，其互锁动断触点 KM1–7 就会断开，从而切断了 KM2 交流接触器线圈的供电通路，以防在 KM1 工作时，KM2 出现同时工作的误动作现象</td></tr>
<tr><td>KM1–1 ～ KM1–3 闭合</td><td>当交流接触器 KM1 线圈得电工作以后，如图 6–1（b）所示，其三组动合主触点 KM1–1～KM1–3 就会闭合接通，从而使主轴电动机 M1 得电工作，用来驱动主轴正向运转</td></tr>
<tr><td>KM1–4 断开</td><td>当交流接触器 KM1 线圈得电工作以后，如图 6–1（c）所示，其动断触点 KM1–4 断开以后，从而切断了主轴反转控制离合器 YC2 线圈的供电通路，以防在 KM1 工作时，离合器 YC2 出现同时工作的误动作现象</td></tr>
</table>

续表

<table>
<tr><th>序号</th><th>项目</th><th colspan="2">具 体 说 明</th></tr>
<tr><td>1</td><td>M1的正转控制</td><td>KM1–5闭合</td><td>当交流接触器KM1线圈得电工作以后，其动合触点KM1–5就会闭合接通，为电磁离合器YC1线圈的工作做好准备</td></tr>
<tr><td rowspan="6">2</td><td rowspan="6">M1的反转控制</td><td colspan="2">当合上车床总电源开关QF1以后，外线的三相供电就会进入车床电路，电源指示灯HL2就会点亮，以示电源变压器T输出的电压正常，进一步对车床进行操作。
如果旋钮开关SA2的②与③触点接通、当按下起动按钮SB3以后，就会形成电流通路：电源变压器T二次侧输出的交流110V输出电压的右端→FU6熔断器→QF2开关动断触点→热继电器动断触点FR1→热继电器动断触点FR2→行程开关SQ8已闭合的触点→安装在进给箱操作面板上的主轴电动机停止动断开关SB1→安装在溜板箱操作面板上的主轴电动机停止动断开关SB2→闭合的起动按钮SB3触点→旋钮开关SA2②与③接通的触点→KM1交流接触器动断的KM1–7触点→交流接触器KM2线圈→电源变压器T二次侧输出的交流110V输出电压的左端，形成回路。
上述这一供电通路，使交流接触器KM2线圈得电工作，其多组触点就会动作，具体动作情况如下所述</td></tr>
<tr><td>KM2–6闭合</td><td>当交流接触器KM2线圈得电工作以后，其自锁动合触点KM2–6就会闭合接通实现自锁，以使松开起动按钮开关SB3以后，保持交流接触器KM2线圈中的供电通路不致断开，维持其正常的工作不受影响</td></tr>
<tr><td>KM2–7断开</td><td>当交流接触器KM2线圈得电工作以后，其互锁动断触点KM2–7就会断开，从而切断了KM1交流接触器线圈的供电通路，以防在KM2工作时，KM1出现同时工作的误动作现象</td></tr>
<tr><td>KM2–1～KM2–3闭合</td><td>当交流接触器KM2线圈得电工作以后，如图6–1（b）所示，其三组动合主触点KM2–1～KM2–3就会闭合接通，从而使主轴电动机M1得电工作，用来驱动主轴反向运转</td></tr>
<tr><td>KM2–4断开</td><td>当交流接触器KM2线圈得电工作以后，如图6–1（c）所示，其动断触点KM2–4断开以后，从而切断了主轴反转离合器YC2线圈的供电通路，以防在KM2工作时，离合器YC2出现同时工作的误动作现象</td></tr>
<tr><td>KM2–5闭合</td><td>当交流接触器KM2线圈得电工作以后，其动合触点KM2–5就会闭合接通，为电磁离合器YC1线圈的工作做好准备</td></tr>
</table>

续表

<table>
<tr><th>序号</th><th>项目</th><th colspan="3">具 体 说 明</th></tr>
<tr><td>3</td><td>M1 停止控制</td><td colspan="3">按钮开关 SB1 与 SB2 均为主轴电动机 M1 停止控制开关，这两只开关设置在两处。SB1 停止开关设置在进给箱操作面板上，SB2 停止开关设置在溜板箱操作面板上，两者均可以用来控制主轴电动机 M1 停止运行</td></tr>
<tr><td>4</td><td>使用 SA2 应注意</td><td colspan="3">上面已经说过，按钮开关 SA2 为主轴电动机 M1 的正、反转切换开关，在进行正、反转切换时，必须在停机状态下进行，然后再重新起动 M1 电动机</td></tr>
<tr><td rowspan="4">5</td><td rowspan="4">M4 的点动快速进给正、反转控制</td><td colspan="3">在图 6–1（a）所示电路中，SB4 与 SB5 分别为进给电动机 M4 的点动快速进给按钮开关，用于控制交流接触器 KM4 与 KM5 线圈的供电，以实现电动机 M4 的快速正、反向的运转。对进给电动机 M4 的控制，是在主轴电动机控制电路工作以后进行的，具体工作情况如下所述</td></tr>
<tr><td rowspan="3">M4 的点动快速进给正转控制</td><td colspan="2">当按下点动快速进给按钮开关 SB4 使其触点接通以后，就会形成电流通路：电源变压器 T 二次侧输出的交流 110V 输出电压的右端→FU6 熔断器→QF2 开关动断触点→热继电器动断触点 FR1→热继电器动断触点 FR2→行程开关 SQ8 已闭合的触点→安装在进给箱操作面板上的主轴电动机停止动断开关 SB1→安装在溜板箱操作面板上的主轴电动机停止动断开关 SB2→闭合的 KM1–6 或 KM2–6 闭合的触点→快速进给按钮开关 SB4 闭合的触点→KM5 交流接触器动断的 KM5–4 触点→交流接触器 KM4 线圈→电源变压器 T 二次侧输出的交流 110V 输出电压的左端，形成回路。
上述这一供电通路，使交流接触器 KM4 线圈得电工作，其多组触点就会动作，具体动作情况如下所述</td></tr>
<tr><td>KM4–4 断开</td><td>当 KM4 线圈得电工作以后，其互锁动断触点 KM4–4 就会断开，从而切断了 KM5 交流接触器线圈的供电通路，以防在 KM4 工作时，KM5 出现同时工作的误动作现象</td></tr>
<tr><td>KM4–1 ～ KM4–3 闭合</td><td>当交流接触器 KM4 线圈得电工作以后，如图 6–1（b）所示，其三组动合主触点 KM4–1～KM4–3 就会闭合接通，从而使快速进给电动机 M4 得电工作，用来驱动快速进给电动机 M4 向一个方向运转</td></tr>
</table>

续表

序号	项目	具体说明		
5	M4的点动快速进给正、反转控制	M4的点动快速进给反转控制		当按下点动快速进给按钮开关 SB5 使其触点接通以后，就会形成如下电流通路：电源变压器T二次侧输出的交流 110V 输出电压的右端→FU6 熔断器→QF2开关动断触点→热继电器动断触点FR1→热继电器动断触点 FR2→行程开关 SQ8 已闭合的触点→安装在进给箱操作面板上的主轴电动机停止动断开关SB1→安装在溜板箱操作面板上的主轴电动机停止动断开关SB2→闭合的KM1–6或KM2–6闭合的触点→快速进给按钮开关 SB5 闭合的触点→KM4 交流接触器动断的KM4–4触点→交流接触器KM5线圈→电源变压器T二次侧输出的交流110V输出电压的左端，形成回路。 上述这一供电通路，使交流接触器 KM5 线圈得电工作，其多组触点就会动作，具体动作情况如下所述
			KM5–4断开	当KM5线圈得电工作以后，其互锁动断触点 KM5–4 就会断开，从而切断了 KM4 交流接触器线圈的供电通路，以防在 KM5 工作时，KM4出现同时工作的误动作现象
			KM5–1～KM5–3闭合	当交流接触器KM5线圈得电工作以后，如图 6–1（b）所示，其三组动合主触点 KM5–1～KM5–3 就会闭合接通，从而使快速进给电动机M4得电工作，用来驱动快速进给电动机M4向另一个方向运转
6	行程开关的控制与安装方式	行程开关 SQ1、SQ2、SQ3、SQ4、SQ5、SQ6 是由进给箱和溜板箱上的操作手柄进行控制的。行程开关 SQ1、SQ3、、SQ5 设置在进给箱上，行程开关SQ2、SQ4、SQ6安装在溜板箱上，具体情况如下所述		
		操作手柄的控制对象	主轴的正、反转和制动控制，既可以由进给箱上的手柄进行操作，也可以由床鞍溜板箱上的手柄进行操作。根据这两只操作手柄不同的档位，控制 KA1、KA2 的吸合或释放。而这两只操作手柄由行程开关SQ1与SQ2进行电气连锁，以实现同步	
		操作手柄的位置	当对上述的两个手柄之一进行操作以后，依靠一根弹簧将手柄自动拉回到两个空挡位置。而两个空挡位置就是手柄的常态位置，控制主轴正转、反转、停止的三个位置属于暂时位置	

续表

<table>
<tr><th>序号</th><th>项目</th><th colspan="3">具 体 说 明</th></tr>
<tr><td rowspan="5">7</td><td rowspan="5">进给箱操作控制方式</td><td colspan="3">对进给箱进行的操作，主要是将操作手柄朝右方向或朝左方向扳动，来对主轴电动机 M1 的正、反转进行控制，具体控制方法如下所述</td></tr>
<tr><td rowspan="4">操作手柄向右方向扳动</td><td colspan="2">当操作手柄被扳向朝右方向时，行程开关 SQ3 动合触点闭合以后，如图 6–1（a）所示，就形成了电流通路：电源变压器 T 二次侧输出的交流 110V 输出电压的右端→FU6 熔断器→QF2 开关动断触点→热继电器动断触点 FR1→热继电器动断触点 FR2→行程开关 SQ8 已闭合的触点→安装在进给箱操作面板上的主轴电动机停止动断开关 SB1→安装在溜板箱操作面板上的主轴电动机停止动断开关 SB2→闭合的 KM1–6 或 KM2–6 闭合的触点→行程开关 SQ1 动断触点→行程开关 SQ2 动断触点→行程开关 SQ3 动合已闭合的触点→继电器 KA2 线圈的动断触点 KA2–4→继电器 KA1 线圈→电源变压器 T 二次侧输出的交流 110V 输出电压的左端，形成回路。
上述这一供电通路，使继电器 KA1 线圈得电工作，其多组触点就会动作，具体动作情况如下所述</td></tr>
<tr><td>KA1–4 闭合</td><td>当 KA1 线圈得电工作后，其自锁动合触点 KA1–4 就会闭合实现自锁，以使行程开关 SQ3 断开以后，保持继电器 KA1 线圈中的供电通路不致断开，维持其正常的工作不受影响</td></tr>
<tr><td>KA1–3 断开</td><td>当继电器 KA1 线圈得电工作以后，其互锁动断触点 KA1–3 就会断开，从而切断了 KA2 继电器线圈的供电通路，以防在 KA1 工作时，KA2 出现同时工作的误动作现象</td></tr>
<tr><td>KA1–1 闭合</td><td>如图 6–1（c）所示，当继电器 KA1 线圈得电工作，其动合触点 KA1–1 闭合以后，又形成电流通路：电源变压器 T 二次侧输出的交流 29V 电压，经 VD1～VD4 桥式整流后得到的正输出端电压 U_{CC}→继电器 KA1 动合已闭合的 KA1–1 触点→KM2 动合已闭合的 KM2–5 触点→电磁离合器 YC1 线圈→VD1～VD4 桥式整流电路负极端。
上述这一回路，使电磁离合器 YC1 线圈得电工作，车床主轴处于正转状态</td></tr>
</table>

续表

<table>
<tr><th>序号</th><th>项目</th><th colspan="3">具 体 说 明</th></tr>
<tr><td rowspan="5">7</td><td rowspan="5">进给箱操作控制方式</td><td>操作手柄向右方向扳动</td><td>KA1–2
断开</td><td>当 KA1 线圈得电工作以后，其电磁离合器互锁动断触点 KA1–2 就会断开，从而切断了制动电磁离合器 YB 线圈供电通路，以防在 YC1 工作时，YB 出现同时工作的误动作现象</td></tr>
<tr><td rowspan="4">操作手柄朝左边方向扳动</td><td colspan="2">当操作手柄被扳向朝左方向时，行程开关 SQ5 动合触点闭合以后，如图 6–1（a）所示，就形成电流通路：电源变压器 T 二次侧输出的交流 110V 输出电压的右端→FU6 熔断器→QF2 开关动断触点→热继电器动断触点 FR1→热继电器动断触点 FR2→行程开关 SQ8 已闭合的触点→安装在进给箱操作面板上的主轴电动机停止动断开关 SB1→安装在溜板箱操作面板上的主轴电动机停止动断开关 SB2→闭合的 KM1–6 或 KM2–6 闭合的触点→行程开关 SQ1 动断触点→行程开关 SQ2 动断触点→继电器 KA1 线圈的动断触点 KA1–3→行程开关 SQ5 动合已闭合的触点→继电器 KA2 线圈→电源变压器 T 二次侧输出的交流 110V 输出电压的左端，形成回路。
上述这一供电通路，使继电器 KA2 线圈得电工作，其多组触点就会动作，具体动作情况如下所述</td></tr>
<tr><td>KA2–3
闭合</td><td>当 KA2 线圈得电工作后，其自锁动合触点 KA2–3 就会闭合实现自锁，以使行程开关 SQ5 断开以后，保持继电器 KA2 线圈中的供电通路不致断开，维持其正常的工作不受影响</td></tr>
<tr><td>KA2–4
断开</td><td>当继电器 KA2 线圈得电工作以后，其互锁动断触点 KA2–4 就会断开，从而切断了 KA1 继电器线圈的供电通路，以防在 KA2 工作时，KA1 出现同时工作的误动作现象</td></tr>
<tr><td>KA2–1</td><td>如图 6–1（c）所示，当继电器 KA2 线圈得电工作，其动合触点 KA2–1 闭合以后，又形成电流通路：电源变压器 T 二次侧输出的交流 29V 电压，经 VD1～VD4 桥式整流后得到的正输出端电压 U_{CC}→继电器 KA2 动合已闭合的 KA2–1 触点→KM1 常闭合的 KM1–4 触点→电磁离合器 YC2 线圈→VD1～VD4 桥式整流电路负极端。
上述这一回路，使电磁离合器 YC2 线圈得电工作，车床主轴处于反转状态</td></tr>
</table>

续表

序号	项目	具体说明		
7	进给箱操作控制方式	操作手柄朝左边方向扳动	KA2–2断开	当 KA2 线圈得电工作后，其电磁离合器互锁动断触点 KA2–2 就会断开，从而切断了制动电磁离合器 YB 线圈供电通路，以防在 YC2 工作时，YB 出现同时工作的误动作现象
		操作手柄处于中间位置	当操作手柄处于中间位置时，行程开关 SQ1 动断触点断开以后，继电器 KA1 或 KA2 线圈就会断电释放，如图 6–1（c）所示。串联在制动电磁离合器 YB 线圈供电回路中的 KA1–2、KA2–2 断开的动断触点就会自动复位而重新闭合，就形成电流通路：电源变压器 T 二次侧输出的交流 29V 电压，经 VD1～VD4 桥式整流后得到的正输出端电压 U_{CC}→继电器 KA1 复位的动断 KA1–2 触点→KA2 复位的动断 KA2–2 触点→制动电磁离合器 YB 线圈→VD1～VD4 桥式整流电路负极端。 上述这一回路，使制动电磁离合器 YB 线圈得电工作，使车床主轴被快速制动而停止工作	
8	溜板箱操作控制方式	对溜板箱进行的操作，主要是将操作手柄朝上方向或朝下方向扳动，来对主轴电动机 M1 的正、反转进行控制，具体控制方法如下所述		
		操作手柄向上方扳动	当操作手柄被扳向朝上方向时，行程开关 SQ4 动合触点闭合以后，如图 6–1（a）所示，就形成电流通路：电源变压器 T 二次侧输出的交流 110V 输出电压的右端→FU6 熔断器→QF2 开关动断触点→热继电器动断触点 FR1→热继电器动断触点 FR2→行程开关 SQ8 已闭合的触点→安装在进给箱操作面板上的主轴电动机停止动断开关 SB1→安装在溜板箱操作面板上的主轴电动机停止动断开关 SB2→闭合的 KM1–6 或 KM2–6 闭合的触点→行程开关 SQ1 动断触点→行程开关 SQ2 动断触点→行程开关 SQ4 动合已闭合的触点→继电器 KA2 线圈的动断触点 KA2–4→继电器 KA1 线圈→电源变压器 T 二次侧输出的交流 110V 输出电压的左端，形成回路。 上述这一供电通路，使 KA1 线圈得电，其 KA1–1～KA1–4 各组触点就会动作。其动作过程与上述情况相同，也可使车床主轴进入正转状态	

续表

序号	项目	具体说明	
8	溜板箱操作控制方式	操作手柄朝下方向扳动	当操作手柄被扳向朝下方向时，行程开关SQ6动合触点闭合以后，如图6–1（a）所示，就形成电流通路：电源变压器T二次侧输出的交流110V输出电压的右端→FU6熔断器→QF2开关动断触点→热继电器动断触点FR1→热继电器动断触点FR2→行程开关SQ8已闭合的触点→安装在进给箱操作面板上的主轴电动机停止动断开关SB1→安装在溜板箱操作面板上的主轴电动机停止动断开关SB2→闭合的KM1–6或KM2–6闭合的触点→行程开关SQ1动断触点→行程开关SQ2动断触点→继电器KA1线圈的动断触点KA1–3→行程开关SQ6动合已闭合的触点→继电器KA2线圈→电源变压器T二次侧输出的交流110V输出电压的左端，形成回路。 上述这一供电通路，使KA2线圈得电，其KA2–1～KA2–4各组触点就会动作。其动作过程与上相同，也可使车床主轴进入反转状态
		操作手柄处于中间位置	当操作手柄处于中间位置时，行程开关SQ2动断触点断开以后，继电器KA1或KA2线圈就会断电释放，如图6–1（c）所示。串联在制动电磁离合器YB线圈供电回路中的KA1–2、KA2–2断开的动断触点就会自动复位而重新闭合，形成了与上述相同的电流通路： 电源变压器T二次侧输出的交流29V电压，经VD1～VD4桥式整流后得到的正输出端电压U_{CC}→继电器KA1复位的动断KA1–2触点→KA2复位的动断KA2–2触点→制动电磁离合器YB线圈→VD1～VD4桥式整流电路负极端。 上述这一回路，使制动电磁离合器YB线圈得电工作，使车床主轴被快速制动而停止工作
9	M1控制说明	车床主轴的正、反转工作是由电动机M1来进行驱动的，是通过控制交流接触器KM1、KM2的动合、动断辅助触点的不同工作状态，以及通过继电器KA1、KA2交换控制两只电磁离合器YC1、YC2的工作，来实现主轴正、反转时不同转速的切换的。在主轴工作时，三只电磁离合器YB、YC1、YC2只允许一只线圈通电工作。故电路中的KA1或KA2继电器设置了对方的辅助动断触点进行了电气互锁。这些互锁触点如果出现接触不良，就会使相应的继电器线圈无法得电工作	

续表

<table>
<tr><th>序号</th><th>项目</th><th colspan="2">具 体 说 明</th></tr>
<tr><td rowspan="3">10</td><td rowspan="3">主轴点动微调控制</td><td colspan="2">在图 6–1（a）所示电路中，SB6 为主轴点动微调控制按钮，其有两组触点，左边的一组为动合触点，右边的一组为动断触点，这两组触点联动，具体情况如下所述</td></tr>
<tr><td>按下 SB6 开关</td><td>当按下 SB6 开关以后，其动合触点闭合，动断触点断开，从而形成电流通路：电源变压器 T 二次侧输出的交流 110V 输出电压的右端→FU6 熔断器→QF2 开关动断触点→热继电器动断触点 FR1→热继电器动断触点 FR2→行程开关 SQ8 已闭合的触点→安装在进给箱操作面板上的主轴电动机停止动断开关 SB1→安装在溜板箱操作面板上的主轴电动机停止动断开关SB2→闭合的KM1–6或KM2–6闭合的触点→行程开关 SQ1 动断触点→行程开关 SQ2 动断触点→SB6 动合已闭合的左边触点→继电器 KA1 线圈→电源变压器 T 二次侧输出的交流 110V 输出电压的左端，形成回路。
上述这一回路，使继电器 KA1 线圈得电吸合，其各组触点均会动作，动作过程与上相同，使车床主轴进入正转状态</td></tr>
<tr><td>松开 SB6 开关</td><td>当松开 SB6 开关以后，由于该开关的左边触点断开以后切断了 KA1 线圈的供电通路，其各组触点自动复位后，KA1 的自锁触点不能实现自锁，主轴停止工作，从而实现了主轴点动的目的</td></tr>
<tr><td>11</td><td>尖峰电压抑制保护</td><td colspan="2">在图 6–1（c）电路中，RV1、RV2、RV3 为压敏电阻，分别并接在三只电磁离合器线圈的两端，用于消除电磁离合器线圈在断电瞬间产生的自感电动势，以保护电磁离合器线圈与相关的电子元器件不会被击穿损坏。
并接在 YC1、YC2、YB 三只电磁离合器线圈两端的压敏电阻保护原理基本相同，以并接在 YC1 两端的 RV1 压敏电阻为例，其保护原理为：在电磁离合器 YC1 线圈断电的瞬间，由于电磁感应的作用，会在 YC1 线圈的两端产生一个很高的自感电动势，该自感电动势就会通过并接在 YC1 线圈两端的 RV1 压敏电阻组成的放电回路进行泄放，从而保护了有关元器件不致被损坏</td></tr>
<tr><td>12</td><td>M2 的控制</td><td colspan="2">如图 6–1（b）所示，M2 为润滑泵电动机，其工作状态受断路器 QF2 的控制，当合上 QF2 后，M2 就会得电，断开 QF2 以后，M2 就会失电停止工作。
断路器 QF2 具有过电流保护功能，其内部的热继电器触点串接在变压器二次侧交流 110V 供电回路中，一旦 M2 电动机出现过载或损坏，造成 QF2 跳闸时，串接在变压器二次侧交流 110V</td></tr>
</table>

续表

序号	项目	具 体 说 明
12	M2 的控制	供电回路中的热继电器触点就会断开，从而切断了整个车床控制电路的供电，起到了保护作用。 需要注意的是：在连接 M2 电源线时，一定要对其正、反转情况进行检查，必须要保证其处于正转方式，如果反转，润滑泵就无法泵出油
13	M3 的控制	如图 6–1（a）所示，SA3 为冷却泵电动机 M3 自锁式控制旋钮开关，当接通该开关以后，就形成电流通路：电源变压器 T 二次侧输出的交流 110V 输出电压的右端→FU6 熔断器→QF2 开关动断触点→热继电器动断触点 FR1→热继电器动断触点 FR2→行程开关 SQ8 已闭合的触点→安装在进给箱操作面板上的主轴电动机停止动断开关 SB1→安装在溜板箱操作面板上的主轴电动机停止动断开关 SB2→闭合的 KM1–6 或 KM2–6 闭合的触点→SA3 开关闭合的触点→交流接触器 KM3 线圈→电源变压器 T 二次侧输出的交流 110V 输出电压的左端，形成回路。 上述这一回路，使交流接触器 KM3 线圈得电吸合，其三组动合主触点 KM1–1～KM3–3 闭合以后，就会使冷却泵电动机 M3 进入工作状态。 当断开冷却泵电动机 M3 控制旋钮开关 SA3 以后，就会使交流接触器 KM3 线圈断电，其三组动合已闭合的主触点 KM1–1～KM3–3 又复位断开，从而切断了冷却泵电动机 M3 的供电使其停止工作

6.3 普通 C–6250 系列车床常见故障处理

普通 C–6250 系列车床常见故障的原因及其检修方法见表 6–3，供检修时参考。该表中的各种故障通常情况下均可以采用万用表来进行检查、判断。

表 6–3　　普通 C–6250 系列车床常见故障处理

序号	故障现象	故障原因	处理方法
1	主轴电动机 M1 不能工作	三相进线电压消失	检查电源总开关 QF1 接触是否良好，是否损坏
		熔断器 FU1、FU2、FU6 熔断	查找熔断器熔断的原因后，再更换新的、同规格的熔断器

续表

序号	故障现象	故障原因	处理方法
1	主轴电动机M1不能工作	控制电源变压器T一次绕组开路损坏	检查电源变压器T一次绕组是否通，二次侧是否有电压输出
		挂轮箱盖没有盖好	重新盖好挂轮箱盖
		保护用SQ8动合触点没有闭合或接触不良、损坏	检查行程开关SQ8动合触点连接情况是否良好
		控制润滑泵的断路器QF2跳闸	查找控制润滑泵的断路器QF2跳闸的原因并处理之
		停止按钮动断开关SB1或SB2某一接触不良	检查SB1或SB2停止按钮动断开关的接触情况，使其连接良好
		正、反转转换开关SA2损坏	检修或更换正、反转转换开关SA2
		起动按钮开关SB3按下时触点接触不良	查找SB3按下时触点接触不良的原因，并进行修理或更换新件
2	主轴电动机运转正常，但主轴不能转动	SQ1或SQ2某一不良，致使KA1和KA2不能得电，电磁离合器无法正常通电	检修或更换行程开关SQ1或SQ2
3	主轴仅能够正转，不能反转	KA2继电器线圈本身损坏或其触点接触不良	检查KA2线圈是否开路，如开路则更换新件，修理接触不良现象
		继电器KA1动断触点KA1–3接触不良	检查与修理KA1动断触点KA1–3接触不良现象
4	停机后主轴不能立即停转	YB本身线圈损坏或连接线路出现断路、松脱开路	检查制动离合器YB本身线圈是否损坏，检查或修理连接线路
		KA1–2或KA2–2某一继电器动断触点接触不良，使主轴停车后YB无法得电制动	查找KA1–2或KA2–2某一继电器动断触点接触不良的原因并检修
5	制动离合器得电可以制动，但制动效果差	制动法兰与摩擦片之间的间隙大于0.7mm，致使制动离合器吸力大大下降，甚至于衔铁吸不过去	正常的制动法兰与摩擦片之间的间隙应在0.3～0.7mm。如果间隙太大，应进行适当的调整，使其满足要求

续表

序号	故障现象	故障原因	处理方法
6	主轴电动机开机有时正常，有时开机后一松开SB3就停机	该故障如正、反转切换开关SA2处于①位时，主轴电动机工作正常，而在②位时出现故障，则多为主轴电动机反转触点KM2-6不良引起的	检查交流接触器KM2的动合辅助触点KM2-6的接触情况，并进行处理
7	主轴电动机可以运转，但操作两只手柄，主轴不能进入正、反转状态	熔断器FU5已经熔断	查找FU5熔断的原因并处理后，再更换新的、同规格的熔断器
		整流桥堆VD1～VD4已经损坏	检查测量VD1～VD4是否损坏，如损坏应更换，也可用相应容量的四只整流二极管连接成桥式进行代换
		压敏电阻RV1～RV3中有击穿短路现象	检查测量压敏电阻RV1～RV3，查找击穿短路元件
		离合器线圈可能出现短路现象	检查测量线圈电阻。正常时，YC1与YC2线圈电阻约为33Ω，YB线圈电阻约为14Ω
8	主轴始终处于正转状态	行程开关SQ3或SQ4短路损坏	对行程开关SQ3或SQ4进行检查或更换
9	主轴始终处于反转状态	行程开关SQ5或SQ6短路损坏	对行程开关SQ5或SQ6进行检查或更换
10	操作两只手柄，主轴只能单方向正转或反转	手柄组合行程开关和凸轮片不能完全压到位	查找手柄组合行程开关和凸轮片不能完全压到位的原因，并进行处理
		电磁离合器YC1或YC2中的某一内部损坏	查找损坏的原因，并更换新的、同规格的电磁离合器
		YC1或YC2电磁离合器电刷与滑环接触不良	对电磁离合器电刷与滑环进行清洗使其接触良好
11	快速进给只能进不能退	点动开关SB5不良或损坏	对开关SB5进行检查或更换新件
		交流接触器KM4的动断辅助触点KM4-4接触不良	修理或更换交流接触器KM4的动断辅助触点KM4-4
		交流接触器KM5本身损坏	更换新的、同规格的交流接触器

续表

序号	故障现象	故障原因	处理方法
12	快速进给只能退不能进	点动开关SB4不良或损坏	对开关SB4进行检查或更换新件
		交流接触器KM5的动断辅助触点KM5-4接触不良	修理或更换交流接触器KM5的动断辅助触点KM5-4
		交流接触器KM4本身损坏	更换新的、同规格的交流接触器

第7章

普通6136系列车床线路识图与常见故障处理

普通6136系列车床型号较多，前缀或后缀或前后缀不同，它们的线路也可能有差别，但可以触类旁通。本章介绍几种在工厂企业用量较大的普通 6136 系列车床线路的识图与常见故障处理方法。

7.1 普通C6136A型车床线路识图指导与常见故障处理

普通 C6136A 系列车床电气控制线路主要由主动力电路、电气控制电路、照明电路三大部分共同构成，采用继电器组合控制方式。其中，主动力电路如图 7–1（a）所示；照明与电气控制电路如图 7–1（b）所示。两张图中的 T1 为同一只电源变压器。

7.1.1 普通 C–6136A 系列车床主动力线路组成特点

普通 C–6136A 系列车床主动力线路主要由两台电动机组成，如图 7–1（a）所示。主动力电路组成特点见表 7–1，供识图时参考。

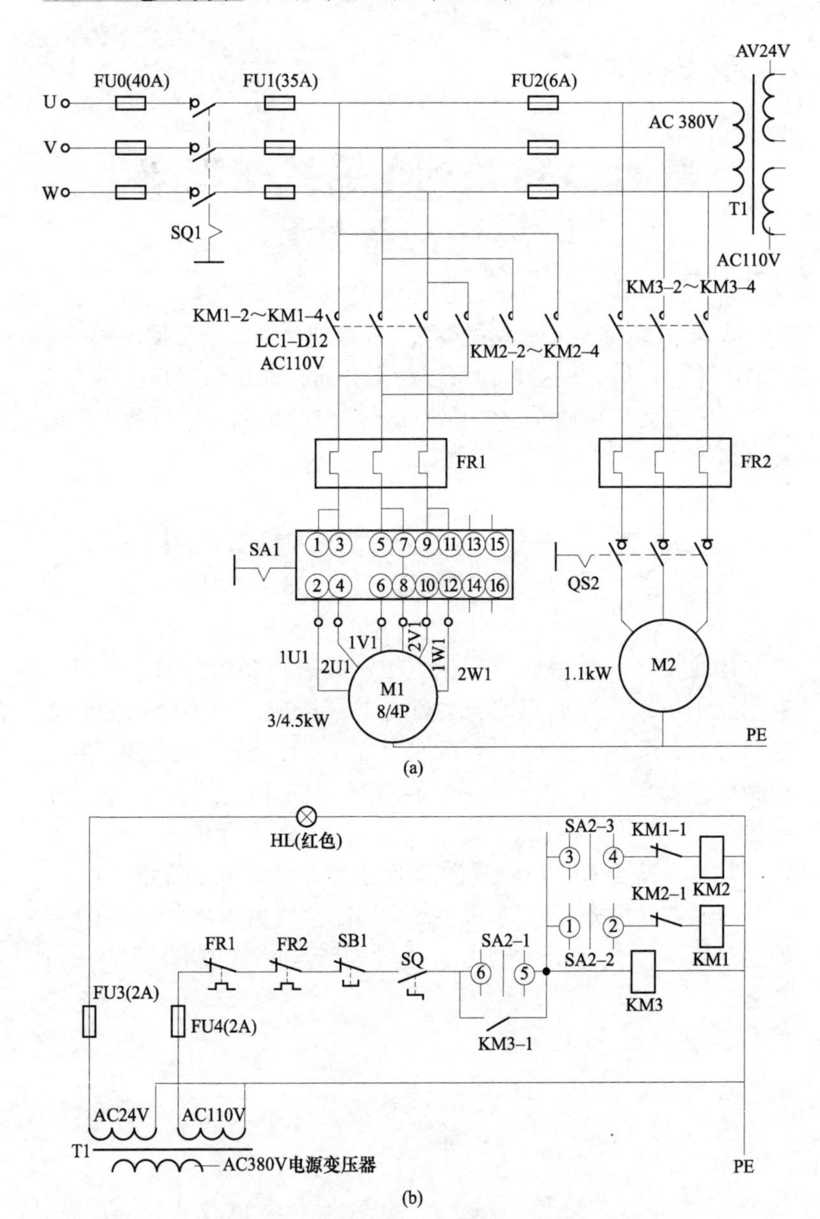

图 7-1　普通 C-6136A 系列车床线路

（a）主动力线路示意图；（b）电气控制与照明、指示灯线路示意图

表7–1 普通C–6136A系列车床主动力线路组成特点

序号	项目	具体说明
1	电动机M1	电动机M1用来驱动车刀主轴进行运转，该电动机的供电电压取自熔断器FU1的输出端，分别由交流接触器KM1的三组动合主触点KM1–2～KM1–4与KM2的三组动合主触点KM2–2～KM2–4控制其正转、反转。 不过，C–6136A系列车床主轴电动机M1为双速电动机，极数为8/4极，功率为3/4.5kW.，8/4极选择由SA1转换开关进行选择变换
2	电动机M2	电动机M2用来驱动润滑泵，为机床润滑系统提供润滑液。该电动机的供电取自熔断器FU2的输出端，由QS2断路器的三组动合触点对其供电进行控制
3	热继电器FR1与FR2	热继电器FR1与FR2的触点串接在继电器控制电路的供电回路中，用于保护相应电动机不会过热损坏。热继电器FR1用于保护车刀主轴电动机M1，热继电器FR2用于保护冷却液泵电动机M2。一旦电动机过热、超过了设定的温度，串接在继电器控制电路的供电回路中的热继电器触点就会自动断开，使继电器控制电路的供电回路断开，从而切断了所有交流接触器线圈的供电，机床因此而停止工作，实现了过热保护功能
4	过电流或过载保护	在普通C–6136A系列车床的主电路中，设置了三组熔断器：每一组均有三只熔断器：一组的FU0熔断器设置在车床的供电进线总开关SQ1的输入端；另一组的FU1熔断器设置在供电进线总开关SQ1的输出端，M1电动机供电之前，用于保护M1电动机；第三组的FU2用于保护M2电动机和控制电路、照明电路。 另外，SQ1也具有保护作用，用来对整台车床进行短路与过载保护

7.1.2 转换开关SA1内部结构与工作情况

转换开关SA1的型号为LW5–165.5S/4，内部结构如图7–2所示。它是由多组开关触点组合而成，该开关处于不同位置时，其内部触点之间的工作情况见表7–2。

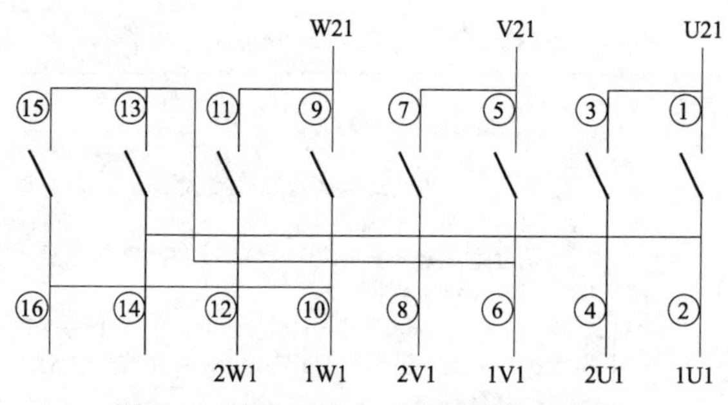

图 7–2 转换开关 SA1 内部结构示意图

表 7–2 转换开关 SA1 对双速电动机进行选择时其内部触点工作情况

SA1 供电输入端脚	①	③	⑤	⑦	⑨	⑪	⑬	⑮	说 明
SA1 供电输出端脚	②	④	⑥	⑧	⑩	⑫	⑭	⑯	
SA1 往左打 45°	触点闭合	—	触点闭合	—	触点闭合	—	—	—	电动机定子内部线圈呈三角形接法，工作在 8 极状态，同步转速为 750r/min
SA1 为 0°	—	—	—	—	—	—	—	—	电动机处于停止状态
SA1 往右打 45°	—	触点闭合	—	触点闭合	—	触点闭合	触点闭合	触点闭合	电动机定子线圈呈双星形接法，工作在 4 极

注 表中的符号“—”表示触点处于断开状态，对应两外引脚之间检测时电阻值为∞；表中的“触点闭合”表示触点处于接通状态，对应两外引脚之间检测时电阻值为 0。

7.1.3 普通 C–6136A 系列车床控制系统与照明电路的供电特点

普通 C–6136A 系列车床控制系统的供电与照明电路的供电

均由一只电源变压器T1提供。相关电路如图7–1（b）所示。该变压器一次侧380V交流电取自U与W相线，该电压经变压（降压）隔离后，分成两组从二次侧输出。具体情况见表7–3，供识图时参考。

表7–3 普通C–6136A系列车床控制系统与照明电路的供电特点

序号	项目	具体说明
1	照明电路的供电	照明电路的供电电压取自电源变压器T1二次侧的交流24V电压输出端，该电压通过FU3熔断器提供给照明灯泡HL。只要电源总开关SQ1接通，该照明灯就会点亮。FU3熔断器为保护元件
2	控制电路的供电	电气控制电路的供电电压取自电源变压器T1二次侧的交流110V电压输出端，该电压通过FU4熔断器，通过操作SA2开关提供给控制电路中的交流接触器线圈做工作电源。FU4熔断器为保护元件

7.1.4 普通C–6136A系列车床双速电动机控制原理

普通C–6136A系列车床双速电动机是采用8极还是采用4极工作，主要是由转换开关SA1来进行转换控制的。具体工作情况见表7–4，供识图时参考。

表7–4 普通C–6136A系列车床双速电动机控制原理

序号	项目	具体说明
1	电动机8极工作方式	当需要电机采用8极工作方式时，应将转换开关SA1往左打45°。此时，SA1开关引脚①与②、⑤与⑥、⑨与⑩内部的动合触点同时闭合接通，SA1开关的②、⑥、⑩脚就会有三相380V交流电压输出，该电压加到电动机的1U1、1V1、1W1端，电动机定子内部线圈呈三角形接法，电动机运行在8极状态，同步转速为750r/min

续表

序号	项目	具 体 说 明
2	电动机 4 极工作方式	当需要电动机采用 4 极工作方式时，应将 SA1 往右打 45°。此时，SA1 引脚③与④、⑦与⑧、⑪与⑫、⑬与⑭、⑮与⑯内部的动合触点同时闭合接通。由于 SA1 开关①与③、⑤与⑦、⑨与⑪脚是相通的，而④、⑧、⑫脚为电动机 4 极运行时三相 380V 交流电压输出端，该电压加到电动机的 2U1、2V1、2W1 端；同时又由于 SA1 开关的②与⑭、⑥与⑬及⑮、⑩与⑯是相通的，故保证了电动机在 4 极运行状态下，原 8 极运行状态时 SA1 开关的供电输出端②、⑥、⑩脚（即电动机 1U1、1V1、1W1 端）通过 SA1 开关⑬与⑭、⑮与⑯脚内部闭合的触点短接在一起，由此就会使电动机进入双星形连接方式
3	停机状态	当需要电动机停机时，应将转换开关 SA1 打到 0° 位置即可。此时，SA1 开关引脚内部的触点均复位处于动合状态

7.1.5 普通 C–6136A 系列车床控制系统工作原理

在普通 C–6136A 系列车床控制系统电路中，SB1 为急停按钮开关，通常处于动断状态；SQ 为挂轮罩限位开关，通常处于闭合状态；SA2 开关的型号为 LW5–16D–0404/2，用于对主轴电动机的正反转进行转换。普通 C–6136A 系列车床控制系统工作原理见表 7–5，供识图时参考。

表 7–5　普通 C–6136A 系列车床控制系统工作原理

序号	项目	具 体 说 明
1	SA2 开关置于 0° 位置	由于车床在加工中通常要求先开冷却水泵后，才允许开车刀主轴电动机，故在使用普通 C–6136A 系列车床时，应先将 SA2 开关置于 0° 位置。此时该开关⑤与⑥端脚内部的动合触点 SA2–1 就会闭合接通，使交流接触器 KM3 线圈得电工作，其几组动合触点就会闭合接通，具体动作情况如下所述

续表

<table>
<tr><th>序号</th><th>项目</th><th colspan="2">具 体 说 明</th></tr>
<tr><td rowspan="2">1</td><td rowspan="2">SA2开关置于0°位置</td><td>KM3–1闭合</td><td>动合触点KM3–1闭合接通以后实现自锁，以保证SA2开关⑤与⑥端脚内部的动合已闭合的触点SA2–1断开后，KM3交流接触器线圈中的供电不会中断</td></tr>
<tr><td>KM3–2～KM3–4闭合</td><td>动合触点KM3–2～KM3–4闭合接通以后，交流380V供电就会通过该闭合的触点→热继电器FR2→QS2断路器，为水泵电动机提供工作电压，使其工作</td></tr>
<tr><td rowspan="3">2</td><td rowspan="3">SA2开关往左打45°位置</td><td colspan="2">当SA2开关往左打45°位置时，该开关③与④端脚内部的动合触点SA2–3就会闭合接通，使交流接触器KM2线圈得电工作，其几组触点就会同时动作，具体动作情况如下所述</td></tr>
<tr><td>KM2–1断开</td><td>动断触点KM2–1断开以后，从而切断了KM1交流接触器线圈的供电通路，以防该交流接触器出现误动作</td></tr>
<tr><td>KM2–2～KM2–4闭合</td><td>动合触点KM2–2～KM2–4闭合接通以后，交流380V供电就会通过该闭合的触点→热继电器FR1→SA1转换开关，为主轴电动机提供工作电压，使其反转工作</td></tr>
<tr><td rowspan="3">3</td><td rowspan="3">SA2开关往右打45°位置</td><td colspan="2">当SA2开关往右打45°位置时，该开关①与②端脚内部的动合触点SA2–2就会闭合接通，使交流接触器KM1线圈得电工作，其几组触点就会同时动作，具体动作情况如下所述</td></tr>
<tr><td>KM1–1断开</td><td>动断触点KM1–1断开以后，从而切断了KM2交流接触器线圈的供电通路，以防该交流接触器出现误动作</td></tr>
<tr><td>KM1–2～KM1–4闭合</td><td>动合触点KM1–2～KM1–4闭合接通以后，交流380V供电就会通过该闭合的触点→热继电器FR1→SA1转换开关，为主轴电动机提供工作电压，使其正转工作</td></tr>
</table>

7.1.6 普通C–6136A系列车床控制系统常见故障处理

普通C–6136A系列车床控制系统常见故障现象、故障原因与修理方法见表7–6，供故障检修时参考。

表 7–6 普通 C–6136A 系列车床控制系统常见故障处理

序号	故障现象	故障原因	修理方法
1	SA1 开关无论在何位置，主轴电动机 M1 均不能工作	FU4 熔断器熔断	应先查找控制线路是否有短路或严重漏电现象，确认无问题后再更换新的熔断器
		SQ 或 FR1 与 FR2 某一触点接触不良	SQ 挂轮罩限位开关、热继电器 FR1 与 FR2 某一触点出现了接触不良现象，更换接触不良的零件
		SA1 转换开关内部触点不良	当 SA1 转换开关内部触点不良，就会导致三相 AC380 交流电压无法通过该开关提供给主轴电动机。应更换新的、同规格的 SA1 转换开关
2	电动机不能带负载，且发出沉闷的响声	电动机处于缺相运行状态	电机处于缺相运行状态，通常多为 SA1 转换开关内部触点接触不良造成的，应更换新的、同规格的 SA1 转换开关
3	SA1 无论在何（8P 或 4P）位置，电动机均不能变速，始终工作在低速（8P）状态	SA1 转换开关内部⑬与⑭、⑮与⑯触点接触不良	当 SA1 转换开关内部⑬与⑭、⑮与⑯触点接触不良时，就会导致电动机定子线圈无法从三角形接法变换为双星形接法。更换新的、同规格的 SA1 转换开关
4	照明灯不亮	FU3 熔断器熔断	应先查找控制线路是否有短路或严重漏电现象，确认无问题后再更换新的熔断器

7.2 普通 CW–6136A 型车床线路识图指导与常见故障处理

普通 CW–6136A 型车床为长沙第二机床厂生产的产品。它适用于高速切削和强力切削的场合。由于采用双速电动机作为主驱动，因此其调速性能较佳。

7.2.1 普通 CW–6136A 型车床基本结构

图 7–3（a）所示为普通 CW–6136A 型车床主线路，图 7–3（b）所示为普通 CW–6136A 型车床控制线路。图 7–3 中的 SB1 为紧急停机按钮开关，SQ1 为端面保护行程开关。该车床使用的电气元件情况见表 7–7，供维修更换时查阅参考。

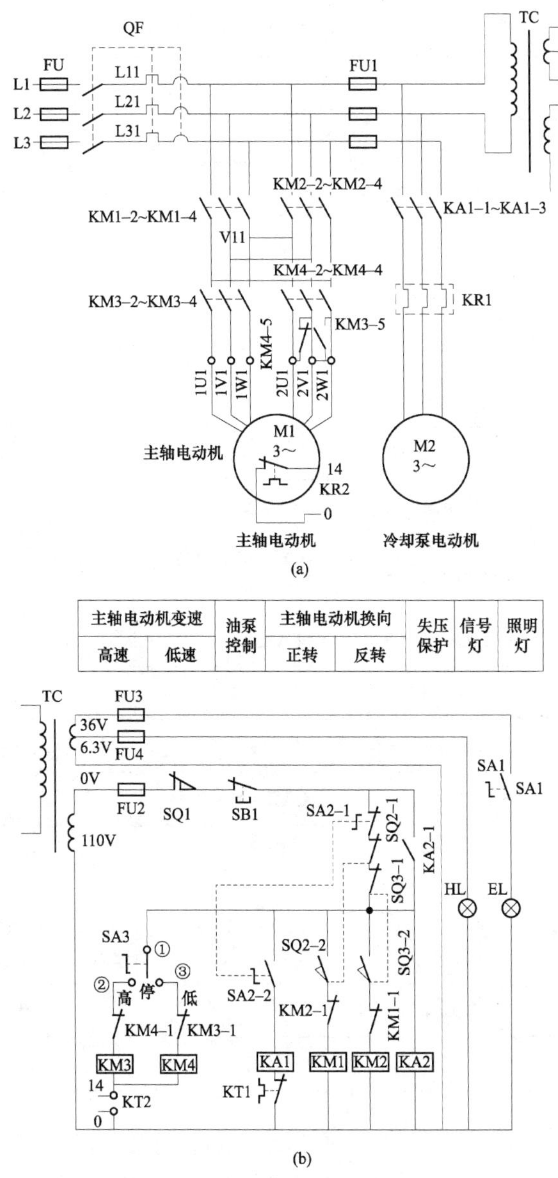

图 7–3 普通 CW–6136A 型车床线路

（a）主线路示意图；（b）控制线路示意图

表 7–7　　普通 CW–6136A 型车床使用的电气元件情况

编号	名称	型号与规格	
M1	主轴电动机	YD135S–4/6 B5 4/3.5kW	双速，380V，50Hz
M2	冷却泵电动机	AYB–25，0.15kW	380V，50Hz
KM1～KM4	交流接触器	CJ10–10A	110V，50Hz
KA1，KA2	中间继电器	JZ–62	110V，50Hz
KT1	热继电器	JR16–20/3	整定电流为 0.39A 左右
KT2	温度继电器	均为–95	95°
FU1	螺旋式熔断器	RL1–15	熔芯 15A
FU2～FU4	管形熔断器	RLX–1	熔芯 2A
TC	控制电源变压器	BK–100，380V/110V，6.3V，36V	6.3V 从 36V 中抽头
SB1	总停止按钮开关	LA30–11ZS	500V，红色
SA1	照明开关	LAY1–11X	1 位置
SA2	油泵旋钮开关	LAY1–11X	2 位置
SA3	变速旋钮开关	LAY1–11X/7	3 位置
SQ1	行程开关	LX12–2	380V
SQ2、SQ3	微动开关	LXW2–11	380V
QF	电源总开关	JKS4–DZ5–20/330	380V，复式 15A
EL	工作照明灯	JC11–1	24V
HL	信号指示灯	XDX2	6.3V

7.2.2　普通 CW–6136A 型车床电源总开关与供电情况

普通 CW–6136A 型车床电源总开关与供电情况见表 7–8，供识图时参考。

表7–8　　普通CW–6136A型车床电源总开关与供电情况

序号	项目	具 体 说 明
1	电源总开关	普通CW–6136A型车床电气控制板安装在机床前面左侧，带锁的电源总开关DF安装在机床后面。在使用机床时，需采用钥匙开启锁头，再按下绿色的按钮，此时电源就被接通，白色电源指示灯HL点亮，机床即可起动工作。当不需要使用机床时，按下红色的按钮，即可断开电源，然后反转钥匙，锁住锁头后，以防非操作人员操作机床
2	供电情况	普通CW–6136A型车床主轴电动机M1与冷却液电动机M2的供电直接取自三相交流电源，控制系统与照明和指示灯电路的供电均由控制电源变压器TC提供。其中的交流6.3V为电源指示灯HL的供电；交流36V为工作照明灯EL的供电；交流110V为控制电路的供电

7.2.3 普通CW–6136A型车床线路主轴电动机M1控制原理

普通CW–6136A型车床线路主轴电动机M1控制原理见表7–9，供识图时参考。

表7–9　　普通CW–6136A型车床线路主轴电动机M1控制原理

<table>
<tr><th>序号</th><th>项目</th><th colspan="2">具 体 说 明</th></tr>
<tr><td rowspan="3">1</td><td rowspan="3">M1低速正转控制</td><td colspan="2">当合上总电源开关QF以后，中间继电器KA2线圈得电工作，其动合触点KA2–1闭合接通后，就实现了自锁，相当于并接在SA2–1、SQ2–1、SQ3–1串联支路的两端。
当把主轴电动机变速开关SA3拨到右边的“低速”挡位置、使其①与③触点接通时，就接通了KM4交流接触器线圈的电流通路，该接触器各组触点就会动作，具体动作情况如下所述</td></tr>
<tr><td>KM4–1断开</td><td>当互锁动断触点KM4–1断开后，从而切断了KM3交流接触器线圈的电流通路，以防KM4工作时该接触器出现误动作</td></tr>
<tr><td>KM4–2～KM4–4闭合</td><td>当主动合触点KM4–2～KM4–4闭合接通、动断触点KM4–5断开后，为主轴电动机M1进入低速运转做好前期准备。
当扳动机床正、反转操纵杆至“正转”位置、操纵杆压下位置开关SQ2以后，其两组触点就会同时动作。其中的动断触点SQ2–1断开、动合触点SQ2–2闭合接通以后，就接通了KM1线圈的电流通路，KM1的各组触点均会动作，具体动作情况如下所述</td></tr>
</table>

续表

<table>
<tr><th>序号</th><th>项目</th><th colspan="3">具 体 说 明</th></tr>
<tr><td rowspan="3">1</td><td rowspan="3">M1低速正转控制</td><td rowspan="2">KM4-2～KM4-4闭合</td><td>KM1-1断开</td><td>互锁动断触点KM1-1断开以后，从而切断了KM2交流接触器线圈的电流通路，以防KM1工作时该接触器出现误动作</td></tr>
<tr><td>KM1-2～KM1-4闭合</td><td>动合主触点KM1-2～KM1-4闭合接通后，就接通了主轴电动机M1供电通路，从而使M1绕组连接成△，并进入低速正转方式</td></tr>
<tr><td>正转停机制动控制</td><td colspan="2">当把机床上的正、反转操纵杆扳倒“停”的位置时，位置开关SQ2复位，KM1交流接触器断电后，其各组触点复位后M1电动机也会停转。但由于惯性的作用，主轴电动机M1不会立即停下来，需要采用制动措施，使机床很快停下来。该车床的制动是采用正、反转开车操纵手柄操纵制动机构来实现的。也就是当正、反转操纵手柄扳倒“停”的位置时，制动机构的动作会使主轴受制动作用，而使电动机M1立即停下来</td></tr>
<tr><td rowspan="4">2</td><td rowspan="4">主轴电动机M1低速反转控制</td><td colspan="3">在上述主动合触点KM4-2～KM4-4闭合接通、动断触点KM4-5断开，为主轴电动机M1进入低速运转做好前期准备后。此时，如把机床正、反转操纵杆扳向“反转”位置，也就是压下位置开关SQ3后，SQ3的动断触点SQ3-1断开、动合触点SQ3-2闭合以后，交流接触器KM2线圈得电吸合，其各组触点均会动作，具体动作情况如下所述</td></tr>
<tr><td>KM2-1闭合</td><td colspan="2">当互锁动断触点KM2-1闭合接通以后，从而切断了KM1交流接触器线圈的电流通路，以防KM2工作时该接触器出现误动作</td></tr>
<tr><td>KM2-2～KM2-4闭合</td><td colspan="2">当主动合主触点KM2-2～KM2-4闭合接通后，就接通了主轴电动机M1供电通路，从而使M1绕组仍然连接成△形，由于电源反相，故进入低速反转方式</td></tr>
<tr><td>反转停机制动控制</td><td colspan="2">当把机床上的正、反转操纵杆扳倒“停”的位置时，位置开关SQ3复位，KM2交流接触器断电后，其各组触点复位后M1电动机就会停转</td></tr>
<tr><td>3</td><td>主轴电动机M1高速正转控制</td><td colspan="3">当合上总电源开关QF以后，中间继电器KA2线圈得电工作，其动合触点KA2-1闭合接通后，就实现了自锁，相当于并接在SA2-1、SQ2-1、SQ3-1串联支路的两端。
当把主轴电动机变速开关SA3拨到左边的“高速”挡位置、使其①与②触点接通时，就接通了KM3交流接触器线圈的电流通路，该接触器各组触点就会动作，具体动作情况如下所述</td></tr>
</table>

续表

<table>
<tr><th>序号</th><th>项目</th><th colspan="3">具 体 说 明</th></tr>
<tr><td rowspan="5">3</td><td rowspan="5">主轴电动机M1高速正转控制</td><td>KM3–1断开</td><td colspan="2">当互锁动断触点KM3–1断开后，从而切断了KM4交流接触器线圈的电流通路，以防KM3工作时该接触器出现误动作</td></tr>
<tr><td rowspan="3">KM3–2～KM3–4闭合</td><td colspan="2">当主动合触点KM3–2～KM3–4闭合接通、动合触点KM3–5闭合接通后，与动断触点KM4–5配合，把电动机M1的另外三个引线2U1、2V1、2W1短接，以使M1的绕组连接成双星形方式，为主轴电动机M1进入高速运转做好前期准备。
当扳动机床正、反转操纵杆至“正转”位置、操纵杆压下位置开关SQ2以后，其两组触点就会同时动作。其中的动断触点SQ2–1断开、动合触点SQ2–2闭合接通后，就接通了KM1线圈的电流通路，KM1的各组触点均会动作，具体动作情况如下所述</td></tr>
<tr><td>KM1–1断开</td><td>互锁动断触点KM1–1断开后，从而切断了KM2线圈的电流通路，以防KM1工作时该接触器出现误动作</td></tr>
<tr><td>KM1–2～KM1–4闭合</td><td>动合主触点KM1–2～KM1–4闭合接通后，就接通了主轴电动机M1供电通路，从而使M1绕组连接成双星形，并进入高速正转方式</td></tr>
<tr><td>正转停机制动控制</td><td colspan="2">当把机床上的正、反转操纵杆扳倒“停”的位置时，位置开关SQ2复位，KM1交流接触器断电后，其各组触点复位后M1电动机也会停转</td></tr>
<tr><td rowspan="3">4</td><td rowspan="3">主轴电动机M1高速反转控制</td><td colspan="3">在上述主动合触点KM4–2～KM4–4闭合接通、动断触点KM4–5断开，为主轴电动机M1进入高速运转做好前期准备后，此时，如把机床正、反转操纵杆扳向“反转”位置，也就是压下位置开关SQ3后，SQ3的动断触点SQ3–1断开、动合触点SQ3–2闭合以后，交流接触器KM2线圈得电吸合，其各组触点均会动作，具体动作情况如下所述</td></tr>
<tr><td>KM2–1闭合</td><td colspan="2">当互锁动断触点KM2–1闭合接通以后，从而切断了KM1交流接触器线圈的电流通路，以防KM2工作时该接触器出现误动作</td></tr>
<tr><td>KM2–2～KM2–4闭合</td><td colspan="2">当主动合主触点KM2–2～KM2–4闭合接通后，就接通了主轴电动机M1供电通路，从而使M1绕组仍然连接成双星形，由于电源反相，故进入高速反转方式</td></tr>
</table>

续表

序号	项目	具体说明	
4	主轴电动机M1高速反转控制	反转停机制动控制	当把机床上的正、反转操纵杆扳倒“停”的位置时，位置开关SQ3复位，KM2断电后，其各组触点复位后M1电动机就会停转
5	M1过载保护控制	主轴电动机M1在运行过程中，如果起动次数超过5次/min，或由于过载运行温度升高时，设置在主轴电动机M1内部的温度继电器KT2就会动作，从而形成如图7–3（b）所示的开断状态（即数字14与0之间断开），由此就会使KM3或KM4线圈供电通路断开，切断了主轴电动机M1的电源而使电动机M1停转。此时，主轴电动机M1需要冷却一段时间后，才能再次起动工作	

7.2.4 普通CW–6136A型车床冷却泵电动机M2控制原理

普通CW–6136A型车床冷却泵电动机M2控制原理见表7–10，供识图时参考。

表7–10 普通CW–6136A型车床冷却泵电动机M2控制原理

序号	项目	具体说明
1	起动运转	在KA2中间继电器得电吸合情况下，如果机床加工需要冷却液，手动合上SA2开关后，其动断触点SA2–1断开、动合触点SA2–2闭合后，就接通了KA1中间继电器线圈的供电，其三组动合主触点KA1–1～KA1–3闭合接通后，冷却泵电动机M2就会起动运转
2	停机控制	当手动断开SA2开关以后，中间继电器KA1就会断电释放，冷却泵电动机M2就会停转
3	需要说明的问题	当冷却泵电动机M2在正常运行过程中，如突然停电，因机床控制电路中的所有电器均断电，故在下次起动机床之前，必须把SA2复位，接通控制电路中KA2线圈的电源，机床才会起动

7.2.5 普通CW–6136A型车床常见故障处理

普通CW–6136A型车床常见故障现象、故障原因与处理方法见表7–11，供检修故障时参考。

表7–11 普通CW–6136A型车床常见故障处理

序号	故障现象	故障原因	处理方法
1	主轴电动机M1与冷却泵电动机M2均无法起动	电源总开关QF触点接触不良或损坏	对电源总开关QF触点进行修理或更换新的、同规格的配件
		熔断器FU1或FU2熔断	查找熔断器FU1或FU2熔断的原因并处理后，再更换新的、同规格的熔断器
		控制电源变压器TC不良或损坏	对控制电源变压器TC进行修理或更换新的、同规格的配件
		行程开关SQ1触点接触不良或损坏	对行程开关SQ1触点进行修理或更换新的、同规格的配件
		总停止开关SB1（紧急开关）触点接触不良或损坏	对总停止按钮开关SB1（紧急开关）触点进行修理或更换新的、同规格的配件
		SA2动断触点SA2–1接触不良或损坏	对SA2动断触点SA2–1进行修理或更换新的、同规格的配件
		位置开关的动断触点SQ2–1或SQ3–1接触不良或损坏	对位置开关的动断触点SQ2–1或SQ3–1进行修理或更换新的、同规格的配件
		KA2–1动合触点闭合时接触不良或损坏	对KA2–1动合触点进行修理或更换新的、同规格的配件
2	主轴电动机M1无法起动	主动合触点KM1–2～KM1–4接触不良或损坏	对主动合触点KM1–2～KM1–4进行修理或更换新的、同规格的配件
		温度传感器KT2不良或损坏	对温度传感器KT2进行修理或更换新的、同规格的配件
		主轴电动机M1本身不良或损坏	对主轴电动机M1本身进行修理或更换新的、同规格的配件

续表

序号	故障现象	故障原因	处理方法
3	主轴电动机M1 不能低速起动	KM3–1 动断触点接触不良或损坏	对 KM3–1 动断触点进行修理或更换新的、同规格的配件
		转速转换开关 SA3 的①与③触点间接触不良或损坏	对转速转换开关 SA3 的①与③触点进行修理或更换新的、同规格的配件
		交流接触器 KM4 本身线圈不良或损坏	对交流接触器 KM4 本身线圈进行修理或更换新的、同规格的配件
		KM4–2～KM4–4 动合触点或动断触点 KM4–5 接触不良或损坏	对 KM4–2～KM4–4 动合触点或动断触点 KM4–5 进行修理或更换新的、同规格的配件
4	主轴电动机M1 不能高速起动	KM3–2～KM3–5 动合触点接触不良或损坏	对 KM3–2～KM3–5 动合触点进行修理或更换新的、同规格的配件
		KM4–1 动断触点接触不良或损坏	对 KM4–1 动断触点进行修理或更换新的、同规格的配件
		转速转换开关 SA3 的①与②触点间接触不良或损坏	对转速转换开关 SA3 的①与②触点进行修理或更换新的、同规格的配件
		交流接触器 KM3 本身线圈不良或损坏	对交流接触器 KM3 本身线圈进行修理或更换新的、同规格的配件
5	主轴电动机M1 不能正转起动	KM1–2～KM1–4 动合主触点接触不良或损坏	对 KM1–2～KM1–4 动合主触点进行修理或更换新的、同规格的配件
		KM2–1 动断触点接触不良或损坏	对 KM2–1 动断触点进行修理或更换新的、同规格的配件
		交流接触器 KM1 本身线圈不良或损坏	对交流接触器 KM1 本身线圈进行修理或更换新的、同规格的配件
		位置开关 SQ2–2 动合触点接触不良或损坏	对位置开关 SQ2–2 动合触点进行修理或更换新的、同规格的配件

续表

序号	故障现象	故障原因	处理方法
6	主轴电动机M1 不能反转起动	KM2–2～KM2–4 动合主触点接触不良或损坏	对KM2–2～KM2–4动合主触点进行修理或更换新的、同规格的配件
		KM1–1 动断触点接触不良或损坏	对 KM1–1 动断触点进行修理或更换新的、同规格的配件
		交流接触器 KM2 本身线圈不良或损坏	对交流接触器 KM2 本身线圈进行修理或更换新的、同规格的配件
		位置开关 SQ3–2 动合触点接触不良或损坏	对位置开关 SQ3–2 动合触点进行修理或更换新的、同规格的配件
7	冷却泵电动机 M2 无法起动	KA1–1～KM1–3 动合主触点接触不良或损坏	对 KA1–1～KM1–3 动合主触点进行修理或更换新的、同规格的配件
		热继电器 KT1 不良或损坏	对 KT1 进行修理或更换新的配件
		SA2–2 动合触点不良或损坏	对 SA2–2 进行修理或更换新的配件
		冷却泵电动机 M2 不良或损坏	对M2进行修理或更换新的配件
		继电器 KA1 本身线圈不良或损坏	对继电器 KA1 本身线圈进行修理或更换新的、同规格的配件

7.3 普通 CW–6136B 型车床控制线路识图指导与常见故障处理

普通 CW–6136B 型车床主要由主轴变速箱、溜板箱、溜板、刀架、尾架、主轴、丝杆与光杆、床身等构成。根据床身的不同，工件的最大长度分为 1500mm 和 3000mm 两种，床身最大工作回转半径 630mm。该车床线路如图 7–4 所示。

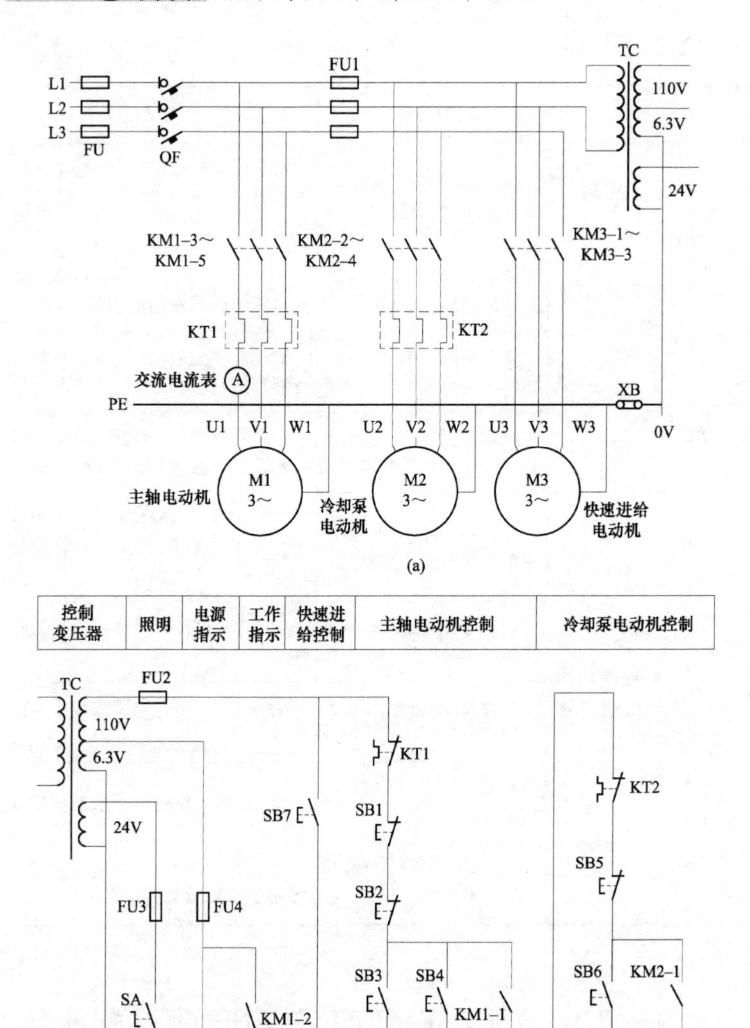

图 7–4 普通 CW–6136B 型车床线路图

（a）主线路示意图；（b）控制线路示意图

7.3.1 普通CW–6136B型车床基本结构与供电情况

普通CW–6136B型车床基本结构与供电情况见表7–12，供识图时参考。

表7–12 普通CW–6136B型车床基本结构与供电情况

序号	项目	具体说明
1	基本结构	图7–4（a）所示为CW–6136B型普通车床主线路，图7–4（b）所示为CW–6136B型普通车床控制线路。表7–13为该车床使用的电气元件情况，供维修更换时查阅参考
2	供电	CW–6136B型普通车床主轴电动机M1与冷却液电动机M2、进给电动机M3的供电直接取自三相交流电源，控制系统与照明和指示灯电路的供电均由控制电源变压器TC提供。其中的交流6.3V为电源指示灯HL与主轴电动机M1运转指示的供电；交流24V为工作照明灯EL的供电；交流110V为控制电路的供电

表7–13 普通CW–6136B型车床使用的电气元件情况

编号	名称	型号与规格	
M1	主轴电动机	JO2–52–4 10kW	驱动主轴运转
M2	冷却泵电动机	AOB–25，90W	驱动冷却泵工作
M3	快速进给电动机	NJ12–4 1.1kW	驱动工作台快速进给
QF	自动空气开关	DZ5–50	电源总开关
FU1	熔断器	RL1–16/6	对M2、M3进行短路保护
FU2	熔断器	RL1–15/4	对控制电路进行短路保护
FU3	熔断器	RL1–15/2	对工作照明进行短路保护
FU4	熔断器	RL1–15/2	对指示显示进行短路保护
TC	控制电源变压器	BK100 380V/110V、24V、6.3V	控制与照明、指示电路电源
KM1	交流接触器	CJ0–40线圈电压110V	主轴电动机M1控制
KA1（KM2）	中间继电器	JZ7–44线圈电压110V	冷却泵电动机M2控制

续表

编号	名称	型号与规格	
KA2（KM3）	中间继电器	JZ7–44 线圈电压 110V	快速进给电动机 M3 控制
KT1	热继电器	JR16–60/3D 整定电流 19.9A	主轴电动机 M1 过载保护
KT2	热继电器	JR16–20/3D 整定电流 0.32A	冷却泵电动机 M2 过载保护
SB1、SB2	按钮开关	LA19–11J	主轴电动机 M1 停止控制
SB3、SB4	按钮开关	LA19–11D	主轴电动机 M1 起动控制
SB5	按钮开关	LA19–11	冷却泵电动机 M2 停止控制
SB6	按钮开关	LA19–11	冷却泵电动机 M2 起动控制
SB7	按钮开关	LA9–11	快速进给电动机 M3 控制
A	交流电流表	81T2–A0–50A	主轴电动机 M1 电流监控
HL1	电源指示灯	ZSD–0	电源显示
HL2	主轴电机运转指示灯	ZSD–0	主轴电动机 M1 运转指示
EL	照明灯	JC2 24V/40W	工作照明用
SA	工作照明控制开关	—	控制照明灯

7.3.2 普通 CW–6136B 型车床主轴电动机 M1 的控制原理

普通 CW–6136B 型车床主轴电动机 M1 的控制原理见表 7–14，供识图时参考。

表 7–14 普通 CW–6136B 型车床主轴电动机 M1 的控制原理

项目	具 体 说 明
概述	当合上总电源开关 QF 后，电源指示灯 HL1 就会点亮，以示交流电源已进入机床控制电路。 为了满足两地控制的需要，该机床主轴电动机 M1 设置了两只停机按钮开关 SB1 与 SB2（两者串联连接）和两只起动按钮开关 SB3、SB4（两者并联连接），它们分别安装在机床床头操纵板和刀架拖板上。 当按下两只起动按钮开关 SB3 与 SB4 中的任一个后，交流接触器 KM1 线圈得电吸合，其各组触点就会动作，具体动作情况如下所述

续表

项目	具体说明
KM1–1闭合	当动合触点KM1–1闭合后，就实现了自锁，以保证松开SB3或SB4后，KM1线圈电流通路不致断开；同时，也为冷却泵电动机M2的工作做好了前期准备
KM1–2闭合	当动合触点KM1–2闭合接通以后，就会使指示灯HL2点亮，以示主轴电动机M1进入了运转状态
KM1–3～KM1–5闭合	当动合主触点KM1–3～KM1–5闭合接通以后，就接通了主轴电动机M1的三相交流电源，从而使其起动运转
停机控制	当需要机床主轴停转时，按下停机开关SB1或SB2后，KM1线圈电流就会断开，其各组触点就会复位，而使主轴电动机M1停止工作

7.3.3 普通CW–6136B型车床冷却泵电动机M2的控制原理

普通CW–6136B型车床冷却泵电动机M2的控制原理见表7–15，供识图时参考。

表7–15 普通CW–6136B型车床冷却泵电动机M2的控制原理

项目	具体说明
概述	冷却泵电动机M2能否工作受主轴电动机M1控制电路中KM1–1动合触点的控制，只有在KM1–1动合触点闭合接通的情况下，按下SB6才能起动冷却泵电动机M2工作。 当按下冷却泵电动机M2的起动按钮开关SB6后，就会使交流接触器KM2线圈的电流通路形成而吸合，其各组触点就会动作，具体动作情况如下所述
KM2–1闭合	当动合触点KM2–1闭合接通以后，就实现了自锁，以保证松开SB6后，KM2线圈中的电流通路不致断开
KM2–2～KM2–4闭合	当动合主触点KM2–2～KM2–4闭合接通以后，就接通了冷却泵电动机M2的三相交流电源，从而使其起动工作
停机控制	当需要冷却泵电动机M2停止工作时，按下停机按钮开关SB5后，KM2线圈中的电流就会断开，其各组触点就会复位，而使冷却泵电动机M2停止工作

7.3.4 普通CW–6136B型车床快速进给电动机M3控制原理

普通CW–6136B型车床快速进给电动机M3的控制原理见表7–16，供识图时参考。

表7–16 普通CW–6136B型车床快速进给电动机M3的控制原理

序号	项目	具体说明
1	起动控制	对快速进给电动机M3的控制，是一种点动控制方式。当按下起动按钮开关SB7以后，就会使交流接触器KM3线圈的电流通路形成而吸合，其三组动合主触点KM3–1～KM3–3闭合接通以后，就接通了快速进给电动机M3的三相交流电源，从而使其起动工作，带动工作台按进给方向快速移动
2	停机控制	当松开SB7后，就会使交流接触器KM3线圈中电流通路断开，其三组动合主触点KM3–1～KM3–3复位断开后，快速进给电动机M3也停止工作

7.3.5 普通CW–6136B型车床常见故障处理

普通CW–6136B型车床常见故障现象、故障原因与处理方法见表7–17，供检修故障时参考。

表7–17 普通CW–6136B型车床常见故障处理

序号	故障现象	故障原因	处理方法
1	3只电动机均无法起动，电源指示灯HL1也不亮	FU或FU1熔断器熔断	查找FU或FU1熔断器熔断的原因并处理后，再更换新的、同规格的熔断器
		电源控制变压器TC不良或损坏	对电源控制变压器TC进行修理或更换新的、同规格的配件
		电源开关QF不良或损坏	对QF进行修理或更换新的配件
2	3只电动机均无法起动，但电源指示灯HL1亮	熔断器FU2熔断	查找FU2熔断器熔断的原因并处理后，再更换新的、同规格的熔断器
		电源控制变压器TC的110V交流电压不良或相关连接线断裂	查找电源控制变压器TC的110V交流电压不良的原因并进行修理，对相关连接线进行检查和修理

续表

序号	故障现象	故障原因	处理方法
3	主轴电动机M1无法起动，主轴运转指示灯HL2也不亮	控制线路中热继电器KT1触点不良或损坏	对控制线路中热继电器KT1触点进行修理或更换新的、同规格的配件
		停机开关SB1或SB2动断触点接触不良或损坏	对停机按钮开关SB1或SB2动断触点进行修理或更换新的、同规格的配件
		起动开关SB3或SB4动合触点接触不良或损坏	对起动按钮开关SB3或SB4动合触点进行修理或更换新的、同规格的配件
		KM1线圈不良或损坏	对KM1线圈进行修理或更换新的配件
4	主轴电动机M1无法起动，但主轴运转指示灯HL2亮	M1本身不良或损坏	对M1进行修理或更换新的、同规格配件
		三组KM1–3～KM1–5主触点接触不良或损坏	对三组KM1–3～KM1–5主触点进行修理或更换新的、同规格的配件
		主电路中热继电器KT1不良或损坏	对主电路中热继电器KT1进行修理或更换新的、同规格的配件
5	主轴电动机M1起动后，冷却泵电动机M2不能起动	三组KM2–2～KM2–4动合主触点接触不良或损坏	对三组KM2–2～KM2–4主触点进行修理或更换新的、同规格的配件
		主电路或控制电路中的热继电器KT2不良或损坏	对主电路或控制电路中的热继电器KT2进行修理或更换新的、同规格的配件
		冷却泵电动机M2本身不良或损坏	对冷却泵电动机M2进行修理或更换新的、同规格的配件
		冷却泵电动机M2停机按钮SB5开关或起动按钮SB6开关接触不良或损坏	对冷却泵电动机M2停机按钮SB5开关或起动按钮SB6开关进行修理或更换新的、同规格的配件
		交流接触器KM2线圈不良或损坏	对交流接触器KM2线圈进行修理或更换新的、同规格的配件

续表

序号	故障现象	故障原因	处理方法
6	快速进给电动机M3无法起动	三组动合主触点KM3-1～KM3-3接触不良或损坏	对三组动合主触点KM3-1～KM3-3进行修理或更换新的、同规格的配件
		快速进给电动机M3起动开关SB7接触不良或损坏	对快速进给电动机M3起动按钮开关SB7进行修理或更换新的、同规格的配件
		快速进给电动机M3本身不良或损坏	对快速进给电动机M3进行修理或更换新的、同规格的配件
		交流接触器KM3线圈不良或损坏	对交流接触器KM3线圈进行修理或更换新的、同规格的配件
7	机床没有工作照明	熔断器FU3熔断	查找FU3熔断器熔断的原因并处理后，再更换新的、同规格的熔断器
		照明灯EL本身不良或损坏	对照明灯EL进行修理或更换新的、同规格的配件
		照明灯控制开关SA接触不良或损坏	对照明灯控制开关SA进行修理或更换新的、同规格的配件
		电源控制变压器TC的24V交流电源不良	查找电源控制变压器TC的24V交流电源不良的原因并进行处理
8	两信号指示灯均不亮	熔断器FU4熔断	查找FU4熔断的原因并处理后，再更换新的、同规格的熔断器
		电源控制变压器TC的6.3V交流电源不良	查找电源控制变压器TC的6.3V交流电源不良的原因并进行处理
9	仅电源指示灯HL1不亮	电源指示灯HL1不良或损坏	对电源指示灯HL1进行修理或更换新的、同规格的配件
10	仅运转指示灯HL2不亮	运转指示灯HL2不良或损坏	对运转指示灯HL2进行修理或更换新的、同规格的配件

第 8 章

普通 C616、C620 与 C650 型车床线路识图与常见故障处理

普通 C616、C620 与 C650 型车床在制造类企业中的应用均较为广泛，本章介绍这三类车床线路识图与常见故障的处理。

8.1 普通 C616 型卧式车床控制线路识图指导与常见故障处理

C616 型卧式车床床身最大工件回转半径为 160mm，工件的最大长度为 550mm，是一种小型车床。

8.1.1 普通 C616 型卧式车床线路基本结构与供电特点

普通 C616 型卧式车床线路如图 8–1 所示。其基本结构与供电特点见表 8–1，供识图时参考。

表 8–1 普通 C616 型卧式车床基本结构与供电特点

序号	项目	具体说明
1	基本结构	图 8–1（a）所示为 C616 型卧式普通车床主线路，图 8–1（b）所示为 C616 型卧式普通车床控制线路
2	供电特点	C616 型普通车床主轴电动机 M1 与润滑泵电动机 M2、冷却泵电动机 M3 的供电直接取自三相交流电源，控制系统的供电直接取自三相交流电源的 L1、L2 两相，照明和指示灯电路的供电均由控制电源变压器 TC 提供。其中的交流 6.3V 为电源指示灯 HL 的供电；交流 36V 为工作照明灯 EL 的供电，由 SA2 手动开关操作进行控制

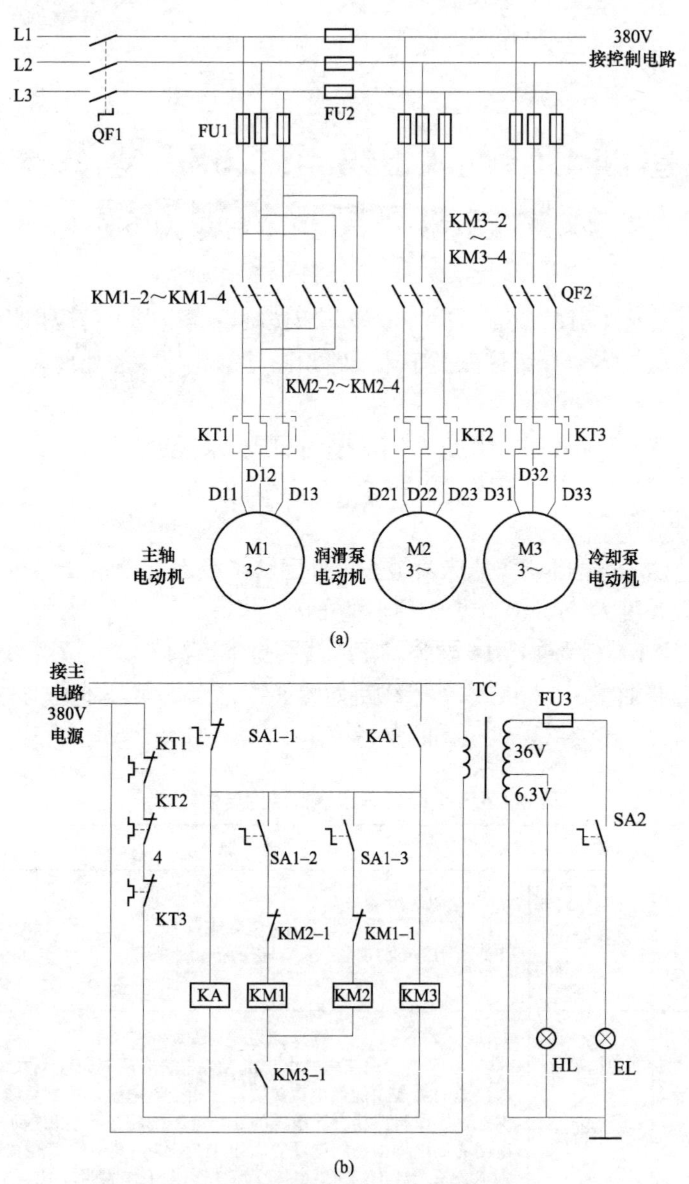

图 8-1 普通 C616 型卧式车床线路

（a）主线路示意图；（b）控制线路示意图

8.1.2 普通 C616 型卧式车床手动操作转换开关 SA1 的挡位情况

C616 型卧式普通车床手动操作转换开关 SA1 有三对触点，一对为动断触点 SA1–1，两对动合触点 SA1–2、SA1–3，用来控制主轴电动机 M1 的正、反转与停止。该开关在不同状态时各触点的工作情况见表 8–2。

表 8–2 手动操作转换开关 SA1 在不同状态时各触点的工作情况

SA1 所处位置	“零”位置	“正转”位置	“反转”位置
三对触点状态	SA1–1 闭合接通、SA1–2 与 SA1–3 均断开	SA1–2 闭合、SA1–1 与 SA1–3 均断开	SA1–3 闭合、SA1–1 与 SA1–2 均断开

8.1.3 普通 C616 型卧式车床线路控制原理

该车床在使用之前，通常都要将手动操作转换开关 SA1 置于“零”位置，在此情况下再合上电源开关 QF1。主轴电动机 M1 与润滑泵电动机 M2 的控制原理见表 8–3，供识图时参考。

表 8–3 普通 C616 型卧式车床线路控制原理

<table>
<tr><th>序号</th><th>项目</th><th colspan="2">具 体 说 明</th></tr>
<tr><td rowspan="3">1</td><td rowspan="3">M1 起动的前期准备</td><td colspan="2">当合上电源开关 QF1、三相交流电源进入车床的控制电路以后，就会使继电器 KA 与交流接触器 KM3 线圈同时得电工作，具体工作情况如下所述</td></tr>
<tr><td>KM3 线圈得电吸合</td><td>当 KM3 线圈得电吸合以后，其动合触点 KM3–1 闭合后，就接通了 KM1 与 KM2 线圈下部的电源通路，为这两只接触器的工作做好准备；三组动合主触点 KM3–2～KM3–4 闭合后，润滑泵电机 M2 得到三相交流电源而起动工作</td></tr>
<tr><td>KA 线圈得电吸合</td><td>当中间继电器 KA 线圈得电吸合，其动合触点 KA1 闭合以后，为主轴电动机 M1 的工作做好了前期准备</td></tr>
</table>

续表

<table>
<tr><th>序号</th><th>项目</th><th colspan="2">具 体 说 明</th></tr>
<tr><td rowspan="3">2</td><td rowspan="3">主轴电动机 M1 正转控制</td><td colspan="2">在主轴电动机 M1 起动工作的前期准备做好以后，如将手动操作转换开关 SA1 置于“正转”位置时，SA1–2 闭合接通、SA1–1 与 SA1–3 均断开，就形成了电流通路：380V 交流电源的上端引线→动合已闭合接通的触点 KA1→动合已接通的 SA1–2 触点→动断触点 KM2–1→KM1 交流接触器线圈→动合已闭合接通的触点 KM3–1→热继电器 KT3→热继电器 KT2→热继电器 KT1→380V 交流电源的下端引线。
上述电流通路使 KM1 交流接触器得电吸合，其各组触点均会动作，具体动作情况如下所述</td></tr>
<tr><td>KM1–1 断开</td><td>动断互锁触点 KM1–1 断开后，就切断了 KM2 线圈的电流通路，以防 KM1 接触器工作时 KM2 出现误动作工作</td></tr>
<tr><td>KM1–2～KM1–4 闭合</td><td>三组动合主触点 KM1–2～KM1–4 闭合接通后，为主轴电动机 M1 提供三相工作电源，使其得电起动进入正转状态</td></tr>
<tr><td rowspan="3">3</td><td rowspan="3">M1 反转控制</td><td colspan="2">在主轴电动机 M1 起动工作的前期准备做好以后，如将手动操作转换开关 SA1 置于“反转”位置时，SA1–3 闭合接通、SA1–1 与 SA1–2 均断开，就形成了电流通路：380V 交流电源的上端引线→动合已闭合接通的触点 KA1→动合已接通的 SA1–3 触点→动断触点 KM1–1→KM2 交流接触器线圈→动合已闭合接通的触点 KM3–1→热继电器 KT3→热继电器 KT2→热继电器 KT1→380V 交流电源的下端引线。
上述电流通路使 KM2 交流接触器得电吸合，其各组触点均会动作，具体动作情况如下所述</td></tr>
<tr><td>KM2–1 断开</td><td>动断互锁触点 KM2–1 断开以后，就切断了 KM1 线圈的电流通路，以防 KM2 接触器工作时，KM1 出现误动作工作</td></tr>
<tr><td>KM2–2～KM2–4 闭合</td><td>三组动合主触点 KM2–2～KM2–4 闭合后，为主轴电动机 M1 提供另一方向的三相电源，使其得电起动进入反转状态</td></tr>
<tr><td>4</td><td>M1 停止控制</td><td colspan="2">当把手动操作转换开关 SA1 置于“零”位置时，SA1–1 闭合接通、SA1–2 与 SA1–3 均断开，由此 KM1 或 KM2 交流接触器线圈断电，各组触点复位后，主轴电动机 M1 也会断电而停机。
如需要润滑泵电动机 M2 也停止工作，则只要断开总电源开关 QF1，使接触器 KM3 与中间继电器 KA 断电即可</td></tr>
</table>

续表

序号	项目	具 体 说 明
5	欠电压和零压保护	中间继电器 KA 在控制电路中起欠电压和零压保护作用，如果出现欠电压和零压时，该继电器线圈就不会顺利吸合，其动合触点 KA1 就不能闭合，主轴电动机 M1 就无法起动工作，从而起到了欠电压和零压保护作用
6	M3 的控制	冷却泵电动机 M3 的起动与停止控制主要由手动转换开关 QF2 来进行控制。当手动闭合接通 QF2 后，冷却泵电动机 M3 就会起动工作；当手动断开 QF2 后，冷却泵电动机 M3 就会停止工作

8.1.4 普通 C616 型卧式车床线路常见故障检修

普通 C616 型卧式车床常见故障现象、故障原因与处理方法见表 8–4，供检修故障时参考。

表 8–4 普通 C616 型卧式车床线路常见故障处理

序号	故障现象	故障原因	处理方法
1	三台电动机均无法起动，电源指示灯 HL 也不亮	电源总开关 QF1 不良或损坏	对 QF1 进行修理或更换新的配件
		FU2 熔断器熔断	查找 FU2 熔断器熔断的原因并处理后，再更换新的、同规格的熔断器
2	三台电动机均无法起动，但电源指示灯 HL 亮	手动操作转换开关 SA1–1 接触不良或损坏	对手动操作转换开关 SA1–1 进行修理或更换新的、同规格的配件
		热继电器 KT1～KT3 中某一个接触不良或损坏	对接触不良或损坏的热继电器 KT1～KT3 进行修理或更换新的配件
		交流接触器 KM3 线圈不良或损坏	对交流接触器 KM3 线圈进行修理或更换新的、同规格的配件
3	主轴电动机 M1 无法起动	FU1 熔断器熔断	查找 FU1 熔断器熔断的原因并处理后，再更换新的、同规格的熔断器
		主电路中热继电器 KT1 接触不良或损坏	对热继电器 KT1 进行修理或更换新的、同规格的配件

续表

序号	故障现象	故障原因	处理方法
3	主轴电动机M1无法起动	主轴电动机M1不良或损坏	对M1进行修理或更换新的配件
		中间继电器KA动合触点KA1接触不良或损坏	对主轴电动机M1进行修理或更换新的、同规格的配件
		中间继电器KA线圈不良或损坏	对中间继电器KA线圈进行修理或更换新的、同规格的配件
		交流接触器动合触点KM3-1不良或损坏	对交流接触器动合触点KM3-1进行修理或更换新的、同规格的配件
4	主轴电动机M1无法起动正转	三组KM1-2～KM1-4主触点接触不良或损坏	对三组KM1-2～KM1-4主触点进行修理或更换新的、同规格的配件
		手动操作转换开关SA1-2触点接触不良或损坏	对手动操作转换开关SA1-2触点进行修理或更换新的、同规格的配件
		动断触点KM2-1接触不良或损坏	对动断触点KM2-1进行修理或更换新的、同规格的配件
		交流接触器KM1线圈不良或损坏	对交流接触器KM1线圈进行修理或更换新的、同规格的配件
5	主轴电动机M1无法起动反转	三组KM2-2～KM2-4主触点接触不良或损坏	对三组KM2-2～KM2-4主触点进行修理或更换新的、同规格的配件
		手动操作转换开关SA1-3触点接触不良或损坏	对手动操作转换开关SA1-3触点进行修理或更换新的、同规格的配件
		动断触点KM1-1接触不良或损坏	对动断触点KM1-1进行修理或更换新的、同规格的配件
		交流接触器KM2线圈不良或损坏	对交流接触器KM2线圈进行修理或更换新的、同规格的配件
6	润滑泵电动机M2无法起动工作	三组KM3-2～KM3-4主触点接触不良或损坏	对三组KM3-2～KM3-4主触点进行修理或更换新的、同规格的配件
		主电路中热继电器KT2接触不良或损坏	对主电路中热继电器KT2进行修理或更换新的、同规格的配件

续表

序号	故障现象	故障原因	处理方法
6	润滑泵电动机 M2 无法起动工作	交流接触器 KM3 线圈不良或损坏	对交流接触器 KM3 线圈进行修理或更换新的、同规格的配件
		润滑泵电动机 M2 本身不良或损坏	对润滑泵电动机 M2 进行修理或更换新的、同规格的配件
7	冷却泵电动机 M3 无法起动工作	起动开关 QF2 触点接触不良或损坏	对起动开关 QF2 触点进行修理或更换新的、同规格的配件
		主电路中热继电器 KT3 接触不良或损坏	对主电路中热继电器 KT3 进行修理或更换新的、同规格的配件
		冷却泵电动机 M2 本身不良或损坏	对冷却泵电动机 M2 进行修理或更换新的、同规格的配件
8	照明与电源指示灯均不亮	电源控制变压器 TC 不良或损坏	对电源控制变压器 TC 进行修理或更换新的、同规格的配件
9	仅电源指示灯 HL 不亮	电源指示灯 HL 不良或损坏	对电源指示灯 HL 进行修理或更换新的、同规格的配件
10	机床没有工作照明	熔断器 FU3 熔断	查找 FU3 熔断器熔断的原因并处理后，再更换新的、同规格的熔断器
		照明灯 EL 本身不良或损坏	对照明灯 EL 进行修理或更换新的、同规格的配件
		照明灯控制开关 SA2 接触不良或损坏	对照明灯控制开关 SA2 进行修理或更换新的、同规格的配件
		电源控制变压器 TC 的 36V 交流电源不良	查找电源控制变压器 TC 的 36V 交流电源不良的原因并进行处理

8.2 普通 C620 型车床控制线路识图指导与常见故障处理

图 8–2 所示是工厂常见的普通 C620 型车床电气控制线路图。它是一种带有热继电器保护的控制线路图。其主轴的正、反向运转是由机械结构来实现的。该车床使用的电气元件情况见表 8–5，供更换时查阅参考。

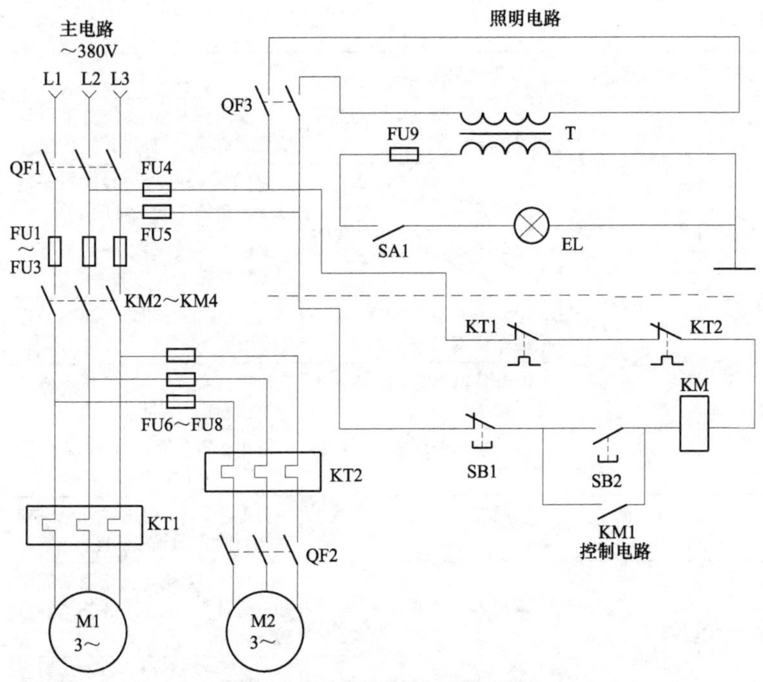

图 8–2　普通 C620 型车床电气控制线路图

表 8–5　　普通 C620 型车床电气控制线路图电气元器件

代号	名称	型号规格	代号	名称	型号规格
M1	主轴电动机	J52–4	FU1～FU3	熔断器	RM3–25
M2	冷却电动机	JCB–22	FU4、FU5	熔断器	RM3–25
KM	交流接触器	CJO–20	FU6～FU9	熔断器	RM3–25
KT1	热继电器	JR2–114.5A	T	照明变压器	BK–50380/360V
KT2	热继电器	JR2–10.43A	EL	照明灯具	JC6–1
QF1	三相转换开关	HZ2–25/3	SB1、SB2	双挡按钮	LA4–22K
QF2	三相转换开关	HZ2–10/3	SA1	照明灯开关	
QF3	两相转换开关	HZ2–10/2			

8.2.1 普通 C620 型车床线路基本组成

图 8–2 所示线路图主要由主线路、控制线路及照明线路三个部分构成，具体情况见表 8–6。

表 8–6　　　　普通 C620 型车床线路基本组成

<table>
<tr><th>序号</th><th>项目</th><th colspan="2">具 体 说 明</th></tr>
<tr><td rowspan="3">1</td><td rowspan="3">主控制线路</td><td colspan="2">主线路主要由两台电动机 M1、M2 和 QF1 与 QF2 开关、FU1～FU3、主触点 KM2～KM4 及相关连线等构成</td></tr>
<tr><td>M1</td><td>M1 为主轴电动机，用于拖动主轴旋转和刀架做进给运动。由于主轴是通过摩擦离合器来实现正、反转控制的，因此主轴电动机不要求有正、反转。该电动机受起动按钮开关 SB2 和交流接触器 KM 的控制</td></tr>
<tr><td>M2</td><td>M2 为冷却泵电动机，是由 QF2 转换开关直接进行控制的。但 M2 的供电也受到 SB2 和 KM 的控制</td></tr>
<tr><td>2</td><td>控制线路</td><td colspan="2">控制电路主要由 FU4、FU5、停止按钮开关 SB1、起动按钮开关 SB2、交流接触器 KM、热继电器 KT1、KT2 及相关连线等构成。KM 有一组动合自锁触点 KM1，三组用于控制电动机（M1 与 M2）供电的动合触点 KM2～KM4</td></tr>
<tr><td>3</td><td>照明线路</td><td colspan="2">照明线路主要由 380V 电源变压器 T 及照明灯 EL、保险丝 FU9 及相关连线等组成。照明灯的亮、灭受 SA1 开关的直接控制。T 二次侧输出的是 36V 安全电压，EL 照明灯为 36V 的灯泡</td></tr>
</table>

8.2.2 普通 C620 型车床线路控制原理

要想轻松看懂 C620 型普通车床电气控制线路的工作原理，可以从表 8–7 中所列的几个方面来进行。

表 8–7　　　　普通 C620 型车床线路控制原理

序号	项目	具 体 说 明
1	起动控制	合上 QF1 电源开关，按下起动按钮 SB2 后，交流接触器 KM 线圈得电吸合，其 KM1 动合触点闭合后自锁，KM2～KM4 三组动合触点闭合后，使主轴电动机 M1 得电运行
2	停机控制	当需要停机时，按下停止按钮开关 SB1 后，KM 线圈断电释放，M1 主轴电动机停转

续表

序号	项目	具 体 说 明
3	冷却泵控制	冷却泵电动机是在 M1 接通电源旋转后，合上转换开关 QF2，冷却液泵电动机 M2 就起动运行。M2 与 M1 是联动的
4	照明灯控制	照明灯变压器 T 的一次侧连接在 L2 和 L3 相电压之间，只要合上 QF3 电源开关，该变压器就进入工作状态，此时只要合上 SA1 开关，照明灯 EL 就会点亮

8.2.3 普通 C620 型车床线路常见故障处理

普通 C620 型车床线路常见故障现象、故障原因及其检修方法见表 8–8，供故障检修时参考。

表 8–8 普通 C620 型车床线路常见故障处理

序号	故障现象	故障原因	处 理 方 法
1	按下主轴电动机起动按钮后，主轴电动机 M1 不能起动工作	三相交流供电电压没有加到机床供电线路上	采用万用表或低压验电笔检测机床电源开关 QF1 输出端是否有电源。如没有电压，应确认是否停电，如没有停电则应检查供电线路是否有断裂处
		FU1～FU3 电源熔断器熔断	采用万用表或低压验电笔检测 FU1～FU3 输出端处的供电情况。 （1）如发现有一相或两相熔断器熔断，则应更换新的熔断器。 （2）如三相熔断器均熔断，则在更换新的熔断器之前，还应查找其熔断的原因，主要检查连接线路是否有短路处、电动机 M1 是否有卡死烧毁现象。此时，可用手转动电动机风叶轮看能否转动。如可以转动，则采用 500V 的绝缘电阻表检查电动机与地之间的绝缘情况，拆开电动机连接片检测其三相绕组之间的绝缘情况
		通往主轴电动机电源线路有断裂处	拆开主轴电动机接线盒，拆下电动机内部三相 380V 电源线的接线头，在通电的状态下，采用万用表的交流 500V 电压挡，检测拆下的线头端上的电压情况，发现哪一相没有电压，则就可以从此处往上查起，直到找出断裂线路点

续表

序号	故障现象	故障原因	处理方法
1	按下主轴电动机起动按钮后，主轴电动机M1不能起动工作	提供给电动机的供电电压太低	采用万用表交流500V电压挡，检测提供给车床的380V电压是否正常，如果电压过低，则应查找电压过低的原因，并进行相应的处理
		主轴电动机M1本身线圈烧毁	采用500V的绝缘电阻表检查电动机三相绕组之间以及与地之间的绝缘情况，如果绝缘损坏或短路，均应对电动机进行修理或更换新件
		主轴电动机M1轴承损坏卡死	先用手转动电动机如感觉转动相当费力，则应重点检查电动机的轴承内的润滑油是否干枯，轴承上下旷动是否太大
		主轴电动机M1负载卡死	先将电动机与其负载断开，然后再次起动，如起动正常，检测空载电流也没问题，则就应重点对电动机的驱动负载进行检查
		热继电器FT1或FT2动作触点动作后没有复位或接触不良	采用低压验电笔检测KT1或KT2热继电器的两组动断触点的连接情况。在通电情况下，验电笔发出的亮度应一样。如果某一触点亮度微弱或没有发光，则说明该热继电器触点处于断开状态，应进一步查找其断开的原因。 （1）检查电动机是否有过载现象，在运转过程中是否有机械卡死现象。 （2）热继电器本身是否损坏，是否为调整不当所致。对于热继电器使用时间过长而导致的损坏，则应更换新的、同电流档次的配件更换；如果热继电器整定电流调整得过小，就应对其重新进行调整。 （3）对于因电动机绕组或轴承损坏引起的起动或运转电流过大现象，应及时对电动机进行相应的修理
		主轴控制回路熔断器FU4或FU5熔断	采用万用表的交流500V电压挡，检测熔断器FU4或FU5电源输出端的380V电压是否正常，如果发现有熔断器熔断，在更换新的熔断器之前，还应查找其熔断的原因，也就是检查控制回路是否有短路处

续表

序号	故障现象	故障原因	处理方法
1	按下主轴电动机起动按钮后，主轴电动机M1不能起动工作	主轴电动机起动按钮开关SB2不良或其连接线路断路	在断开供电的情况下，采用万用表电阻挡，检测停止按钮开关SB1动断触点接通情况。如果接通良好，则在按下起动按钮SB2的情况下，检测是否能够可靠接通，如接通正常，则应重点检查该开关的连接线路是否有断裂处
		KM交流接触器线圈开路、烧毁短路	在断电的情况下，采用万用表电阻挡，检测KM交流接触器线圈两端电阻，看其是否有开路或短路现象
		KM交流接触器机械动作机构动作不良或触点有接触不良处	在断电的情况下，拆开KM交流接触器灭弧盒，采用螺丝刀手柄将接触器触点闭合，检查其动作机构是否灵活，有无卡死情况，根据检查的情况作相应的修理。对于主触点接触不良情况，则可更换主触点的动触头或静触头
2	可以正常起动工作，但运行中有时会突然停车	熔断器本身或其接头松动而接触不良	拆开机床前供电开关灭弧盖，检查熔断器的连接是否可靠。如果有问题，应将熔断器接头压紧，应保证车床电路中所有的熔断器均应连接可靠
		KT1或KT2热继电器动作	在主轴电动机突然停车的情况下，迅速采用万用表或验电笔检测KT1或KT2热继电器动断触点是否动作。如发现有某一热继电器动作，则应查找其动作的原因，是过载还是热继电器本身动作电流位置不当，查出问题解决后再将其复位
		控制回路中有元件或连接线路有松动或接触不良现象	对控制回路中的按钮开关、交流接触器线圈、热继电器、控制回路熔断器，将其相应的连接线路进行检查，看是否有接头松脱或接触不良之处
		停止按钮开关SB1接触不良	在断电的情况下，采用万用表电阻挡，检测停止按钮开关SB1闭合触点连接是否可靠，如接触不良则应对其进行修理或更换新的、同规格的配件
		KM交流接触器自锁触点接触不良	在断电情况下，采用万用表电阻挡，在用螺丝刀强行使KM接触器闭合接通的情况下，检测其自锁触点KM1接触是否可靠。如果接触不可靠，可再用两根连接导线与交流接触器的另一组动合辅助触点进行并联，以保证辅助触点接触可靠

续表

序号	故障现象	故障原因	处理方法
3	按下停止按钮后主轴电动机不能停机	交流接触器KM的主触点KM2～KM4粘连在一起	在断电的情况下，拆开交流接触器KM灭弧盖，就可以观察到主触点KM2～KM4是否粘连。如发生粘连，则在查出粘连的原因后，再用螺丝刀分开触头，使三组动、静触点复位。导致主触点KM2～KM4粘连的原因主要有以下几个。 （1）KM接触器本身质量较差，应更换合格的交流接触器来解决。 （2）二次控制回路或主回路有接触不良处，导致接触器在吸合时瞬间多次吸合、释放，造成的电流增大而发生了熔焊。这种通断情况频率很高，在接触器吸合时会发出连续不断的“啪、啪、啪”响声。对此，应检查主线路和控制线路是否有接触不良处，尤其应检查螺旋保险是否旋紧，SB1按钮开关动断触点闭合是否可靠，检查KM接触器自锁触点KM1闭合是否可靠等。 （3）负载超载或短路造成KM接触器在超额定电流工作的情况下发生了熔焊。对此，应先查找过载的原因，应检查三相负载线路是否有短路处、电动机绕组是否有烧毁现象等
		停止按钮开关SB1触点短路或粘连	对停止按钮开关SB1触点进行修理或更换新的、同规格的停止按钮开关
		KM交流接触器本身释放过慢	拆开KM交流接触器后盖，采用棉球将两衔铁吸合极面擦干净后，看问题是否得到解决
		KM交流接触器本身机械系统卡死或动作不灵	拆开KM交流接触器盖，对其机械动作机构进行仔细检查，如其动作不灵，则应对其进行修理或更换新的、同规格的配件
4	主轴电动机出现缺相运行现象	主螺旋熔断器某一相熔断	采用万用表或低压验电笔检测FU1～FU3下桩头处的供电情况。如果检查某一相无电，则应先查该相熔断器是否熔断
		电源控制开关QF1某一相触点接触不良或连接线路断线	采用万用表或低压验电笔检测电源控制开关QF1下桩头处的供电情况。如果检查某一相无电，则应先查该相触点是否接触不良或断线，尤其应查该开关紧固接线处的连接是否可靠

续表

序号	故障现象	故障原因	处 理 方 法
4	主轴电动机出现缺相运行现象	主触点 KM2～KM4 中的某一相接触不良或连接线路断线	在断电的情况下，拆开 KM 交流接触器灭弧盒，采用螺丝刀手柄将接触器触点闭合，检查其主触点 KM2～KM4 中的某一相是否有接触不良或连接线路断线现象，发现问题则可更换该主触点的动触头或静触头
		电动机接线架上的某一相连接线接触不良或断线	在断电的情况下，检查主电源线从主触点 KM2～KM4 下桩头到电动机接线架之间连接线的连通情况，发现有某一不通，就应重新接通
		电动机内部绕组某一相烧断	应对电动机绕组进行检查与修理，发现问题进行相应的修理
5	通电后照明灯始终不亮	EL 灯泡本身损坏	直观检查 EL 灯泡本身灯丝是否烧断，灯泡内部是否有冒白烟的痕迹，发现灯泡损坏应更换新的、同规格的灯泡
		照明电路熔断器 FU9 熔断	在断电的情况下，采用万用表电阻挡，检测熔断器 FU9 熔断后，应检查变压器 T 等是否有短路现象存在
		EL 灯座接触不良或其连接线路断线	在断电的情况下，采用万用表电阻挡，检测查找 EL 灯座及其连接线路，以排除接触不良或断线故障
		照明控制开关 SA1 接触不良或其连接线路断线	在断电的情况下，采用万用表电阻挡，检测 SA1 是否有接触不良，其连接线路是否有断线处。发现问题应进行修理或更换
		T 一次或二次绕组接线松脱或断线	在断电的情况下，采用万用表电阻挡，检测变压器 T 一次或二次绕组接线是否有松脱或断线处，发现问题进行修理
		变压器 T 线圈烧毁	直观检查变压器 T 线圈是否变色，绝缘是否烧毁。如有问题应更换新的、50V·A 的车床电源控制变压器

8.3 普通 C650 型卧式车床线路识图指导与常见故障处理

C650 型卧式车床床身的最大工件回转半径为 1020mm，工件的最大长度为 3000mm，它是一种中型车床。

8.3.1 普通 C650 型卧式车床线路基本结构与供电特点

图 8–3 所示为 C650 型卧式普通车床线路。该卧式车床线路基本结构与供电特点见表 8–9，供识图时参考。

表 8–9　普通 C650 型卧式车床线路基本结构与供电特点

序号	项目	具 体 说 明
1	基本结构	图 8–3（a）所示为 C650 型卧式普通车床主线路，图 8–3（b）所示为 C650 型卧式普通车床控制线路
2	供电特点	C650 型普通车床主轴电动机 M1 与冷却泵电动机 M2、快速移动电动机 M3 的供电直接取自三相交流电源，控制系统的供电、工作照明灯电路的供电均由控制电源变压器 TC 提供

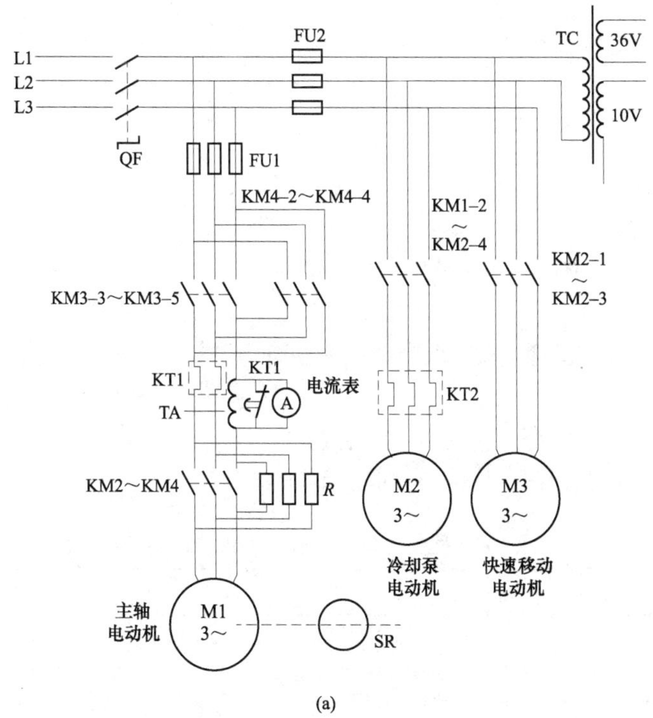

图 8–3　普通 C650 型卧式普通车床线路图（一）

（a）主线路示意图

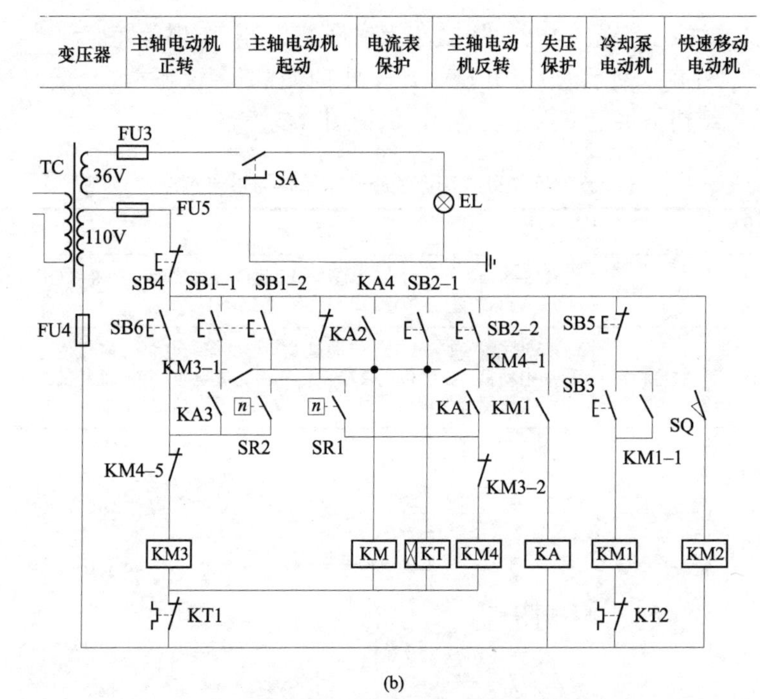

图 8–3　普通 C650 型卧式普通车床线路图（二）

（b）控制线路示意图

8.3.2　普通 C650 型卧式车床主轴电动机 M1 的控制原理

SB1 为主轴电动机 M1 正转起动按钮开关，SB2 为反转按钮开关，SB4 为停止按钮开关。普通 C650 型卧式车床主轴电动机 M1 的控制原理见表 8–10，供识图时参考。

表 8–10　　普通 C650 型卧式车床主轴电动机 M1 的控制原理

序号	项目	具 体 说 明
1	正转控制	当按下主轴电动机 M1 正转起动按钮开关 SB1 后，就形成了电流通路：电源控制变压器 TC 的上端输出的电源→FU5 熔断器→SB4 停止按钮开关→正转起动按钮开关 SB1 闭合的触点→交流接触器 KM 线圈→热继电器 KT1→FU4 熔断器→电源控制变压器 TC 的下端输出的电源。

续表

<table>
<tr><th>序号</th><th>项目</th><th colspan="3">具 体 说 明</th></tr>
<tr><td rowspan="6">1</td><td rowspan="6">正转控制</td><td colspan="3">上述这一电流通路，使KM交流接触器线圈得电吸合，其三组动合主触点KM2～KM4闭合接通后，将3只限流电阻R短接，同时也接通了主轴电动机M1的三相交流电源；辅助动合触点KM1闭合接通后又接通了中间继电器KA线圈的电流通路而吸合，其各组触点就会动作，具体动作情况如下所述</td></tr>
<tr><td>KA4闭合</td><td colspan="2">动合触点KA4闭合接通后，相当于并接在正转起动按钮开关SB1两端，以保证松开该开关后，KM接触器线圈供电不会中断</td></tr>
<tr><td rowspan="4">KA3闭合</td><td colspan="2">动合触点KA3闭合接通后，交流接触器KM3线圈中的电流通路形成而吸合，其各组触点就会动作，具体动作情况如下所述</td></tr>
<tr><td>KM3–2断开</td><td>动断触点KM3–2断开后，切断了KM4交流接触器线圈中的电流通路，实现互锁作用，以防KM3接触器工作时KM4出现误动作</td></tr>
<tr><td>KM3–1闭合</td><td>动合触点KM3–1闭合接通后实现了自锁，以保证松开正转起动按钮开关SB1后，交流接触器KM3线圈中的电流通路不会断开</td></tr>
<tr><td>KM3–3～KM3–5闭合</td><td>三组动合主触点KM3–3～KM3–5闭合接通后，主轴电动机M1就会得到三相交流电源而进入全压下正向起动运转</td></tr>
<tr><td>2</td><td>反转控制</td><td colspan="3">当按下主轴电动机M1反转起动按钮开关SB2后，就形成了电流通路：电源控制变压器TC的上端输出的电源→FU5熔断器→SB4停止按钮开关→反转起动按钮开关SB2闭合的触点→交流接触器KM线圈→热继电器KT1→FU4熔断器→电源控制变压器TC的下端输出的电源。
上述这一电流通路，使KM交流接触器线圈得电吸合，其三组动合主触点KM2～KM4闭合接通后，将3只限流电阻R短接，同时也接通了主轴电动机M1的三相交流电源；辅助动合触点KM1闭合接通后又接通了中间继电器KA线圈的电流通路而吸合，其各组触点就会动作，具体动作情况如下所述</td></tr>
</table>

续表

<table>
<tr><th>序号</th><th>项目</th><th colspan="3">具 体 说 明</th></tr>
<tr><td rowspan="5">2</td><td rowspan="5">反转控制</td><td>KA4闭合</td><td colspan="2">动合触点 KA4 闭合接通后，相当于并接在反转起动按钮开关 SB2 两端，以保证松开该开关后，KM 接触器线圈供电不会中断</td></tr>
<tr><td rowspan="4">KA1闭合</td><td colspan="2">动合触点 KA1 闭合接通后，交流接触器 KM4 线圈中的电流通路形成而吸合，其各组触点就会动作，具体动作情况如下所述</td></tr>
<tr><td>KM4–5断开</td><td>动断触点 KM4–5 断开后，切断了 KM3 线圈中的电流通路，实现互锁作用，以防 KM4 接触器工作时 KM3 出现误动作</td></tr>
<tr><td>KM4–1闭合</td><td>动合触点 KM4–1 闭合接通后实现了自锁，以保证松开反转起动按钮开关 SB2 后，KM4 线圈中的电流通路不会断开</td></tr>
<tr><td>KM4–2～KM4–4闭合</td><td>三组动合主触点 KM4–2～KM4–4 闭合接通后，主轴电动机 M1 就会得到变相后的三相交流电源而进入全压下反向起动运转</td></tr>
<tr><td>3</td><td>点动控制</td><td colspan="3">主轴电动机 M1 的点动控制由 SB6 来实现。当按下该开关后，就形成了电流通路：电源控制变压器 TC 的上端输出的电源→FU5 熔断器→SB4 停止按钮开关→点动按钮开关 SB6 闭合的触点→动断触点 KM4–5→交流接触器 KM3 线圈→热继电器 KT1→FU4 熔断器→电源控制变压器 TC 的下端输出的电源。
上述这一电流通路，使 KM3 交流接触器线圈得电吸合，其三组动合主触点 KM3–3～KM3–5 闭合接通后，就把三相交流电源经限流电阻 R 提供给主轴电动机 M1，该电动机就会进入串电阻降压起动，电动机 M1 在较低速下起动运行。由于串接了限流电阻 R，故起动电流小，对电动机 M1 的频繁点动可以起到保护作用</td></tr>
<tr><td rowspan="2">4</td><td rowspan="2">反接正转制动控制</td><td colspan="3">速度继电器 SR 的转轴与主轴电动机 M1 的轴连接在同一轴上，当主轴电动机 M1 的正转速度达到 120r/min 以上时，正转动合触点 SR1 闭合接通；当主轴电动机 M1 的反转速度达到 120r/min 以上时，反转动合触点 SR2 闭合接通。目的就是为主轴电动机 M1 的制动做准备，具体情况如下</td></tr>
<tr><td>SR1闭合</td><td colspan="2">当主轴电动机 M1 正转起动运行以后，一旦电动机的速度达到 120r/min 以上时，速度继电器 SR 的正转动合触点 SR1 闭合接通，由于接触器 KM3、中间继电器 KA 是吸合的，KM3–2 动断触点断开，故 KM4 接触器线圈不会通电</td></tr>
</table>

续表

序号	项目	具体说明	
4	反接正转制动控制	按下停机按钮开关SB4	当按下停机按钮开关SB4后，接触器KM、KM3以及中间继电器KA线圈均断电，它们的各组触点均会复位。中间继电器KA的动断触点KA2复位后闭合接通、接触器KM3的动断触点KM3–2复位后也闭合接通，而主轴电动机M1此时虽然断电，但由于惯性作用，其正转速度仍然很高（高于120r/min以上），速度继电器SR的正转动合触点SR1仍然闭合，故在按下停机按钮开关SB4后的瞬间，接触器KM3、KM和中间继电器KA断电，KM4就会通过以下回路而得电吸合：电源控制变压器TC的上端输出的电源→FU5熔断器→SB4停止按钮开关→KA动断触点KA2→速度继电器SR的正转动合已闭合的触点SR1→动断触点KM3–2→交流接触器KM4线圈→热继电器KT1→FU4熔断器→电源控制变压器TC的下端输出的电源。 当KM4吸合以后，其三组动合主触点KM4–2～KM4–4闭合接通后，把三相交流电源经限流电阻 *R* 限流后反向提供给主轴电动机M1的定子绕组，使主轴电动机M1反转起动，致使正转速度迅速降低。 一旦主轴电动机M1的正转速度降低到100r/min后，速度继电器SR正转动合已闭合的触点SR1又断开，接触器KM4线圈断电触点复位后，主轴电动机M1就会停转，从而实现了主轴电动机M1正转反接制动的作用
5	反接反转制动控制	主轴电动机M1的反接反转制动控制原理与正转反接制动的原理相同，仅是把上述的正转起动按钮开关SB1换成反转起动按钮开关SB2，主轴电动机M1反转起动运行时，当转速达到120r/min以上时，速度继电器SR的反转动合触点SR2闭合，为主轴电动机M1停机时接通KM3线圈回路做好了准备。当按下停机按钮开关SB4后，主轴电动机M1正转起动运行对反转进行制动	
6	电流监视	主轴电动机M1的电流监视主要由电流表A、电流互感器TA和时间继电器KT等构成。电流互感器TA和电流表A用来检测主轴电动机M1绕组的电流，时间继电器KT的延时断开动断触点KT1在电路中起保护电流表A的作用，以防主轴电动机M1起动时的冲击电流对电流表的损害	

8.3.3 普通C650型卧式车床冷却泵电动机M2控制原理

普通C650型卧式车床冷却泵电动机M2的控制原理见表8–11，供识图时参考。

表 8–11 普通 C650 型卧式车床冷却泵电动机 M2 的控制原理

<table>
<tr><th>序号</th><th>项目</th><th colspan="2">具 体 说 明</th></tr>
<tr><td rowspan="3">1</td><td rowspan="3">起动控制</td><td colspan="2">SB3 为冷却泵电动机 M2 起动按钮开关，当按下该开关后，交流接触器 KM1 线圈就会得电吸合，其各组触点就会动作</td></tr>
<tr><td>KM1–1 闭合</td><td>当动合触点 KM1–1 闭合接通后，从而实现了自锁，也就是当松开 SB3 起动按钮开关后，保证 KM1 线圈中的电流通路不会断开</td></tr>
<tr><td>KM1–2～KM1–4 闭合</td><td>当三组动合主触点 KM1–2～KM1–4 闭合接通后，就接通了冷却泵电动机 M2 的三相交流电源，由冷却泵电动机 M2 运转后带动冷却泵为机床提供冷却液</td></tr>
<tr><td>2</td><td>停机控制</td><td colspan="2">SB5 为冷却泵电动机 M2 的停机按钮开关，当按下该开关后，就会使交流接触器 KM1 线圈断电释放，冷却泵电动机 M2 就会停止工作</td></tr>
</table>

8.3.4 普通 C650 型卧式车床快速移动电动机 M3 的控制原理

普通 C650 型卧式车床快速移动电动机 M3 的控制原理见表 8–12，供识图时参考。

表 8–12 普通 C650 型卧式车床快速移动电动机 M3 的控制原理

序号	项目	具 体 说 明
1	工作台移动控制	快速移动电动机 M3 属于点动控制方式，当转动刀架手柄并压下行程开关 SQ 以后，交流接触器 KM2 线圈就会得电吸合，其三组动合主触点 KM2–1～KM2–3 就会闭合接通，就接通了快速移动电动机 M3 的三相交流电源，M3 运转后就会拖动工作台按要求的进给方向快速移动
2	工作台停机控制	当把刀架手柄复位以后，就会使行程开关 SQ 断开，交流接触器 KM2 线圈就会断电，快速移动电动机 M3 就会停转

8.3.5 普通 C650 型卧式车床线路常见故障处理

普通 C650 型卧式车床常见故障现象、故障原因与处理方法见表 8–13，供检修故障时参考。

表8–13 普通C650型卧式车床线路常见故障处理

序号	故障现象	故障原因	处理方法
1	3只电动机均无法起动，照明灯EL也不亮	电源总开关QF不良或损坏	对QF进行修理或更换新的配件
		FU2熔断器熔断	查找FU2熔断器熔断的原因并处理后，再更换新的、同规格的熔断器
		电源控制变压器TC不良或损坏	对电源控制变压器TC进行修理或更换新的、同规格的配件
2	3只电动机均无法起动，但照明灯EL亮	FU4或FU5熔断器熔断	查找FU4或FU5熔断器熔断的原因并处理后，再更换新的、同规格的熔断器
		停机按钮开关SB4动断触点接触不良或损坏	对停机按钮开关SB4动断触点进行修理或更换新的、同规格的配件
3	主轴电动机M1无法起动	控制线路中热继电器KT1触点不良或损坏	对控制线路中热继电器KT1触点进行修理或更换新的、同规格的配件
		FU1熔断器熔断	查找FU1熔断器熔断的原因并处理后，再更换新的、同规格的熔断器
		主轴电动机M1不良或损坏	对M1进行修理或更换新的配件
		交流接触器KM线圈不良或损坏	对交流接触器KM线圈进行修理或更换新的、同规格的配件
		交流接触器动合触点KM1不良或损坏	对交流接触器动合触点KM1进行修理或更换新的、同规格的配件
		KA线圈不良或损坏	对KA线圈进行修理或更换新的配件
4	主轴电动机M1无法起动正转	三组KM3–3～KM3–5主触点接触不良或损坏	对三组KM3–3～KM3–5主触点进行修理或更换新的、同规格的配件
		正转起动开关按钮SB1触点不良或损坏	对正转起动开关按钮SB1进行修理或更换新的、同规格的配件
		动合触点KM3–1接触不良或损坏	对动合触点KM3–1进行修理或更换新的、同规格的配件

续表

序号	故障现象	故障原因	处理方法
4	主轴电动机M1无法起动正转	中间继电器 KA3 触点接触不良或损坏	对中间继电器 KA3 触点进行修理或更换新的、同规格的配件
		动断触点 KM4–5 接触不良或损坏	对动断触点 KM4–5 进行修理或更换新的、同规格的配件
		KM3 线圈不良或损坏	对 KM3 线圈进行修理或更换新的配件
5	主轴电动机M1无法起动反转	三组 KM4–2～KM4–4 主触点接触不良或损坏	对三组KM4–2～KM4–4主触点进行修理或更换新的、同规格的配件
		反转起动开关按钮 SB2 触点不良或损坏	对反转起动开关按钮 SB2 进行修理或更换新的、同规格的配件
		动合触点 KM4–1 接触不良或损坏	对动合触点 KM4–1 进行修理或更换新的、同规格的配件
		中间继电器 KA1 动合触点接触不良或损坏	对中间继电器 KA1 动合触点进行修理或更换新的、同规格的配件
		动断触点 KM3–2 接触不良或损坏	对动断触点 KM3–2 进行修理或更换新的、同规格的配件
		KM4 线圈不良或损坏	对 KM4 线圈进行修理或更换新的配件
6	主轴电动机M1无法点动	点动控制按钮开关 SB6 接触不良或损坏	对点动控制按钮开关 SB6 进行修理或更换新的、同规格的配件
		限流电阻 *R* 不良或损坏	对限流电阻 *R* 进行检查或更换新的配件
7	M1 正反向均不能制动	中间继电器 KA2 动断触点接触不良或损坏	对中间继电器 KA2 动断触点进行修理或更换新的、同规格的配件
8	M1 正向不能制动	速度继电器正转制动 SR1 动合触点接触不良或损坏	对速度继电器正转制动 SR1 动合触点进行修理或更换新的、同规格的配件
9	M1 反向不能制动	速度继电器反转制动 SR2 动合触点接触不良或损坏	对速度继电器反转制动 SR2 动合触点进行修理或更换新的、同规格的配件

续表

序号	故障现象	故障原因	处理方法
10	冷却泵电动机M2无法起动	交流接触器KM1–2～KM1–4主触点接触不良或损坏	对交流接触器KM1–2～KM1–4主触点进行修理或更换新的、同规格的配件
		主电路中热继电器KT2不良或损坏	对主电路中热继电器KT2进行修理或更换新的、同规格的配件
		停机按钮开关SB5动断触点接触不良或损坏	对停机按钮开关SB5动断触点进行修理或更换新的、同规格的配件
		冷却泵电动机M2本身不良或损坏	对冷却泵电动机M2进行修理或更换新的、同规格的配件
		起动按钮开关SB3动合触点接触不良或损坏	对起动按钮开关SB3动合触点进行修理或更换新的、同规格的配件
		KM1线圈不良或损坏	对KM1线圈进行修理或更换新的配件
		控制电路中热继电器KT2动断触点接触不良或损坏	对控制电路中热继电器KT2动断触点进行修理或更换新的、同规格的配件
11	快速移动电动机M3无法起动	交流接触器KM2–1～KM2–3主触点接触不良或损坏	对交流接触器KM2–1～KM2–3主触点进行修理或更换新的、同规格的配件
		快速移动电动机M3本身不良或损坏	对快速移动电动机M3进行修理或更换新的、同规格的配件
		行程开关QS触点接触不良或损坏	对行程开关QS触点进行修理或更换新的、同规格的配件
		交流接触器KM2线圈不良或损坏	对交流接触器KM2线圈进行修理或更换新的、同规格的配件
12	没有工作照明	FU3熔断器熔断	查找FU3熔断器熔断的原因并处理后，再更换新的、同规格的熔断器
		照明灯EL不良或损坏	对EL进行修理或更换新的配件
13	电流表A没有指示	电流表A本身不良或损坏	对电流表A进行修理或更换配件
		电流互感器TA不良或损坏	对TA进行修理或更换新的配件

第9章 其他普通车床线路识图与常见故障处理

本章首先介绍普通L–3系列车床线路的识图与故障处理，而后介绍一些普通车床常见故障检修实例，希望能对读者有所帮助。

9.1 普通L–3型车床控制线路识图指导

普通L–3型车床为上海第二机床厂生产的产品，它是一种主轴电动机M1可以进行正、反转的普通车床。图9–1所示为该车床控制线路原理图。

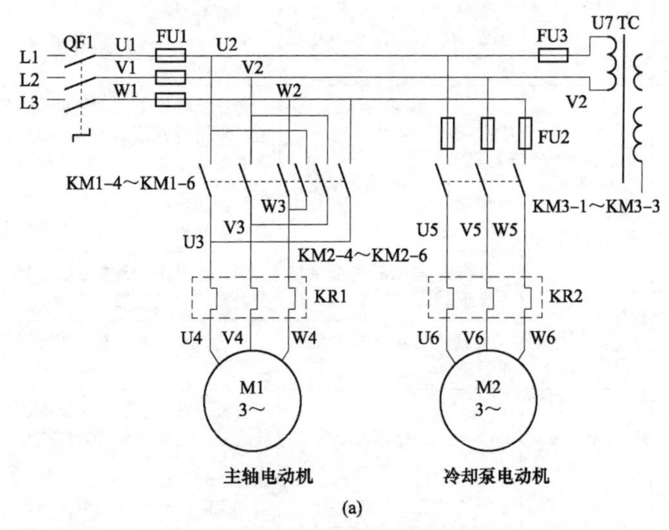

图9–1 普通L–3型车床线路（一）

（a）主线路示意图

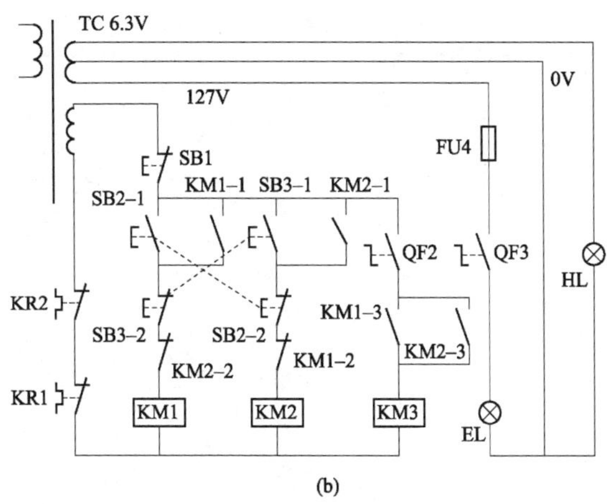

图 9–1　普通 L–3 型车床的线路（二）

（b）控制线路示意图

9.1.1　普通 L–3 型车床基本构成与供电特点

普通 L–3 型车床基本构成与供电特点见表 9–1，供识图时参考。

表 9–1　　普通 L–3 型车床基本构成与供电特点

序号	项目	具　体　说　明
1	基本构成	图 9–1（a）所示为 L–3 型普通车床主电路，图 9–1（b）所示为 L–3 型普通车床的控制电路。主轴电动机 M1 的控制是一种典型的接触器按钮双重连锁正、反转控制电路，该电路具有良好的正、反转连锁保护功能
2	供电特点	主轴电动机 M1 与冷却泵电动机的供电均取自 L1～L3 三相交流电源，机床控制、照明灯与指示灯的供电均取自电源变压器 TC，而该变压器一次侧的 380V 供电取自 L1 与 L2 两相交流电源。二次侧输出的 127V 交流电源提供给控制电路、36V 交流电源作为照明灯 EL 的供电、6.3V 的交流电源作为指示灯 HL 的供电

9.1.2　普通 L–3 型车床主轴电动机 M1 的控制原理

普通 L–3 型车床主轴电动机 M1 的控制原理见表 9–2，供识图时参考。

表 9–2　　普通 L–3 型车床主轴电动机 M1 的控制原理

<table>
<tr><th>序号</th><th>项目</th><th colspan="2">具 体 说 明</th></tr>
<tr><td rowspan="5">1</td><td rowspan="5">M1 的正转控制</td><td colspan="2">当合上电源总开关 QF1、按下主轴电动机 M1 的起动按钮开关 SB2 后，其动断触点 SB2–2 断开后，切断了 KM2 交流接触器线圈的电流通路，用于防止 KM2 出现误动作；动合触点 SB2–1 闭合接通以后，使 KM1 交流接触器线圈得电吸合，其各组触点均会动作，具体动作情况如下所示</td></tr>
<tr><td>KM1–1 闭合</td><td>当动合自锁触点 KM1–1 闭合接通实现自锁，以使松开起动按钮开关 SB2–1 断开以后，保持交流接触器 KM1 线圈中的供电通路不致断开，维持其正常的工作不受影响</td></tr>
<tr><td>KM1–2 断开</td><td>当互锁动断触点 KM1–2 断开以后，从而切断了 KM2 交流接触器线圈的供电通路，以防在 KM1 工作时，KM2 出现同时工作的误动作现象</td></tr>
<tr><td>KM1–3 闭合</td><td>当动合触点 KM1–3 闭合接通以后，就接通了 KM3 交流接触器线圈的电流通路，为起动冷却泵电动机 M2 做准备</td></tr>
<tr><td>KM1–4～KM1–6 闭合</td><td>当动合主触点 KM1–4～KM1–6 闭合接通以后，就接通的主轴电动机 M1 的三相交流电源，使其得电起动工作</td></tr>
<tr><td>2</td><td>M1 反转控制</td><td colspan="2">L–3 型普通车床主轴电动机 M1 反转控制的工作原理与正转时的原理是一样的，仅是将 SB2 换为 SB3，KM1 换成了 KM2</td></tr>
<tr><td>3</td><td>M1 停机控制</td><td colspan="2">按钮开关 SB1 为主轴电动机 M1 停止控制开关，当按下 SB1 以后，就会控制主轴电动机 M1 停止运行</td></tr>
</table>

9.1.3　普通 L–3 型车床 M2 与照明、指示灯的控制原理

普通 L–3 型车床冷却液电动机 M2 与照明、指示灯的控制原理见表 9–3，供识图时参考。

表 9–3 普通 L–3 型车床冷却液电动机 M2 与照明、指示灯的控制原理

序号	项目	具体说明
1	M2 的控制	冷却液电动机 M2 仅在主轴电动机起动后，在 KM1–3（或 KM2–3）闭合接通的情况下，如果加工过程中需要冷却液时，只要合上冷却液电动机 M2 起动开关 QF2，此时交流接触器 KM3 线圈得电闭合，其三组动合主触点 KM3–1～KM3–3 闭合接通后，就接通了 M2 的电源，使其起动运转。当断开 QF2 开关后，KM2 线圈就会断电，冷却液电动机 M2 就会停止工作
2	照明、指示灯控制	当合上电源总开关 QF1 时，控制电路的 HL 指示灯就会点亮，以示机床的供电已经接通；合上 QF3 开关后，机床照明灯 EL 点亮，作为工作照明用

9.2 普通 L–3 型车床线路常见故障处理与车床常见故障检修实例

9.2.1 普通 L–3 型车床线路常见故障处理

普通 L–3 型车床常见故障现象、故障原因以及处理方法见表 9–4，供维修时参考。

表 9–4 普通 L–3 型车床常见故障现象、故障原因以及处理方法

序号	故障现象	故障原因	处理方法
1	主轴电动机 M1 正、反转均不能起动	主电路中的 KR1 热继电器接触不良或损坏	对热继电器 KR1 进行修理或更换新的、同规格的配件
		停止按钮开关 SB1 动断触点接触不良或损坏	对停止按钮开关 SB1 动断触点进行修理或更换新的、同规格的配件
		主轴电动机 M1 本身损坏	对主轴电动机 M1 进行修理或更换新的、同规格的配件

续表

序号	故障现象	故障原因	处理方法
2	主轴电动机M1和冷却液电动机M2均无法起动	电源总开关QF1接触不良或损坏	对电源总开关QF1进行修理或更换新的、同规格的配件
		熔断器FU1或FU3熔断	查找熔断器FU1或FU3熔断的原因并处理后，再更换新的、同规格的配件
		控制电路中的热继电器KR1或KR2接触不良或损坏	对热继电器KR1或KR2进行修理或更换新的、同规格的配件
3	主轴电动机M1不能起动正转	反转起动开关SB3–2触点接触不良或损坏	对反转起动开关SB3–2触点进行修理或更换新的、同规格的配件
		交流接触器KM2的动断触点KM2–2接触不良或损坏	对交流接触器KM2的动断触点KM2–2进行修理或更换新的、同规格的配件
		交流接触器KM1–4～KM1–6动合触点接触不良或损坏	对KM1–4～KM1–6动合触点进行修理或更换新的、同规格的配件
		交流接触器KM1线圈本身不良	对KM1进行修理或更换新的配件
4	主轴电动机M1不能起动反转	正转起动开关SB2–2触点接触不良或损坏	对正转起动开关SB2–2触点进行修理或更换新的、同规格的配件
		交流接触器KM1的动断触点KM1–2接触不良或损坏	对交流接触器KM1的动断触点KM1–2进行修理或更换新的、同规格的配件
		交流接触器KM2–4～KM2–6动合触点接触不良或损坏	对KM2–4～KM2–6动合触点进行修理或更换新的、同规格的配件
		交流接触器KM2线圈本身不良	对KM2进行修理或更换新的配件

续表

序号	故障现象	故障原因	处理方法
5	主轴电动机M1正或反转仅为点动	如为正转点动，则为KM1动合触点KM1–1接触不良或损坏	对交流接触器KM1动合触点KM1–1进行修理或更换新的、同规格的配件
		如为反转点动，则为KM2动合触点KM2–1接触不良或损坏	对交流接触器KM2动合触点KM2–1进行修理或更换新的、同规格的配件
6	冷却液电动机M2无法起动工作	QF2起动开关触点接触不良或损坏	对QF2起动开关触点进行修理或更换新的、同规格的配件
		KM3线圈断路或烧毁	对KM3线圈进行修理或更换新的配件
		如正转时M2无法起动则为动合触点KM1–3接触不良或损坏	对交流接触器动合触点KM1–3进行修理或更换新的、同规格的配件
		如反转时M2无法起动则为动合触点KM2–3接触不良或损坏	对交流接触器动合触点KM2–3进行修理或更换新的、同规格的配件
7	机床没有工作照明	熔断器FU4熔断	查找熔断器FU4熔断的原因并处理后，更换新的、同规格的配件
		QF3开关触点接触不良或损坏	对QF3进行修理或更换新的配件
		照明灯EL损坏	更换新的、同规格的照明灯

9.2.2 各种普通车床线路常见故障检修实例

各种普通车床线路常见故障检修实例见表9–5和表9–6，供维修时参考，这种对号入座的方式尤其适用于初学者。

表 9–5　　各种普通车床线路常见故障检修实例（一）

型号	故障现象	故障原因	检修方法
普通C620型车床	主轴电动机M1无法起动	主轴电动机M1烧毁	（1）断开主轴电动机M1与外电路的连接，按下起动开关SB2后，观察KM接触器可吸合；按下停止按钮，KM可释放，说明控制电路没有问题。 （2）在按下SB2、KM接触器吸合的情况下，采用万用表交流500V电压挡检测与M1断开的U3、V3、W3线上的380V电压正常，由此怀疑电动机M1本身问题。 （3）经询问操作人员得知，该机床前几天经常跳闸，最后一次M1电动机冒烟后就再也无法起动。更换新的、同规格的M1电动机后，故障排除
	机床照明灯不亮	照明变压器损坏	（1）合上QF1开关后，采用万用表交流500V电压挡检测机床变压器TC一次侧上的380V交流电压基本正常。但用万用表交流50V电压挡检测机床变压器TC二次侧上的36V电压为0V。 （2）拆卸TC变压器发现其表面有明显的烧焦痕迹，采用万用表*R*×10挡检测机床变压器TC一次侧两端的电阻值为∞，显然已经损坏。 （3）观察TC变压器的型号为BK–50，但却使用了一只100W/36V的灯泡，看来这就是问题的所在。 （4）更换一只40W/36V灯泡和一只BK–50型电源变压器装上后，故障排除
普通CA6140型车床	三台电动机均无法起动	控制变压器二次侧110V绕组有一端引线脱落	（1）先合上机床照明灯控制开关SA后，照明灯EL可以点亮，由此说明机床电源已接通，问题很可能在控制电路。 （2）分别依次按下SB2、SB3起动开关，接触器KM与中间继电器KA2均不会动作。 （3）采用短路法，用指针式万用表一根表笔的两端，分别去短接控制电路中热继电器KR1、KR2闭合触点两端，故障依然存在。 （4）在检测中发现，TC控制变压器二次侧110V绕组接到接触器KM、中间继电器KA2等连接在一起的公共端的接线脱落。 （5）经询问操作人员得知，该机床在此之前，因机床照明问题有人修过，但没有修好。接上脱落的接线后，故障排除

续表

型号	故障现象	故障原因	检修方法
普通CA6140型车床	工作台无法快速移动	SB3按钮开关受油污接触不良	（1）扳动操纵杆，压下点动按钮开关SB3后，中间继电器KA2不能闭合，据此判断问题出在控制电路。 （2）采用短路法，用指针式万用表一根表笔的两端，分别去短接控制电路中SB3开关两端时，KA2继电器可以吸合，说明故障为SB3开关接触不良引起的。 （3）拆下SB3开关进行检查，发现其受油污其两端在按下时电阻值为∞，更换一只新的、同规格的配件后，故障排除
L–3型普通车床	主轴电动机M1无法运行	主轴电动机M1绕组局部短路	（1）断开主轴电动机M1与外电路的三相交流电的三根连接线，合上电源总开关QF1后，按下SB2，接触器KM可以吸合，采用万用表交流500V电压挡检测与M1断开的三根引线上的380V电压，发现有一相没有电压，检查发现热继电器KR1主通路有断点。 （2）更换新的、同规格的热继电器KR1后，连接好主轴电动机M1起动运行时，发现电动机发出较大的噪声，且不久自动停止旋转，由此怀疑电动机M1本身问题。 （3）再次拆下M1电动机，采用绝缘电阻表检测其各绕组与外壳之间的绝缘电阻约为20MΩ左右，基本正常；再采用万用表电阻挡检测三相绕组的直流电阻，发现严重不平衡，说明电动机绕组有局部短路现象。 （4）拆开主轴电动机M1绕组进行观察，发现其有一相出现明显的烧焦痕迹。更换新的、同规格电动机后，故障排除
	冷却泵电动机M2有时无法起动	KM3线圈回路中KM2的动合触点不良	（1）根据该机床电路图中可以看出，冷却泵电动机M2只有在主轴电动机M1起动运行后，才能起动运转。由此判断问题出在KM3线圈供电回路的KM2动合触点上。 （2）在断开机床三相供电的情况下，采用万用表R×100电阻挡，两表笔连接在KM2动合触点两端，然后采用螺丝刀把接触器KM2的铁芯往下压，使其触点动作，但无论怎样压，万用表表针均不动。说明KM2动合触点接触不良。 （3）拆下KM2交流接触器，采用尖嘴钳把KM2的动触点夹出进行修理后，按原样安装好，故障排除

续表

型号	故障现象	故障原因	检 修 方 法
CW6136A型普通车床	主轴电动机M1起动后，电源总开关会自动跳闸断开电源	主轴电动机M1绕组被电弧烧毛粘在一起	（1）断开主轴电动机M1与外电路的三相交流电的三根连接线，合上电源开关QF，分别起动主轴电动机M1的低速正、反转，并采用万用表交流500V电压挡检测与电动机M1断开的三根引线上的电压均为380V，基本正常；采用同样的方法，再测在起动主轴电动机M1高速正、反转时的电压也均为380V，也无问题，在检测过程中，电源开关QF没有出现跳闸现象，说明外电路出问题的可能性不大，判断故障出在主轴电动机M1本身。 （2）采用万用表R×10k挡检测主轴电动机M1绕组与其外壳之间的绝缘电阻完好；采用万用表R×1挡检测主轴电动机M1各绕组的直流电阻，发现有轻微的不平衡，怀疑主轴电动机M1绕组有局部短路现象。 （3）拆下主轴电动机M1进行检查，发现其绕组中有一颗小螺丝钉，并有三根漆包线被电弧烧毛后粘在一起，其他绕组没有发现问题。 （4）把主轴电动机M1被电弧烧毛后粘在一起的绕组分开，再把绝缘被破坏的导线用绝缘套管套好，浇上绝缘漆，经烘干处理后，按原样重新安装好后，故障排除
	主轴电动机M1起动低速运行时出现较大“嗡嗡”声	接触器KM4有一触点闭合后接触不良	（1）合上电源总开关QF后，采用万用表交流500V电压挡检测FU熔断器盒QF开关输出的380V三相交流电压基本正常。 （2）断开机床供电，断开主轴电动机M1与外电路的三相交流电的三根连接线，合上电源开关QF，在高低速转换开关SA3扳到右边“低速”挡位置时，操作机床上正、反转操纵杆到“正转”，检测与M1断开的三根引线上的380V电压，发现有一相电压异常，说明故障为电动机缺相运行引起的。 （3）经仔细核对KM1、KM2、KM3、KM4接触器线圈的各组触点的连接情况，发现接触器KM4有一组触点闭合不良。 （4）对KM4这组闭合不良的触点进行修理后，故障排除

续表

型号	故障现象	故障原因	检　修　方　法
CW6136 B型普通车床	冷却泵电动机M2无法起动	冷却泵电动机M2绕组烧毁	（1）合上电源总开关QF，起动运行主轴电动机M1，使接触器KM1的动合自锁触点KM1–1闭合后，按下冷却泵电动机M2的起动按钮开关SB6，观察接触器KM2可以吸合，说明冷却泵电动机M2的控制电路没有问题。 （2）在断开机床电源的情况下，断开冷却泵电机M2与外电路三相交流电的三根连接线，合上电源开关QF，再次起动主轴电动机M1，按下冷却泵电动机M2的起动按钮开关SB6，采用万用表交流500V电压挡检测与M2断开的三根引线上的380V电压，基本正常。由此说明，问题出在冷却泵电动机M2本身。 （3）采用万用表R×10k挡检测冷却泵电动机M2绕组与其外壳之间的绝缘电阻约为100kΩ左右，说明其对地绝缘强度严重下降；改用万用表R×10挡检测冷却泵电动机M2各绕组的直流电阻，发现只有两相通，有一相不通。 （4）对冷却泵电动机M2线圈绕组进行修理或更换新的、同规格的冷却泵电动机后，故障排除
	三台电动机均无法起动运行	接触器KM2线圈烧毁	（1）检查控制电路中的FU2熔断器已经熔断，更换同规格的熔芯装上后，合上总电源开关QF，按下主轴电动机M1的起动按钮开关SB3或SB4，观察主轴电动机M1可起动运转；按快速进给电动机M3起动按钮开关SB7，快速进给电动机M3也可起动旋转；但按压冷却泵电动机M2的起动按钮开关SB6时，接触器KM2有振动现象并勉强吸合，冷却泵电动机M2虽能够起动运行，但不久机床又自动停止，经检查FU2又熔断，由此判断，控制电路中有轻微的短路现象。 （2）考虑到在起动冷却泵电动机M2时，FU2熔断器会熔断，怀疑接触器KM2可能有问题。 （3）拆下接触器KM2线圈的任一引脚，采用万用表R×10挡检测接触器KM2线圈的直流电阻约为38Ω左右，而正常值应约为150Ω左右，显然该线圈有局部短路现象。 （4）更换新的、同电压、同型号的交流接触器线圈或更换整个接触器装上后，故障排除

续表

型号	故障现象	故障原因	检 修 方 法
C616 型普通卧式车床	主轴电动机 M1 无法运行	接触器 KM3 动合触点 KM3–1 闭合后接触不良	（1）在断开电源总开关 QF1 的情况下，采用螺丝刀把接触器 KM3 的铁芯用力压下，相当于使 KM3 接触器各组触点动作，也就是使 KM3–1 动合触点闭合。采用万用表 R×1k 挡检测检测 KM3–1 动合触点两端之间可以接通。 （2）松开 KM3 铁芯，采用万用表 R×1k 挡检测检测 KM2–1 与 KM1–1 动断触点两端电阻，没有发现闭合不良现象。 （3）合上电源总开关 QF1，把主轴电动机 M1 的手动操作转换开关 SA1 扳到“正转”位置，采用短导线分别并接在 SA1–1、SA1–2、KM2–1、KM3–1 各个触点的两端，结果发现当短导线分别并接在 KM3–1 两端时，主轴电动机 M1 起动正常，由此判断 KM3–1 动合触点闭合后接触不良。 （4）观察 KM3–1 动合触点的动作情况，发现该触点处于能闭合和非接触好状态，在对铁芯压力较大时可以正动断合，但轻轻压下时就可能出现接触不良现象。对 KM3–1 动合触点进行修理或更换新的、同规格的配件后，故障排除
	电源指示灯 HL 和照明灯 EL 均不能点亮	TC 电源变压器一次绕组烧毁断路	（1）合上电源总开关 QF1 后，采用万用表交流 500V 电压挡检测 TC 电源变压器一次绕组两端的 380V 交流电压基本正常。 （2）改用万用表交流 50V 电压挡检测 TC 电源变压器二次侧各绕组上的交流电压均为 0V，判断 TC 变压器可能损坏。 （3）在断开机床电源的情况下，采用万用表 R×1k 挡检测 TC 电源变压器一次绕组两端的直流电阻为∞，显然已经损坏。 （4）对 TC 电源变压器的一次绕组进行重绕或更换新的、同规格的电源变压器装上后，故障排除

续表

型号	故障现象	故障原因	检 修 方 法
C650 型普通卧式车床	主轴电动机 M1 无法反转运行	接触器 KM3 的动断触点 KM3–2 接触不良	（1）合上电源总开关 QF 后，按下主轴电动机 M1 反转起动按钮开关 SB2，观察接触器 KM 可吸合，中间继电器 KA 也闭合，但接触器 KM4 没有吸合，判断 KM4 线圈供电回路有故障。 （2）采用短导线的一端连接在停止按钮开关 SB4 的一端，另一端连接在 KM4 线圈的上端，观察 KM4 线圈可以吸合，且按下主轴电动机 M1 的反转起动按钮开关 SB2 后，主轴电动机 M1 可以反转起动。 （3）把短导线两端并接在接触器 KM3 的动断触点 KM3–2 两端，重复上述过程，主轴电动机 M1 仍然可以反转起动。判断动断触点 KM3–2 接触不良。 （4）在断开机床电源的情况下，采用万用表 $R\times1k$ 挡检测动断触点 KM3–2 两端的电阻值为∞，显然已经接触不良。对该触点进行修理或更换新的、同规格的配件后，故障排除
	一合上电源总开关 QF 主轴电动机 M1 就正转起动	接触器 KM3 动合主触点熔焊，动触点与静触点粘接在一起	（1）在断开机床电源的情况下，把熔断器 FU5 或 FU4 旋开，取出熔芯，采用万用表 $R\times1k$ 挡检测主轴电动机 M1 的点动按钮 SB6 动合触点两端电阻值为∞，说明控制电路中接触器 KM3 的线圈回路没有短路现象存在。 （2）对主电路中接触器 KM3 的三组主触点 KM3–3～KM3–5 进行检查，发现主触点熔焊，动触点与静触点粘接在一起，形成闭合回路，从而造成了本例故障。 （3）对主电路中接触器 KM3 的三组主触点 KM3–3～KM3–5 进行修理或更换新的、同规格的配件后，故障排除

续表

型号	故障现象	故障原因	检 修 方 法
C5225型立式普通车床	主轴电动机M1无法起动运行	位置开关SQ1损坏	（1）合上电源开关QF1与自动空气开关QF2，起动油泵电动机M2后，按下主轴电动机起动按钮开关SB4，观察中间继电器KA1、接触器KM1与KMY均没有吸合，说明问题出在控制电路，且中间继电器线圈回路故障的可能性较大。 （2）采用短导线分别并接在SQ1–1动断触点、SB3动断触点、SB4动合已闭合触点的两端，发现在短接SQ1–1动断触点两端后，按下起动按钮SB3后，主轴电动机M1可起动运行。 （3）在断开机床电源的情况下，采用万用表$R\times10$挡检测SQ1–1动断触点两端的电阻值为∞，显然已经接触不良。 （4）对SQ1–1动断触点进行修理或更换新的、同规格的配件后，故障排除
	横梁升降电动机M3无法起动	位置开关SQ9动断触点接触不良	（1）合上电源开关QF1与自动空气开关QF2，起动油泵电动机M2后，分别按下横梁上升起动开关SB14和横梁下降起动开关SB15，观察时间继电器KT8、中间继电器KA12均可吸合动作，但发现接触器KM9及KM10没有吸合的动作。 （2）把短导线的一端与KA1–7动断触点电源输出端相连接，另一端连接在KM10–2动断触点下端，观察接触器KM9可吸合动作，横梁升降电动机M3能够正转起动，驱动横梁上升。 （3）将短导线与KA1–7动断触点电源输出端相连接的一端不动，把另一端连接在KM9–2动断触点下端，观察接触器KM10可吸合，横梁升降电动机M3能够反转起动，驱动横梁下降。 （4）根据上述检查情况来看，问题出在行程开关SQ7～SQ10的可能性较大。 （5）在断开机床电源的情况下，采用万用表$R\times10$挡分别检测SQ7～SQ10动断触点两端的电阻值，发现SQ8两端电阻值为∞，显然已经接触不良。 （6）对SQ8动断触点进行修理或更换新的、同规格的配件后，故障排除

表 9–6　　各种普通车床线路常见故障检修实例（二）

型号	故障现象	故障原因	检修方法
C620型车床	主轴电动机 M1 无法起动	主轴电动机 M1 烧毁	（1）断开主轴电机 M1 与外电路的连接，按下起动开关 SB2 后，观察 KM 接触器可吸合；按下停止按钮，KM 可释放，说明控制电路没问题。 （2）在按下 SB2、KM 接触器吸合情况下，采用万用表交流 500V 电压挡检测与 M1 断开的 U3、V3、W3 线上的 380V 电压正常，怀疑 M1 本身问题。 （3）经询问操作人员得知，该机床前几天经常跳闸，最后一次 M1 电动机冒烟后就再也无法起动。更换新的、同规格的 M1 电动机后，故障排除
	机床照明灯不亮	照明变压器损坏	（1）合上 QF1 开关后，采用万用表交流 500V 电压挡检测机床变压器 TC 一次侧的 380V 交流电压基本正常。但用万用表交流 50V 电压挡检测机床变压器 TC 二次侧的 36V 电压为 0V。 （2）拆卸 TC 变压器发现其表面有明显的烧焦痕迹，采用万用表 $R\times10$ 挡检测机床变压器 TC 一次侧两端的电阻值为∞，显然已经损坏。 （3）观察 TC 变压器的型号为 BK–50 但却用了一只 100W/36V 的灯泡，看来这就是问题的所在。 （4）更换一只 40W/36V 灯泡和一只 BK–50 型电源变压器装上后，故障排除
C512型车床	电动机无法起动	电压继电器不吸合	对电源电压进行适当调整
		接触器不能吸合或触点接触不良	查找接触器不能吸合的原因或对其触点进行修理或更换新的、通规格的配件
	出现缺相现象	三相熔断器脱开或某相熔体熔断	对三相熔断器进行检查，发现问题应更换新的、同规格的熔体
		开关或接触器触点接触不良	对开关接触器触点进行修理或更换新的、同规格的配件
	接触器或继电器卡住	有异物掉进接触器或继电器内部	对掉进接触器或继电器内部的异物进行彻底地清理

续表

型号	故障现象	故障原因	检修方法
C512型车床	接触器或继电器卡住	衔铁销子断掉	更换新的同规格的衔铁销子
		安装不当	对接触器或继电器重新安装，排除卡住现象
	接触器或继电器接触不良	接触器或继电器触点上有污物	对接触器或继电器触点上的污物进行一次彻底的清理
		接触器或继电器触点表面有氧化膜	采用刷子或细砂纸对接触器或继电器触点表面上的氧化膜进行彻底的清理，使其接触时可靠
	熔断器熔体熔断或过热，热继电器跳开	主线路或控制线路出现了局部短路	采用绝缘电阻表对机壳的绝缘电阻进行检测，根据检测的情况查找相关部位，以排除短断点
		电动机过载	对电动机的额定电流进行检测，如发现过大，应查找故障原因，如是属超负载，则应减轻负载或更换容量更大的电动机
		电源电压过高或过低	查找电源电压过高或过低的原因，采取一定的措施，以保证电源电压不会超过允许波动范围
	电动机工作时出现振动，噪声较大	电动机转子或转子轴轴承、风扇、联轴器动平衡精度变差	对动平衡精度重新进行适当地调整，使其精度得到提高，以满足实际工作时的要求
		电动机支撑座位置出现移动或没安装平	对电动机支承座位置进行重新调整，使其平整，并在支承座上垫一层10mm厚的减震橡皮
		产生振动	电动机转子与定子之间的电磁扭力往往由于电磁力和机械传动力不一致而产生振动，采取一定措施，提高电动机及转子轴上机件的动平衡精度
		风扇与端盖间隙偏小	采取一定的措施，以增大风扇与端盖之间的间隙
	电动机发热严重	电动机过载	对电动机的额定电流进行检测，如发现电流过大，则应查找故障原因，如属于超负载，则应减轻负载或更换容量更大的电动机

续表

型号	故障现象	故障原因	检修方法
C512型车床	电动机发热严重	电源电压过高或过低	查找电压过高或过低的原因，采取一定的措施，以保证电源电压不会超过允许的波动范围
		电动机定子铁芯的硅钢片绝缘不良或有毛刺	对电动机定子铁芯的硅钢片加强绝缘处理，如有毛刺，则应对其进行修整
		转子与定子之间发生了摩擦	应检查铁芯是否变形，主轴是否弯曲，轴承磨损是否严重，端盖止口有无松动
		电动机通风不良	检查风扇是否装好，风扇有无脱落，通风孔有无堵塞，发现问题进行相应的修理或清理
		电动机本身定子绕组短路或接地	采用电桥检测电动机各相线圈的直流电阻，或采用绝缘电阻表对电动机机壳的绝缘电阻进行检测。发现问题进行相应的修理或更换
		运行中的电动机有一相断路	对电动机的三相电源电压和电动机的绕组进行检查或更换
		绕线转子绕组焊点脱落	绕线转子绕组焊点脱落，会导致转子过热，且转速显著降低。对绕线转子绕组的各焊点进行检查，发现脱落点后，重新将其焊牢即可
	电动机空载或加载时三相电流不平衡	三相电源电压本身不平衡	查找三相电源电压本身不平衡的原因，并采取一定的措施，保证三相电源电压平衡
		电动机绕组出现局部短路	对电动机绕组进行检查，查找短路处或更换新的、同规格的绕组
		线圈绕组重绕后，匝数不对	采用电桥检测电动机各相绕组的直流电阻，查找不符合要求的绕组进行重绕更换
		线圈绕组重绕后，连接错误	查找连接错误之处，并进行改接，使其满足要求

续表

型号	故障现象	故障原因	检修方法
C3361型车床	接触器没有动作或跳动	控制按钮失灵	对控制按钮进行修理或更换新的配件
		控制线路中有断路或脱开处	查找控制线路中的断路或脱开处，根据情况进行检修或更换导线
		接触器线圈断路或端脚断开	查找接触器线圈断路或端脚断开之处，并对其进行修理
		接触器的互锁动断触点接触不良	对接触器的互锁动断触点进行修理或更换新的、同规格的触点
		电源缺相	查找电源缺相的原因，并进行相应的处理
	接触器可以动作，但电动机不能起动，或转速低于额定值	熔断器熔断，或开关、接触器有一相处于开路状态	查找熔断器熔断的原因并进行相应的处理后，再更换新的、同规格的熔断器；查找开关、接触器开路处，并进行相应的处理
		连接电动机的导线断路或接线端脚螺钉松动	查找导线断路之处，并进行相应的处理；如属接线端脚螺钉松动，则应重新将其拧紧
		电动机线圈绕组有一相开路或断开	查找电动机线圈绕组开路或断开的部位，并进行相应的处理，使其连接可靠
	电动机过热或出现异常声响	电动机过载	对电动机的额定电流进行检测，如发现过大，则应查找故障原因，如属于超负载，则应减轻负载或更换容量更大的电动机
		电动机轴承损坏	更换新的、同规格的电动机轴承
		电源缺相	查找电源缺相的原因，并进行相应的处理
		电动机定子绕组有局部短路现象	查找电动机定子绕组局部短路部位，并进行相应的修理或更换新的、同规格的绕组

续表

型号	故障现象	故障原因	检 修 方 法
C3361型车床	反接制动失效或变速手柄回到原位又自行起动	行程开关失控	对行程开关进行检查，看其是否完好，其安装位置是否发生了移动
		控制线路中有断路或脱开处	查找控制线路中的断路或脱开处，根据情况进行检修或更换导线
C5263型车床	电动机无法起动	熔断器熔体熔断，励磁没有建立	查找熔断器熔体熔断的原因，并进行相应的处理后再更换新的、同规格的配件；如属励磁没有建立，则应查找其原因
		速度给定电压没有加到速度调节器	按下起动按钮开关后，检测速度调节器输出端脚是否有电压输出。如果没有电压，则应检查给定电压本身是否正常，继电器 KA1、KA2 是否动作；调速电位器进线是否有脱开或断裂处
		触发脉冲回路故障	对触发电压进行检测，该电压正常值约为 16V 左右，如无电压，则应检查看是否有断线处
		稳压电源电压异常	对稳压电源电压进行检查，该电压正常值为±12V，如发现问题，应先检查看是否有断线处
		电流调节器输出端始终为负向限幅值	按下起动按钮开关后，检测速度调节器输出端脚有正值，而电流调节器输出为负值，则就说明电流调节器有问题，应查找原因，进行处理
		逻辑单元 LKⅠ、LKⅡ或 LKⅢ出问题	查找逻辑单元 LKⅠ、LKⅡ或 LKⅢ出现问题的原因，并进行相应的处理
	电动机一起动熔断器熔断	电流反馈回路有断线之处	查找电流反馈回路断线处，并进行相应的修理或更换新的、同规格的配件
	电动机降速或停车中熔断器熔断	逆变失败	检查脉冲有无丢失，检查 β_{min} 是否变小，如果变小 20°，在高速下就有可能导致逆变失败
	晶闸管整流桥波形缺相	晶闸管整流桥臂熔断器熔断	查找晶闸管整流桥臂熔断器熔断的原因并进行处理后，再更换新的、同规格的熔断器

续表

型号	故障现象	故障原因	检修方法
C5263型车床	晶闸管整流桥波形缺相	移相触发器故障	检测移相触发器输出的波形是否正常，如不正常，则应查找其原因并进行处理
		脉冲分配器故障	检测脉冲分配器的波形是否正常，如不正常，则应查找其原因并进行处理
		晶闸管整流器损坏	查找晶闸管整流器损坏原因并进行修理或更换
	晶闸管整流桥输出的电压波形不对称	电流互感器故障	检测电流互感器二次绕组的电阻值，该电阻值正常应为 37Ω 左右。如果检测不正常，则应查找其原因并进行处理
		电流反馈回路故障	检查互感器出线是否有断线处；检测电流反馈整流桥元件是否有损坏
		“给定”部分电源故障，脉冲幅度过大	对“给定”部分电源进行检查，看其脉冲幅度是否过大，正常脉冲值应在 20mV 以下。发现异常，应查找其原因并进行处理
		测速发电机励磁电路滤波电容器失效	对测速发电机励磁电路滤波电容器进行检测，如果失效应更换新的、同规格的配件
	电动机制动功能失效	切换逻辑故障	在需要制动时 U_A 电压不能消失，如果消失就会使制动功能失效。对切换逻辑进行检查，发现问题，应查找其原因并进行处理
	电动机仅在一个方向能够制动	切换逻辑中的电子开关故障	检查 LK II 中的 VT17、VT19，拔出移相触发器，按压正向起动按钮开关，此时 VT19 输出端③、⑬端脚和控制电源零线之间的电压约为 12V。如该电压小于 10V 则就说明不正常；按反转按钮开关，VT17 的情况也与此相同
	电动机速度不稳定	测速发电机和拖动电机的机械连接不良	对机械连接情况进行检查，看是否有打滑现象，不同心连接间隙是否太大
		速度反馈电路接触不良	对速度反馈电路的连接线路进行检查，看有无松动现象；检查测速发电机电枢回路中正反向接触器触点接触是否良好

续表

型号	故障现象	故障原因	检修方法
C5263型车床	空载时电动机速度不稳定	电流自适应故障	如果空载时电动机速度不稳定，但加载后正常，对此应观察电流调节器面板上的自适应测试孔的波形，如波形呈开关波形则正常，呈一条直线就说明其有问题，应重点检测 VT4 晶体管是否不良或损坏

第10章

普通7120系列平面磨床线路识图与常见故障处理

普通7120系列平面磨床在机械制造类企业中被广泛应用，本章介绍这类磨床线路的识图与常见故障处理。

10.1 普通磨床功能与外形说明

普通磨床是一种应用极其广泛的金属磨削机床。常见普通磨床的外形示意图见表10–1。

表10–1 常见普通磨床的外形示意图

内容	具体说明	
功能说明	普通磨床是利用砂轮的周边或端面来对工件的内孔、外圆、端面、平面，螺纹及球面等进行磨削加工的一种精密加工机床。大多数普通磨床都采用高速旋转的砂轮对工件进行磨削，少数采用油石、砂带等其他磨具和游离磨料进行加工	
典型外形示意图	平面磨床	1—床身；2—工作台；3—电磁吸盘；4—砂轮箱；5—砂轮箱横向移动手轮；6—滑座；7—立柱；8—工作台换向撞块；9—工作台往复运动换向手柄；10—活塞杆；11—砂轮箱垂直进刀手轮

续表

内容	具 体 说 明	
典型外形示意图	万能外圆磨床	1—床身；2—工件头架；3—顶尖；4—工作台；5—内圆磨削附件；6—砂轮架；7—尾架；8—控制箱；9—横向进给手轮

10.2 普通 M7120 型平面磨床线路识图指导与常见故障处理

普通 M7120 型平面磨床线路如图 10–1 所示。该磨床的基本构成及其说明见表 10–2，供识图时参考。

表 10–2 普通 M7120 型平面磨床线路基本构成及其说明

序号	项目	具 体 说 明
1	基本构成	图 10–1 所示为 M7120 型平面磨床电气控制线路图。它主要由电动机为核心组成的主电路以及接触器、各种控制开关等为核心组成的控制电路以及以电磁铁和信号灯为核心组成的电磁吸盘与信号指示线路几个部分构成。该车床使用的电气元件情况见表 10–3，供更换时查阅参考
2	控制线路图说明	图 10–1 中线路较复杂，为了使线路图便于读识和检索，在线路图的下方设置了 1、2、3、4……用数字表示的图区编号（有的电气控制线的图区编号设置在图的上方），线路图上方标注的“电源开关及保护、液压泵电动机、……”是指其对应下方线路元件或电路的功能。由此，可使读者能清楚地读懂某一（些）元件或局部电路的功能，从而避免了遗漏，也便于理解整个线路工作情况。

续表

序号	项目	具 体 说 明
2	控制线路图说明	图 10–1 所示线路图的图区共分为 30 个。其中，1 区是电源开关及保护；2～5 区是主线路部分；6～15 区是控制线路部分；16～21 区是电磁吸盘控制线路；22～30 区是照明和指示灯线路。 图 10–1 所示电气控制线路图上方中的功能说明是按线路的功能分区的。它表示的是每个区的线路所能完成的功能，也就是该单元线路的作用。该图中的所有项目仅标注了种类代号，但省略了前缀符号。图 10–1 中，由于图面拉得太长，故从第 16～30 区放在了第 1～15 区下面。

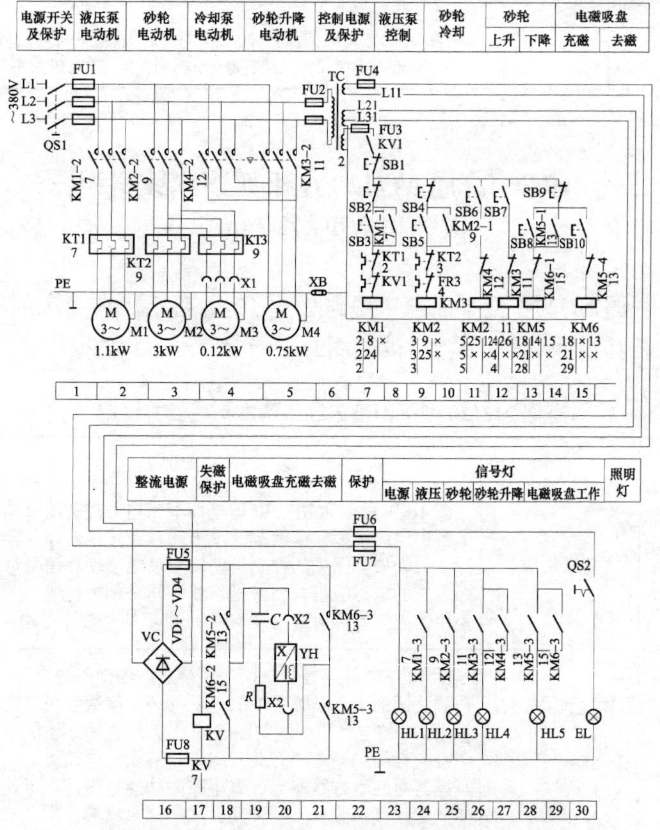

图 10–1　普通 M7120 型平面磨床线路示意图

表10–3 普通M7120型车床电气控制线路图电气元器件

代号	名称	型号规格	作 用
M1	液压泵电动机	JO2–21–4，1.1kW	用于驱动液压泵
M2	砂轮电动机	JO2–31–2，3kW	驱动砂轮机
M3	冷却泵电动机	JB–25A，0.12kW	驱动冷却泵
M4	砂轮升降电动机	JO3–301–4，0.75kW	驱动砂轮升降
KM1	交流接触器	CJ0–10，线圈电压110V	液压泵电动机M1控制
KM2	交流接触器	CJ0–10，线圈电压110V	砂轮和冷却泵电动机M2、M3控制
KM3	交流接触器	CJ0–10，线圈电压110V	砂轮机M2上升控制
KM4	交流接触器	CJ0–10，线圈电压110V	砂轮电动机M2下降控制
KM5	交流接触器	CJ0–10，线圈电压110V	电磁吸盘充磁控制
KM6	交流接触器	CJ0–10，线圈电压110V	电磁吸盘去磁控制
KT1	热继电器	JR10–10，整定电流2.17A	对M1进行过载保护
KT2	热继电器	JR10–10，整定电流6.16A	对M2进行过载保护
KT3	热继电器	JR10–10，整定电流0.47A	对M3进行过载保护
SB1	按钮开关	LA2型	总停止按钮开关
SB2	按钮开关	LA2型	液压泵M1停止按钮开关
SB3	按钮开关	LA2型	液压泵M1起动按钮开关
SB4	按钮开关	LA2型	砂轮M2停止按钮开关
SB5	按钮开关	LA2型	砂轮M2起动按钮开关
SB6	按钮开关	LA2型	砂轮M2上升按钮开关
SB7	按钮开关	LA2型	砂轮M2下降按钮开关
SB8	按钮开关	LA2型	电磁吸盘充磁按钮开关
SB9	按钮开关	LA2型	电磁吸盘停止充磁按钮开关
SB10	按钮开关	LA2型	电磁吸盘去磁按钮开关
VC	桥式整流器	2CZ11C，4只	整流为直流电压
KV	电压继电器	直流110V	进行欠压保护

续表

代号	名称	型号规格	作　用
R	电阻	500Ω	进行放电保护
C	电容器	110V，5μF	抑制高压保护
YH	电磁吸盘	HDXP，110V，1.45A	吸合工件
FU1	熔断器	RL1–60/25	电源总短路保护
FU2	熔断器	RL1–15/2	控制变压器短路保护
FU3	熔断器	RL1–15/2	控制电路短路保护
FU4	熔断器	RL1–15/2	电磁吸盘系统短路保护
FU5	熔断器	RL1–15/2	电磁吸盘短路保护
FU6	熔断器	RL1–15/2	照明电源指示电路短路保护
QS1	开关	或者 0–25、3	电源总开关
QS2	开关	—	照明开关

10.2.1　普通 M7120 型平面磨床电气控制主线路控制原理

普通 M7120 型平面磨床电气控制主线路控制原理见表 10–4，供识图时参考。

表 10–4　普通 M7120 型平面磨床电气控制主线路控制原理

序号	项目	具 体 说 明
1	识图指导	要想轻松看懂 M7120 型平面磨床电气控制线路图主线路的控制原理，可以从以下几个方面来进行。 （1）在图 10–1 的 1 区中，L1、L2、L3 三相电源是经隔离开关 QS1 控制后送到后级线路的。 （2）在图 10–1 的 2 区中，FU1～FU3 三只熔断器用于整个线路的短路保护。对于主电路的读识，可按从左至右的顺序进行，对于电动机的供电情况，可从下往上推，逐一观察电动机是通过哪些控制元件获得电源的；与这些控制元件有关联的部件是哪些；各在图中哪些区域

续表

序号	项目	具体说明	
2	各个电动机工作情况	液压泵电动机M1	在2区中，M1为液压泵电动机，用于进行液压传动，使工作台和砂轮往复运动。 液压泵电机的供电，受KM1三组动合触点的控制，KM1的驱动线圈在7区。KT1为热继电器，用于电动机的过载保护，其动断触点也设置在7区，一旦电动机过载，KT1动断触点就会断开，从而就会切断KM1线圈的供电，使M1停止工作，以防电动机过载损坏
		砂轮电动机M2	砂轮电动机M2在3区中，用于驱动砂轮转动对工件进行磨削加工，是主要工作用的电动机。 砂轮电动机的供电，受交流接触器KM2三组动合触点的控制，KM2的驱动线圈在9区。KT2用于过载保护，其动断触点也设置在9区
		冷却泵电动机M3	冷却泵电动机M3在4区中，用于带动冷却泵为砂轮和被磨削的工件提供冷却液，同时利用冷却液将磨下的铁屑冲走。 从图10–1中可以看出，M3由插头与插座和电源相连，插头和插座是易出问题的部位之一，检修时应注意对其进行检查。 冷却泵电动机的供电与砂轮电动机同取一路，两者均受KM2交流接触器的控制，采用主电路顺序控制方式。 KT3是M3的过载保护热继电器，其动断触点也在9区
		砂轮升降电动机M4	砂轮升降电动机M4在5区，用于带动安装在磨头的拖板在立柱导轨上做上下移动，进行砂轮上下位置的调整。 砂轮升降电动机的供电，受交流接触器KM3、KM4共6组动合触点的控制，两者相序不同。其中，KM3的驱动线圈在11区，KM4在12区，它们共同构成了电动机 M4 的正、反转控制线路，使砂轮可在立柱导轨上做上下移动。 FU1熔断器是4台电机的共用保护元件。M1、M2、M3长期工作，分别设有过载保护器，M4通常工作时间较短，故不需要过载保护

10.2.2 普通M7120型平面磨床控制系统原理

想轻松看懂普通 M7120 型平面磨床电气控制线路图控制系统电气线路的控制原理，可以从表10–5中的几个方面来进行。

表 10–5 普通 M7120 型平面磨床控制系统线路的控制原理

序号	项目	具体说明
1	供电情况	控制线路的供电取自 L2、L3 线电压。该电压加到电源变压器 TC 的一次侧。该变压器在 6 区，其二次侧三个绕组分别作为控制线路的 110V 供电、照明线路的 24V 供电、电磁吸盘的直流 110V 整流电路的交流电源。其中： （1）L11 绕组输出的交流电压经由 VD1～VD4 构成的桥式整流电路整流，得到的直流 110V 电源供电磁吸盘控制电路做工作电源。 （2）F21 绕组输出的 24V 交流低压经 FU6、FU7 熔断器为照明线路供电。 （3）L31 绕组输出的 110V 交流电压经 FU3 熔断器、KV1 控制后，为控制线路提供工作电源
2	控制线路的看图顺序	在控制线路中，各交流接触器线圈所控制的触点在图 10–1 所示的位置均以简表的方式在各线圈的图形符号下方列出，由此可依据该简表查出各组触点的位置。 对控制线路的读识，可以采用从上到下、从左到右的顺序进行，再配合用途区所提示的功能来看图
3	电压继电器的控制	电压继电器 KV 的动合触点 KV1 在 7 区，其驱动线圈在 17 区。当直流电压为 110V 时，KV 继电器线圈吸合，其 KV1 触点闭合，为起动电动机做好准备。如果提供给 KV 线圈的直流电压低于 110V，就会导致电磁吸盘吸力不足，进而 KV1 动合触点就不会闭合，电动机就将无法起动工作
4	M1 电动机的控制	起动按钮 SB3 在第 7 区，当将其按下后，交流接触器 KM1 线圈得电吸合，其动合触点 KM1–1 闭合后自锁，KM1–2 三组主触点（2 区）闭合后，Ml 电动机得电起动工作。 如果要使 M1 停止工作，只要按下 7 区的停止按钮开关 SB2 后，KM1 线圈就会断电释放，其主触点 KM1–2 就会断开，M1 就会断电停机。 当 M1 电动机过载时，7 区中的热继电器 KT1 动断触点就会断开，也使 KM1 线圈断电释放，其 KM1–2 主触点断开，M1 断电停止工作
5	M2、M3 电动机的控制	起动按钮 SB5 在第 9 区，当将其按下后，交流接触器 KM2 线圈得电吸合，其动合触点 KM2–1 闭合后自锁，3 区的 KM2–2 三组主触点闭合后，M2 电动机得电起动工作。 同时，M3 电动机通过×1 接插器也得电工作，因此，M2 和 M3 同时起动运转。如果不需要进行冷却，则可将插头拉出即可。 当需要停机时，只要按下 9 区里的停止按钮开关 SB4，使 KM1 线圈失电后，M2 和 M3 就会同时停止工作。 当 M2 电动机过载时，9 区的热继电器 KT2 动断触点就会断开，进而使 M2 电动机停止工作

续表

序号	项目	具体说明
6	M4电动机的控制	M4电动机主要用来调整砂轮与工件之间的位置，为了使定位准确可靠，线路中采用了点动正、反转控制互锁方式。 （1）砂轮上升控制。按下11区的点动按钮开关SB6时，交流接触器KM3线圈得电吸合，其三组动合触点KM3–2闭合后，使M4电动机起动正转，使砂轮位置上升。当到达所要求的位置时，松开SB6按钮，KM3线圈就会断电释放，进而M4就会停转而使砂轮停止上升。 （2）砂轮下降控制。当按下12区的点动按钮开关SB7时，交流接触器KM4线圈得电吸合，其三组动合触点KM4–2闭合后，使M4电动机起动反转，使砂轮位置下降。当到达所要求的位置时，松开SB7按钮，KM4线圈就会断电释放，进而M4就会停转而使砂轮停止下降
7	电磁吸盘充磁控制	电磁吸盘充磁控制线路在13区，当按下SB8充磁按钮后，交流接触器KM5线圈得电吸合，其动合触点KM5–1闭合后自锁，其KM5–2和KM5–3两组动合触点均闭合，使VD1～VD4桥式整流后的直流电压加到电磁吸盘YH线圈上，使其进行充磁以吸住工作台面上的工件，以便进行磨削。同时，KM5–4动断触点断开进行互锁，以防误按SB10开关造成事故
8	电磁吸盘去磁控制	当磨削结束后，按下SB9开关，使KM5线圈断电释放后，再按下15区中的去磁控制开关SB10（属点动），交流接触器KM6线圈得电吸合，其动断触点KM6–1断开进行互锁，KM6–2和KM6–3两组动合触点闭合，使电磁吸盘线圈的供电极性被反向后进行去磁，进而就可使工件从工作台面上取下来
9	照明控制	照明控制线路在30区，EL为照明灯，其工作电压为交流24V安全电压，由电源变压器TC的L21绕组提供，QS2为照明灯的控制开关
10	指示灯控制	指示灯控制线路在23～29区，HL1～HL5均为指示灯，分别受交流接触器KM1～KM6动合触点KM1–3～KM6–3的控制，用于指示线路工作状态。 （1）当HL1被点亮时，表示控制线路的供电电源工作正常。如不亮，则说明电源供电电路有问题，应及时查找原因。 （2）当HL2被点亮时，说明液压泵电动机M1进入了工作状态，工作台正在进行往复运动。如果HL2不亮，则说明M1已停转。 （3）当HL3被点亮时，说明冷却泵电动机M3和砂轮电动机M2进入了工作状态。如HL3不亮，则表明M2、M3已停转或未工作。

续表

序号	项目	具 体 说 明
10	指示灯控制	（4）当 HL4 被点亮时，说明砂轮升降电动机 M4 进入了工作状态。如 HL4 不亮，则说明 M4 未工作或停转。 （5）当 HL5 被点亮时，说明电磁吸盘 YH 进入工作状态。如 HL5 不亮，则说明 YH 未工作或停止工作，应查找故障原因并处理

10.2.3 普通 M7120 型系列平面磨床常见故障处理

普通 M7120 型系列平面磨床常见故障的原因及其检修方法见表 10–6，供检修时参考。该表中的各种故障通常情况下均可以采用万用表来进行检查、判断。

表 10–6 普通 M7120 型系列平面磨床常见故障处理

序号	故障现象	故障原因	处理方法
1	四台电动机均无法工作，电源指示灯 EL 也不亮	熔断器 FU1 或 FU2 熔断或开路	查找熔断器熔断的原因后，再更换新的、同规格的熔断器
		控制变压器 TC 损坏，导致控制回路电源消失	对控制变压器 TC 进行检修或更换新的、同规格的配件
2	四台电动机均无法开机工作，但电源指示灯 EL 可点亮	熔断器 FU3 熔断或开路	查找熔断器熔断的原因后，再更换新的、同规格的熔断器
		急停控制开关 SB1 被按下后没有可靠地复位接通	对急停控制开关 SB1 进行修理或更换新的、同规格的配件
3	工件加工结束后很难从工作台上取下来	交流接触器 KM6 线圈损坏	对 KM6 线圈进行修理或更换新的配件
		KM6 的动合主触点 KM6–3 或 KM6–4 接触不良或损坏	对交流接触器 KM6 进行修理或更换新的、同规格的配件
		交流接触器动断辅助触点 KM5–4 接触不良	对交流接触器 KM5 进行修理或更换新的、同规格的配件
		点动开关 SB10 接触不良或损坏	对点动开关 SB10 进行修理或更换新的、同规格的配件

续表

序号	故障现象	故障原因	处理方法
4	工作台只能上升不能下降	交流接触器KM4线圈本身损坏	对KM4线圈进行修理或更换新的、同规格的配件
		交流接触器KM4的动合主触点KM4–2接触不良或损坏	对交流接触器KM4进行修理或更换新的、同规格的配件
		交流接触器动断辅助触点KM3–1接触不良	对交流接触器KM3进行修理或更换新的、同规格的配件
		点动开关SB7接触不良或损坏	对点动开关SB7进行修理或更换新的、同规格的配件
5	工作台只能下升不能上降	交流接触器KM3线圈本身损坏	对KM3进行修理或更换新件
		交流接触器KM3的动合主触点KM3–2接触不良或损坏	对交流接触器KM3进行修理或更换新的、同规格的配件
		交流接触器动断辅助触点KM4–1接触不良	对交流接触器KM4进行修理或更换新的、同规格的配件
		点动开关SB6接触不良或损坏	对点动开关SB6进行修理或更换新的、同规格的配件
6	工作台能升降，但液压泵、砂轮、冷却泵电动机不能开机	熔断器FU4、FU5、FU8熔断或开路	查找熔断器熔断的原因后，再更换新的、同规格的熔断器
		整流二极管VD1～VD4中有损坏	查找损坏的整流二极管，更换新的、同规格的配件
		欠电压继电器KV损坏，如其触点接触不良等	对欠电压继电器KV进行修理或更换新的、同规格的配件
7	工作台上工件吸不牢	交流接触器KM5线圈本身损坏	对KM5进行修理或更换新件
		KM5的动合主触点KM5–3或KM5–2接触不良或损坏	对交流接触器KM5进行修理或更换新的、同规格的配件
		动断辅助触点KM6–1接触不良	对KM6进行修理或更换新件
		点动开关SB9接触不良或损坏	对SB9进行修理或更换新件

续表

序号	故障现象	故障原因	处理方法
8	液压泵电动机不能起动工作	交流接触器KM1线圈本身损坏	对KM1进行修理或更换新件
		交流接触器KM1的动合主触点KM1–2接触不良或损坏	对交流接触器KM1进行修理或更换新的、同规格的配件
		电动机过载保护热继电器KT1触点接触不良或断开	对KT1进行修理或更换新的、同规格的配件
		起动开关SB3接触不良或损坏	对SB3进行修理或更换新件
		停止按钮开关SB2动断触点接触不良或损坏	对停止按钮开关SB2进行修理或更换新的、同规格的配件
9	松开SB3液压泵电动机就停转	交流接触器KM1动合自锁触点KM1–1接触不良或损坏	对交流接触器KM1进行修理或更换新的、同规格的配件
10	一起动冷却泵FU1就熔断	冷却泵电动机损坏	对冷却泵电动机进行修理或更换新的、同规格的配件
11	松开SB5砂轮电动机就停转	交流接触器KM2动合自锁触点KM2–1接触不良或损坏	对交流接触器KM2进行修理或更换新的、同规格的配件
12	一起动砂轮机FU1就熔断	砂轮电动机损坏	对砂轮电动机进行修理或更换新的、同规格的配件
13	砂轮电动机、冷却泵电动机均无法起动工作	交流接触器KM2线圈本身损坏	对交流接触器KM2进行修理或更换新的、同规格的配件
		交流接触器KM2的动合主触点KM2–2接触不良或损坏	对交流接触器KM2进行修理或更换新的、同规格的配件
		电动机M3或M2过载导致KT3、KT2动断触点断开或接触不良	对热继电器KT3、KT2进行修理或更换新的、同规格的配件
		起动按钮开关SB5动合触点接触不良或损坏	对起动按钮开关SB5进行修理或更换新的、同规格的配件
		停止按钮开关SB4动断触点接触不良或损坏	对停止按钮开关SB4进行修理或更换新的、同规格的配件

10.3 普通M7120–1型平面磨床线路识图指导与常见故障处理

图10–2所示为M7120–1型平面磨床电气电气控制线路图。它是一种工厂企业使用相当广泛的机床设备。

10.3.1 普通M7120–1型平面磨床电气控制线路基本构成

图10–2所示电气控制线路图主要由主线路、控制线路、电磁工作台线路以及照明和指示线路四个部分共同构成。读识该图时，可将其分成这四个单元电路来看，这样可使看图简单，具体情况见表10–7，供识图时参考。

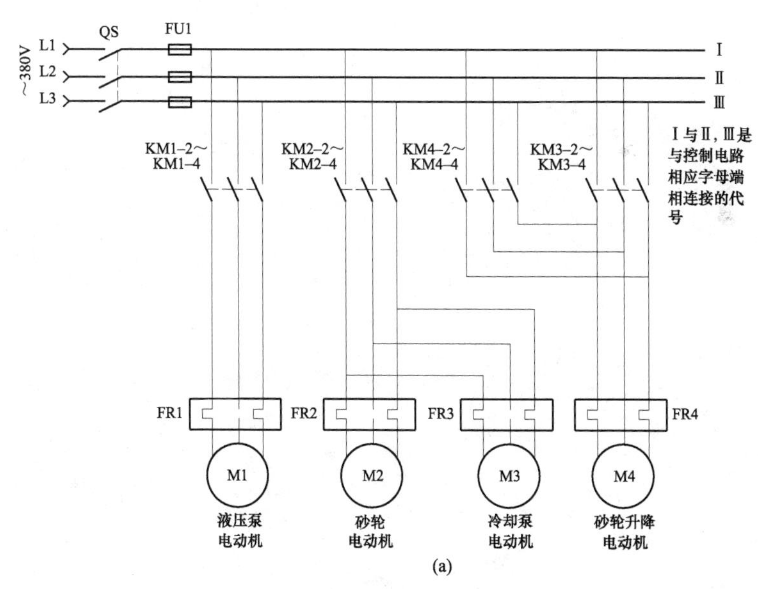

图10–2 普通M7120–1型平面磨床线路（一）

（a）主电路示意图

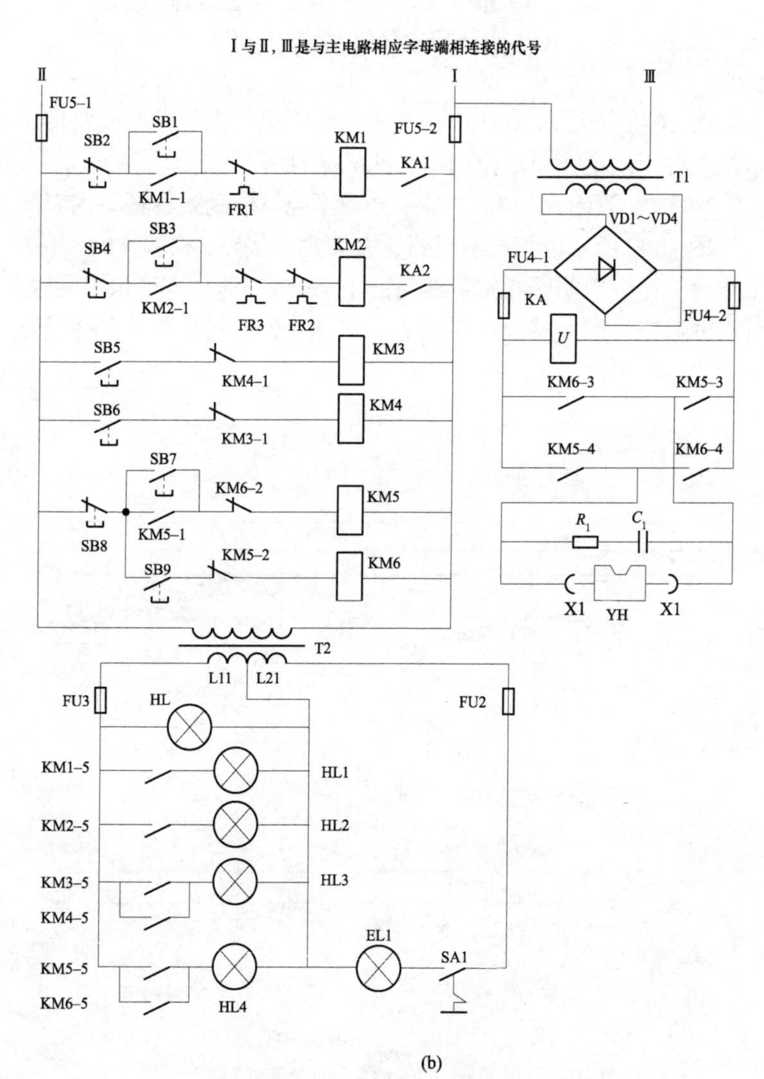

图 10–2 普通 M7120–1 型平面磨床线路（二）

（b）电气控制电路示意图

表10–7　　普通M7120–1型平面磨床线路基本构成

序号	项目	具体说明
1	主线路	主线路主要由四台电动机及其热保护继电器FR1～FR4，相应的控制触点KM1–2～KM1–4、KM2–2～KM2–4、KM3–2～KM3–4、KM4–2～KM4–4等构成。其中：M1为液压泵电动机，用于使工作台往复运动；M2为砂轮电动机，用于带动砂轮旋转进行磨削加工；M3为冷却泵电动机，用来为磨削提供冷却液，对工件进行冷却和冲走磨削的铁屑；M4为砂轮机升降驱动电动机，用来对砂轮机的上下位置进行调整。 上述四只电动机中，M1～M3工作时只需要正转，且冷却泵电动机M3是在M2砂轮电动机运转后才进入运转状态，升降电动机M4在正、反两个方向受控运转
2	控制线路	SB2为液压泵电动机停止按钮开关，SB1为起动按钮开关，KM1为驱动液压泵电动机的交流接触器；SB4为砂轮电动机停止按钮开关，SB3为起动按钮开关，KM2为驱动砂轮电动机的交流接触器；SB5为砂轮机升降驱动电动机的正转点动按钮开关，KM3为驱动M4电动机正转的交流接触器；SB6为砂轮机升降驱动电动机的反转点动按钮开关，KM4为驱动M4电动机反转的交流接触器；SB8为电磁工作台充磁关断按钮开关，SB7为充磁按钮开关，KM5为充磁控制交流接触器；SB9为去磁点动控制按钮开关，KM6为去磁控制交流接触器
3	电磁工作台线路	电磁工作台线路主要由电源变压器T1、电磁吸盘YH、VD1～VD4桥式整流器、欠压继电器KA、放电电阻R_1、电容C_1及相应的控制触点和保险元件等构成。 电源变压器T1一次侧电压取自L1和L3相电压，二次侧输出的交流电压经VD1～VD4整流，得到的110V直流电压提供给电磁工作台控制线路。KA为欠压继电器，有一组动合触点KA1串接在液压泵电动机和砂轮电动机的控制线路中进行欠压保护。一旦VD1～VD4整流后的电压低于110V较多时，KA继电器线圈就不能正常工作，其KA1动合触点就会断开
4	照明和指示线路	照明和指示线路由电源变压器T2，HL、HL1～HL4指示灯，EL1照明灯，SA1照明灯开关，以及相应的控制触点等构成。 电源变压器T2二次侧电压取自L2和L3相电压，次级输出的L21交流36V电压提供给照明灯EL1，另一组L11交流电压提供给指示灯线路。5个指示灯HL、HL1～HL4分别用来指示M1～M4电动机和电磁工作台的工作状态

10.3.2 普通M7120–1型平面磨床线路控制原理

普通M7120–1型平面磨床电气控制线路图的控制原理，可以从表10–8中的几个方面来进行介绍。供识图时参考。

表 10-8　　普通 M7120-1 型平面磨床线路控制原理

序号	项目	具 体 说 明
1	KM1 与 KM2 的供电	合上电源开关 QS 以后，如果线路无故障，则 VD1～VD4 整流后的 110V 直流电压正常，欠压继电器 KA 线圈得电吸合，其动合触点 KA1 与 KA2 闭合，为 KM1、KM2 交流接触器线圈供电做好了准备
2	液压泵电动机起动控制	按下 SB1 起动按钮后，KM1 线圈得电吸合，其动合触点 KM1-1 闭合后自锁，KM1-2～KM1-4 三组动合触点闭合后，使液压泵电机 M1 得电工作。 当工作结束后，按下停止按钮 SB2，KM1 就会断电释放而使 M1 电动机停止运行
3	砂轮电动机起动控制	当需要砂轮电动机和冷却泵电动机工作时，再按下 SB3 起动按钮开关，KM2 交流接触器线圈得电吸合，砂轮机电动机 M2 和冷却泵电动机 M3 同时工作。 当需要停止时，按下停止按钮开关 SB4，M2 和 M3 两台电动机停止运转
4	砂轮升降控制	SB5 和 SB6 为点动按钮开关，用于控制升降电动机的工作，按下时，电动机 M4 运转，松开时，电动机就停止运转
5	电磁工作台控制	当按下充磁按钮开关 SB7 后，KM5 交流接触器线圈得电吸合，其动合触点 KM5-1 闭合后自锁，KM5-2 动断触点断开进行互锁，KM5-3 与 KM5-4 两组动合触点闭合后，电磁吸盘 YH 线圈得电工作，使电磁工作台带磁而将被磨削的工件牢牢地吸住。按下 SB8 按钮开关后，电磁工作台失去吸力。为了消除剩磁，可按 SB9 按钮开关进行消磁处理。当按下 SB9 后，KM6 交流接触器线圈得电吸合，其 KM6-2 动断触点断开进行互锁，KM6-3 与 KM6-4 两组动合触点闭合后，给电磁吸盘 YH 加上反向工作电压，使工作台进行去磁处理，退磁后，松开 SB9，工件即可从工作台上取下来

10.3.3　普通 M7120-1 型系列平面磨床线路常见故障处理

普通 M7120-1 型系列平面磨床的控制电路与普通 M7120 型系列平面磨床相比，两者相差不大，有的仅是编号不同，故其常见故障的处理可以参考表 10-6 中所列的方法进行检修。该表中的各种故障通常情况下均可以采用万用表来进行检查、判断。

第11章

普通 M1432A、M7130 型磨床线路识图与常见故障处理

M1432A 属于万能型普通磨床，M7130 属于平面型磨床，两者在工矿企业中的应用均较广泛，本章介绍这两类磨床线路的识图与常见故障处理。

11.1 普通 M1432A 型万能磨床线路识图指导与常见故障处理

M1432A 型万能外圆磨床可用于磨削工件的外圆锥面、内圆柱面、内圆锥面和台阶端面，也可以用于对平面进行磨削等。

11.1.1 普通 M1432A 型万能磨床电气控制电路结构

图 11–1（a）所示为普通 M1432A 型万能磨床主线路；图 11–1（b）所示为 M1432A 型普通万能磨床控制线路。电气控制线路图中各元件的代号、名称和型号见表 11–1。依据该表，对读识图 11–1 所示电气控制线路图的工作原理有很大的帮助。

表 11–1　普通 M1432A 型万能磨床线路图中各元件的代号、名称和型号

代号	名称	型号与规格	作　用
QF1	控制开关	LWS–3/C5172，15A	电源总开关
FU1	熔断器	RL1–60/30	用于电路总短路保护
FU2	熔断器	RL1–15/10	用于电动机 M1 与 M2 短路保护
FU3	熔断器	RL1–15/10	用于电动机 M3 与 M5 短路保护

续表

代号	名称	型号与规格	作　用
KT1	热继电器	JR0–20，整定电流 2A	用于电动机 M1 过载保护
KT2	热继电器	JR0–20，整定电流 1.6A	用于电动机 M2 过载保护
KT3	热继电器	JR0–20，整定电流 2.5A	用于电动机 M3 过载保护
KT4	热继电器	JR0–20，整定电流 9A	用于电动机 M4 过载保护
KT5	热继电器	JR0–20，整定电流 0.47A	用于电动机 M5 过载保护
M1	油泵电动机	JO3–801–4/72，0.75kW	用于驱动油泵旋转
M2	头架电动机	JO3–90S–8/4，0.37/0.75kW	用于驱动工件旋转
M3	内圆砂轮电动机	JO3–801–2，1.1kW	驱动内圆砂轮旋转
M4	外圆砂轮电动机	JO3–112S–4，4kW	驱动外圆砂轮旋转
M5	冷却泵电动机	DB–25A，120W	驱动冷却泵旋转
KM1	交流接触器	CJ0–10，交流 110V	控制 M1 电动机
KM2	交流接触器	CJ0–10，交流 110V	控制 M2 电动机低速运行
KM3	交流接触器	CJ0–10，交流 110V	控制 M2 电动机高速运行
KM4	交流接触器	CJ0–10，交流 110V	控制 M3 电动机
KM5	交流接触器	CJ0–10，交流 110V	控制 M4 电动机
KM6	交流接触器	CJ0–10，交流 110V	控制 M5 电动机
FU4	熔断器	RL1–15/2	工作照明短路保护
FU5	熔断器	RL1–15/1	指示灯短路保护
FU6	熔断器	RL1–15/10	控制电路短路保护
SA1	转换开关	LA18–22×2	头架电动机高、低速转换开关
SA2	转换开关	LA18–22×2	冷却泵手动开关
SA3	转换开关	LA18–22×2	工作照明灯控制开关
SB1	按钮开关	LA19–11J	油泵电动机 M1 停止开关
SB2	按钮开关	LA10–11D	油泵电动机 M1 起动开关
SB3	按钮开关	LA19–11	头架电动机 M2 起动开关
SB4	按钮开关	LA19–22	内、外圆砂轮电动机起动按钮开关

续表

代号	名称	型号与规格	作　用
SB5	按钮开关	LA19-11	内、外圆砂轮电动机停止按钮开关
SQ1	行程开关	LA12-2	砂轮架快速连锁开关
SQ2	行程开关	LA12-2	内、外圆砂轮架电动机连锁开关
YA	电磁铁	MOW0.7，0.7kg，110V	内圆砂轮电动机与砂轮架连锁
TC	控制电源变压器	BK-150，380/110、24V、6.3V	为照明、指示灯与控制电路提供电源

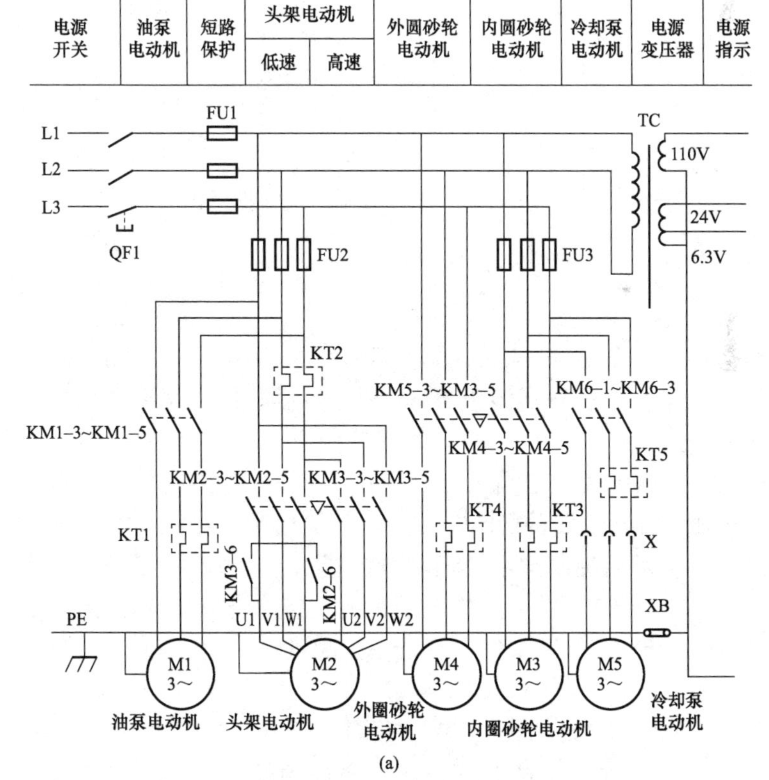

(a)

图 11-1　普通 M1432A 型万能磨床线路（一）

(a) 主线路示意图

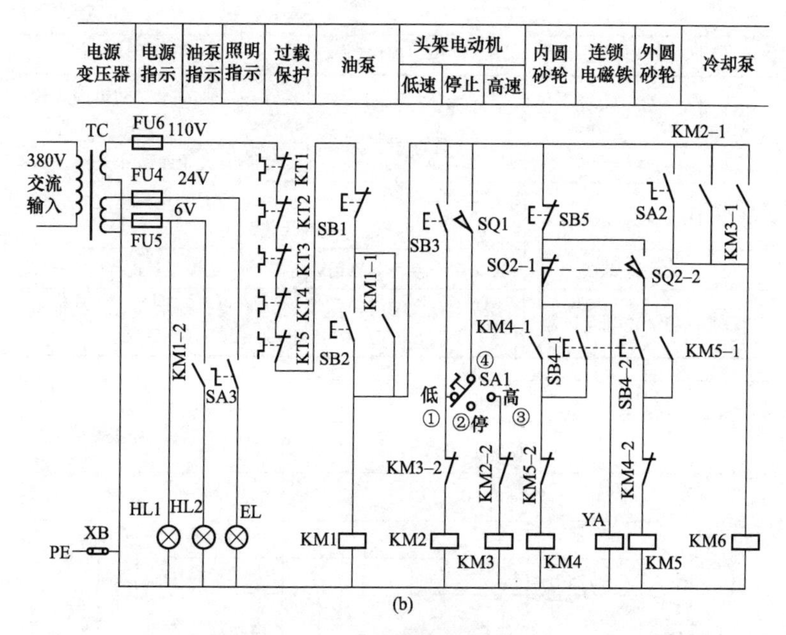

图 11–1　普通 M1432A 型万能磨床线路（二）

（b）控制线路示意图

11.1.2　普通 M1432A 型万能磨床供电特点

M1432A 型普通万能磨床油泵电动机 M1 与头架电动机 M2、内圆砂轮电动机 M3、外圆砂轮电动机 M4、冷却泵电动机 M5 的供电直接取自三相交流电源，控制系统的供电取自控制电源变压器 TC 的 110V 交流电压输出端，照明和指示灯电路的供电均由控制电源变压器 TC 提供。其中的交流 6.3V 为电源指示灯 HL1 以及油泵电动机 M1 起动工作指示灯 HL2 的供电；交流 24V 为工作照明灯 EL 的供电，由 SA3 手动开关操作进行控制。

11.1.3　普通 M1432A 型万能磨床油泵电动机 M1 控制原理

普通 M1432A 型万能磨床油泵电动机 M1 的控制原理见表 11–2，供识图时参考。

表 11-2　　　　普通 M1432A 型万能磨床油泵电动机 M1 的控制原理

<table>
<tr><th>序号</th><th>项目</th><th colspan="2">具 体 说 明</th></tr>
<tr><td rowspan="5">1</td><td rowspan="5">起动控制</td><td colspan="2">SB2 为油泵电动机 M1 起动控制按钮开关，当按下该开关后，KM1 交流接触器线圈得电吸合，其各组触点就会动作，具体动作情况如下所述</td></tr>
<tr><td>KM1–1 闭合</td><td>当动合触点 KM1–1 闭合以后，就实现了自锁，以保证松开起动按钮开关 SB2 后，KM1 线圈中的电流通路不会断开</td></tr>
<tr><td>KM1–2 闭合</td><td>当动合触点 KM1–2 闭合以后，工作指示灯 HL2 点亮，以示油泵电动机 M1 进入工作状态</td></tr>
<tr><td>KM1–3～KM1–5 闭合</td><td>当三组动合触点 KM1–3～KM1–5 闭合以后，油泵电动机 M1 得到三相交流供电而起动运转</td></tr>
<tr><td>连锁关系</td><td>从控制电路图 11–1 中可以看出，KM2～KM6 交流接触器线圈的供电均取自动合触点 KM1–1 的下端，也就是说，只有当油泵电动机 M1、KM1–1 闭合接通后，其他电动机（M2～M5）才能起动工作</td></tr>
<tr><td>2</td><td>停止控制</td><td colspan="2">SB1 为油泵电动机 M1 停止控制开关，当按下该开关后，KM1 交流接触器线圈就会断电释放，其各组触点复位后，就会使油泵电动机 M1 停止工作</td></tr>
</table>

11.1.4 普通 M1432A 型万能磨床头架电动机 M2 控制原理

头架电动机 M2 为双速电动机，是由高、低速转换开关 SA1 置于不同的位置来进行转速控制的，以便使被磨削的工件获得不同的精度。普通 M1432A 型万能磨床头架电动机 M2 的控制原理见表 11–3，供识图时参考。

表 11-3　　　　普通 M1432A 型万能磨床头架电动机 M2 的控制原理

序号	项目	具 体 说 明
1	低速控制	当把转换开关 SA1 置于“低速”运行位置时，其④与①触点接通后，起动油泵电动机 M1，把砂轮架快速移动操作手柄扳向快进位置，此时液压油通过砂轮快速移动操作手柄控制的液压阀进入砂轮架移动驱动油缸，带动砂轮架快速进给移动。当接近工件时，压合行程开关 SQ1，从而接通了交流接触器 KM2 线圈的电流通路而吸合，其各组触点均会动作，具体动作情况如下所述

续表

<table>
<tr><th>序号</th><th>项目</th><th colspan="2">具 体 说 明</th></tr>
<tr><td rowspan="2">1</td><td rowspan="2">低速控制</td><td>KM2–2 闭合</td><td>当动合触点 KM2–2 闭合以后，就断开了 KM3 交流接触器线圈的供电通路，实现互锁作用，以防 KM2 接触器工作时 KM3 出现误动作</td></tr>
<tr><td>KM2–3～KM2–5 闭合、KM2–6 断开</td><td>当三组动合主触点 KM2–3～KM2–5 闭合、动断触点 KM2–6 断开以后，就将头架电动机 M2 绕组连接成△方式，使头架电动机 M1 起动低速运行</td></tr>
<tr><td>2</td><td>低速停止控制</td><td colspan="2">当把转换开关 SA1 置于“停止”运行位置时，其④与②触点接通后，砂轮架停止快速进给移动</td></tr>
<tr><td rowspan="3">3</td><td rowspan="3">高速控制</td><td colspan="2">当把转换开关 SA1 置于“高速”运行位置时，其④与③触点接通后，起动油泵电动机 M1，把砂轮架快速移动操作手柄扳向快进位置，此时砂轮架通过液压传动系统将快速进给移动。当接近工件时，压合行程开关 SQ1，从而接通了交流接触器 KM3 线圈的电流通路而吸合，其各组触点均会动作，具体动作情况如下所述</td></tr>
<tr><td>KM3–2 闭合</td><td>当动合触点 KM3–2 闭合以后，就断开了 KM2 线圈供电通路，实现互锁，以防 KM3 接触器工作时 KM2 误动作</td></tr>
<tr><td>KM3–3～KM3–5 闭合、KM3–6 闭合</td><td>当三组动合主触点 KM3–3～KM3–5 闭合、动合触点 KM3–6 闭合以后，就将头架电动机 M2 绕组连接成双星形方式，使头架电动机 M2 起动高速运行</td></tr>
<tr><td>4</td><td>高速停止控制</td><td colspan="2">当工件磨削结束以后，砂轮架退回原处，行程开关 SQ1 复位后，就会使交流接触器 KM3 线圈的电流通路断开，使头架电动机 M2 断电停止工作</td></tr>
<tr><td>5</td><td>点动控制</td><td colspan="2">SB3 为头架电动机 M2 的点动开关，按下该开关时接通 KM2 或 KM3 线圈的供电，松开该开关时，断开 KM2 或 KM3 线圈的供电，用于对工件进行位置找准调试和校正</td></tr>
</table>

11.1.5 普通 M1432A 型万能磨床冷却泵电动机 M5 控制原理

普通 M1432A 型万能磨床冷却泵电动机 M5 的控制原理见表 11–4，供识图时参考。

表 11–4 普通 M1432A 型万能磨床冷却泵电动机 M5 控制原理

序号	项目	具 体 说 明
1	连锁控制	从控制电路可以看出，控制头架电机 M2 的交流接触器 KM2 或 KM3 都有一组动合触点（KM2–1 或 KM3–1）串接在冷却泵电动机 M5 控制接触器 KM6 线圈的电流通路中，也就是说，当头架电动机 M2 工作时，KM2–1 或 KM3–1 闭合接通后，KM6 线圈就会得电吸合，其三组动合主触点 KM6–1～KM6–3 闭合接通后，冷却泵电动机 M5 也会工作，为加工件提供冷却液；当头架电动机 M2 被控停止工作时，冷却泵电动机 M5 也同时停止工作
2	单独控制	SA2 为冷却泵电动机 M5 单独起动控制按钮开关，当头架电动机 M2 停止工作、在对砂轮进行修整需要冷却泵起动供给冷却液时，只要按下该开关，冷却泵电动机 M5 就可以起动工作，提供冷却液

11.1.6 普通 M1432A 型万能磨床内圆砂轮电动机 M3 控制原理

普通 M1432A 型万能磨床内圆砂轮电动机 M3 的控制原理见表 11–5，供识图时参考。

表 11–5 普通 M1432A 型万能磨床内圆砂轮电动机 M3 控制原理

<table>
<tr><th>序号</th><th>项目</th><th colspan="2">具 体 说 明</th></tr>
<tr><td rowspan="4">1</td><td rowspan="4">起动控制</td><td colspan="2">如果要对工件内圆进行磨削时，把砂轮架上的内圆磨具往下翻，按下内外圆砂轮的起动按钮开关 SB4 后，交流接触器 KM4 线圈得电吸合，其各组触点均会动作，具体动作情况如下所述</td></tr>
<tr><td>KM4–1 闭合</td><td>当动合触点 KM4–1 闭合接通后实现了自锁，以保证松开起动按钮开关 SB4 后，KM4 线圈中的电流通路不会断开</td></tr>
<tr><td>KM4–2 断开</td><td>当动断触点 KM4–2 断开后，切断了 KM5 线圈中的电流通路，实现互锁作用，以防 KM4 接触器工作时 KM5 出现误动作</td></tr>
<tr><td>KM4–3～KM4–5 闭合</td><td>当三组动合主触点 KM4–3～KM4–5 闭合以后，就接通了内圆砂轮电动机 M3 的三相交流电源，M3 就会起动运转，带动内圆砂轮对工件内圆进行磨削</td></tr>
</table>

续表

序号	项目	具体说明
2	停机控制	SB5 为停止按钮开关，当按下该开关以后，就会使交流接触器 KM4 线圈断电释放，其各组触点复位后，内圆砂轮电动机 M3 也断电停止工作
3	砂轮架快速进退操作手柄锁定功能	内圆砂轮电动机 M3 运行与砂轮架的快速移动通过 SQ2 和电磁铁 YA 进行连锁。在内圆砂轮对工件进行磨削加工时，是不允许砂轮架快速移动的，否则会导致工件报废和损坏磨头等事故。 因此，在内圆砂轮对工件进行磨削加工时，内圆磨具翻下后，行程开关 SQ2 的动断触点 SQ2–1 是处于复位闭合接通状态，故接通了电磁铁 YA 线圈的供电而动作，其动铁芯带动机械装置断开砂轮快速进给的液压回路，使得砂轮架快速进退操作手柄操作无效，从而实现互锁功能

11.1.7 普通 M1432A 型万能磨床外圆砂轮电动机 M4 控制原理

普通 M1432A 型万能磨床外圆砂轮电动机 M4 的控制原理见表 11–6，供识图时参考。

表 11–6 普通 M1432A 型万能磨床外圆砂轮电动机 M4 控制原理

<table>
<tr><th>序号</th><th>项目</th><th colspan="2">具体说明</th></tr>
<tr><td rowspan="4">1</td><td rowspan="4">起动控制</td><td colspan="2">如果要对工件外圆进行磨削时，把砂轮架上的内圆磨具往上翻，行程开关 SQ2 被压合时，其动断触点 SQ2–1 断开，以实现互锁，保证内、外圆砂轮电动机不能同时起动工作；动合触点 SQ2–2 闭合接通后，交流接触器 KM5 线圈得电吸合，其各组触点均会动作，具体动作情况如下所述</td></tr>
<tr><td>KM5–1 闭合</td><td>当动合触点 KM5–1 闭合接通后实现了自锁，以保证松交流接触器 KM5 线圈中的电流通路不会断开</td></tr>
<tr><td>KM5–2 断开</td><td>当动断触点 KM5–2 断开后，切断了 KM4 线圈中的电流通路，实现互锁作用，以防 KM5 接触器工作时 KM4 出现误动作</td></tr>
<tr><td>KM5–3～KM5–5 闭合</td><td>当三组动合主触点 KM5–3～KM5–5 闭合以后，就接通了外圆砂轮电动机 M4 的三相交流电源，M4 就会起动运转，带动外圆砂轮对工件外圆进行磨削</td></tr>
<tr><td>2</td><td>停机控制</td><td colspan="2">SB5 为共用停止按钮开关，当按下该开关以后，就会使交流接触器 KM5 线圈断电释放，其各组触点复位后，外圆砂轮电动机 M4 也断电停止工作</td></tr>
</table>

11.1.8 普通M1432A型万能磨床线路常见故障处理

普通M1432A型万能磨床常见故障现象、故障原因与处理方法见表11–7，供检修故障时参考。

表11–7 普通M1432A型万能磨床常见故障处理

序号	故障现象	故障原因	处理方法
1	所有电动机均无法起动，电源指示灯HL1也不亮	电源总开关QF1不良或损坏	对电源总开关QF1进行修理或更换新的、同规格的配件
		FU1熔断器熔断	查找FU1熔断器熔断的原因并处理后，再更换新的、同规格的熔断器
		电源控制变压器TC不良或损坏	对电源控制变压器TC进行修理或更换新的、同规格的配件
2	所有电动机均无法起动，但电源指示灯HL1亮	控制电路FU6熔断器熔断	查找控制电路FU6熔断的原因并处理后，再更换新的、同规格的熔断器
		热继电器KT1～KT5动断触点某一接触不良或损坏	对接触不良或损坏的热继电器KT1～KT5进行修理或更换新的、同规格的配件
		停止按钮开关SB1触点接触不良或损坏	对停止按钮开关SB1触点进行修理或更换新的、同规格的配件
		交流接触器KM1线圈不良或损坏	对交流接触器KM1线圈进行修理或更换新的、同规格的配件
		动合触点KM1–1接触不良或损坏	对动合触点KM1–1进行修理或更换新的、同规格的配件
3	油泵电动机M1与头架电动机M2均无法起动工作	FU2熔断器熔断	查找FU2熔断器熔断的原因并处理后，再更换新的、同规格的熔断器
		M1与头架电动机M2共用连接线有断路处	查找油泵电动机M1与头架电动机M2共用连接线的断路处进行检查，并修理
4	仅油泵电动机M1无法起动工作	主电路中热继电器KT1接触不良或损坏	对主电路中热继电器KT1进行修理或更换新的、同规格的配件
		三组KM1–3～KM1–5主触点接触不良或损坏	对三组KM1–3～KM1–5主触点进行修理或更换新的、同规格的配件
		油泵电动机M1本身不良或损坏	对油泵电动机M1进行修理或更换新的、同规格的配件

续表

序号	故障现象	故障原因	处理方法
5	仅头架电动机 M2 无法起动工作	主电路中热继电器 KT2 接触不良或损坏	对主电路中热继电器 KT2 进行修理或更换新的、同规格的配件
		头架电动机 M2 本身不良或损坏	对头架电动机 M2 进行修理或更换新的、同规格的配件
		行程开关 SQ1 触点接触不良或损坏	对行程开关 SQ1 触点进行修理或更换新的、同规格的配件
6	头架电动机 M2 只能低速起动工作	M2 高、低速转换开关 SA1 的④与③触点间接触不良或损坏	对头架电动机 M2 高、低速转换开关 SA1 触点进行修理或更换新的、同规格的配件
		三组 KM2–3～KM2–5 主触点或 KM2–6 动合触点接触不良或损坏	对三组 KM2–3～KM2–5 主触点或 KM2–6 动合触点进行修理或更换新的、同规格的配件
		头架电动机 M2 本身高速绕组不良或损坏	对头架电动机 M2 本身高速绕组进行修理或更换新的、同规格的配件
		动断触点 KM3–2 触点接触不良或损坏	对动断触点 KM3–2 触点进行修理或更换新的、同规格的配件
		KM2 线圈不良或损坏	对 KM2 线圈进行修理或更换新的配件
7	头架电动机 M2 只能高速起动工作	头架电动机 M2 高、低速转换开关 SA1 的④与①触点间接触不良或损坏	对头架电动机 M2 高、低速转换开关 SA1 的④与③触点进行修理或更换新的、同规格的配件
		三组 KM3–3～KM3–6 动合主触点接触不良或损坏	对三组 KM3–3～KM3–5 动合主触点进行修理或更换新的、同规格的配件
		头架电动机 M2 本身低速绕组接触不良或损坏	对头架电动机 M2 本身低速绕组进行修理或更换新的、同规格的配件
		动断触点 KM2–2 接触不良或损坏	对动断触点 KM2–2 进行修理或更换新的、同规格的配件
		KM3 线圈不良或损坏	对 KM3 线圈进行修理或更换新的配件

续表

序号	故障现象	故障原因	处理方法
8	外圆砂轮电动机M4无法起动	三组KM5-3～KM5-5动合主触点接触不良或损坏	对三组KM5-3～KM5-5动合主触点进行修理或更换新的、同规格的配件
		主电路中热继电器KT4接触不良或损坏	对主电路中热继电器KT4进行修理或更换新的、同规格的配件
		外圆砂轮电动机M4不良或损坏	对外圆砂轮电动机M4进行修理或更换新的、同规格的配件
		行程开关SQ2-2动合触点接触不良或损坏	对行程开关SQ2-2动合触点进行修理或更换新的、同规格的配件
		起动按钮开关SB4-2动合触点接触不良或损坏	对起动按钮开关SB4-2动合触点进行修理或更换新的、同规格的配件
		动断触点KM4-2接触不良或损坏	对动断触点KM4-2进行修理或更换新的、同规格的配件
		KM5线圈不良或损坏	对KM5线圈进行修理或更换新的配件
9	内圆砂轮电动机M3与冷却泵电动机M5均无法起动	FU3熔断器熔断	查找FU3熔断器熔断的原因并处理后，再更换新的、同规格的熔断器
		内圆砂轮电动机M3与冷却泵电动机M5共用连接线有断路处	查找内圆砂轮电动机M3与冷却泵电动机M5共用连接线的断路处进行检查，并修理
10	仅内圆砂轮电动机M3无法起动工作	三组KM4-3～KM4-5动合主触点接触不良或损坏	对三组KM4-3～KM4-5动合主触点进行修理或更换新的、同规格的配件
		主电路中热继电器KT3接触不良或损坏	对主电路中热继电器KT3进行修理或更换新的、同规格的配件
		内圆砂轮电动机M3不良或损坏	对内圆砂轮电动机M3进行修理或更换新的、同规格的配件
		行程开关SQ2-1动断触点接触不良或损坏	对行程开关SQ2-1动断触点进行修理或更换新的、同规格的配件

续表

序号	故障现象	故障原因	处 理 方 法
10	仅内圆砂轮电动机 M3 无法起动工作	起动按钮开关 SB4–1 动合触点接触不良或损坏	对起动按钮开关 SB4–1 动合触点进行修理或更换新的、同规格的配件
		动断触点 KM5–2 接触不良或损坏	对动断触点 KM5–2 进行修理或更换新的、同规格的配件
		KM4 线圈不良或损坏	对 KM4 线圈进行修理或更换新的配件
11	冷却泵电动机 M5 无法起动工作	三组 KM6–1～KM6–3 动合主触点接触不良或损坏	对三组 KM6–1～KM6–3 动合主触点进行修理或更换新的、同规格的配件
		主电路中热继电器 KT5 接触不良或损坏	对主电路中热继电器 KT5 进行修理或更换新的、同规格的配件
		冷却泵电动机 M5 本身绕组不良或损坏	对冷却泵电动机 M5 绕组进行修理或更换新的、同规格的配件
		插接件 X 接触不良或损坏	对 X 进行修理或更换新的、同规格的配件
		手动按钮开关 SA2 触点接触不良或损坏	对手动按钮开关 SA2 触点进行修理或更换新的、同规格的配件
		接触器 KM2–1 或 KM3–1 动合触点接触不良或损坏	对接触器 KM2–1 或 KM3–1 动合触点进行修理或更换新的、同规格的配件
		KM6 线圈不良或损坏	对 KM6 线圈进行修理或更换新的配件

11.2 普通 M7130 型磨床线路识图指导与常见故障处理

图 11–2 所示是 M7130 型卧轴矩台平面磨床电气控制线路图，是一种在工厂企业中应用量相当大的磨削设备。

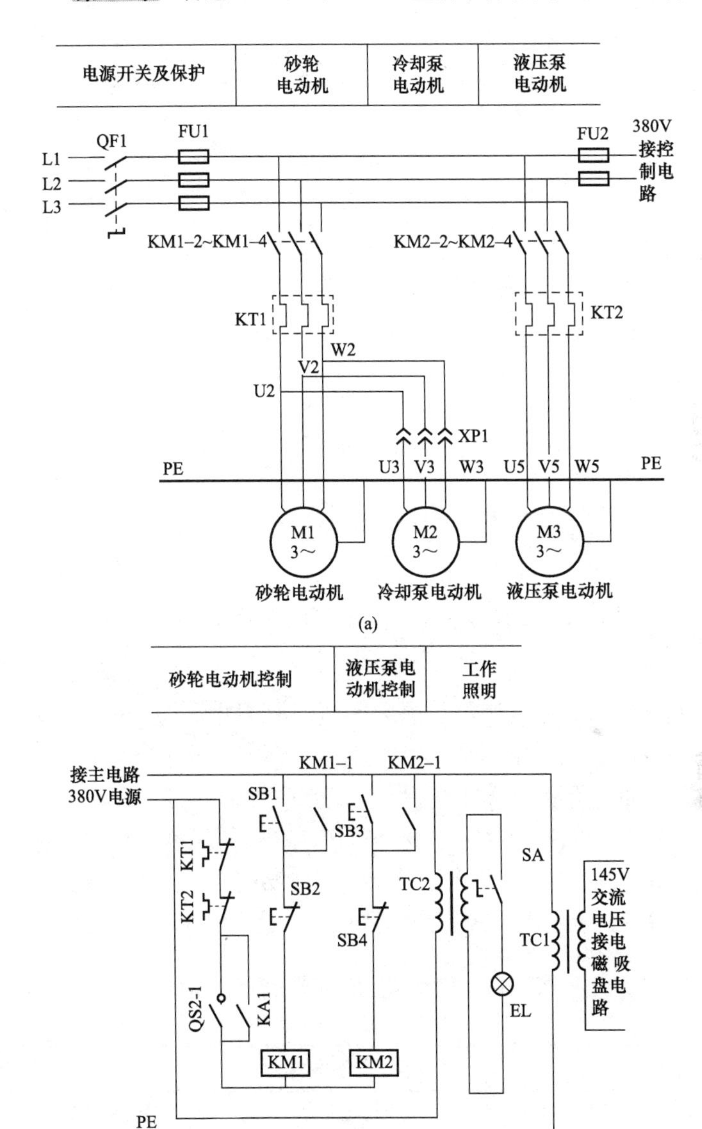

图 11-2 普通 M7130 型卧轴矩台平面磨床线路（一）

（a）主线路示意图；（b）控制线路示意图

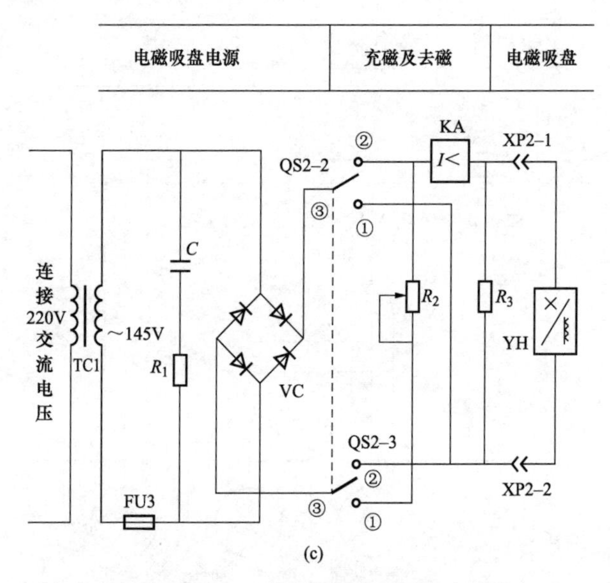

图 11–2 普通 M7130 型卧轴矩台平面磨床线路（二）

（c）电磁吸盘线路示意图

11.2.1 普通 M7130 型磨床电气控制电路结构

图 11–2（a）所示为 M7130 型卧轴矩台平面磨床主电路；图 11–2（b）所示为 M7130 型卧轴矩台平面磨床控制电路；图 11–2（c）所示为 M7130 型卧轴矩台平面磨床电磁吸盘电路。电气控制线路图中各元件的代号、名称和型号见表 11–8。依据该表，对读识如图 11–2 所示电气控制线路图的工作原理有很大帮助。

表 11–8 普通 M7130 型磨床线路图中各元件的代号、名称和型号

代号	名称	型号与规格	作　用
QF1	控制开关	HZ10–25/3	电源总开关
QS2	转换开关	HZ10–10P/3	充、去磁转换开关
FU1	熔断器	RL1–60/10	电源总短路保护
FU2	熔断器	RL1–15/5	控制电路总短路保护

续表

代号	名称	型号与规格	作　　用
FU3	熔断器	小型玻璃管式 1A	电磁吸盘短路保护
FU4	熔断器	RL1–15/2	工作照明灯短路保护
KM1	接触器	CJ0–10	用于控制砂轮电动机
KM2	接触器	CJ0–10	用于控制液压泵电动机
KT1	热继电器	JR10–10 整定电流 9.5A	砂轮电动机过载保护
KT2	热继电器	JR10–10 整定电流 6.1A	液压泵电动机过载保护
M1	砂轮电动机	4.5kW 4 极装入式电动机	驱动砂轮
M2	冷却泵电动机	JCB–22 125W	驱动冷却泵
M3	液压泵电动机	JO42–4 2.8kW	驱动液压泵
TC1	整流变压器	BK–400 220/145V	为电磁吸盘提供电源
TC2	照明变压器	BK–50 380/36V	提供工作照明电源
KA	欠电流继电器	JT3–11L 1.5A	欠电流保护
SB1	按钮	LA2	砂轮起动控制开关
SB2	按钮	LA2	砂轮停止控制开关
SB3	按钮	LA2	液压泵起动控制开关
SB4	按钮	LA2	液压泵停止控制开关
XP1	插销	CYO–36	连接冷却泵电动机
XP2	插销	三足插座 5A	连接电磁吸盘
YH	平面吸铁盘	110V/1.45A	用于吸合工件
VC	桥式硅整流器	GZH　1/200	把交流整流为直流
R_1	电阻器	GF　50W/500Ω	放电保护
R_2	电阻器	6W/125Ω	限流作用
R_3	电阻器	GF50W/100Ω	放电保护
C	电容器	5μF/600V	放电保护

续表

代号	名称	型号与规格	作　用
EL	工作台照明灯	40W/36V	工作时的照明
SA	工作台照明灯开关	—	工作照明控制开关
附件	退磁器	TCTTH/H	用于工件退磁

11.2.2　普通 M7130 型磨床电磁盘 YH 充磁控制原理

电磁盘 YH 的充磁与去磁是通过转换开关 SQ2 来实现的。砂轮电动机 M1 是在电磁盘 YH 对工件进行充磁吸牢工件的情况下进行的。普通 M7130 型卧轴矩台平面磨床电磁盘 YH 充磁控制原理见表 11–9，供识图时参考。

表 11–9　普通 M7130 型卧轴矩台平面磨床电磁盘 YH 充磁控制原理

序号	项目	具 体 说 明
1	电磁盘 YH 电源	合上电源开关 QF1，220V 交流电压加到电磁吸盘电源变压器 TC1 的一次绕组上，经变压后从其二次侧输出 145V 的交流电压，该电压经桥式整流器 VC 整流，得到直流 130V 左右的直流电压
2	电磁盘 YH 充磁控制	如果需要进行工件的磨削，对工件进行充磁时，将转换开关 QS2 置于“充磁”位置（QS2–2 与 QS2–3 的触点③与②接通）后，就形成了电流通路：VC 桥式整流电路正极→QS2–2 接通的③与②触点→欠电流继电器 KA→插接件 XP2–1→YH 线圈→插接件 XP2–2→QS2–3 接通的③与②触点→VC 桥式整流电路负极。 上述这一电流通路，一方面使欠电流继电器 KA 得电吸合，其动合触点 KA1 闭合［图 11–2（b）所示］后自锁，为控制电路的工作做好准备；另一方面使电磁盘 YH 线圈也得电工作，从而保证在加工工件被吸住的情况下，砂轮才能进行磨削

11.2.3　普通 M7130 型磨床砂轮电动机 M1 控制原理

普通 M7130 型卧轴矩台平面磨床砂轮电动机 M1 控制原理见表 11–10，供识图时参考。

表 11–10　普通 M7130 型卧轴矩台平面磨床砂轮电动机 M1 控制原理

序号	项目	具体说明
1	M1 与 M2 起动控制	在电磁盘 YH 吸住工件的情况下，按下砂轮电动机 M1 起动按钮开关 SB1 后，KM1 交流接触器线圈得电吸合，其 KM1–1 动合触点闭合后自锁，KM1–2～KM1–4 三组动合触点闭合后，使砂轮电动机 M1 得电工作，同时也为冷却泵电动机 M2 工作做好前期准备
2	M1 停止控制	SB2 为砂轮电动机 M1 和冷却泵电动机 M2 停止按钮开关，当按下该开关时，KM1 线圈就会断电释放，其各组触点复位后，就会使 M1 砂轮电动机和 M2 冷却泵电动机均停止运转

11.2.4　普通 M7130 型磨床冷却泵电动机 M2 控制原理

普通 M7130 型卧轴矩台平面磨床冷却泵电动机 M2 控制原理见表 11–11，供识图时参考。

表 11–11　普通 M7130 型卧轴矩台平面磨床冷却泵电动机 M2 控制原理

序号	项目	具体说明
1	起动控制	冷却泵电动机 M2 只有在砂轮电动机 M1 起动后，其才能起动。如果砂轮电动机工作时，需要冷却液，只要把冷却泵电动机 M2 的插头插入接插件 XP1 中，就可使冷却泵电动机 M2 起动运转，驱动冷却泵提供冷却液
2	停止控制	如果不需要冷却液，可把冷却泵电动机 M2 的插头从插接件 XP1 中拔出，冷却泵电动机 M2 就会停转

11.2.5　普通 M7130 型磨床液压泵电动机 M3 控制原理

普通 M7130 型卧轴矩台平面磨床液压泵电动机 M3 控制原理见表 11–12，供识图时参考。

表 11–12　普通 M7130 型卧轴矩台平面磨床液压泵电动机 M3 控制原理

序号	项目	具体说明
1	起动控制	当按下液压泵电动机起动按钮开关 SB3 后，KM2 交流接触器线圈得电吸合，其 KM2–1 动合触点闭合后自锁，KM2–2～KM2–4 三组动合主触点闭合，液压泵电动机 M3 就会得电工作

续表

序号	项目	具 体 说 明
2	停止控制	SB4 为液压泵电动机 M3 停止按钮开关，当按下该开关后，KM2 交流接触器线圈就会断电释放，其各组触点复位后，M3 电动机就会停止运转

11.2.6 普通 M7130 型磨床电磁盘 YH 退磁控制原理

当工件加工结束以后，工件上还留有剩磁，所以必须进行退磁处理。普通 M7130 型卧轴矩台平面磨床电磁盘 YH 退磁控制原理见表 11–13，供识图时参考。

表 11–13 普通 M7130 型卧轴矩台平面磨床电磁盘 YH 退磁控制原理

序号	项目	具 体 说 明
1	机床退磁电路去磁处理	将转换开关 QS2 置于“去磁”的位置（QS2–2 与 QS2–3 的触点③与①接通）后，就形成了电流通路：VC 桥式整流电路正极→QS2–2 接通的③与①触点→插接件 XP2–2→YH 线圈→插接件 XP2–1→欠电流继电器 KA→可调限流电阻 R_2→QS2–3 接通的③与①触点→VC 桥式整流电路负极。 上述这一电流通路，使电磁盘 YH 线圈得到与充磁时的反向直流电压，使其极性打乱，从而达到了退磁的目的
2	外退磁器退磁	如果还不能完全退去工件上的剩磁（这往往与工件的材料质量有关），还需要用随机床附带的 TCTTH/H 型退磁器进行退磁。 当使用 TCTTH/H 型退磁进行退磁时，需先将该退磁器插入交流 220V 插座中，然后将待退磁的工件在其上往返数次，即可完成退磁要求

11.2.7 普通 M7130 型磨床电磁盘电路其他元件的作用

普通 M7130 型卧轴矩台平面磨床电磁盘电路其他元件的作用见表 11–14，供识图时参考。

表11–14 普通M7130型卧轴矩台平面磨床电磁盘电路其他元件的作用

序号	项目	具 体 说 明
1	电磁盘YH吸收电阻R_3	该电阻与电磁盘YH线圈两端并联。一旦切断机床电源时，由于电磁吸盘YH大电感的作用，在切断电源的瞬间，会产生较高的感应电动势，该电动势就会通过R_3电阻进行释放
2	过电压吸收电路	该电路由电容器C与R_1电阻构成，这两只元件串联后并接在桥式整流器两个交流电压输入端，用于吸收输入的交流过电压

11.2.8 普通M7130型磨床强行起动方式与照明线路控制原理

普通M7130型卧轴矩台平面磨床强行起动方式与照明线路控制原理见表11–15，供识图时参考。

表11–15 普通M7130型卧轴矩平面磨床强行起动方式与照明线路控制原理

序号	项目	具 体 说 明
1	强行起动	如果因某种原因，如电磁吸盘YH线圈出现问题（如线圈断路），桥式整流器VC损坏等导致充磁回路中电流不足，欠电压继电器KA线圈无法吸合，其动合触点KA1不能闭合接通。此时，如果需要强行起动机床，则可以把转换开关QS2扳倒“去磁”位置，则QS2–1动合触点就会闭合接通来取代不能闭合接通动合触点KA1，就会使电动机起动
2	照明线路控制	TC2为电源变压器，用于为照明灯供电。该变压器的一次侧连接在L2和L3相电压上，二次侧输出36V的安全电压即为照明灯电压。SA为照明灯开关，EL为36V照明灯泡。当合上SA开关后，照明灯EL就会得电点亮

11.2.9 普通M7130型卧轴矩台平面磨床线路常见故障处理

普通M7130型卧轴矩台平面磨床常见故障现象、故障原因与处理方法见表11–16，供检修故障时参考。

表 11–16　　普通 M7130 型磨床常见故障现象、故障原因与处理方法

序号	故障现象	故障原因	处理方法
1	三台电动机均无法起动，照明灯 EL 也不亮	电源总开关 QF1 不良或损坏	对电源总开关 QF1 进行修理或更换新的、同规格的配件
		FU1 或 FU2 熔断器熔断	查找 FU2 熔断器熔断的原因并处理后，再更换新的、同规格的熔断器
2	三台电动机均无法起动，但照明灯 EL 可以点亮	控制电路中热继电器 KT1 或 KT2 中某一接触不良或损坏	对热继电器 KT1 或 KT2 进行修理或更换新的、同规格的配件
		QS2–1 动合转换开关或 KA1 动合触点某一接触不良或损坏	对 QS2–1 动合转换开关或 KA1 动合触点进行修理或更换新的、同规格的配件
3	砂轮电动机 M1 与冷却泵电动机 M2 均无法起动	三组动合主触点 KM1–2～KM1–4 接触不良或损坏	对三组动合主触点 KM1–2～KM1–4 进行修理或更换新的、同规格的配件
		主电路中热继电器 KT1 接触不良或损坏	对热继电器 KT1 进行修理或更换新的、同规格的配件
		停止按钮开关 SB2 动断触点接触不良或损坏	对停止按钮开关 SB2 动断触点进行修理或更换新的、同规格的配件
		起动按钮开关 SB1 动合触点压合时接触不良或损坏	对起动按钮开关 SB1 动合触点进行修理或更换新的、同规格的配件
		KM1 线圈不良或损坏	对 KM1 线圈进行修理或更换新件
4	冷却泵电动机 M2 无法起动	插接件 XP1 接触不良或损坏	对 XP1 进行修理或更换新件
		冷却泵电动机 M2 本身不良或损坏	对冷却泵电动机 M2 线圈绕组进行修理或更换新的、同规格的配件
5	液压泵电动机 M3 无法起动	三组 KM2–2～KM2–4 主触点闭合后接触不良或损坏	对三组 KM2–2～KM2–4 主触点进行修理或更换新的、同规格的配件

续表

序号	故障现象	故障原因	处 理 方 法
5	液压泵电动机M3无法起动	主电路中热继电器KT2接触不良或损坏	对热继电器KT2进行修理或更换新的、同规格的配件
		液压泵电动机M3本身不良或损坏	对液压泵电动机M3线圈绕组进行修理或更换新的、同规格的配件
		停止按钮开关SB4动断触点接触不良或损坏	对停止按钮开关SB4动断触点进行修理或更换新的、同规格的配件
		起动按钮开关SB3动合触点压合时接触不良或损坏	对起动按钮开关SB3动合触点进行修理或更换新的、同规格的配件
		KM2线圈不良或损坏	对KM2线圈进行修理或更换新件
6	电磁吸盘YH没有吸力	电源变压器TC1不良或损坏	对电源变压器TC1进行修理或更换新的、同规格的配件
		FU3熔断器熔断	查找FU3熔断器熔断的原因并处理后，再更换新的、同规格的熔断器
		桥式整流器VC不良或损坏	对VC进行检测，查找其是否损坏
		充、去磁转换开关QS2触点接触不良或损坏	对充、去磁转换开关QS2触点进行修理或更换新的、同规格的配件
		插接件XP2接触不良或损坏	对XP2进行修理或更换新件
		电磁吸盘YH线圈不良或损坏	对电磁吸盘YH线圈进行修理或更换新的、同规格的配件
7	电磁吸盘YH吸力不足	电磁吸盘YH的供电不足	查找电磁吸盘YH的供电不足的原因
		桥式整流器VC不良或损坏	对VC进行检测，查找其是否损坏

续表

序号	故障现象	故障原因	处 理 方 法
7	电磁吸盘 YH 吸力不足	电源变压器 TC1 不良或损坏	对 TC1 进行修理或更换新件
		电磁吸盘 YH 线圈局部短路	对 YH 线圈进行修理或更换新件
8	YH 经常被对地击穿	电磁盘 YH 吸收电阻 R_3 不良或损坏	更换新的、同规格的 R_3 电阻器
9	桥式整流器 VC 经常击穿	过电压吸收电阻 R_1 损坏	更换新的、同规格的 R_1 电阻器
		过电压吸收电容 C 损坏	更换新的、同规格的 C 电容器

第12章

普通 M7475B 磨床线路识图与常见故障处理

M7475B 是一种用量较大、用途广泛的立轴圆台普通型平面磨床，本章介绍这类磨床线路的识图与常见故障的处理。

12.1 普通 M7475B 型立轴圆台平面磨床线路识图指导

普通 M7475B 型立轴圆台平面磨床是上海机床厂的产品，可以采用立式砂轮头及砂轮端面来对工件进行磨削。图 12–1 所示为该磨床线路图，供参考使用。

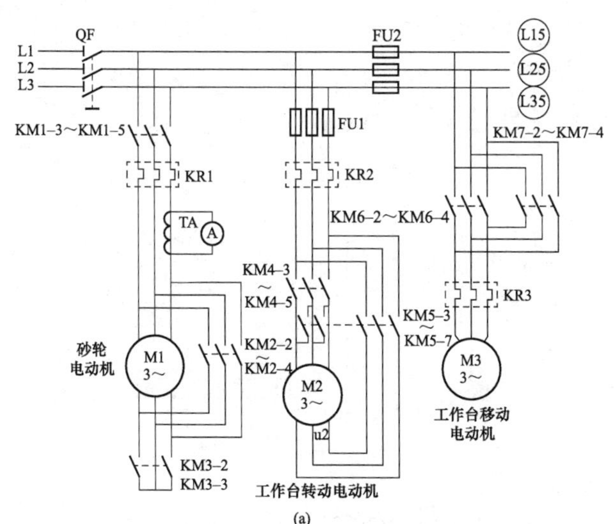

图 12–1 普通 M7475B 型平面磨床线路（一）

（a）M1～M3 电动机线路示意图

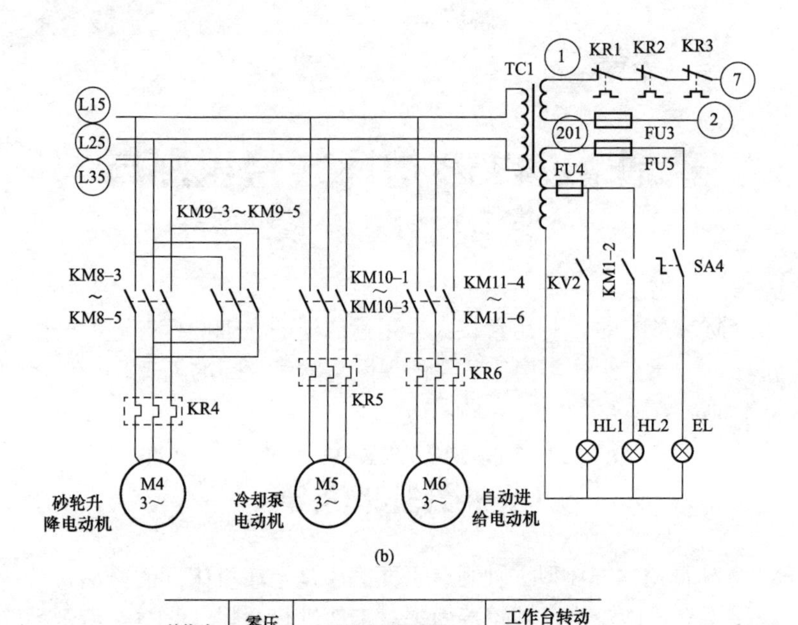

(b)

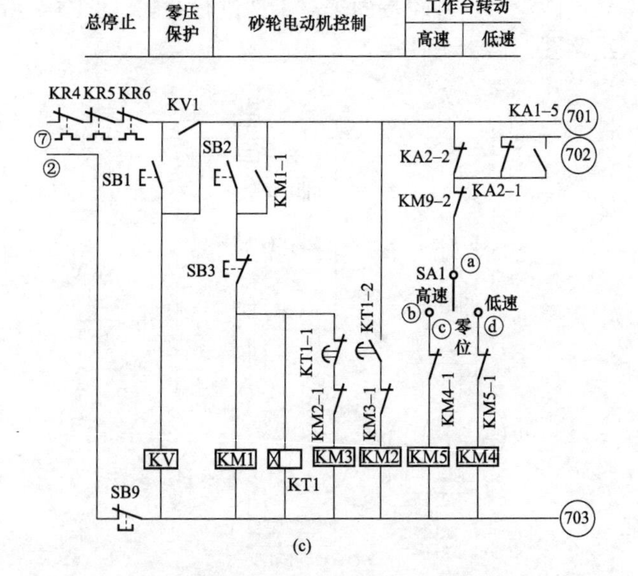

(c)

图 12–1　普通 M7475B 型平面磨床线路（二）

（b）M4～M6 电动机线路示意图；（c）控制电路左半部分（1）

工作台移动		砂轮电动机		冷却泵控制	自动进给	零励磁保护
退出	进入	上升	下降			

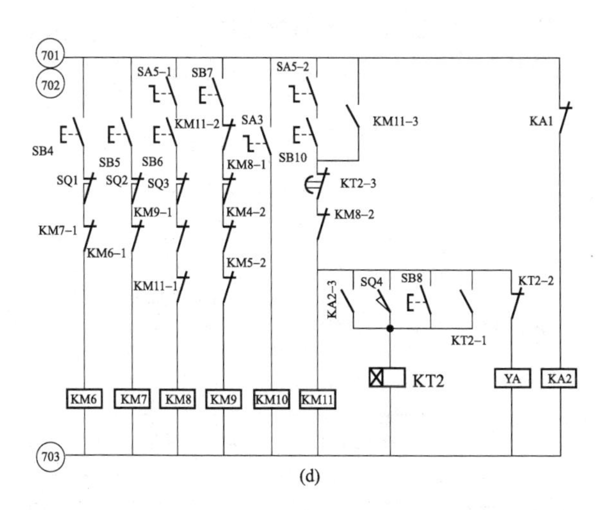

(d)

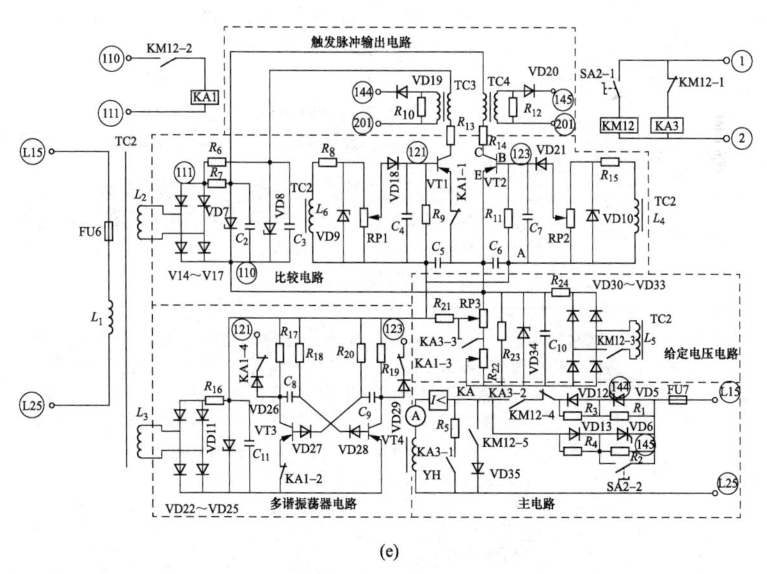

(e)

图12–1 普通M7475B型平面磨床线路（三）

（d）控制电路右半部分（2）；（e）控制充磁、去磁线路示意图

12.1.1 普通 M7475B 型立轴圆台平面磨床线路结构与供电特点

普通 M7475B 型立轴圆台平面磨床线路结构与供电特点见表 12–1，供识图时参考。

表 12–1 普通 M7475B 型立轴圆台平面磨床线路结构与供电特点

<table>
<tr><th>序号</th><th>项目</th><th colspan="2">具 体 说 明</th></tr>
<tr><td rowspan="3">1</td><td rowspan="3">线路结构</td><td colspan="2">M7475B 型普通立轴圆台平面磨床电气控制电路较为复杂，电路图形较大，为了避免线路交叉和简化电路，故将它们分开来画，电路图中采用(L15)、(L25)、(L35)、①、②、⑦、(201)、(701)、(702)、(703)、(110)、(111)、(121)、(123)、(144)、(145)等符号来进行连接，也就是说，凡是符号相同的点就表示是连接在一起的，其基本结构如下所述</td></tr>
<tr><td>电路结构</td><td>图 12–1（a）所示为 M7475B 型磨床 M1～M3 电动机电路；图 12–1（b）所示为 M7475B 型磨床 M4～M6 电动机电路；图 12–1（c）所示为 M7475B 型控制电路左半部分；图 12–1（d）所示为 M7475B 型磨床控制电路右半部分；图 12–1（e）为 M7475B 型磨床控制充磁、去磁电路</td></tr>
<tr><td>需要说明的问题</td><td>（1）表 12–2 为电气控制线路图中各元件的代号、名称和型号。依据该表，对读识如图 12–1 所示线路图的工作原理有很大的帮助。
（2）M7475B 型普通平面磨床控制充磁、去磁电路主要由主电路、多谐振振荡器电路、给定电压电路、比较电路和触发脉冲输出电路等构成，各部分具体位置和使用元器件情况如图 12–1（e）中虚线所画</td></tr>
<tr><td>2</td><td>供电特点</td><td colspan="2">M7475B 型普通立轴圆台平面磨床砂轮电动机 M1、工作台转动电动机 M2、工作台移动电动机 M3、砂轮升降电动机 M4、冷却泵电动机 M5 与自动进给电动机 M6 的供电均直接取自三相交流电源，控制电源变压器 TC1 的一次侧输入取自三相交流电源的 L1、L2 两相，该变压器输出的 110V 交流电压作为控制系统的供电，输出的交流 6.3V 电压作为电源和信号指示灯 HL1、HL2 的供电，输出的交流 36V 电压作为工作照明灯 EL 的供电，由 SA4 开关操作进行控制。
在砂轮电动机 M1 的供电线路上设置了由电流互感器 TA 和电流表 A 组成的砂轮电动机 M1 绕组电流检测机构，用于随时监测该电动机线圈绕组中的电流。而砂轮电动机 M1 的短路保护为设置在配电柜中的熔断器或在上一级车间配电系统中设置</td></tr>
</table>

续表

序号	项目	具体说明	
3	总起动与欠压保护	电源起动	闭合电源总开关 QF、按下机床总起动按钮开关 SB1 后，欠电压继电器 KV 线圈得电吸合，其动合触点 KV1 闭合后，就接通了各电动机控制电路的电源；而动合触点 KV2 闭合后，就会使电源指示灯 HL1 点亮，以示电源已经接通
		欠电压保护	如果加到机床上的三相交流电源不正常或低于一定电压值，或运行中突然停电时，欠电压继电器 KV 线圈就会因欠压而释放，其各组触点复位后，就切断了各电动机控制电路的电源，相关电动机就会断电停止工作，从而起到了欠压保护的目的，同时也使电源指示灯 HL1 熄灭，以告知电源电压异常

表 12–2　普通 M7475B 型磨床线路图各元件代号、名称和型号

代号	名称	型号与规格	作　用
QF	控制开关	DZ10–100/330	电源总开关
FU1	熔断器	RL1–60/60A	用于工作台转动电动机 M2 短路保护
FU2	熔断器	RL1–15/15A	M1～M4、TC1 总短路保护
FU3	熔断器	小型玻璃管式 4A	用于控制电路短路保护
FU4	熔断器	小型玻璃管式 2A	用于信号灯短路保护
FU5	熔断器	小型玻璃管式 2A	机床工作照明灯短路保护
FU6	熔断器	小型玻璃管式 2A	电磁吸盘充、去磁控制电路短路保护
FU7	熔断器	RL1–15/10A	用于电磁吸盘主电路短路保护
M1	砂轮电动机	JO3–81–6，25kW	用于驱动砂轮旋转
M2	工作台转动电动机	JDO3–112S–6/42.2/3kW，25kW	用于驱动工作台转动
M3	移动电动机	JO3–802–6/0.75kW	用于驱动工作台左右移动
M4	升降电动机	JO3–801–4，0.75kW	用于驱动砂轮进行上下移动及进给
M5	冷却泵电动机	DB–100，250W	驱动冷却泵为机床提供冷却液

续表

代号	名称	型号与规格	作　用
M6	进给电动机	A1–5624，125W	用于驱动砂轮机自动工作进给
KR1	热继电器	JR0–150，整定电流 89.8A	砂轮电动机过载保护
KR2	热继电器	JR0–20，整定电流 12.4A	工作台转动电动机 M2 过载保护
KR3	热继电器	JR0–20，整定电流 4.2A	工作台移动电动机 M3 过载保护
KR4	热继电器	JR0–20，整定电流 3.4A	砂轮升降电动机 M4 过载保护
KR5	热继电器	JR0–20，整定电流 1.26A	冷却泵电动机 M5 过载保护
KR6	热继电器	JR0–20，整定电流 8A	自动进给电动机 M6 过载保护
KM1	交流接触器	CJ0–75，线圈电压 110V	用于控制砂轮电动机 M1 电源通断
KM2	交流接触器	CJ0–40，线圈电压 110V	用于砂轮电动机 M1 进行三角形运转
KM3	交流接触器	CJ0–40，线圈电压 110V	用于控制砂轮电动机 M1 星形起动
KM4	交流接触器	CJ0–10，线圈电压 110V	用于工作台转动电动机 M2 低速运转
KM5	交流接触器	CJ0–10，线圈电压 110V	用于工作台转动电动机 M2 高速运转
KM6	交流接触器	CJ0–10，线圈电压 110V	用于工作台移动电动机 M3 正向旋转
KM7	交流接触器	CJ0–10，线圈电压 110V	用于工作台移动电动机 M3 反向旋转
KM8	交流接触器	CJ0–10，线圈电压 110V	用于控制砂轮电动机 M4 上升
KM9	交流接触器	CJ0–10，线圈电压 110V	用于控制砂轮电动机 M4 下降
KM10	交流接触器	CJ0–10，线圈电压 110V	用于控制冷却泵电动机 M5 旋转
KM11	交流接触器	CJ0–10，线圈电压 110V	用于控制自动进给电动机 M6 旋转
KM12	交流接触器	CJ0–10，线圈电压 110V	用于控制自动进行充磁
KA	电流继电器	JL–14	用于电磁吸盘欠电流保护
KV	零压继电器	JZ7–44，线圈电压 110V	用于进行电路零压保护

续表

代号	名称	型号与规格	作　　用
KA1	中间继电器	DZ–44，线圈电压110V	用于控制电磁吸盘去磁
KA2	中间继电器	JZ7–44，线圈电压110V	用于控制电磁吸盘零励磁保护
KA2	中间继电器	JZ7–1A，线圈电压110V	用于控制电磁吸盘进行放电
KT1	时间继电器	JS7–1A，线圈电压110V	用于砂轮电动机M1进行Y–△起动
KT2	时间继电器	JS7–1A，线圈电压110V	用于控制断开自动进给
YH	电磁吸盘	SJCP–780	用于吸合工件
HL1	指示灯	JC3Y	电源指示灯
HL2	指示灯	JC3Y	砂轮运行指示灯
EL	照明灯	40W/36V	工作时的照明
TC1	电源变压器	BK–500，110/36、6.3V	为控制电路、指示灯、照明灯提供电源
TC2	电源变压器	BK–100	同步电源变压器
SA1	转换开关	LA18–22/3	工作台高低速运转转换
SA2	转换开关	LA18–22/3	电磁吸盘充磁转换开关
SA3	转换开关	LA18–22/2	冷却泵控制开关
SA4	照明灯开关	LA18–22/2	机床工作照明控制开关
SA5	转换开关	LA18–22/2	自动进给选择控制开关
SB1	按钮	LA19–11	控制电路中总起动控制开关
SB2	按钮	LA19	砂轮升降电动机M4起动控制开关
SB3	按钮	LA19	砂轮升降电动机M4停止控制开关
SB4	按钮	LA19	工作台退出点动控制开关
SB5	按钮	LA19	工作台进入点动控制开关
SB6	按钮	LA19	砂轮上升点动控制开关

续表

代号	名称	型号与规格	作　用
SB7	按钮	LA19	砂轮下降点动控制开关
SB8	按钮	LA19	自动进给停止控制开关
SB9	按钮	LA19	机床总停止控制开关
SB10	按钮	LA19	自动进给起动控制开关
SQ1	行程开关	LX19–121	用于工作台退出限位保护控制
SQ2	行程开关	LX19–121	用于工作台进给限位保护控制
SQ3	行程开关	LX19–121	用于砂轮上升限位保护控制
SQ4	行程开关	JLXW1–11	用于自动进给限位保护控制

12.1.2 普通 M7475B 型立轴圆台平面磨床砂轮电机 M1 控制原理

普通 M7475B 型立轴圆台平面磨床砂轮电动机 M1 控制原理见表 12–3，供识图时参考。

表 12–3　普通 M7475B 型立轴圆台平面磨床砂轮电动机 M1 控制原理

<table>
<tr><th>序号</th><th>项目</th><th colspan="2">具体说明</th></tr>
<tr><td rowspan="3">1</td><td rowspan="3">起动控制</td><td colspan="2">SB2 为砂轮电动机 M1 的起动按钮开关，当按下该开关后，就会使接触器 KM1 与 KM3、时间继电器 KT1 同时得电吸合，具体动作情况如下所述</td></tr>
<tr><td>KM1 吸合</td><td>当接触器 KM1 吸合后，其动合触点 KM1–1 闭合后，就实现了自锁，以保证在松开起动按钮开关 SB2 后，维持 KM1 与 KM3、KT1 线圈中的电流通路不会断开；动合触点 KM1–2 闭合后，就接通了指示灯 HL2 的供电而点亮，以示砂轮电动机 M1 已经起动工作；三组动合主触点 KM1–3～KM1–5 闭合接通后，就接通了主轴电动机 M1 的供电，与 KM3 接触器配合来起动电动机 M1</td></tr>
<tr><td>KM3 吸合</td><td>当接触器 KM3 吸合后，其动断触点 KM3–1 断开后，，就断开了交流接触器 KM2 线圈中的电流通路，以防止该接触器出现误动作而发生事故；而 KM3–2 与 KM3–3 动合主触点闭合后，把砂轮电动机 M1 绕组连接成 Y 连接方式后起动运转</td></tr>
</table>

续表

序号	项目	具体说明	
1	起动控制	KT1 吸合	当时间继电器 KT1 同时得电吸合后，经过一定时间后，其延时断开触点 KT1–1 断开，切断了 KM3 接触器线圈的电流通路而释放，其各组触点复位；而延时闭合触点 KT1–2 闭合后，接通了 KM2 接触器线圈的电流通路，其动断触点 KM2–1 断开后，就断开了交流接触器 KM3 线圈中的电流通路，以防止该接触器出现误动作而发生事故；而 KM2–2 与 KM2–5 动合主触点闭合后，把砂轮电动机 M1 绕组连接成△形连接方式后进入全压运转
2	停止控制	SB3 为砂轮电动机 M1 的停止按钮开关，当按下该开关后，就会使接触器 KM1 与 KM3、时间继电器 KT1 同时断电释放，就会使砂轮电动机 M1 停止工作	

12.1.3　普通 M7475B 型磨床工作台转动电动机 M2 的控制原理

M7475B 型普通立轴圆台平面磨床工作台转动电动机 M2 具有高速与低速两种运行方式，采用 SA1 转换开关来进行控制。普通 M7475B 型立轴圆台平面磨床工作台转动电动机 M2 的控制原理见表 12–4，供识图时参考。

表 12–4　普通 M7475B 型平面磨床工作台转动电动机 M2 的控制原理

序号	项目	具体说明	
1	高速控制	当把 SA1 转换开关置于高速位置时，其ⓐ与ⓑ触点闭合后，就接通了接触器 KM5 线圈的供电而吸合，其各组触点就会动作，具体动作情况如下所述	
		KM5–1 断开	动断触点 KM5–1 断开后，就断开了交流接触器 KM4 线圈中的电流通路，以防止该接触器出现误动作而发生事故
		KM5–2 断开	动断触点 KM5–2 断开后，就断开了交流接触器 KM9 线圈中的电流通路，以防止该接触器出现误动作而发生事故
		KM5–3～KM5–7 闭合	五组动合主触点 KM5–3～KM5–7 闭合接通后，就会使工作台转动电动机 M2 绕组被连接成 YY，使其带动工作台进入高速旋转状态

续表

<table>
<tr><th>序号</th><th>项目</th><th colspan="2">具 体 说 明</th></tr>
<tr><td rowspan="4">2</td><td rowspan="4">低速控制</td><td colspan="2">当把 SA1 转换开关置于低速位置时，其ⓐ与ⓓ触点闭合后，就接通了接触器 KM4 线圈的供电而吸合，其各组触点就会动作，具体动作情况如下所述</td></tr>
<tr><td>KM4–1 断开</td><td>动断触点 KM4–1 断开后，就断开了交流接触器 KM5 线圈中的电流通路，以防止该接触器出现误动作而发生事故</td></tr>
<tr><td>KM4–2 断开</td><td>动断触点 KM4–2 断开后，就断开了交流接触器 KM9 线圈中的电流通路，以防止该接触器出现误动作而发生事故</td></tr>
<tr><td>KM4–3～KM4–5 闭合</td><td>三组动合主触点 KM4–3～KM4–5 闭合接通后，就会使工作台转动电动机 M2 绕组被连接成△，使其带动工作台进入低速旋转状态</td></tr>
<tr><td>3</td><td>停止控制</td><td colspan="2">当把 SA1 转换开关置于零速位置时，其ⓐ与ⓒ触点闭合后，由于开关触点处于零位，故工作台转动电动机 M2 断电进入停止状态</td></tr>
</table>

12.1.4 普通 M7475B 型平面磨床工作台移动电动机 M3 控制原理

M7475B 型普通立轴圆台平面磨床工作台移动电动机 M3 的控制，是一种正、反转点动控制方式。普通 M7475B 型立轴圆台平面磨床工作台移动电动机 M3 控制原理见表 12–5，供识图时参考。

表 12–5 普通 M7475B 型立轴圆台平面磨床工作台移动电动机 M3 控制原理

<table>
<tr><th>序号</th><th>项目</th><th colspan="2">具 体 说 明</th></tr>
<tr><td rowspan="3">1</td><td rowspan="3">工作台向右移动</td><td colspan="2">SB5 为工作台向右移动按钮开关，当按下该开关后，就会使接触器 KM7 线圈得电吸合，其各组触点就会动作，具体动作情况如下所述</td></tr>
<tr><td>KM7–1 断开</td><td>动断触点 KM7–1 断开后，就断开了交流接触器 KM6 线圈中的电流通路，以防止该接触器出现误动作而发生事故</td></tr>
<tr><td>KM7–2～KM7–4 闭合</td><td>三组动合主触点 KM7–2～KM7–4 闭合接通后，就会使工作台移动电动机 M3 得电反向运转，驱动工作台向右移动，此时工作台进入</td></tr>
</table>

续表

<table>
<tr><th>序号</th><th>项目</th><th colspan="2">具　体　说　明</th></tr>
<tr><td rowspan="3">2</td><td rowspan="3">工作台向左移动</td><td colspan="2">SB4 为工作台向左移动按钮开关，当按下该开关后，就会使接触器 KM6 线圈得电吸合，其各组触点就会动作，具体动作情况如下所述</td></tr>
<tr><td>KM6–1 断开</td><td>动断触点 KM6–1 断开后，就断开了交流接触器 KM7 线圈中的电流通路，以防止该接触器出现误动作而发生事故</td></tr>
<tr><td>KM6–2～KM6–4 闭合</td><td>三组动合主触点 KM6–2～KM6–4 闭合接通后，就会使工作台移动电动机 M3 得电正向运转，驱动工作台向左移动，此时工作台退出</td></tr>
<tr><td>3</td><td>限位保护</td><td colspan="2">SQ1 与 SQ2 分为工作台进入和退出的位置限位开关，一旦工作台移动超过设定的位置时，SQ1 或 SQ2 开关动断触点就会断开，进而就会使相应的接触器线圈断电释放，断开了工作台移动电动机 M3 的供电而停止工作，从而实现了限位保护功能</td></tr>
</table>

12.1.5　普通 M7475B 型平面磨床砂轮升降电动机 M4 控制原理

普通 M7475B 型立轴圆台平面磨床砂轮升降电动机 M4 控制原理见表 12–6，供识图时参考。

表 12–6　普通 M7475B 型立轴圆台平面磨床砂轮升降电动机 M4 控制原理

<table>
<tr><th>序号</th><th>项目</th><th colspan="3">具　体　说　明</th></tr>
<tr><td rowspan="3">1</td><td rowspan="3">工作方式</td><td colspan="3">M7475B 型普通立轴圆台平面磨床砂轮升降电动机 M4 的控制具有手动与自动控制两种工作方式。由转换开关 SA5 来实现，该开关触点在不同工作方式时的动作情况如下表中所列</td></tr>
<tr><td>转换开关 SA5 位置</td><td>手动</td><td>自动</td></tr>
<tr><td>触点动作情况</td><td>SA5–1 闭合、SA5–2 断开</td><td>SA5–1 断开、SA5–2 闭合</td></tr>
<tr><td>2</td><td>手动上升控制</td><td colspan="3">当把转换开关 SA5 置于“手动”位置，SA5–1 处于闭合、SA5–2 处于断开状态后，就可以通过操作有关开关来控制砂轮上、下移动。
SB6 为砂轮上升按钮开关，当按下该按钮开关后，就会使接触器 KM8 线圈得电吸合，其各组触点就会动作，具体动作情况如下所述</td></tr>
</table>

续表

<table>
<tr><th>序号</th><th>项目</th><th colspan="2">具体说明</th></tr>
<tr><td rowspan="3">2</td><td rowspan="3">手动上升控制</td><td>KM8–1断开</td><td>动断触点KM8–1断开后，就断开了交流接触器KM9线圈中的电流通路，以防止该接触器出现误动作而发生事故</td></tr>
<tr><td>KM8–2断开</td><td>动断触点KM8–2断开后，就断开了交流接触器KM11线圈中的电流通路，以防止该接触器出现误动作而发生事故</td></tr>
<tr><td>KM8–3～KM8–5闭合</td><td>三组动合主触点KM8–3～KM8–5闭合接通后，就会使砂轮升降电动机M4得电正向运转，驱动砂轮上升</td></tr>
<tr><td rowspan="3">3</td><td rowspan="3">手动下降控制</td><td colspan="2">SB7为砂轮下降按钮开关，当按下该按钮开关后，就会使接触器KM9线圈得电吸合，其各组触点就会动作，具体动作情况如下所述</td></tr>
<tr><td>KM9–1断开</td><td>动断触点KM9–1断开后，就断开了交流接触器KM8线圈中的电流通路，以防止该接触器出现误动作而发生事故</td></tr>
<tr><td>KM9–3～KM9–5闭合</td><td>三组动合主触点KM9–3～KM9–5闭合接通后，就会使砂轮升降电动机M4得电反向运转，驱动砂轮下降</td></tr>
<tr><td rowspan="3">4</td><td rowspan="3">自动向下进给控制</td><td colspan="2">当把转换开关SA5置于“自动”位置，SA5–1处于断开、SA5–2处于闭合状态后，就可以通过操作有关开关来控制砂轮自动进给。
SB10为砂轮自动进给起动按钮开关，当按下该按钮开关后，就会使接触器KM11与电磁铁YA线圈得电工作，具体工作情况如下所述</td></tr>
<tr><td>KM11得电吸合</td><td>接触器KM11线圈得电吸合后，其动合触点KM11–3闭合后自锁，以保证松开SB10开关后，维持KM11线圈中的电流通路不会断开；动断触点KM11–1、KM11–2断开后，切断了KM8与KM9接触器线圈的电流通路，以防止它们出现误动作；而三组动合主触点KM11–4～KM11–6闭合接通后，就会使自动进给电动机M6得电运转</td></tr>
<tr><td>YA得电工作</td><td>电磁铁YA线圈得电工作后，与自动进给电动机M6配合，使工作台自动进给齿轮与电动机M6驱动的齿轮啮合，通过变速机构，驱动工作台自动向下工作进给对工件进行磨削</td></tr>
<tr><td rowspan="3">5</td><td rowspan="3">停止控制</td><td colspan="2">一旦磨削加工结束后，压下位置开关SQ4后，就会使时间继电器KT2线圈得电动作，具体动作情况如下所述</td></tr>
<tr><td>KT2–1闭合</td><td>瞬时触点KT2–1闭合后自锁、瞬时动断触点KT2–2断开后，就切断了电磁铁YA线圈的供电而释放，工作台自动进给齿轮与变速机构齿轮分开后，工作台也停止进给，此时自动进给电动机M6空转</td></tr>
<tr><td>KT2–3断开</td><td>经过一段时间后，时间继电器KT2的延时断开触点KT2–3断开后，就会使KM11接触器与时间继电器KT2线圈同时断电而释放，自动进给电动机M6也就停止工作</td></tr>
</table>

12.1.6 普通 M7475B 型磨床冷却泵电动机 M5 控制原理

普通 M7475B 型立轴圆台平面磨床冷却泵电动机 M5 控制原理见表 12–7，供识图时参考。

表 12–7 普通 M7475B 型立轴圆台平面磨床冷却泵电动机 M5 控制原理

序号	项目	具 体 说 明
1	起动控制	SA3 为冷却泵电动机 M5 的控制开关，当将该开关置于“接通”位置时，就会使 KM10 接触器线圈得电吸合，其三组动合主触点 KM10–1～KM10–3 闭合接通后，就会使冷却泵电动机 M5 起动运转，驱动冷却泵为加工工件提供冷却液。得电进行正向运行状态
2	停止控制	当将 SA3 开关置于“断开”位置时，就会使 KM10 接触器线圈断电释放，其三组触点复位断开后，冷却泵电动机 M5 就停止工作

12.1.7 普通 M7475B 型磨床零励磁保护控制原理

普通 M7475B 型立轴圆台平面磨床零励磁保护控制原理见表 12–8，供识图时参考。

表 12–8 普通 M7475B 型立轴圆台平面磨床零励磁保护控制原理

<table>
<tr><th>项目</th><th colspan="2">具 体 说 明</th></tr>
<tr><td colspan="3">磨床在磨削工件的过程中，如果电磁吸盘 YH 线圈［见图 12–1（e）］突然断路或流过其中的电流过小时，串接在其线圈回路中的欠电流继电器 KA 线圈也断电释放，其动断触点 KA1［见图 12–1（d）］复位后闭合，就会使中间继电器 KA2 线圈得电吸合，其各组触点均会动作，具体动作情况如下所述</td></tr>
<tr><td>KA2–2 断开</td><td colspan="2">当动断触点 KA2–2 断开后，就切断了 SA1 转换开关控制的工作台转动电动机 M2 的控制电路，以保证工作台不会转动，以防发生事故</td></tr>
<tr><td>KA2–1 断开</td><td colspan="2">当动断触点 KA2–1 断开后，就切断了砂轮升降电动机 M4 的控制电路，以保证砂轮升降电动机 M4 不会转动，以防发生事故</td></tr>
<tr><td rowspan="2">KA2–3 闭合</td><td colspan="2">当动合触点 KA2–3 闭合后，就接通了时间继电器 KT2 线圈的电流通路而工作，其各组触点均会动作，具体动作情况如下所述</td></tr>
<tr><td>KT2–1 闭合、KT2–2 断开</td><td>瞬时动合触点 KT2–1 闭合后，进行自锁；瞬时动断触点 KT2–2 断开后，切断了电磁铁 YA 线圈的供电，使自动进给不能进行</td></tr>
</table>

续表

项目	具体说明	
KA2–3闭合	KT2–3 断开	延时动断断开触点 KT2–3 经过一定时间断开后，就切断了接触器 KM11 和时间继电器 KT2 线圈的供电而释放，各组触点复位后，自动进给电动机 M6 停转，从而起到了零励磁的保护作用

12.1.8 普通 M7475B 型平面磨床电磁吸盘充磁、去磁控制原理

普通 M7475B 型立轴圆台平面磨床电磁吸盘充磁、去磁控制原理见表 12–9，供识图时参考。

表 12–9 普通 M7475B 型立轴圆台平面磨床电磁吸盘充磁控制原理

<table>
<tr><th>序号</th><th>项目</th><th colspan="2">具体说明</th></tr>
<tr><td>1</td><td>充磁控制方式</td><td colspan="2">电磁吸盘的充磁控制主要有可调和不可调两种控制方式。由充磁转换开关 SA2 来进行切换，该开关在不同位置时其触点的动作情况如下所示
<table><tr><td>充磁转换开关 SA2 扳向的位置</td><td>可调位置</td><td>固定（不可调）位置</td></tr><tr><td>触点的动作情况</td><td>SA2–1 闭合、SA2–2 断开</td><td>SA2–1 闭合、SA2–2 闭合</td></tr></table></td></tr>
<tr><td rowspan="4">2</td><td rowspan="4">可调充磁控制</td><td colspan="2">当将充磁转换开关 SA2 扳向“可调”位置时，SA2–1 闭合、SA2–2 断开，就会使 KM12 线圈得电吸合，其各组触点就会动作，具体动作情况如下所述</td></tr>
<tr><td>KM12–1 断开</td><td>动断触点 KM12–1 断开后，切断了 KA3 继电器线圈的供电通路</td></tr>
<tr><td>KM12–3 闭合</td><td>动合触点 KM12–3 闭合后，就接通给定电压电路，也就是把同步变压器 TC2 的 L_5 绕组输出的交流电压，经 VD30～VD33 桥式整流，得到的直流电压经 R_{24} 限流对电容 C_{10} 充电、VD34 稳压后作为给定电压</td></tr>
<tr><td>KM12–2 闭合</td><td>动合触点 KM12–2 闭合后，就接通了中间继电器 KA1 线圈的电流通路而吸合，其各组触点就会动作，具体动作情况如下所述</td></tr>
</table>

续表

序号	项目	具体说明	
2	可调充磁控制	KA1–1～KA1–4断开	四组动断触点 KA1–1～KA1–4 断开后，就切断了相关电路的连接线，其中：KA1–1 断开后，切断了晶体管 VT1 发射极与电路的连接；KA1–2 断开后，切断了 VT3 晶体管发射极与电路的连接；KA1–3 断开后，切断了 VD29 二极管负极与电路的连接；KA1–4 断开后，切断了 VD26 二极管负极与电路的连接。 这样，电路中只有 VT2 晶体管正常工作。而该晶体管基极电压的大小与其 b–e 结上的电压有关。在 VT2 基极与发射极的回路中，有两个输入电压。 （1）来自电位器 RP3 的给定电压 U_{EA}，也就是电容器 C_6 两端电压。 （2）来自同步变压器 TC2 的 L_4 绕组输出的约 22V 交流电压，该电压经稳压二极管 VD10 限幅后，通过电位器 RP2 从滑动触点输出后，再经 VD21 二极管整流对 C_7 电容进行充电，从而使该电容两端电压 U_{C7} 逐渐上升。在交流电压的负半周，变压器 TC2 的 L_4 线圈与 R_{15}、VD10 构成回路，二极管 VD21 截止，电容器 C_7 对 R_{11} 进行放电，使 U_{C7} 电压逐渐下降，由此就可以在 R_{11} 电阻两端产生按指数规律变化的锯齿波电压 U_{BA}，且 $U_{BA}>0$。 这样，由于 VT2 为锗管，故当 VT2 的反射极与基极之间的电压 $U_{EB}>0.2V$ 时，该管就会导通，也就是说，只要 $U_{EB}=U_{EA}-U_{BA}>0.2V$ 时，晶体管 VT2 就会导通工作。一旦 VT2 导通工作，该管中就会有一个变化的电流通过，该电流从集电极输出后，通过变压器 TC4 产生一个触发脉冲，该触发脉冲从二次侧输出后，经二极管 VD20→(145)接点加到主电路中晶闸管 VD6 的控制极与阴极之间，从而使其被触发导通，YH 电磁吸盘线圈得电工作，把工件吸牢。 调整 RP3 的值，就可对给定电压 U_{EA} 的大小进行调整。当给定电压 U_{EA} 升高时，晶体管 VT2 导通时间提前→触发脉冲前移→晶闸管 VD6 导通角增大→电磁吸盘 YH 中的电流增大→工作台吸力增大。反之，当给定电压 U_{EA} 下降时，则工作台吸力减小
		KA1–5闭合	动合触点 KA1–5［见图 12–1（c）］闭合后，就接通了工作台转动控制开关 SA1 的滑动点处的供电，为控制工作台转动做好了前期准备

续表

序号	项目	具 体 说 明
3	不可调充磁控制	当将充磁转换开关 SA2 扳向“固定”位置时，SA2–1 与 SA2–2 均闭合。SA2–1 闭合后的情况与上相同，不重述；而当 SA2–2 闭合后，相当于晶闸管 VD6 两端被短接。此时，电磁吸盘 YH 的充磁回路为：L2 相交流电压→QF 电源总开关中间触点→FU2–2 熔断器→(L25)端→图 12–1（e）下端的(L25)端→YH 电磁吸盘线圈→电流表 A→欠电流继电器 KA 线圈→VD13 整流二极管→SA2–2 闭合的触点→FU7 熔断器→(L15)端→主电路中的(L15)端→FU2–1 熔断器→QF 电源总开关上触点→L1 相交流电压。 上述这一电流通路，从而使 YH 电磁吸盘进行固定充磁
4	去磁控制	当将充磁转换开关 SA2 扳到“0”位置时，SA2–1 与 SA2–2 均断开。当 SA2–1 断开后，接触器 KM12 线圈断电释放，各组触点复位后，其动合已闭合的触点 KM12–2 断开后，又使中间继电器 KA1 线圈也断电释放，其各组触点复位后，其 KA1–1～KA1–4 动断断开的触点又接通，使各部分电路重又接通如图 12–1（e）所示的状态。 这样，当 KA1–1 闭合后，VT1 晶体管恢复正常工作，KA1–2 闭合后，由 VT3、VT4 组成的多谐振荡器电路恢复工作后，输出的振荡电压分别从 VT3、VT4 晶体管的集电极轮流输出分别加到晶体管 VT1、VT2 的基极，使晶体管 VT1、VT2 轮流被触发导通和截止，从而使脉冲变压器 TC3 与 TC4 二次侧轮流输出触发脉冲，该信号分别经 VD19 与 VD20 二极管→(144)与(145)点加到 VD5 与 VD6 晶闸管的触发极，使这两只晶闸管轮流导通→电磁吸盘 YH 线圈中流过与多谐振荡器频率相同的交变电流。 同时，由于接触器 KM12 已经断电释放，其动合触点 KM12–3 断开了给定电压电路的电源，故给定电压电路处于断电状态，电容器 C_{10} 通过 R_{23} 与 RP3+R_{22} 串联支路进行放电，其上的电压逐渐下降→给定电压逐渐减小→晶体管 VT1、VT2 发射极上的电压逐渐降低→晶闸管 VD5、VD6 的导通角也逐渐减小→电磁吸盘 YH 上的交变电流逐渐变小，最终则衰减为零，从而实现了交流去磁的目的

12.2 普通 M7475B 型立轴圆台平面磨床常见故障处理

普通 M7475B 型立轴圆台平面磨床常见故障现象、故障原因与处理方法见表 12–10，供检修故障时参考。

表 12–10 普通 M7475B 型立轴圆台平面磨床常见故障处理

序号	故障现象	故障原因	处 理 方 法
1	所有电动机均无法起动，照明灯 EL 也不亮	电源总开关 QF 不良或损坏	对电源总开关 QF 进行修理或更换新的配件
		FU2 熔断器熔断	查找 FU2 熔断器熔断的原因并处理后，再更换新的、同规格的熔断器
		电源控制变压器 TC1 不良或损坏	对电源控制变压器 TC1 进行修理或更换新的、同规格的配件
2	所有电动机均无法起动，但照明灯 EL 亮	FU3 熔断器熔断	查找 FU2 熔断器熔断的原因并处理后，再更换新的、同规格的熔断器
		热继电器 KR1～KR6 中的某一触点不良或损坏	对控制线路中热继电器 KR1～KR6 触点进行检查修理或更换新的、同规格的配件
		机床总停机按钮开关 SB9 动断触点接触不良或损坏	对机床总停机按钮开关 SB9 动断触点进行修理或更换新的、同规格的配件
		KV 线圈不良或损坏	对零压继电器 KV 进行修理或更换新的配件
		零压继电器动合触点 KV1 接触不良或损坏	对零压继电器动合触点 KV1 进行修理或更换新的、同规格的配件
		总起动开关按钮 SB1 触点闭合后接触不良或损坏	对控制线路中的总起动开关按钮 SB1 触点进行修理或更换新的、同规格的配件
3	砂轮电动机 M1 无法进行 Y 起动	三组 KM1–3～KM1–5 主触点接触不良或损坏	对三组 KM1–3～KM1–3 进行修理或更换新的、同规格的配件
		主电路中热继电器 KR1 触点接触不良或损坏	对主电路中热继电器 KR1 触点进行检查修理或更换新的、同规格的配件
		KM3–2、KM3–3 两组主触点中某一触点接触不良或损坏	对 KM3–2、KM3–3 二组主触点进行检查修理或更换新的、同规格的配件
		砂轮电动机 M1 本身不良或损坏	对砂轮电动机 M1 进行修理或更换新的、同规格的配件
		起动开关按钮 SB2 触点闭合后接触不良或损坏	对起动开关按钮 SB2 触点进行修理或更换新的、同规格的配件

续表

序号	故障现象	故障原因	处 理 方 法
3	砂轮电动机 M1 无法进行 Y 起动	停机按钮开关 SB3 动断触点接触不良或损坏	对停机按钮开关 SB3 动断触点进行修理或更换新的、同规格的配件
		KM1 线圈不良或损坏	对 KM1 线圈进行修理或更换新的配件
		KT1 线圈不良或损坏	对 KT1 线圈进行修理或更换新的配件
		时间继电器延时断开动断触点 KT1–1 接触不良或损坏	对时间继电器延时断开动断触点 KT1–1 进行修理或更换新的、同规格的配件
		动断触点 KM2–1 接触不良或损坏	对动断触点 KM2–1 进行修理或更换新的、同规格的配件
		KM3 线圈不良或损坏	对 KM3 线圈进行修理或更换新的配件
4	砂轮电动机 M1 无法进行△运行	三组 KM2–2～KM2–4 主触点接触不良或损坏	对三组 KM2–2～KM2–4 主触点进行修理或更换新的、同规格的配件
		时间继电器延时闭合触点 KT1–2 接触不良或损坏	对时间继电器延时闭合触点 KT1–2 进行修理或更换新的、同规格的配件
		动断触点 KM3–1 接触不良或损坏	对动断触点 KM3–1 进行修理或更换新的、同规格的配件
		KM2 线圈不良或损坏	对 KM2 线圈进行修理或更换新的配件
5	工作台转动电动机 M2 无法起动运转	FU1 熔断器熔断	查找 FU1 熔断器熔断的原因并处理后，再更换新的、同规格的熔断器
		主电路中热继电器 KR2 触点接触不良或损坏	对主电路中热继电器 KR2 触点进行检查修理或更换新的、同规格的配件
		M2 本身不良或损坏	对工作台转动电动机 M2 进行修理或更换新件
		中间继电器 KA2–2 动断触点接触不良或损坏	对中间继电器 KA2–2 动断触点进行修理或更换新的、同规格的配件
		动断触点 KM9–2 接触不良或损坏	对动断触点 KM9–2 进行修理或更换新的、同规格的配件
		转换开关 SA1 不良或损坏	对 SA1 进行修理或更换新的、同规格的配件

续表

序号	故障现象	故障原因	处理方法
6	工作台转动电动机M2高速无法运转	转换开关SA1的ⓐ与ⓑ触点闭合后接触不良或损坏	对转换开关SA1的ⓐ与ⓑ触点进行修理或更换新的、同规格的配件
		动断触点KM4–1接触不良或损坏	对动断触点KM4–1进行修理或更换新的、同规格的配件
		KM5线圈不良或损坏	对KM5线圈进行修理或更换新的配件
7	工作台转动电动机M2低速无法运转	转换开关SA1的ⓐ与ⓓ触点闭合后接触不良或损坏	对转换开关SA1的ⓐ与ⓓ触点进行修理或更换新的、同规格的配件
		动断触点KM5–1接触不良或损坏	对动断触点KM5–1进行修理或更换新的、同规格的配件
		KM4线圈不良或损坏	对KM4线圈进行修理或更换新的配件
8	电动机M3无法起动运转	M3本身不良或损坏	对工作台移动电动机M3进行修理或更换新件
		主电路中热继电器KR3触点接触不良或损坏	对主电路中热继电器KR3触点进行检查修理或更换新的、同规格的配件
9	工作台移动电动机M3无法正转起动	接触器KM6线圈不良或损坏	对KM6线圈进行修理或更换新的配件
		三组KM6–2～KM6–4主触点接触不良或损坏	对三组KM6–2～KM6–4主触点进行修理或更换新的、同规格的配件
		动断触点KM7–1接触不良或损坏	对动断触点KM7–1进行修理或更换新的、同规格的配件
		限位开关SQ1动断触点接触不良或损坏	对限位开关SQ1动断触点进行修理或更换新的、同规格的配件
		正转起动开关按钮SB4触点闭合后接触不良或损坏	对正转起动开关按钮SB4触点进行修理或更换新的、同规格的配件
10	工作台移动电动机M3无法反转起动	接触器KM7线圈不良或损坏	对KM7线圈进行修理或更换新的配件
		三组KM7–2～KM7–4主触点接触不良或损坏	对三组KM7–2～KM7–4主触点进行修理或更换新的、同规格的配件

续表

序号	故障现象	故障原因	处理方法
10	工作台移动电动机M3无法反转起动	动断触点KM6–1接触不良或损坏	对动断触点KM6–1进行修理或更换新的、同规格的配件
		限位开关SQ2动断触点接触不良或损坏	对限位开关SQ2动断触点进行修理或更换新的、同规格的配件
		反转起动开关按钮SB5触点闭合后接触不良或损坏	对反转起动开关按钮SB5触点进行修理或更换新的、同规格的配件
11	砂轮无法上升	三组KM8–3～KM8–5主触点接触不良或损坏	对三组KM8–3～KM8–5主触点进行修理或更换新的、同规格的配件
		动断触点SQ3接触不良或损坏	对动断触点SQ3进行修理或更换新的、同规格的配件
		动断触点KM9–2接触不良或损坏	对动断触点KM9–1进行修理或更换新的、同规格的配件
		SB6砂轮上升按钮开关触点闭合后接触不良或损坏	对SB6砂轮上升按钮开关触点进行修理或更换新的、同规格的配件
		动断触点KM11–1接触不良或损坏	对动断触点KM11–1进行修理或更换新的、同规格的配件
		接触器KM8线圈不良或损坏	对KM8线圈进行修理或更换新的配件
12	砂轮无法下降	三组KM9–3～KM9–5主触点接触不良或损坏	对三组KM9–3～KM9–5主触点进行修理或更换新的、同规格的配件
		动断触点KM8–1接触不良或损坏	对动断触点KM8–1进行修理或更换新的、同规格的配件
		SB7砂轮下降按钮开关触点闭合后接触不良或损坏	对SB7砂轮下降按钮开关触点进行修理或更换新的、同规格的配件
		动断触点KM4–2接触不良或损坏	对动断触点KM4–2进行修理或更换新的、同规格的配件
		动断触点KM5–2接触不良或损坏	对动断触点KM5–2进行修理或更换新的、同规格的配件
		接触器KM9线圈不良或损坏	对KM9线圈进行修理或更换新的配件

续表

序号	故障现象	故障原因	处理方法
13	冷却泵电动机M5无法起动	三组KM10-1～KM10-3主触点接触不良或损坏	对三组KM10-1～KM10-3主触点进行修理或更换新的、同规格的配件
		主电路中热继电器KR5不良或损坏	对主电路中热继电器KR5进行修理或更换新的、同规格的配件
		M5本身不良或损坏	对冷却泵电动机M5进行修理或更换新件
		SA3控制开关触点闭合后接触不良或损坏	对SA3控制开关触点进行修理或更换新的、同规格的配件
		KM10线圈不良或损坏	对KM10线圈进行修理或更换新的配件
14	自动进给电动机M6无法起动或不能进给	三组KM11-4～KM11-6主触点闭合后接触不良或损坏	对三组KM11-4～KM11-6主触点进行修理或更换新的、同规格的配件
		主电路中热继电器KR6不良或损坏	对主电路中热继电器KR6进行修理或更换新的、同规格的配件
		自动进给电动机M6本身不良或损坏	对自动进给电动机M6进行修理或更换新的、同规格的配件
		转换开关SA5-2触点闭合后接触不良或损坏	对转换开关SA5-2触点进行修理或更换新的、同规格的配件
		起动按钮开关SB10触点闭合后接触不良或损坏	对起动按钮开关SB10触点进行修理或更换新的、同规格的配件
		时间继电器延时断开动断触点KT2-3接触不良或损坏	对时间继电器延时断开动断触点KT2-3进行修理或更换新的、同规格的配件
		动断触点KM8-2接触不良或损坏	对动断触点KM8-2进行修理或更换新的、同规格的配件
		时间继电器瞬时动断触点KT2-2接触不良或损坏	对时间继电器瞬时动断触点KT2-2进行修理或更换新的、同规格的配件
		电磁铁YA线圈不良或损坏	对YA线圈进行修理或更换新的配件
		欠电流继电器KA1动断触点接触不良或损坏	对欠电流继电器KA1动断触点进行修理或更换新的、同规格的配件
		电磁吸盘YH欠电流	查找YH欠电流的原因并排除故障

续表

序号	故障现象	故障原因	处理方法
15	电磁吸盘YH无力	FU7熔断器熔断	查找FU7熔断器熔断的原因并处理后，再更换新的、同规格的熔断器
		晶闸管VD6损坏	更换新的、同规格的晶闸管
		整流二极管VD13损坏	更换新的、同规格的晶闸管
		吸盘YH线圈不良或损坏	对YH线圈进行修理或更换新的配件
16	充磁在“可调”挡时电磁吸盘YH没有吸力	晶闸管VD6损坏	更换新的、同规格的晶闸管
		给定电压电路有故障	对TC2同步变压器L_4绕组、R_{15}、VD10与VD21二极管、电位器RP2、C_7、R_{11}进行检查
		VT1、VT2晶体管不良或损坏	对VT1、VT2晶体管进行检查或更换新的配件
		触发脉冲输出电路有问题	对VD20二极管、R_{14}与R_{12}电阻、TC4变压器进行检查
17	电磁吸盘无法去磁	晶闸管VD6损坏	更换新的、同规格的晶闸管
		整流二极管VD12损坏	更换新的、同规格的晶闸管
		中间继电器KA1的四组动断触点KA1-1～KA1-4中某一（些）接触不良或损坏	对中间继电器KA1的四组动断触点KA1-1～KA1-4进行检查修理或更换新的、同规格的配件
		YH回路中的KM12-4动断触点接触不良或损坏	对电磁吸盘YH回路中的KM12-4动断触点进行检查或更换新的、同规格的配件
		中间继电器KA3-2动断触点闭合后接触不良或损坏	对KA1的四组动断触点KA1-1～KA1-4进行检查修理或更换新的、同规格的配件
		多谐振荡器电路有问题	对由VT3、VT4晶体管及其周围元器件进行检查
		去磁比较电路有故障	对由VT1晶体管及其周围的元器件进行检查
		触发脉冲输出电路有元器件不良或损坏	对由TC3、TC4变压器，VD19与VD20二极管等进行检查

第13章

其他类型普通磨床线路识图与常见故障处理

本章先介绍普通导轨磨床线路的识图与故障处理，而后介绍一些普通磨床常见故障检修实例，希望能对读者有所帮助。

13.1 普通导轨磨床线路识图指导

普通导轨磨床是一种专用的磨床，在机床生产与维修部门的应用较为广泛。

13.1.1 普通导轨磨床控制电路组成特点

图13–1所示为普通导轨磨床常见的典型应用线路。普通导轨磨床控制线路组成特点见表13–1，供识图时参考。

表13–1 普通导轨磨床控制线路组成特点

序号	项目	具体说明
1	主电路	图13–1（a）所示为普通导轨磨床主电路，该电路主要由工作台主轴电动机M1，右侧砂轮电动机M2，左侧砂轮电动机M3，动合主触点KM1–4～KM1–6、KM2–4～KM2–6、KM3–2～KM3–4、KM4–2～KM4–4，电源总开关QF1，电动机M1～M3过载保护热继电器KR1～KR3，熔断器FU1～FU3组成
2	控制电路	图13–1（b）普通导轨磨床控制系统控制电路，该电路主要由电动机M1～M3过载保护热继电器KR1～KR3的动断触点，停止按钮开关SB1，起动按钮开关SB2～SB5，点动开关SB6～SB9，接触器KM1～KM4线圈、自动往返控制行程开关SQ1、SQ2，SQ3与SQ4为极限保护行程开关等组成
3	照明与信号指示电路	如图13–1（b）所示，照明与信号指示电路主要由TC电源变压器、FU5熔断器、工作台向右运行指示灯HL2、工作台向左运行指示灯HL1、照明灯EL、照明灯控制开关SA1等组成

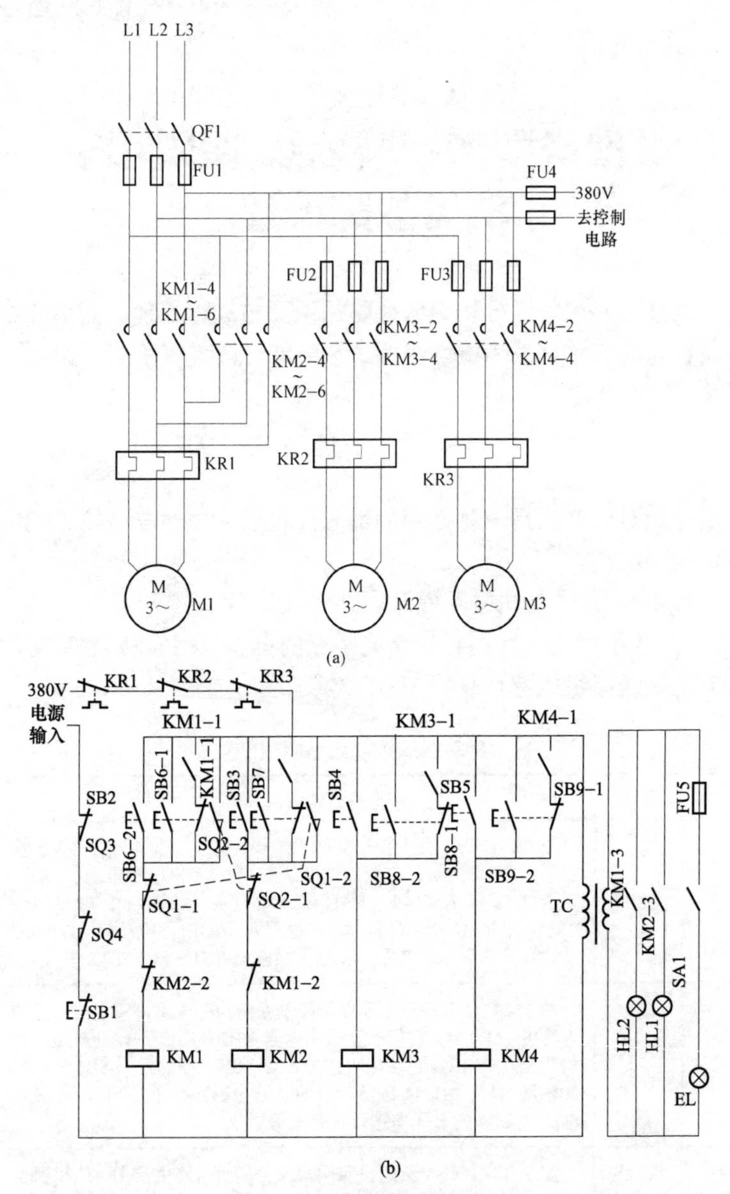

图 13-1　普通导轨磨床线路

（a）控制系统主线路示意图；（b）普通导轨磨床控制系统控制线路示意图

13.1.2 普通导轨磨床工作台向右移动或点动向右移动控制原理

普通导轨磨床工作台向右移动或点动向右移动控制原理见表13–2，供识图时参考。

表13–2 普通导轨磨床工作台向右移动或点动向右移动控制原理

序号	项目	具体说明	
1	工作台向右移动控制	SB2为导轨磨床工作台向右移动控制按钮开关，当合上电源总开关QF1，按下该开关后，就会使接触器KM1线圈得电吸合，其各组触点就会动作，具体动作情况如下	
		KM1–1闭合	当动合触点KM1–1闭合后，就实现了自锁，以保证在松开起动开关SB2后，维持KM1线圈中的电流通路不会断开
		KM1–2断开	当动断触点KM1–2断开后，就断开了反转控制接触器KM2线圈中的电流通路，以防止该接触器出现误动作发生事故
		KM1–3闭合	当动合触点KM1–3闭合后，就会使工作台向右移动指示灯HL2点亮，以示工作台工作在向右移动状态
		KM1–4～KM1–6闭合	当三组动合主触点KM1–4～KM1–6闭合接通后，就会使主轴电动机M1得电进入正向运行状态，驱动工作台向右移动
2	工作台点动向右移动控制	普通导轨磨床工作台点动向右移动控制既可以在工作台向右的移动过程中进行，也可以在工作台静止时对其进行控制，两者的控制原理基本相同，这里以工作台向右移动过程中进行的点动控制。 SB6为导轨磨床工作台向右移动点动控制按钮开关，当按下该开关后，其动断触点SB6–1断开后，就切断了接触器KM1线圈的电流通路；而动合触点SB6–2闭合后，又接通了接触器KM1线圈的电流通路而使其动作，使电动机M1正转驱动工作台向右移动。当松开SB6开关后，则接触器KM1线圈就会断电释放，使电动机M1断电停止工作，工作台也停止向右移动	

13.1.3 普通导轨磨床工作台向左、向左移动控制原理

普通导轨磨床工作台向左移动或点动向左移动控制原理见表13–3，供识图时参考。

表 13–3 普通导轨磨床工作台向左移动或点动向左移动控制原理

序号	项目	具体说明	
1	工作台向左移动控制	SB3 为导轨磨床工作台向左移动控制按钮开关，当合上电源总开关 QF1，按下该开关后，就会使接触器 KM2 线圈得电吸合，其各组触点就会动作，具体动作情况如下	
		KM2–1 闭合	当动合触点 KM2–1 闭合后，就实现了自锁，以保证在松开起动按钮开关 SB3 后，维持 KM2 线圈中的电流通路不会断开
		KM2–2 断开	当动断触点 KM2–2 断开后，就断开了正转控制交流接触器 KM1 线圈中的电流通路，以防止该接触器出现误动作而发生事故
		KM2–3 闭合	当动合触点 KM2–3 闭合后，就会使工作台向右移动指示灯 HL1 点亮，以示工作台工作在向左移动状态
		KM2–4～KM2–6 闭合	当三组动合主触点 KM2–4～KM2–6 闭合后，就会使主轴电动机 M1 得电进入反向运行状态，驱动工作台向左移动
2	工作台向左移动控制	SB7 为导轨磨床工作台向左移动点动控制开关，当按下该开关后，其控制原理与工作台向右控制原理基本相同，读者可以自行分析	

13.1.4 普通导轨磨床工作台自动往返控制原理

SQ1、SQ2 为自动往返控制行程开关，它们均有一组动断触点和一组动合触点，通过通断转换来实现导轨磨床工作台的自动往返控制。普通导轨磨床工作台自动往返控制原理见表 13–4，供识图时参考。

表 13–4 普通导轨磨床工作台自动往返控制原理

序号	项目	具体说明
1	工作台向右移动到末端	当工作台向右移动到末端时，撞块碰到行程开关 SQ1 后，其动断触点 SQ1–1 断开后，就切断了接触器 KM1 线圈的供电使其释放，其各组触点动作复位后，断开了电动机 M1 的正转三相供电；而行程开关的动合触点 SQ1–2 闭合后，又接通了接触器 KM2 线圈的供电而吸合，其各组触点动作后，使电动机 M1 获得反向电压而工作，使工作台开始向左移动

续表

序号	项目	具体说明
2	工作台向左移动到末端	当工作台移动到左侧末端时，撞块碰到行程开关 SQ2 后，其动断触点 SQ2–1 断开后，就切断了接触器 KM2 线圈的供电使其释放，其各组触点动作复位后，断开了电动机 M1 的反转三相供电；而行程开关的动合触点 SQ2–2 闭合后，又接通了接触器 KM1 线圈的供电而吸合，其各组触点动作后，使电动机 M1 获得正向电压而又恢复正转，使工作台又恢复向右移动
3	停止控制	工作台自动循环过程只要不按下停止开关 SB1，就会一直反复循环进行。当需要停止时，按下停止按钮开关 SB1 后，就会断开控制电路的总电源而使工作台自动循环过程停止，同时也断开了左或右侧砂轮电动机控制电路的供电而使左或右侧砂轮电动机 M2 或 M3 停止工作

13.1.5 普通导轨磨床右侧砂轮起动、点动控制原理

普通导轨磨床右侧砂轮起动、点动控制原理见表 13–5，供识图时参考。

表 13–5　普通导轨磨床右侧砂轮起动、点动控制原理

序号	项目	具体说明	
1	起动控制	SB4 为右侧砂轮起动控制按钮开关，当按下该开关后，就会使接触器 KM3 线圈得电吸合，其各组触点就会动作，具体动作情况如下所述	
		KM3–1 闭合	当动合触点 KM3–1 闭合后，就实现了自锁，以保证在松开起动按钮开关 SB4 后，维持 KM3 线圈中的电流通路不会断开
		KM3–2～KM3–4 闭合	当三组动合主触点 KM3–2～KM3–4 闭合接通后，就会使主轴电动机 M2 得电进入运行状态，驱动右侧砂轮机工作
2	点动控制	SB8 为导轨磨床右侧砂轮点动控制按钮开关，当按下该开关后，其控制原理与工作台向右控制原理基本相同，读者可以自行分析	

13.1.6 普通导轨磨床左侧砂轮起动、点动控制原理

普通导轨磨床左侧砂轮起动、点动控制原理见表 13–6，供识图时参考。

表 13-6　普通导轨磨床左侧砂轮起动、点动控制原理

序号	项目	具体说明	
1	起动控制	SB5 为右侧砂轮起动控制按钮开关，当按下该开关后，就会使接触器 KM4 线圈得电吸合，其各组触点就会动作，具体动作情况如下所述	
		KM4–1 闭合	当动合触点 KM4–1 闭合后，就实现了自锁，以保证在松开起动按钮开关 SB4 后，维持 KM3 线圈中的电流通路不会断开
		KM4–2～KM4–4 闭合	当三组动合主触点 KM4–2～KM4–4 闭合接通后，就会使主轴电动机 M2 得电进入运行状态，驱动右侧砂轮机工作
2	点动控制	SB9 为导轨磨床左侧砂轮点动控制按钮开关，当按下该开关后，其控制原理与工作台向右控制原理基本相同，读者可以自行分析	

13.2　普通导轨磨床常见故障处理与磨床常见故障检修实例

13.2.1　普通导轨磨床常见故障处理

普通导轨磨床常见故障现象、故障原因与处理方法见表 13–7，供检修故障时参考。

表 13–7　普通导轨磨床常见故障现象、故障原因与处理方法

序号	故障现象	故障原因	处理方法
1	电动机均无法起动，照明灯 EL 也不亮	电源总开关 QF1 不良或损坏	对电源总开关 QF1 进行修理或更换新的、同规格的配件
		FU1 或 FU4 熔断器熔断	查找 FU1 或 FU4 熔断的原因并处理后，再更换新的、同规格的熔断器
2	三台电动机均无法起动，但照明灯 EL 可亮	停机按钮开关 SB1 动断触点接触不良或损坏	对停机按钮开关 SB1 动断触点进行修理或更换新的、同规格的配件
		控制线路中热继电器 KR1～KR3 中有触点不良或损坏	对 KR1～KR3 触点进行修理或更换新的、同规格的配件

续表

序号	故障现象	故障原因	处理方法
2	三台电动机均无法起动，但照明灯 EL 可亮	行程开关 QS4 或 SQ3 动断触点接触不良或损坏	对行程开关 QS4 或 SQ3 动断触点进行修理或更换新的、同规格的配件
3	工作台不能左右移动	主电路中热继电器 KR1 触点不良或损坏	对主电路中热继电器 KR1 触点进行修理或更换新的、同规格的配件
		工作台驱动电动机 M1 本身不良或损坏	对工作台驱动电动机 M1 进行修理或更换新的、同规格的配件
4	工作台不能向右移动	正转起动开关按钮 SB2 触点闭合后接触不良或损坏	对正转起动开关按钮 SB2 触点进行修理或更换新的、同规格的配件
		动断触点 KM2–2 接触不良或损坏	对动断触点 KM2–2 进行修理或更换新的、同规格的配件
		行程开关 QS1–1 动断触点接触不良或损坏	对行程开关 QS1–1 动断触点进行修理或更换新的、同规格的配件
		交流接触器 KM1 线圈不良或损坏	对交流接触器 KM1 线圈进行修理或更换新的、同规格的配件
5	工作台不能向左移动	反转起动开关按钮 SB3 触点闭合后接触不良或损坏	对反转起动开关按钮 SB3 触点进行修理或更换新的、同规格的配件
		动断触点 KM1–2 接触不良或损坏	对动断触点 KM1–2 进行修理或更换新的、同规格的配件
		行程开关 QS2–1 动断触点接触不良或损坏	对行程开关 QS2–1 动断触点进行修理或更换新的、同规格的配件
		KM2 线圈不良或损坏	对 KM2 线圈进行修理或更换新配件
6	右侧砂轮机不能工作	起动开关按钮 SB4 触点闭合后接触不良或损坏	对起动开关按钮 SB4 触点进行修理或更换新的、同规格的配件
		点动开关按钮 SB8–1 动断触点接触不良或损坏	对点动开关按钮 SB8–1 动断触点进行修理或更换新的、同规格的配件
		动合触点 KM3–1 闭合后接触不良或损坏	对动合触点 KM3–1 进行修理或更换新的、同规格的配件
		KM3 线圈不良或损坏	对 KM3 线圈进行修理或更换新配件

续表

序号	故障现象	故障原因	处理方法
7	左侧砂轮机不能工作	起动开关按钮 SB5 触点闭合后接触不良或损坏	对起动开关按钮SB5触点进行修理或更换新的、同规格的配件
		点动开关按钮 SB9–1 动断触点接触不良或损坏	对点动开关按钮 SB9–1 动断触点进行修理或更换新的、同规格的配件
		动合触点 KM4–1 闭合后接触不良或损坏	对动合触点 KM4–1 进行修理或更换新的、同规格的配件
		接触器 KM4 线圈不良或损坏	对 KM4 线圈进行修理或更换新配件
8	没有工作照明	FU5 熔断器熔断	查找 FU5 熔断器熔断的原因并处理后，再更换新的、同规格的熔断器
		照明灯 EL 不良或损坏	对照明灯 EL 进行修理或更换新配件
		SA1 开关触点不良或损坏	对 SA1 触点进行修理或更换新件

13.2.2　其他普通磨床线路常见故障检修实例

其他普通磨床线路常见故障检修实例见表 13–8 与表 13–9，供对号入座检修故障时参考。

表 13–8　　其他普通磨床线路常见故障检修实例（一）

型号	故障现象	故障原因	检修方法
M7120 型普通平面磨床	运行过程中砂轮电动机 M2 与油泵电动机有时会突然停机，此时不能再次起动，非得等一段时间才能不能起动	油泵体内部有杂物污垢	（1）把短导线的一端连接在停机按钮开关 SB1 的电源输出端，导线另一端与控制电路中热继电器 KR3 下端，可以使电动机 M2、M3 起动运转。 （2）短导线连接在控制电路中热继电器 KR3 下端的一端不动，把导线另一端连接在热继电器 KR2 上端，按下起动按钮开关 SB5，接触器 KM2 不能吸合。说明问题出在这两只热继电器 KR3 与 KR2 上。检查发现 KR3 在电动机刚停机时会断开，初步估计为冷却泵电动机 M3 过载所致。 （3）拔下冷却泵电动机 M3 和电路之间的连接插头 X1，采用绝缘电阻表检测冷却泵电动机 M3 绕组与地之间的绝缘电阻约为 5.5MΩ，在正常范围内。采用万用表 R×10 挡检测三相绕组的直流电阻基本平衡，怀疑泵内部有杂物污垢。 （4）拆开油泵体后观察，发现杂物污垢严重，且冷却液中也有大量污垢杂质。对其进行一次彻底地清理后，更换新的冷却液后，故障不再出现

续表

型号	故障现象	故障原因	检 修 方 法
M7120型普通平面磨床	电磁吸盘YH吸力不足	电磁吸盘YH线圈局部短路	（1）采用万用表直流250V电压挡检测桥式整流器VC输出约130～140V（空载状态）基本正常。 （2）在电磁吸盘YH线圈处于吸合状态时，检测上述的电压低于110V且手摸电磁吸盘YH线圈迅速发热，初步判断该线圈内部可能有局部短路现象存在。 （3）当电磁吸盘YH线圈出现局部短路后，可以更换新的、同规格的配件。如一时无配件更换，也可自行绕制。重绕线圈时，应记住每个线圈的匝数、绕向和放置方式，然后采用同规格的导线绕制。电磁吸盘YH线圈修理好后，还应对其进行吸力检测，也就是检测到的吸力应达到6kg/cm^{2}且剩磁吸力应小于0.6kg/cm^2，线圈对地绝缘电阻应大于5MΩ。
M7130型普通卧轴矩台平面磨床	三台电动机均无法起动	欠电流继电器KA动合触点KA1闭合后接触不良	（1）把转换开关QS2扳到“充磁”位置，合上电源总开关QF1，采用万用表交流500V挡检测提供给控制电路的380V电压基本正常。检测电磁吸盘电源变压器TC1一次侧两端的220V交流电压也无问题，观察欠电压继电器KA已经吸合，判断控制电路中KT1热继电器支路中有断点。 （2）采用短导线分别连接在热继电器KT1与KT2动断触点、QS2–1动合触点或欠电流KA动合触点KA1两端，同时按下砂轮电动机M1的起动按钮开关SB1，观察砂轮电动机M1能否被起动。结果发现，当短接动合触点KA1两端时，砂轮电动机M1可被起动，判断动合触点KA1不良。 （3）对欠电流KA动合触点KA1进行修理、调整或更换新的、同规格的配件后，故障排除
	电磁吸盘YH充磁或退磁均没有吸力，机床不能正常工作	桥式整流器VC烧毁断路	（1）把充、退磁转换开关QS2扳到“充磁”位置，合上电源总开关QF1，采用万用表250V交流电压挡，检测TC1变压器二次侧输出端的约145V交流电压基本正常。 （2）把万用表置于250V直流电压挡，检测桥式整流器VC正负输出端两端之间的电压只有约5V左右，判断桥式整流器有问题。 （3）在机床断开电源的情况下，采用万用表R×1k电阻挡，对桥式整流器单独进行检查，发现甚至有两臂电阻值异常，显然已经损坏。 （4）更换新的、同规格的桥式整流器（也可采用四只二极管连接成桥式来代换）装上后，故障排除

续表

型号	故障现象	故障原因	检修方法
M7475B型普通立轴圆台平面磨床	工作台转动电动机M2和自动进给电动机无法起动	电位器RP3不良，流过欠电流继电器KA线圈的电流太小，不能使衔铁闭合，切断了工作台高、低速控制回路的电源，同时通过中间继电器KA2的动合触点断开了自动进给电动机M6控制回路的电源，从而出现了本例故障	（1）合上电源总开关QF，按下控制电路中的总起动按钮开关SB1，接通控制电路电源。把工作台转动电动机转换开关SA1分别扳到“高速”和“低速”位置，工作台转动电动机M2无法起动。把转换开关SA5扳到“自动”进给位置，按下自动进给起动按钮开关SB10，自动进给电动机M6可以瞬间起动，几秒后又自动停止。由该现象来看，问题出在电磁吸盘控制电路的可能性较大。 （2）拆开机床电源控制框，观察中间继电器KA2线圈动作吸合，判断为欠电流继电器的问题。 （3）检查充、去磁转换开关SA2在充磁“可调”挡位。把SA2扳到“固定”充磁挡，观察到欠电流继电器KA动作吸合，中间继电器KA2释放。 （4）把工作台转动电动机M2的高低速转换开关分别扳到“高速”和“低速”挡，M2电动机均可被起动。把自动进给转换开关SA5扳到“自动”挡，按下自动进给电动机M6的起动按钮开关SB10，M6电动机可起动正常运转。 （5）根据以上检查的情况来看，电磁吸盘固定充磁时情况正常，至此判断电磁吸盘主电离能正常，故障范围应在给定电压电路、比较电路和脉冲输出电路。 （6）考虑到电位器RP3出问题的可能性较大，采用万用表电阻挡，单独对其进行检测，发现其接触不良，更换新的、同规格的配件后，故障排除
	工件磨削结束后，把充、去磁控制开关SA2扳到“0”位置去磁时，工件无法从工作台上取下来	VD19二极管开路	（1）合上电源总开关QF，把充、去磁控制开关SA2扳到“0”位置，观察KA3可吸合动作。 （2）采用分别拆除KA1中间继电器各个动断触点任一端与控制电路的连线，把万用表置于R×1k挡，直接检测动断触点KA1–1、KA1–1、KA1–3、KA1–4的通断情况，没有发现接触不良现象。 （3）对与电位器RP3连接的KA3–3动合触点进行检测，也可以可靠地正动断合。 （4）采用万用表直流50V电压挡，分别检测两个脉冲信号输出端，也就是二极管VD19、VD20负极上的约5V直流电压，结果发现VD19端输出的直流电压近于0V。 （5）改用万用表交流50V电压挡，检测R_{10}电阻两端的电压约为8V左右，由此判断VD19二极管存在断路现象。更换新的、同规格的配件后，故障排除

续表

型号	故障现象	故障原因	检修方法
M1432A型普通万能外圆磨床	所有电动机均无法起动运转	油泵电动机M5过载	（1）合上电源总开关QF1，采用万用表交流500V电压挡，检测TC控制变压器一次绕组两端上的380V交流电压基本正常。 （2）改用万用表交流250V电压挡，检测TC控制变压器二次绕组输出的110V交流电压也基本正常。 （3）采用短导线分别短接热继电器KT1～KT5两端，按下油泵电动机起动按钮开关SB2，油泵电动机M1可起动旋转，由此说明，这5只热继电器KT1～KT5中的动断触点有断点。 （4）在机床断开电源的情况下，采用万用表$R\times1k$电阻挡，分别对热继电器KT1～KT5中的动断触点进行检测，结果发现KT5不通。拆下KT5进行检查，发现其已损坏，更换新的、同规格的配件后，所有电动机均可以起动运转，但工作不久故障再次出现，怀疑故障可能是有电动机过载引起的。 （5）采用万用表$R\times1k$电阻挡检测KT1到KT5支路仍然存在断路之处，迅速检测KT5动断触点又断开，判断故障为油泵电动机M5过载造成的。 （6）断开油泵电动机M5与外电路的连接线，采用绝缘电阻表检测油泵电动机M5绕组对地绝缘电阻约为20MΩ左右，在正常值范围内。采用万用表电阻挡检测该电动机三相线圈的直流电阻，发现其严重不平衡，判断线圈有局部短路现象存在。 （7）拆开油泵电动机M5观察其绕组有过热的痕迹，更换新的、同规格的电动机后，故障排除
	内圆砂轮电动机M3与冷却泵电动机M5均无法起动	冷却泵电动机M5短路损坏	（1）合上电源总开关QF1，闭合手动控制开关SA1，观察冷却泵电动机M5控制接触器KM6有吸合的动作，说明冷却泵电动机M5控制回路没有问题，故障可能出在主电路中。 （2）采用万用表交流500V电压挡，分别检测熔断器FU3下端的电源电压，万用表没有指示，再检测FU3上端的电压，万用表均有380V左右的交流电压，说明FU3熔断器已经熔断。 （3）在机床断开电源的情况下，旋出熔断器FU3，发现其有两个熔芯已经断路。更换新的、同规格的熔芯装上，合上电源总开关QF1，起动油泵电动机M1，按下内圆砂轮电动机M3的起动按钮开关SB4，内圆砂轮电动机M3可起动运

续表

型号	故障现象	故障原因	检 修 方 法
M1432A型普通万能外圆磨床	内圆砂轮电动机M3与冷却泵电动机M5均无法起动	冷却泵电动机M5短路损坏	行。但冷却泵电动机M5起动时，熔断器FU3再次熔断且发出熔断爆炸声，内圆砂轮电动机M3又断电停转。 （4）断开电源总开关QF1，旋出熔断器FU3，发现其两个熔芯又熔断。判断为冷却泵电动机M5绕组有短路处。 （5）拆开冷却泵电动机M5观察其绕组有过热的痕迹，更换新的、同规格的电动机后，故障排除

表13–9　　其他普通磨床线路常见故障检修实例（二）

型号	故障现象	故障原因	检修方法
M1432A型磨床	机床不能起动工作	油泵电动机三相交流电源异常	查找提供给油泵电动机的三相交流电源异常的原因并排除故障
		交流接触器本身线圈故障	检查油泵交流接触器通电后的动作情况，如果不动作，则更换新的交流接触器
		如果油泵电动机的供电正常，则可能为油泵没有开启	查找油泵没有开启的原因并排除故障
		油泵交流接触器连锁触点接触不良	对油泵交流接触器连锁触点进行修理或更换新的、同规格的交流接触器
		短路、过载保护装置容量配备不当	检查熔断器是否熔断，热继电器有无脱扣或容量配备是否恰当
	内圆磨头电动机不能起动	内外圆电动机连锁装置不会	检查行程开关和电磁铁的连锁装置动作是否正常，发现问题排除故障
		内圆电动机本身不良或损坏	检测内圆电动机三相绕组的绝缘电阻是否正常，并校验平衡
		内圆电动机保护装置出现了问题	检查热继电器的容量是否正确，如果发现其已经跳扣，则应将其重新复位

续表

型号	故障现象	故障原因	检修方法
M1432A型磨床	砂轮架行进时，头架与水泵电动机不能运转	砂轮与头架连锁装置中行程开关的安装位置发生了移动	对行程开关的安装位置重新进行安装，并固定可靠
		砂轮与头架连锁装置中行程开关的触点接触不良	对行程开关的触点进行修理或更换新的、同规格的行程开关
		头架与冷却泵的主令开关没有处于接通位置	查找主令开关没有接通的原因并进行修理或更换新件
	油泵电动机运转声音异常或有间断撞击的声音	油泵内部进入了铁屑或污物，造成阻塞	对油泵内部铁屑或污物进行一次彻底的清理，如发现潮湿时，还应进行烘干处理
		提供给油泵电动机的三相交流电源不平衡	查找提供给油泵电动机的三相交流电源不平衡，并排除故障
		油泵电动机三相绕组电阻不均匀，三相空载电流太大（已经大于额定电流的50%）	拆卸油泵电动机对其进行检查与修理
		油泵电动机轴承内润滑油硬化或渗入金属铁屑等污物	对油泵电动机轴承进行一次清理，添加合适的润滑油，或更换新的、同规格的轴承
		油泵电动机定子与转子之间发生摩擦	检查转子轴承是否松动，应保证定子与转子之间有0.3mm左右的间隙
		风扇碰罩壳	对风扇与罩壳之间的间隙进行适当调整
M7130型磨床	各个电动机均无法起动工作	电磁吸盘工作时，欠电压继电器有动作或触点接触不良，造成保护性不能起动	对欠电压继电器的动作值进行适当地调整，或对其触点进行修理或更换新的、同规格的欠电压继电器
		电磁吸盘退出工作时，转换开关没有拨到退磁位置	把转换开关拨到退磁位置或检修位置
		电磁吸盘退出工作时，转换开关触点接触不良	对转换开关触点进行修理或更换新的、同规格的转换开关

续表

型号	故障现象	故障原因	检修方法
M7130型磨床	砂轮电动机过载保护热继电器经常脱扣	砂轮进刀量太大，导致电动机超负荷运行，电流急剧上升而出现了过热保护	适当减小砂轮的进刀量，防止电动机过载运行
		热继电器选择的过热保护量过小或调整不当	根据电机的额定电流选用合适的热继电器；对于调整不当情况，应重新进行调整
		装入式电动机前轴承铜瓦磨损出现堵转后，导致电流增大	及时对电动机前轴承进行检修或更换新的、同规格的前轴承铜瓦
	冷却泵电动机经常被烧毁	冷却液浸入了电动机内部，致使线圈匝间或绕组间出现短路	对电动机进行修理后，采取相应的措施防止冷却液再次浸入电动机内部
		电动机端盖止口因某种原因间隙变大，导致转子与定子之间不同心	更换新的、同规格的端盖止口，并进行平衡调整
		冷却泵被脏物堵塞，造成电动机出现堵转而发热损坏	经常对冷却泵内部的脏物进行彻底清理
		冷却泵电动机损坏	对于砂轮电动机和冷却泵电动机共用一个热继电器的情况，如果两电动机之间的容量相差较大，当冷却泵电流增大不能使热继电器脱扣时，就会导致冷却泵电动机损坏。对砂轮电动机和冷却泵电动机分别设置各自的热继电器，分别进行过载保护
	电磁吸盘没有吸力	吸盘电源变压器没有电压输出	对吸盘电源变压器的工作情况进行检查，看其线圈是否断路
		整流桥熔断器熔断	查找熔断器熔断的原因并更换新的、同规格的熔断器
		吸盘电源变压器输出端的整流桥损坏，没有直流电压输出	对整流桥的各个元件进行检查或更换新的、同规格的配件

续表

型号	故障现象	故障原因	检修方法
M7130型磨床	电磁吸盘没有吸力	欠电流继电器线圈断开	检查连接好断开的线路
		电磁吸盘接插件出现了接触不良现象	对接插件进行修理或更换新的、同规格的配件
		电磁吸盘本身不良或损坏	对电磁吸盘进行修理或更换新的配件
	电磁吸盘吸力不够	整流器空载输出电压太低	采用万用表直流电压挡检测整流器空载输出电压是否在130～140V。如电压太低，则应检查整流器是否不良
		电磁吸盘线圈通电后其两端的电压太低	采用万用表检测电磁吸盘线圈两端的约110V直流电压是否正常。如太低，则检查吸盘线圈是否有短路现象
	电磁吸盘退磁不会，工件取不下来	没有掌握好退磁时间	对于不同材质的工件，应掌握不同的退磁时间
		退磁电压过高	对退磁电阻进行检查，看其是否不良，应保证退磁电压保持在5～10
		退磁电阻损坏或其连接线路断开，无法进行去磁	更换损坏的退磁电阻或连通断开的线路
Y7520W型磨床	合上电源开关后，指示灯HL1不亮	熔断器FU4熔断	查找熔断器熔断的原因，在排除故障后更换新的、同规格的熔断器
		HL1指示灯灯泡本身损坏	更换新的、同规格的灯泡
		HL1指示灯接触不良或连接线路断路	排除接触不良现象或连接好断开的线路
	部分或全部电动机无法起动工作	熔断器熔断	查找熔断器熔断的原因，在排除故障后更换新的、同规格的熔断器
		某一电动机过载热继电器脱扣	查找热继电器过载的原因，调节负荷并将热继电器复位
		直流电源输出不亮或无电压输出	对整流设备进行检查或修理，以保证输出电压保持在115V左右

续表

型号	故障现象	故障原因	检修方法
Y7520W型磨床	主轴润滑泵运转已久，但HL2灯始终不亮	SL位置发生了移动	对水银开关SL的位置进行重新调整
		HL2 指示灯灯泡本身损坏	更换新的、同规格的灯泡
		HL2 指示灯接触不良或连接线路断路	排除接触不良现象或连接好断开的线路
	磨削内螺纹时，砂轮不能起动	砂轮上的微动开关SQ4位置发生了移动	对砂轮上的微动开关 SQ4 的位置重新进行调整，其行程量不宜大于2mm
		砂轮上的微动开关SQ4 本身或其连接线路出现接触不良	对微动开关 SQ4 本身或其连接线路进行修理或更换新件
	工作台(头架)不能移动，继电器KA8、KA9不动作	换向开关 SQ 撞块位置发生了移动	对换向开关SQ撞块的位置重新进行调整，使其满足要求
		SQ 触点出现接触不良或其连接线路出现接触不良	对换向开关SQ触点本身或其连接线路进行修理或更换新件
		微动开关SQ1、SQ2、SQ5或SQ6某一失灵	查找失灵的微动开关，并对其进行修理或更换新的、同规格的配件
	自动润滑失灵	时间继电器 KT 出现了故障或不良	检修并调节时间继电器 KT 的线圈、泄气室、微动开关或更换新的、同规格的配件
	工作台速度很快，采用电位器调整无效	测速发电机电刷接触不良	对测速发电机电刷的接触情况进行检查，并对其进行修磨，重新对压力进行调整
		测速发电机励磁回路故障	对测速发电机励磁线圈及其 R_6 电阻进行检查
	电动机扩大机的输入信号正常，但无法建立电枢端电压	交轴或顺轴电刷接触不良或损坏	对交轴或顺轴电刷的接触情况进行检查，对相关电压进行调整或修磨换向器，以保证其良好的接触
		补偿状态没有调整好	采用改变补偿绕组分流电阻的大小，来实现合适的调节补偿（通常为欠补偿）
		补偿绕组分流硒堆老化或击穿损坏	调整硒堆串联片数或更换新件，以保证电枢回路的截止电流小于12A

续表

型号	故障现象	故障原因	检修方法
Y7520W型磨床	最高、最低转速或转速级数和规定不符	粗调整电阻没有调整好	粗调整速度是按照几何级数来进行分级的，应对其进行重新调整。调整时，应采用电桥按从小到大逐点进行校正
	最高工作转速调整不好	测速反馈信号大小与电动机励磁电压调整不当	在两个调整电位器均调整在最高转速的位置的情况下，改变 R_7 电阻的大小，使最大主控制信号为110V，再调整 R_6 电阻使测速发电机励磁电压达到 50V 左右，此时可调整 R_2 使电动机励磁绕组电压在 110V 左右即可
	最低转速不能满足要求	调整电位器部分损坏或电阻值调整不当	最低转速由电阻 R_{10} 确定，一般整流方式时，该电阻的电阻值为 600Ω 左右，如无法满足要求，则可适当改变粗调整电位器第一级电阻的电阻值来满足要求
	工作台快速移动速度异常	电阻 R_1 或 R_5 没有调整好	先调整 R_5，使测速反馈信号得以削弱，也就是使电动机扩大机输出为 160V 左右后，再调整 R_1，使电动机磁场得以削弱，也就是使电动机的转速升高到规定值
		KA2 继电器和 KA7 继电器触点异常	检查 KA2 继电器和 KA7 继电器的触点，对其进行检修或更换新件

第14章

普通Z35、Z525与Z3050型钻床线路识图与常见故障处理

普通Z35、Z525与Z3050型钻床均属于通用型，在各个行业均有应用，本章介绍这两类钻床线路的识图与常见故障处理。

14.1　普通钻床功能、类型与外形说明

普通钻床是一种应用极其广泛的金属钻削机床。常见普通钻床的外形示意图见表14–1。

表14–1　　常见普通钻床的功能与外形示意图

内容	具体说明
功能说明	普通钻床可用来对工件进行钻通孔、盲孔，更换特殊刀具后可扩孔、锪孔、绞孔或进行攻螺纹等基本加工。
类型	钻床按照用途和功能分类有立式钻床、卧式钻床、深孔钻床、多头钻床、专用钻床等。普通摇臂钻床应用最广泛，由于其主轴采用水平方式放置，故又称为卧式钻床
普通摇臂钻床示意图	1—电源开关盒；2—内立柱；3—摇臂夹紧手柄；4—外立柱；5—摇臂升降丝杆；6—主轴变速手柄；7—主轴箱；8—摇臂导轨；9—控制按钮；10—照明灯；11—主轴；12—主轴箱移动手轮；13—工作台；14—底座

14.2 普通 Z35 型摇臂钻床线路识图指导与常见故障处理

图 14–1（a）所示是 Z35 型普通摇臂钻床主电路图；图 14–1（b）是 Z35 型普通摇臂钻床电气控制线路图。它是一种在厂矿企业应用比较广泛的机械加工设备。电气控制线路图中各元件的代号、名称和型号见表 14–2。依据该表，对读识如图 14–1 所示电气控制线路图的工作原理有很大的帮助。两图中的字母“I、II”表示需要连接在一起的两点。

表 14–2 普通 Z35 型摇臂钻床线路图中各元件的代号、名称和型号

代　号	名　称	型号与规格	作　用
QF1	电源开关	HZ2–25/3	电源总开关
FU1	熔断器	RL1–60/25	机床总短路保护
FU2	熔断器	RL1–15/10	M3、M4 电动机与 T1 变压器短路保护
FU3	熔断器	RL1–15/2	控制电路短路保护
FU4	熔断器	RL1–15/2	工作照明灯短路保护
M1	冷却泵电动机	JCB–22–2，125W	驱动冷却泵旋转
M2	主轴电动机	JO2–42–4，5..5kW	驱动主轴旋转
M3	摇臂升降电动机	JO2–42–4，1.5kW	驱动摇臂升降
M4	立柱夹紧或放松电动机	JO2–21，0.8kW	驱动电动机对立柱进行夹紧或放松
KM1	交流接触器	CJ0–20，127V	用于控制主轴电动机
KM2	交流接触器	CJ0–10，127V	用于控制摇臂上升
KM3	交流接触器	CJ0–10，127V	用于控制摇臂下降
KM4	交流接触器	CJ0–10，127V	用于控制立柱放松
KM5	交流接触器	CJ0–10，127V	用于控制立柱夹紧
QF2	控制开关	HZ3–10/3	冷却泵电动机 M1 控制开关
SA1	十字形手柄开关	LS1	用于对 M2、M3 电动机进行控制

续表

代　号	名　称	型号与规格	作　　用
SA2	照明开关	KZ 型灯架	用于照明灯控制
KA	欠电压继电器	JZ7–44，127V	用于欠电压保护
KT	热继电器	JR2–1，整定电流为 11.1A	主轴电动机 M2 过载保护
SQ1	行程开关	HZ4–22	摇臂上限位开关
SQ2	行程开关	HZ4–22	摇臂下限位开关
SQ3	行程开关	LX5–11Q/1	摇臂下降夹紧控制开关
SQ4	行程开关	LX5–11Q/1	摇臂上升夹紧控制开关
SB1	按钮开关	LA2	立柱放松按钮开关
SB2	按钮开关	LA2	立柱夹紧按钮开关
T1	控制电源变压器	BK–150，380V/127V、36V	提供工作照明、控制电路电源
EL1	照明灯	—	用于工作照明

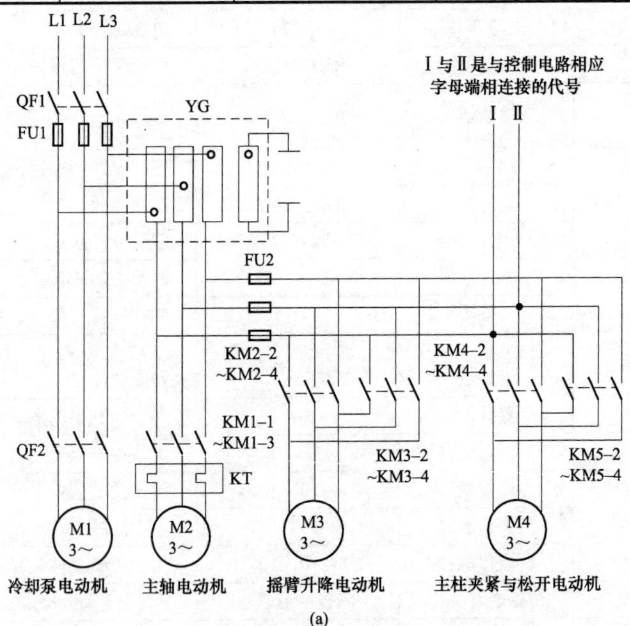

图 14–1　普通 Z35 型摇臂钻床线路（一）

（a）主线路示意图

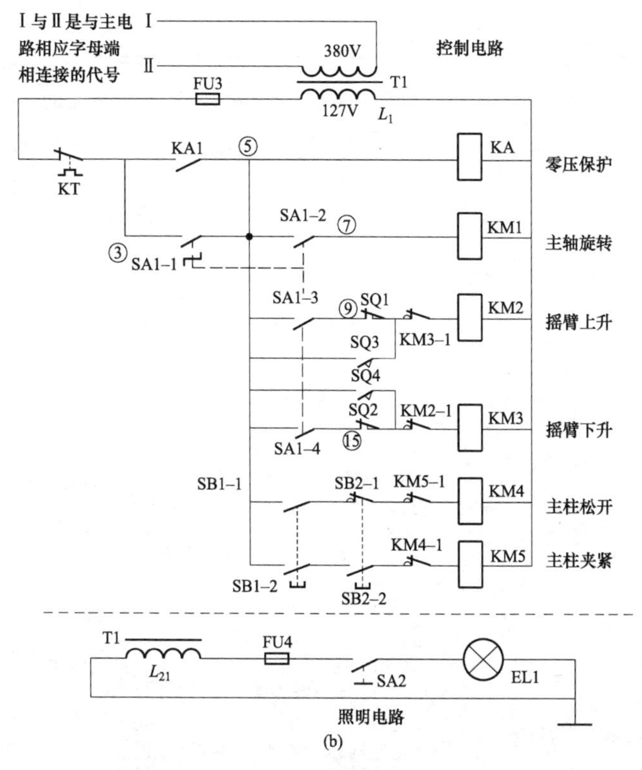

图 14–1　普通 Z35 型摇臂钻床线路（二）

（b）电气控制线路示意图

14.2.1　普通 Z35 型摇臂钻床线路组成特点

普通 Z35 型摇臂钻床线路组成特点见表 14–3，供识图时参考。

表 14–3　　普通 Z35 型摇臂钻床线路组成特点

序号	项目	具 体 说 明
1	十字开关 SA1	在图 14–1 电气控制线路图中，电气元件的动作都是用十字开关 SA1 来完成的，表 14–4 中列出了十字开关的操作说明。十字开关有四对触点，在任何时间内只能有一对接通，使摇臂与主轴电动机不能同时运转。 为了避免十字开关手柄扳在任何工作位置时接通电源而产生误动作，所以设有零电压保护环节（连锁装置）。要使机床工作，十字形开关必须首先扳向零电压保护，使 KA 吸合并自锁，然后扳向工作位置才能工作。下表给出了十字形开关 SA1（LS1）工作位置表。

续表

<table>
<tr><th>序号</th><th>项目</th><th colspan="2">具 体 说 明</th></tr>
<tr><td>1</td><td>十字
开关
SA1</td><td colspan="2">
<table>
<tr><th>触点</th><th>零压保护</th><th>主轴</th><th>0</th><th>向上</th><th>向下</th></tr>
<tr><td>③—⑤</td><td>×</td><td>—</td><td>—</td><td>—</td><td>—</td></tr>
<tr><td>⑤—⑦</td><td>—</td><td>×</td><td>—</td><td>—</td><td>—</td></tr>
<tr><td>⑤—⑨</td><td>—</td><td>—</td><td>—</td><td>×</td><td>—</td></tr>
<tr><td>⑤—⑮</td><td>—</td><td>—</td><td>—</td><td>—</td><td>×</td></tr>
</table>
在该表中触点一栏中的数字见图 14–1 中所标，“×”表示执行此工作程序，“—”表示无意义</td></tr>
<tr><td rowspan="5">2</td><td rowspan="5">主线路</td><td colspan="2">主线路主要由四台电动机及其相关的控制触点和线路、熔断器、热保护继电器等构成，几台电动机的作用如下所述</td></tr>
<tr><td>M1 电动机</td><td>M1 是在工作时，给切削工件提供冷却液对工件和钻头进行冷却的冷却泵电动机，该电动机由 QF2 开关直接进行控制</td></tr>
<tr><td>M2 电动机</td><td>M2 为主轴电动机，由 KM1 交流接触器控制该电动机的工作。主轴的变速和正、反向运转是通过机械结构实现的。主轴运转的电气控制原理与一般的用一只开关做点动控制的线路相似，不同点仅是以十字开关的触点代替了按钮。摇臂移动和夹紧放松过程见后面内容的介绍，这里不再重述</td></tr>
<tr><td>M3 电动机</td><td>M3 为摇臂升降电动机，由交流接触器 KM2、KM3 控制其正、反方向运转</td></tr>
<tr><td>M4 电动机</td><td>M4 为立柱夹紧、放松电动机，由交流接触器 KM4 和 KM5 控制其正、反向运转，控制立柱的夹紧与松开</td></tr>
<tr><td>3</td><td>控制
线路</td><td colspan="2">控制线路的供电是由电源变压器 T1 提供的。该变压器一次侧的供电取自 L1 和 L2 的相电压，经变压后，从其二次 L_1 绕组输出 127V 交流电压为控制线路供电。各个交流接触器的作用在图 14–1（b）所示线路中均已注明。SQ1～SQ3 为限位开关，SB1 和 SB2 为立柱夹紧与松开复合按钮开关</td></tr>
<tr><td>4</td><td>照明
线路</td><td colspan="2">SA1 为照明灯开关，EL1 为照明灯泡，FU4 为熔断器，L_{21} 绕组是电源变压器 T1 的另一个二次绕组</td></tr>
</table>

表 14–4　　　　十字开关的操作说明

手柄位置	中	左	右	上	下
实物位置					
接通微动开关的触点	均不通	SA1–1	SA1–2	SA1–3	SA1–4
控制回路工作情况	控制回路断电	KA 得电并自锁	KM1 得电，主轴运转	KM2 得电，摇臂上升	KM3 得电，摇臂下升

14.2.2　普通 Z35 型摇臂钻床线路识图指导

要想轻松看懂 Z35 型摇臂钻床电气控制线路图的控制原理，可以从表 14–5 所列的几个方面来进行说明，供识图时参考。

表 14–5　　　　普通 Z35 型摇臂钻床线路工作原理

<table>
<tr><th>序号</th><th>项目</th><th colspan="2">具 体 说 明</th></tr>
<tr><td>1</td><td>工作前的准备</td><td colspan="2">合上 QF1 电源开关，当十字开关 SA1 扳向左方、SA4 触点闭合后等效于将 3、5 点接通，使零电压继电器 KA 线圈得电吸合，其常开触点 KA1 闭合后自锁，进而就为机床的工作做好了准备</td></tr>
<tr><td rowspan="4">2</td><td rowspan="4">主轴电动机控制</td><td colspan="2">对主轴电动机 M2 的控制，可以从以下几个方面来进行说明</td></tr>
<tr><td>主轴起动</td><td>将 SA1 十字开关扳向右方，其 SA1–2 动合触点闭合接通，其他触点断开，从而使 KM1 线圈得电吸合，其 KM1–1～KM1–3 三组动合主触点闭合后，使主轴电动机 M2 得电工作，运转方向由摩擦离合器手柄的位置确定</td></tr>
<tr><td>主轴反转</td><td>主轴电动机 M2 在钻孔时通常不要求反转，但在攻丝退出时就需要反转。此时，可把主轴箱上的摩擦离合器手柄扳到“反转”位置，主轴电动机 M2 即可反转</td></tr>
<tr><td>停止控制</td><td>如果需要主轴电动机 M2 停机，则只要把 SA1 扳倒“中间”挡位置后，SA1–2 动合已闭合的触点复位断开后，KM1 线圈回路的供电就会被切断，KM1 线圈失电后触点复位，主轴电动机 M2 也就停止工作</td></tr>
<tr><td>3</td><td>摇臂上升控制</td><td colspan="2">摇臂升降同样由 SA1 控制，当 SA1 向上扳时，将 SA1–3 的动合触点闭合接通，使 KM2 交流接触器线圈得电吸合，其各组触点动作，具体动作情况如下所述</td></tr>
</table>

续表

序号	项目	具体说明	
3	摇臂上升控制	KM2-1 断开	当动断触点 KM2-1 断开后，从而切断了 KM3 交流接触器线圈的电流通路，以防 KM2 接触器工作时，KM3 出现误动作
		KM2-2～KM2-4 闭合	当 KM2-2～KM2-4 三组动合主触点闭合后，使 M3 电动机得正向运转电压而起动。由于机械结构方面的关系，在摇臂升降电动机 M3 开始运转时，摇臂暂时不上升，而是先使夹紧机构装置松开。与此同时，夹紧结构装置松开的过程中又由机械装置压下行程开关 SQ4 使其动合触点闭合，为摇臂夹紧作准备。当放松摇臂夹紧装置后，又通过机械的啮合，使摇臂开始向上升
		摇臂升到一定高度	当摇臂升到一定高度时，把 SA1 扳向“中间”位置，接触器 KM2 线圈断电，各组触点同时复位，三组主触点复位后摇臂电动机 M3 正转停止。同时，动断触点 KM2-1 闭合后，由于行程开关 SQ4 此时为压下闭合状态，故使得交流接触器 KM3 线圈得到吸合，其各组触点均会动作。三组主触点 KM3-2～KM3-4 闭合接通后，接通了摇臂升降电动机 M3 的反转电压，M3 反转后带动机械装置对摇臂进行夹紧。一旦摇臂被夹紧，SQ4 复位后断开，接触器 KM3 断电释放，摇臂升降电动机 M3 停转，摇臂上升过程结束
		行程开关 SQ1 作用	行程开关 SQ1 为摇臂上升限位开关，一旦摇臂上升到极限位置时，撞击行程开关 SQ1 后，该开关动断触点就会断开，从而切断了接触器 KM2 线圈的电流通路，KM2 断电释放后就会复位，从而使摇臂升降电动机 M3 停转
4	摇臂下降控制	（1）当 SA1 向下扳时，将 SA1-4 动合触点闭合接通，使 KM3 交流接触器线圈得电吸合，其各组触点动作。以后的工作过程与摇臂上升过程基本相同，仅是把 KM2 换为 KM3、行程开关 SQ3 换为 SQ4 即可，读者可以自行分析。 （2）行程开关 SQ2 为摇臂上升限位开关，一旦摇臂下降到极限位置时，撞击行程开关 SQ2 后，该开关动断触点就会断开，从而切断了接触器 KM3 线圈的电流通路，KM3 断电释放后就会复位，从而使摇臂升降电动机 M3 停转	
5	主轴松开控制	机床在正常工作时，立柱和外筒之间处于夹紧状态，在加工过程中如需要对钻孔的位置进行调整时，要使摇臂作横向转动，就需先放松立柱，然后移动摇臂再把立柱夹紧。立柱的放松与夹紧是由接触器 KM4、KM5 通过控制液压泵电动机 M4 的正转或反转，带动液压泵，由液压装置来实现的。摇臂松紧机构如图 14-2 所示。 主轴松开由复合开关按钮 SB1 来完成。当按下 SB1 开关以后，KM4 交流接触器线圈就会得电吸合，其各组触点就会动作，具体动作情况如下所述	

续表

序号	项目	具体说明	
5	主轴松开控制	KM4–1断开	当动断触点KM4–1断开后，从而切断了KM5交流接触器线圈的电流通路，以防KM4接触器工作时，KM5出现误动作
		KM4–2～KM4–4闭合	KM4–2～KM4–4三组动合主触点闭合后，使M4电动机得电正转工作，带动液压泵供给机床正向压力油。正向压力油通过液压阀进入机械放松夹紧驱动油缸，使机械装置动作，主轴就会被松开。当松开按钮复合开关按钮SB1时，立柱松开和夹紧用电动机M4也就停止运转
6	主轴夹紧控制	主轴夹紧由复合开关按钮SB2来完成。在对摇臂位置进行调整以后，按下SB2开关以后，KM5交流接触器线圈就会得电吸合，其各组触点就会动作，具体动作情况如下所述	
		KM5–1断开	当动断触点KM5–1断开后，从而切断了KM4交流接触器线圈的电流通路，以防KM5接触器工作时，KM4出现误动作
		KM5–2～KM5–4闭合	当KM5–2～KM5–4三组动合主触点闭合后，使M4电动机得到反相后的电压而反转，带动液压泵供给机床反向压力油。反向压力油通过液压阀进入机械放松夹紧驱动油缸，使机械装置动作，主轴就会被机械夹紧。当松开按钮复合开关按钮SB2时，立柱松开和夹紧用电动机M4也就停止运转
7	冷却泵控制	冷却泵电动机M1由QF2开关直接控制，当将该开关合上后，M1就将得电运转，为钻削工作提供冷却液。当将QF2开关扳倒断开位置时，冷却泵电动机M1就会停转	
8	照明控制	当合上QF1电源开关，按下SA2照明灯控制开关后，照明灯EL1就会得电工作	

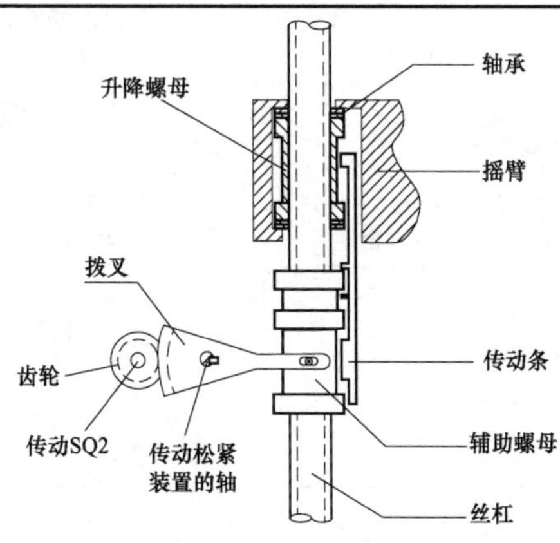

图14–2　摇臂松紧机构示意图

14.2.3 普通 Z35 型摇臂钻床线路常见故障处理

Z35 型普通摇臂钻床线路常见故障现象、故障原因与处理方法见表 14–6，供检修故障时参考。

表 14–6 普通 Z35 型摇臂钻床常见故障现象、故障原因与处理方法

故障现象	故障原因	处理方法
所有电动机均无法起动，照明灯 HL1 也不亮	电源总开关 QF1 不良或损坏	对电源总开关 QF1 进行修理或更换新的、同规格的配件
	FU1 熔断器熔断	查找 FU1 熔断器熔断的原因并处理后，再更换新的、同规格的熔断器
M2～M4 电动机均无法起动，照明灯 HL1 也不亮	FU2 熔断器熔断	查找 FU2 熔断器熔断的原因并处理后，再更换新的、同规格的熔断器
	电源控制变压器 T1 不良或损坏	对电源控制变压器 T1 进行修理或更换新的、同规格的配件
M2～M4 电动机均无法起动，但照明灯 HL1 可点亮	FU3 熔断器熔断	查找 FU3 熔断器熔断的原因并处理后，再更换新的、同规格的熔断器
	控制电路中热继电器 KT 动断触点接触不良或损坏	对接触不良或损坏的热继电器 KT 进行修理或更换新的、同规格的配件
	失压继电器 KA 线圈不良或损坏	对失压继电器 KA 线圈进行修理或更换新的、同规格的配件
	失压继电器的动合 KA1 触点接触不良或损坏	对失压继电器的动合 KA1 触点进行修理或更换新的、同规格的配件
主轴电动机 M2 无法起动	主电路中热继电器 KT 接触不良或损坏	对接触不良或损坏的热继电器 KT 进行修理或更换新的、同规格的配件
	三组 KM1–1～KM1–3 动合主触点接触不良或损坏	对三组 KM1–1～KM1–3 动合主触点进行修理或更换新的、同规格的配件
	主轴电动机 M2 本身不良或损坏	对主轴电动机 M2 进行修理或更换新的、同规格的配件
	十字形手柄扳动开关的 SA1–2 动合触点接触不良或损坏	对十字形手柄扳动开关的 SA1–2 动合触点进行修理或更换新的、同规格配件
	交流接触器 KM1 线圈不良或损坏	对 KM1 线圈进行修理或更换新的配件

续表

故障现象	故 障 原 因	处 理 方 法
摇臂无法上升	接触器三组KM2-2～KM2-4动合主触点接触不良或损坏	对三组KM2-2～KM2-4动合主触点进行修理或更换新的、同规格的配件
	十字形手柄扳动开关的SA1-3动合触点闭合时接触不良或损坏	对十字形手柄扳动开关的SA1-3动合触点进行修理或更换新的配件
	行程开关SQ1动断触点接触不良或损坏	对行程开关SQ1动断触点进行修理或更换新的、同规格的配件
	动断触点KM3-1接触不良或损坏	对KM3-1进行修理或更换新的配件
	交流接触器KM2线圈不良或损坏	对KM2线圈进行修理或更换新的配件
摇臂无法下降	接触器三组KM3-2～KM3-4动合主触点接触不良或损坏	对三组KM3-2～KM3-4动合主触点进行修理或更换新的、同规格的配件
	十字形手柄扳动开关的SA1-4动合触点闭合时接触不良或损坏	对十字形手柄扳动开关的SA1-4动合触点进行修理或更换新的配件
	行程开关SQ2动断触点接触不良或损坏	对行程开关SQ2动断触点进行修理或更换新的、同规格的配件
	动断触点KM2-1接触不良或损坏	对KM2-1进行修理或更换新的配件
	交流接触器KM3线圈不良或损坏	对KM3线圈进行修理或更换新的配件
摇臂无法上升和下降	摇臂升降电动机M3本身不良或损坏	对摇臂升降电动机M3进行修理或更换新的、同规格的配件
摇臂上升或下降时无法停止	接触器KM2或KM3主触点KM2-2～KM2-4或KM3-2～KM3-4熔焊粘连	对KM2或KM3主触点KM2-2～KM2-4或KM3-2～KM3-4进行修理或更换新件
	行程开关SQ3或SQ4的安装位置发生了移动	对行程开关SQ3或SQ4的安装位置进行调整后固定可靠

续表

故障现象	故障原因	处理方法
立柱无法放松	接触器三组 KM4–2～KM4–4 动合主触点接触不良或损坏	对接触器三组 KM4–2～KM4–4 动合主触点进行修理或更换新的、同规格的配件
	立柱放松按钮开关 SB1 动合触点闭合后接触不良或损坏	对立柱放松按钮开关 SB1 动合触点进行修理或更换新的、同规格的配件
	按钮控制开关 SB2–1 动断触点接触不良或损坏	对按钮控制开关 SB2–1 动断触点进行修理或更换新的、同规格的配件
	动断触点 KM5–1 接触不良或损坏	对 KM5–1 进行修理或更换新的配件
	交流接触器 KM4 线圈不良或损坏	对 KM4 线圈进行修理或更换新的配件
立柱无法夹紧	接触器三组 KM5–2～KM5–4 动合主触点接触不良或损坏	对接触器三组 KM5–2～KM5–4 动合主触点进行修理或更换新的、同规格的配件
	立柱夹紧按钮开关 SB2 动合触点闭合后接触不良或损坏	对立柱夹紧按钮开关 SB2 动合触点进行修理或更换新的、同规格的配件
	按钮控制开关 SB1–1 动断触点接触不良或损坏	对按钮控制开关 SB1–1 动断触点进行修理或更换新的、同规格的配件
	动断触点 KM4–1 接触不良或损坏	对 KM4–1 进行修理或更换新的配件
	交流接触器 KM5 线圈不良或损坏	对 KM5 线圈进行修理或更换新的配件
立柱放松与夹紧均失效	立柱放松和夹紧电动机 M4 本身不良或损坏	对立柱放松和夹紧电动机 M4 进行修理或更换新的、同规格的配件
冷却泵电动机 M1 无法起动	转换开关 SF2 触点闭合后接触不良或损坏	对转换开关 SF2 触点进行修理或更换新的、同规格的配件
	冷却泵电动机 M1 本身不良或损坏	对 M1 进行修理或更换新的配件

14.3　普通 Z525 型立式钻床线路识图指导与常见故障处理

图 14–3 所示是工厂常见的普通 Z525 型立式钻床电气控制线路图。其主轴是一种带有热继电器保护具有正、反向运转控制线路。其中：M1 为主轴电动机；M2 为冷却泵电动机；SQ2 与 SQ3 是一种具有一组动合触点和一组动断触点的行程开关，两组触点同步进行转换。

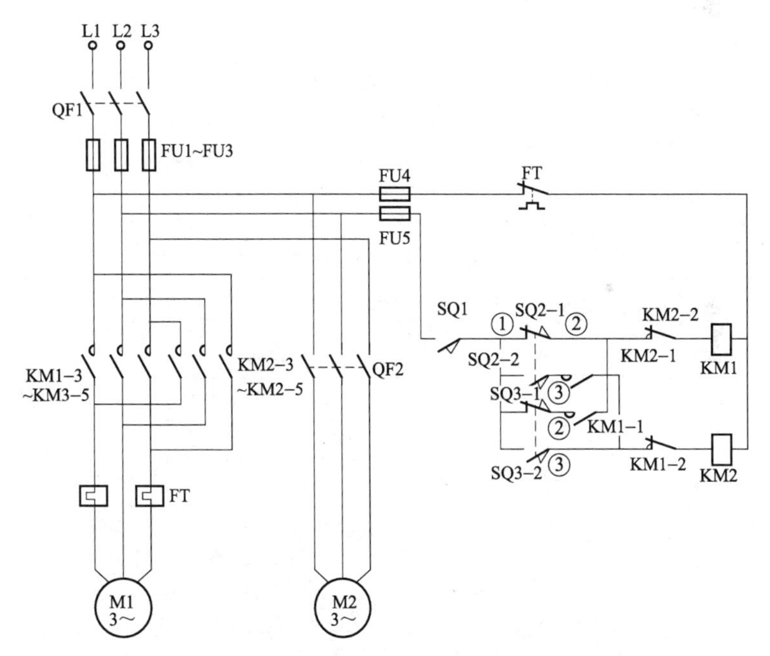

图 14–3　普通 Z525 型立式钻床电气控制线路图

14.3.1　普通 Z525 型立式钻床线路识图指导

当合上钻床供电控制开关 QF1 其触点接通以后，380V 的三相交流电源就会经该开关闭合的触点→FU1～FU3 熔断器后，一路加到 KM1–3～KM1–5、KM2–3～KM2–5 主触点上端和转换开关 QF2 上端，为电动机通电运行作准备；同时，三相电源中的 L1、L2 两相还经 FU4 与 FU5 熔断器为控制电路提供工作电源。普通 Z525 型立式钻床线路工作原理见表 14–7，供识图时参考。

表 14–7　　普通 Z525 型立式钻床线路工作原理

<table>
<tr><th>序号</th><th>项目</th><th colspan="2">具 体 说 明</th></tr>
<tr><td rowspan="5">1</td><td rowspan="5">主轴正转控制</td><td colspan="2">当需要主轴电动机进行正转工作时，将操作手柄置于向右的位置后，就会使行程开关 SQ1 闭合接通、SQ2 与 SQ3 的①与②触点同时处于接通状态。此时，主轴正转控制交流接触器 KM1 线圈中的电流通路就会形成，其各组触点就会同时动作，具体动作情况如下所述</td></tr>
<tr><td>KM1–1 闭合</td><td>动合自锁触点 KM1–1 闭合接通时，就会保证 KM1 线圈中的电流通路不致因某种原因而中断</td></tr>
<tr><td>KM1–2 断开</td><td>动断触点 KM1–2 断开后，就断开了反转控制交流接触器 KM2 线圈中的电流通路，以防止该接触器出现误动作而发生事故</td></tr>
<tr><td>KM1–3～KM1–5 闭合</td><td>三组动合主触点 KM1–3～KM1–5 闭合接通后，就会使主轴电动机 M1 得电进行正向运行状态</td></tr>
<tr><td colspan="2"></td></tr>
<tr><td>2</td><td>主轴停止控制</td><td colspan="2">当需要停机时，将操作手柄置于停机位置后，就会使行程开关 SQ1 动断触点断开，从而断开了 KM1 交流接触器线圈的电流通路，其各组触点就会复位，主轴电动机就会断电而停止工作</td></tr>
<tr><td rowspan="4">3</td><td rowspan="4">主轴反转控制</td><td colspan="2">当需要主轴电动机进行反转工作时，将操作手柄置于向左的位置后，就会使行程开关 SQ1 闭合接通、SQ2 与 SQ3 的①与③触点同时处于接通状态。此时，主轴反转控制交流接触器 KM2 线圈中的电流通路就会形成，其各组触点就会同时动作，具体动作情况如下所述</td></tr>
<tr><td>KM2–1 闭合</td><td>动合自锁触点 KM2–1 闭合接通时，就会保证 KM2 线圈中的电流通路不致因某种原因而中断</td></tr>
<tr><td>KM2–2 断开</td><td>动断触点 KM2–2 断开后，就断开了正转控制交流接触器 KM1 线圈中的电流通路，以防止该接触器出现误动作而发生事故</td></tr>
<tr><td>KM2–3～KM2–5 闭合</td><td>三组动合主触点 KM2–3～KM2–5 闭合接通后，就会使主轴电动机 M1 得电进行反向运行状态</td></tr>
<tr><td>4</td><td>冷却泵电动机控制</td><td colspan="2">当需要冷却泵电动机进入工作状态时，接通控制开关 QF2 以后，三相交流电源就会直接加到冷却泵电动机上，冷却泵就会得电进行运行状态</td></tr>
</table>

14.3.2 普通Z525型立式钻床线路常见故障处理

普通Z525型立式钻床线路常见故障现象、故障原因及其处理方法见表14–8，供故障检修时参考。

表14–8 普通Z525型立式钻床线路常见故障处理

序号	故障现象	故障原因	处理方法
1	主轴电动机M1无法起动运转	总电源控制开关QF1本身接触不良或其连接线路断裂	采用万用表或低压验电笔检测机床电源闸刀QF1桩头输出端是否有电源。如没有电压，应确认是否停电，如没有停电则应检查供电线路是否有断裂处
		FU1～FU3电源熔断器熔断	采用万用表或低压验电笔检测FU1～FU3输出端的供电情况。 （1）如发现有一相或两相熔断器熔断，则应更换新的、同规格的熔断器。 （2）如三相熔断器均熔断，则在更换新的熔断器之前，还应查找其熔断的原因，主要检查连接线路是否有短路处、电动机M1是否有卡死烧毁现象。此时，可用手转动电动机风叶轮看能否转动。如可以转动，则采用500V的绝缘电阻表检查电动机与地之间的绝缘情况，拆开电动机连接片检测其三相绕组之间的绝缘情况
		FU4或FU5控制线路熔断器熔断	应查找熔断器熔断的原因，主要应检查控制线路中的元件或连接线路是否有短路处，发现问题排除后应更换新的、同规格的熔断器
		通往主轴电动机电源线路有断裂处	拆开主轴电动机接线盒，拆下电动机内部三相380V电源线的接线头，在通电的状态下，采用万用表的交流500V电压挡，检测拆下的线头端上的电压情况，发现哪一相没有电压，则就可以从此处往上查起，直到找出断裂线路点
		主轴电动机M1本身线圈烧毁	采用500V的绝缘电阻表检查电动机三相绕组之间以及与地之间的绝缘情况，如果绝缘损坏或短路，均应对电动机进行修理或更换新件
		主轴电动机M1轴承损坏卡死	先用手转动电动机如感觉转动相当费力，则就应重点检查电动机的轴承内的润滑油是否干枯，轴承上下旷动是否太大
		主轴电动机M1负载卡死	此时，可先将电动机与其负载断开，然后再次起动，如起动正常，检测空载电流也没有问题，则就应重点对电动机的驱动负载进行检查

续表

序号	故障现象	故障原因	处理方法
1	主轴电动机M1无法起动运转	热继电器FT触点动作后没有复位或接触不良	在断电的情况下，采用万用表检测FT动断触点连接情况。如果发现触点断开，则应查找其断开的原因。应围绕以下两个方面来进行检查。 (1) 检查FT热继电器是否因超额电流而发生了断开，这应从电动机负载情况、电动机本身轴承是否损坏等方面来查找原因。 (2) 热继电器动作触点接触不良，对此，应更换新的、同规格的热继电器
		行程开关SQ1触点闭合后接触不良	在断电的情况下，将操作手柄拨向主轴电动机起动位置，使电动机通过操作手柄处于正转或反转位置后，采用万用表的电阻挡，检测行程开关SQ1两触点之间能否可靠地闭合接通。如接触不良，应对其进行修理或更换新的、同规格的配件
2	主轴电动机M1不能正转仅能够反转	KM1接触器的自锁触点KM1–1接触不良或损坏	在断电的情况下，采用万用表的电阻挡，检测KM1接触器的自锁触点KM1–1接触情况，如接触不良，则检查两触点之间是否有污垢，发现问题应对其进行修理或更换
		行程开关手柄在正转位置时，SQ2或SQ3的①与②触点间闭合不良或损坏	在断电的情况下、操作手柄处于正转位置时，采用万用表的电阻挡，检测SQ2或SQ3的①与②触点之间的闭合情况，发现问题应对其进行修理或更换新的、同规格的配件
		KM1接触器的主触点KM1–3～KM1–5触点接触不良或机械系统机构不良	在断电的情况下，拆开KM1交流接触器灭弧盒，采用螺丝刀手柄将接触器触点闭合，检查其动作机构是否灵活，有无卡死情况，根据检查的情况作相应的修理。对于主触点接触不良情况，则可更换主触点的动触头或静触头
		KM1交流接触器线圈开路、烧毁短路	在断电的情况下，采用万用表电阻挡，检测KM1交流接触器线圈两端电阻，看其是否有开路或短路现象
		KM1线圈电流通路中串联的KM2–2动断互锁触点接触不良或损坏	在断电的情况下，采用万用表电阻挡，检测交流接触器互锁触点KM2–2闭合是否可靠。如果出现接触不良现象，则应对其进行修理或更换新的、同规格的配件

续表

序号	故障现象	故障原因	处理方法
3	主轴电动机M1不能反转仅能够正转	KM2接触器的自锁触点KM2–1接触不良或损坏	在断电的情况下，采用万用表的电阻挡，检测KM2接触器的自锁触点KM2–1接触情况，如接触不良，则检查两触点之间是否有污垢
		行程开关手柄在正转位置时，SQ2或SQ3的①与③触点间闭合不良或损坏	在断电的情况下、操作手柄处于正转位置时，采用万用表的电阻挡，检测SQ2或SQ3的①与③触点之间的闭合情况，发现问题应对其进行修理或更换新的、同规格的配件
		KM2接触器的主触点KM2–3～KM2–5触点接触不良或机械系统机构不良	在断电的情况下，拆开KM2交流接触器灭弧盒，采用螺丝刀手柄将接触器触点闭合，检查其动作机构是否灵活，有无卡死情况，根据检查的情况作相应的修理。对于主触点接触不良情况，则可更换主触点的动触头或静触头
		KM2交流接触器线圈开路、烧毁短路	在断电的情况下，采用万用表电阻挡，检测KM2交流接触器线圈两端电阻，看其是否有开路或短路现象
		KM2线圈电流通路中串联的KM1–2动断互锁触点接触不良或损坏	在断电的情况下，采用万用表电阻挡，检测交流接触器互锁触点KM1–2闭合是否可靠。如果出现接触不良现象，则应对其进行修理或更换新的、同规格的配件
4	接通QF2开关后，冷却泵电动机M2不能工作	QF2开关本身接触不良或损坏	在通电的情况下，采用万用表500V交流电压挡，检测QF2开关输出端的电压是否正常。如测得三相电压的某一相或两相无电压，但检测QF2开关的三相输入电压正常，则就说明QF2开关不良或损坏，应进行修理或更换新件
		冷却泵电动机M2本身损坏或其连接线路有问题	（1）在断电的情况下，先检查冷却泵电动机M2的供电连接端以及连接线路是否有断开或断裂现象存在。 （2）采用500V的绝缘电阻表检查冷却泵电动机M2三相绕组之间以及与地之间的绝缘情况，如果绝缘损坏或短路，均应进行修理或更换新件
		冷却泵电动机机械过重卡死	先用手转动冷却泵电动机M2的风叶，如感觉转动相当费力，则应重点检查电动机的轴承内的润滑油是否干枯，轴承上下旷动是否太大，检查泵叶是否有问题

14.4 普通 Z3050 型摇臂钻床线路识图指导与常见故障处理

Z3050 型普通摇臂钻床是一种在厂矿和企业金属加工中应用相当广泛的钻加工设备。普通 Z3050 型摇臂钻床线路如图 14–4 所示。

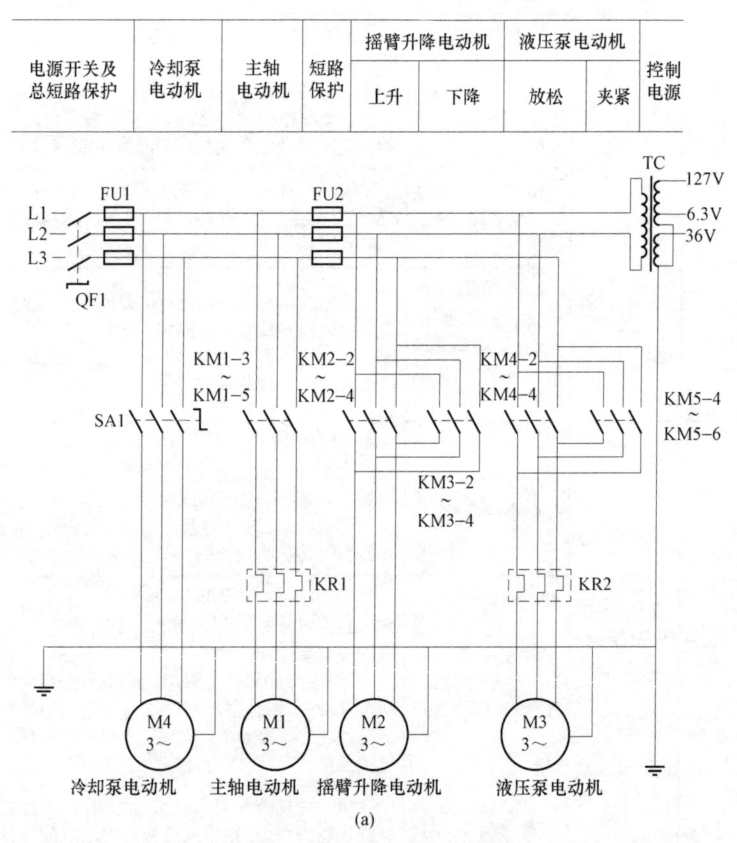

图 14–4 普通 Z3050 型摇臂钻床线路（一）

（a）主线路示意图

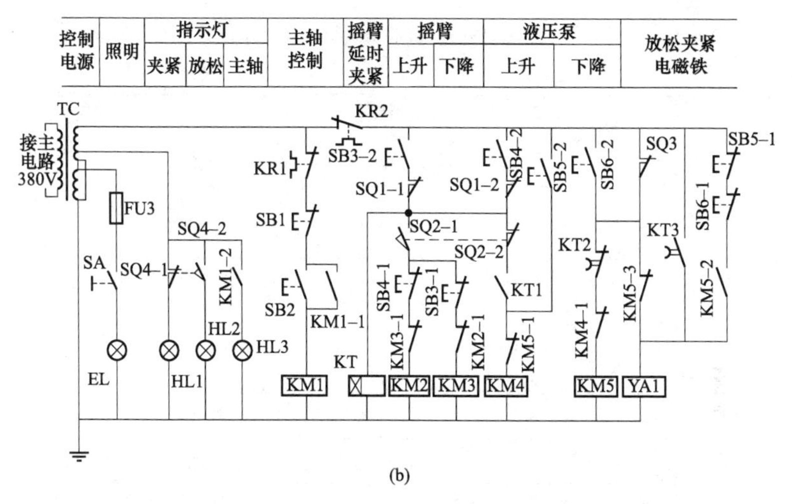

图 14–4 普通 Z3050 型摇臂钻床线路（二）

（b）控制线路示意图

14.4.1 普通 Z3050 型摇臂钻床基本组成与供电特点

普通 Z3050 型摇臂钻床基本组成与供电特点见表 14–9，供识图时参考。

表 14–9 普通 Z3050 型摇臂钻床基本组成与供电特点

序号	项目	具 体 说 明
1	基本组成	图 14–4（a）所示为 Z3050 型普通摇臂钻床主电路；14–4（b）所示为 Z3050 型普通摇臂钻床控制电路电路。电气控制线路图中各元件的代号、名称和型号见表 14–10。依据表 14–10，对读识如图 14–4 所示电气控制线路图的工作原理有很大的帮助
2	供电特点	Z3050 型普通摇臂钻床主轴电动机 M1 与润滑泵电动机 M3、冷却泵电动机 M4 和摇臂升降电动机 M2 的供电均直接取自三相交流电源，控制系统的供电，照明和指示灯电路的供电均由控制电源变压器 TC 提供。其中的 127V 交流电压为控制系统的供电，交流 6.3V 为指示灯 HL1～HL3 的供电；交流 36V 为工作照明灯 EL 的供电，由 SA 手动开关操作进行控制。当合上电源总开关 QF1 后，立柱和主轴箱夹紧指示灯 HL1 点亮，以示控制电源已经接通，立柱和主轴箱处于夹紧状态

表 14–10 普通 Z3050 型摇臂钻床线路图各元件的代号、名称和型号

代号	名　称	型号与规格	作　　用
QF1	转换开关	HZ2–25/3	电源总开关
FU1	熔断器	RL1–60/30A	电源总短路和 M1 电动机短路保护
FU2	熔断器	RL1–15/10A	M2、M3 电动机短路保护
FU3	熔断器	RL1–15/2A	工作照明灯短路保护
M1	主轴电动机	JO2–41–4，4kW	驱动主轴旋转
M2	摇臂升降电动机	JO2–22–4，1.5kW	驱动摇臂升降
M3	液压泵电动机	JO2–11–4　0.6kW	驱动液压泵
M4	冷却泵电动机	AOB–25，90W	驱动冷却泵
KR1	热继电器	JR0–40/3，6.4～10A，整定电流 1.57A	M1 电动机过载保护
KR2	热继电器	JR0–40/3，1～1.6A，整定电流 6.1A	M2 电动机过载保护
KM1	接触器	CJ0–20，127V	用于控制主轴电动机 M1
KM2	接触器	CJ0–10，127V	用于控制 M2 电动机正转
KM3	接触器	CJ0–10，127V	用于控制 M2 电动机反转
KM4	接触器	CJ0–10，127V	用于控制 M3 电动机正转
KM5	接触器	CJ0–10，127V	用于控制 M3 电动机反转
KT	时间继电器	JSK2–4，127V	用于摇臂延时夹紧控制
SA1	转换开关	HZ2–25/3	冷却泵电动机 M4 控制开关
SQ1–1，SQ1–2	行程开关	HZ4–22	摇臂升降上、下限位行程开关
SQ2	行程开关	LX5–11	摇臂升降行程开关
SQ3	行程开关	LX5–11	摇臂夹紧行程开关
SQ4	行程开关	LX3–11K	主轴箱立柱松开、夹紧行程开关

续表

代号	名　称	型号与规格	作　　用
TC	控制电源变压器	BK–150，380V/127，36V，6.3V	用于为照明灯、指示灯与控制电路电源
SB1	按钮	LA19–11	主轴电动机 M1 停止按钮控制开关
SB2	按钮	LA19–11D，指示灯电压为 6.3V	主轴电动机 M1 起动控制按钮开关
SB3	按钮	LA19–11	摇臂上升起动控制按钮开关
SB4	按钮	LA19–11	摇臂下降起动控制按钮开关
SB5	按钮	LA19–11D，指示灯电压为 6.3V	主轴箱立柱放松控制按钮开关
SB6	按钮	LA19–11D，指示灯电压为 6.3V	主轴箱立柱夹紧控制按钮开关
YA1	电磁铁	MFJ–3，127V	摇臂放松、夹紧电磁铁
SA	开关	JC2	工作照明灯控制开关

14.4.2　普通 Z3050 型摇臂钻床线路识图指导

普通 Z3050 型摇臂钻床电气线路控制原理见表 14–11，供识图时参考。

表 14–11　　普通 Z3050 型摇臂钻床电气线路控制原理

序号	项目	具　体　说　明	
1	主轴电动机 M1 起动控制	SB2 为主轴电动机 M1 的起动按钮开关，当按下该开关后，交流接触器 KM1 线圈就会得电吸合，其各组触点就会动作，具体动作情况如下所述	
		KM1–1 闭合	当动合触点 KM1–1 闭合后，就实现了自锁，也就是松开起动按钮开关 SB2 后，保证接触器 KM1 线圈中的电流通路不会断开
		KM1–2 闭合	当动合触点 KM1–2 闭合后，就接通了工作指示灯 HL3 的供电而点亮，以示主轴电动机 M1 起动运转
		KM1–3～KM1–5 闭合	三组动合主触点 KM1–3～KM1–5 闭合接通后，就会使主轴电动机 M1 得电起动运行

续表

<table>
<tr><th>序号</th><th>项目</th><th colspan="4">具 体 说 明</th></tr>
<tr><td>2</td><td>M1停止控制</td><td colspan="4">SB1 为主轴电动机 M1 的停止按钮开关，当按下该开关后，交流接触器 KM1 线圈就会断电释放，其各组触点就会复位而使主轴电动机 M1 停止运行</td></tr>
<tr><td rowspan="9">3</td><td rowspan="9">摇臂的上升控制</td><td colspan="4">SB3 为摇臂上升点动按钮开关，当按下该开关后，其动断触点 SB3–1 断开后，就切断了接触器 KM3 线圈的电流通路，以防该接触器出现误动作；而动合触点 SB3–2 闭合后，就接通了时间继电器 KT 线圈的供电而动作，具体动作情况如下所述</td></tr>
<tr><td>KT2断开</td><td colspan="3">当瞬时断开延时闭合触点 KT2 断开后，就切断了接触器 KM5 线圈的电流通路，以防该接触器出现误动作</td></tr>
<tr><td>KT3闭合</td><td colspan="3">当瞬时闭合延时断开触点 KT3 闭合后，就接通了电磁铁 YA1 线圈中的电流通路而进入工作状态</td></tr>
<tr><td rowspan="6">KT1闭合</td><td colspan="3">当瞬时动合触点 KT1 闭合后，就接通了接触器 KM4 线圈中的电流通路而吸合，其各组触点就会动作，具体动作情况如下所述</td></tr>
<tr><td>KM4–1断开</td><td colspan="2">动断触点 KM4–1 断开后，就切断了交流接触器 KM5 线圈中的电流通路，以防止该接触器出现误动作而发生事故</td></tr>
<tr><td>KM4–2～KM4–4闭合</td><td colspan="2">三组动合主触点 KM4–2～KM4–4 闭合接通后，就会使液压泵电动机 M3 得电进行正向运行状态。由此就会驱动液压泵提供给机床正向压力油。同时与已经工作的电磁铁 YA1 配合，把正向压力油经二位六通阀送入摇臂松开油缸，驱动摇臂放松</td></tr>
<tr><td rowspan="3">KM2 线圈得电</td><td colspan="2">当摇臂放松后，油缸活塞杆通过弹簧片压下行程开关 SQ2，并放松 SQ3 使其复位闭合，为摇臂夹紧做好前期准备。而行程开关 SQ2 被压下后，其动断触点 SQ2–2 断开后，就切断了接触器 KM4 线圈中的电流通路，其各组触点复位后，使液压泵电动机 M3 正转停止。而动合触点 SQ2–1 闭合后，就接通了接触器 KM2 线圈中的电流通路而吸合，其各组触点就会动作，具体动作情况如下所述</td></tr>
<tr><td>KM2–1断开</td><td>动断触点 KM2–1 断开后，就切断了交流接触器 KM3 线圈中的电流通路，以防止该接触器出现误动作而发生事故</td></tr>
<tr><td>KM2–2～KM2–4闭合</td><td>三组动合主触点 KM2–2～KM2–4 闭合接通后，就会使摇臂升降电动机 M2 得电进行正向运行状态。驱动摇臂上升</td></tr>
</table>

续表

<table>
<tr><th>序号</th><th>项目</th><th colspan="6">具体说明</th></tr>
<tr><td rowspan="7">3</td><td rowspan="7">摇臂的上升控制</td><td rowspan="7">KT1闭合</td><td rowspan="7">KM2线圈得电</td><td rowspan="7">松开SB3后</td><td colspan="3">一旦摇臂上升到需要的高度时，就可松开上升点动按钮开关SB3，时间继电器KT、接触器KM2线圈均断电释放，摇臂升降电动机M2正转停止。由于时间继电器KT为断电延时型，故KT线圈断电后，其瞬时动合触点KT1断开、瞬时断开延时闭合触点KT2延时一定时间后恢复闭合、瞬时闭合延时断开触点KT3延时一定时间后断开，具体情况如下所述</td></tr>
<tr><td>KT1与KT3断开</td><td colspan="2">当瞬时动合触点KT1与瞬时闭合延时断开触点KT3断开后，为摇臂夹紧时防止电气控制干扰做好准备</td></tr>
<tr><td rowspan="5">KT2闭合</td><td colspan="2">当瞬时断开延时闭合触点KT2闭合后，就接通了接触器KM5线圈的电流通路而吸合，其各组触点就会动作，具体动作情况如下所述</td></tr>
<tr><td>KM5–1断开</td><td>动断触点KM5–1断开后，就断开了交流接触器KM4线圈中的电流通路，以防止该接触器出现误动作而发生事故</td></tr>
<tr><td>KM5–2闭合</td><td>动合触点KM5–2闭合接通时，就接通了电磁铁YA1线圈的电流通路而工作</td></tr>
<tr><td>KM5–3断开</td><td>动断触点KM5–3断开后，就断开了动合触点KM5–2闭合接通提供给KM5线圈的供电通路，为该接触器断电释放做好准备</td></tr>
<tr><td>KM5–4～KM5–6闭合</td><td>三组动合主触点KM5–4～KM5–6闭合接通后，就会使液压泵电动机M3得反转供电而进入反向运行状态，用于驱动液压泵反转，为机床提供反向压力油。反向压力油经二位六通阀送入摇臂夹紧油缸，驱动摇臂夹紧</td></tr>
</table>

续表

序号	项目	具体说明					
3	摇臂的上升控制	KT1闭合	KM2线圈得电	松开SB3后	KT2闭合	SQ2复位	一旦摇臂被夹紧，行程开关 SQ3 的动断触点就会被压开，从而断开了交流接触器 KM5 线圈中的电流通路而释放，其各组触点均复位，则电磁铁 YA1 和液压泵电动机 M3 均停止工作；而摇臂被夹紧后松开的 SQ2 行程开关同时也会复位，为下一次摇臂升降做好准备
4	摇臂下降控制	SB4 为摇臂下降点动按钮开关，按下该开关就可对摇臂进行下降控制，具体控制过程和摇臂上升控制基本相同，读者可自行分析					
5	立柱和主轴箱的松开控制	如果需要对立柱和主轴箱的松开进行同时控制，则可按下立柱和主轴箱的松开按钮开关 SB5，此时该开关的动断触点 SB5–1 断开后，切断了电磁铁 YA1 线圈供电支路的供电通路；而该开关的动合触点 SB5–2 闭合后，就接通了接触器 KM4 线圈的电流通路而吸合，液压泵电动机 M3 正转，驱动液压泵为机床提供正向压力油，该压力油经二位六通阀进入立柱和主轴箱松开油缸，驱动立柱和主轴箱松开。 一旦立柱和主轴箱松开后，行程开关 SQ4 就会被压下，其动断触点 SQ4–1 就会被断开、动合触点 SQ4–2 就会被闭合，前者会使夹紧指示灯 HL1 熄灭，后者就会使松开指示灯 HL2 点亮，以示立柱和主轴箱已松开					
6	立柱和主轴箱夹紧控制	如果需要对立柱和主轴箱的夹紧进行同时控制，则可按下立柱和主轴箱的夹紧按钮开关 SB6，具体控制原理与立柱和主轴箱的松开控制基本相同，读者可自行分析					

14.4.3 普通 Z3050 型摇臂钻床线路常见故障处理

普通 Z3050 型摇臂钻床常见故障现象、故障原因与处理方法见表 14–12，供检修故障时参考。

表14–12 普通Z3050型摇臂钻床常见故障现象、故障原因与处理方法

序号	故障现象	故障原因	处理方法
1	所有电动机均无法起动，照明和指示灯均不亮	电源总开关QF1不良或损坏	对QF1进行修理或更换新的配件
		FU1或FU2熔断器熔断	查找FU1或FU2熔断器熔断的原因并处理后，再更换新的、同规格的熔断器
		电源控制变压器TC不良或损坏	对电源控制变压器TC进行修理或更换新的、同规格的配件
2	主轴电动机M1无法起动	控制线路或主电路中热继电器KR1触点不良或损坏	对控制线路或主电路中热继电器KR1触点进行修理或更换新的配件
		三组KM1–3～KM1–5动合主触点接触不良或损坏	对三组KM1–3～KM1–5动合主触点进行修理或更换新的、同规格的配件
		主轴电动机M1本身不良或损坏	对主轴电动机M1进行修理或更换新的、同规格的配件
		停机按钮开关SB1动断触点接触不良或损坏	对停机按钮开关SB1动断触点进行修理或更换新的、同规格的配件
		起动开关按钮SB2触点不良或损坏	对起动开关按钮SB2触点进行修理或更换新的、同规格的配件
		KM1线圈不良或损坏	对KM1线圈进行修理或更换新的配件
3	摇臂无法放松或液压泵电动机M3不能正转	三组KM4–2～KM4–4主触点接触不良或损坏	对三组KM4–2～KM4–4主触点进行修理或更换新的、同规格的配件
		行程开关SQ2的动断触点SQ2–2触点接触不良或损坏	对行程开关SQ2的动断触点SQ2–2进行修理或更换新的、同规格的配件
		时间继电器KT瞬时动合触点KT1接触不良或损坏	对时间继电器KT瞬时动合触点KT1进行修理或更换新的、同规格的配件
4	摇臂放松与夹紧均失效	主电路中热继电器KR2不良或损坏	主电路中热继电器KR2进行修理或更换新的、同规格的配件
		液压泵电动机M3本身不良或损坏	对液压泵电动机M3进行修理或更换新的、同规格的配件

续表

序号	故障现象	故障原因	处理方法
5	摇臂无法夹紧或液压泵电动机M3不能反转	三组 KM5-4～KM5-6 主触点接触不良或损坏	对三组KM5-4～KM5-6主触点进行修理或更换新的、同规格的配件
		行程开关动断触点 SQ3 接触不良或损坏	对行程开关动断触点 SQ3 进行修理或更换新的、同规格的配件
		时间继电器 KT 瞬时断开延时闭合触点 KT2 闭合后接触不良或损坏	对时间继电器KT瞬时断开延时闭合触点 KT2 进行修理或更换新的、同规格的配件
		动断触点 KM4-1 接触不良或损坏	对动断触点 KM4-1 进行修理或更换新的、同规格的配件
		KM5 线圈不良或损坏	对 KM5 线圈进行修理或更换新的配件
6	液压泵电动机M3运转正常，但摇臂夹不紧	动断触点 KM5-1 接触不良或损坏	对动断触点 KM5-1 进行修理或更换新的、同规格的配件
		电磁铁 YA1 线圈不良或损坏	对 YA1 线圈进行修理或更换新的配件
		按钮开关SB5-1或SB6-1动断触点接触不良或损坏	对按钮开关SB5-1或SB6-1动断触点进行修理或更换新的、同规格的配件
		动合触点 KM5-2 闭合后接触不良或损坏	对动合触点 KM5-2 进行修理或更换新的、同规格的配件
		行程开关 SQ3 的安装位置发生了移动	对行程开关 SQ3 的安装位置进行重新调整并紧固可靠
7	摇臂无法上升（其他原因与摇臂无法放松或液压泵电动机M3无法正转故障相同）	三组 KM2-2～KM2-4 主触点接触不良或损坏	对三组KM2-2～KM2-4主触点进行修理或更换新的、同规格的配件
		摇臂上升起动开关SB2触点压合后接触不良或损坏	对摇臂上升起动开关按钮 SB2 触点进行修理或更换新的、同规格的配件
		行程开关 SQ1-1 动断触点接触不良或损坏	对行程开关 SQ1-1 动断触点进行修理或更换新的、同规格的配件
		按钮开关 SB4 的动断触点 SB4-1 接触不良或损坏	对按钮开关 SB4 的动断触点 SB4-1 进行修理或更换新的、同规格的配件
		动断触点 KM3-1 接触不良或损坏	对动断触点 KM3-1 进行修理或更换新的、同规格的配件
		KM2 线圈不良或损坏	对 KM2 线圈进行修理或更换新的配件

续表

序号	故障现象	故障原因	处理方法
8	摇臂上升与下降均失效	摇臂升降电动机 M2 本身不良或损坏	对摇臂升降电动机 M2 进行修理或更换新的、同规格的配件
		KT 线圈不良或损坏	对 KT 线圈进行修理或更换新的配件
		行程开关动合触点 SQ2–1 闭合后接触不良或损坏	对行程开关 SQ2 的动合触点 SQ2–1 进行修理或更换新的、同规格的配件
9	摇臂无法下降（其他原因与摇臂无法放松或液压泵电动机 M3 无法正转故障相同）	三组 KM3–2～KM3–4 主触点接触不良或损坏	对三组 KM3–2～KM3–4 主触点进行修理或更换新的、同规格的配件
		摇臂下降起动开关按钮 SB4 动断触点压合后接触不良或损坏	对摇臂下降起动开关按钮 SB4 动断触点进行修理或更换新的、同规格的配件
		行程开关 SQ1–2 动断触点接触不良或损坏	对行程开关 SQ1–2 动断触点进行修理或更换新的、同规格的配件
		按钮开关 SB3 的动断触点 SB3–1 接触不良或损坏	对按钮开关 SB3 的动断触点 SB3–1 进行修理或更换新的、同规格的配件
		动断触点 KM2–1 接触不良或损坏	对动断触点 KM2–1 进行修理或更换新的、同规格的配件
10	立柱与主轴箱无法放松或夹紧	立柱、主轴箱放松点动按钮开关 SB5 的动合触点 SB5–2 压合后接触不良或损坏	对立柱、主轴箱放松点动按钮开关 SB5 的动合触点 SB5–2 进行修理或更换新的、同规格的配件
		立柱、主轴箱夹紧点动按钮开关 SB6 的动合触点 SB5–2 压合后接触不良或损坏	对立柱、主轴箱夹紧点动按钮开关 SB6 的动合触点 SB5–2 进行修理或更换新的、同规格的配件

第15章

其他普通钻床线路识图与常见故障处理

本章先介绍普通 Z3040B 型摇臂钻床线路的识图与故障处理，而后介绍一些普通钻床常见故障检修实例，希望能对读者有所帮助。

15.1 普通 Z3040B 型摇臂钻床线路识图指导

Z3040B 型普通摇臂钻床是在早期产品的基础上，经过对电气线路进行一定的改进后得到的，其可靠性更高。相关线路如图 15–1 所示。

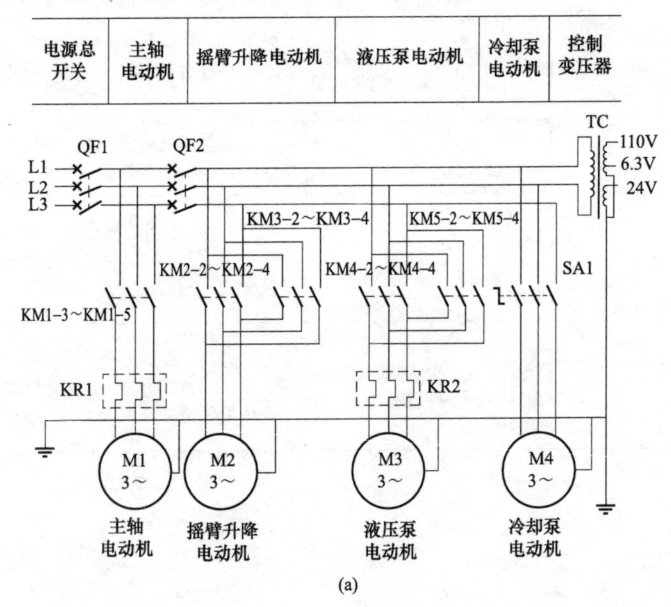

(a)

图 15–1 Z3040B 型普通摇臂钻床线路（一）

（a）主线路示意图

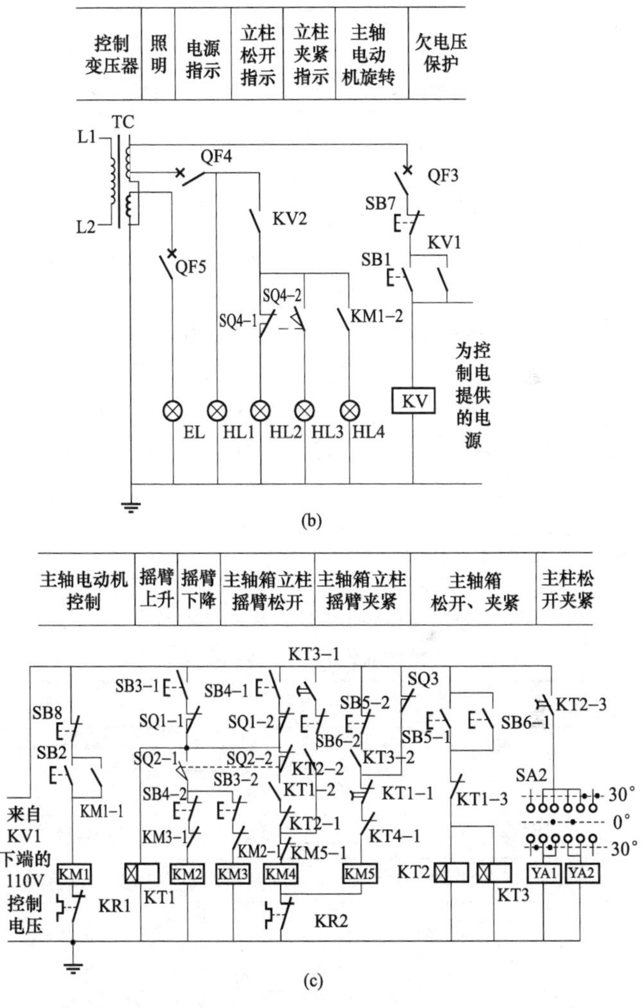

图 15-1　Z3040B 型普通摇臂钻床线路（二）

（b）照明、指示、控制供电与欠电压继电器线路；

（c）控制线路示意图

15.1.1　普通 Z3040B 型摇臂钻床基本组成与供电特点

普通 Z3040B 型摇臂钻床基本组成与供电特点见表 15-1，供识图时参考。

表 15–1　　普通 Z3040B 型摇臂钻床基本组成与供电特点

序号	项目	具 体 说 明
1	基本组成	图 15–1（a）所示为 Z3040B 型普通摇臂钻床主线路；图 15–1（b）所示为 Z3040B 型普通摇臂钻床照明、指示、控制供电与欠压继电器线路；图 15–1（c）所示为 Z3040B 型普通摇臂钻床控制线路。电气控制线路图中各元件的代号、名称和型号见表 15–2。依据该表，对读识图 15–1 所示电气控制线路图的工作原理有很大的帮助
2	供电特点	Z3040B 型普通摇臂钻床主轴电动机 M1 与摇臂升降电动机 M2、液压泵电动机 M3、冷却泵电动机 M4 的供电均直接取自三相交流电源，控制电源变压器 TC 的一次侧电压取自三相交流电源的 L1、L2 两相，该变压器输出的 110V 交流电压作为控制系统的供电，输出的交流 6.3V 电压作为电源和信号指示灯 HL1～HL4 的供电，输出的交流 24V 电压作为工作照明灯 EL 的供电，由 QF5 自动空气开关操作进行控制。 当合上电源总开关 QF1，再将自动空气开关 QF2、QF3、QF4 扳到接通位置后，电源指示灯 HL1 就会点亮，以示控制变压器 TC 已经有电压输出

表 15–2　　普通 Z3040B 型摇臂钻床线路图各元件的代号、名称和型号

代号	名　　称	型号与规格	作　　用
QF1	自动空气控制开关	DZ5–20/330，10A	电源总开关与 M1 短路保护
QF2	自动空气控制开关	DZ5–20/330，6.5A	M1～M3 电动机短路保护
QF3	自动空气控制开关	DZ5–20/230，6.5A	控制电路短路保护
QF4	自动空气控制开关	DZ5–20/230，2A	信号灯电路短路保护
QF5	自动空气控制开关	DZ5–20/230，2A	工作照明灯控制开关并具有短路保护
M1	主轴电动机	JO2–31–4，3kW	驱动主轴旋转
M2	摇臂升降电动机	JO3–802–4，1.1kW	驱动摇臂升或降
M3	液压泵电动机	A1–7134，0.55kW	驱动液压泵工作
M4	冷却泵电动机	DB–25B，120W	驱动冷却泵工作
KM1	接触器	CJ0–10，110V	用于控制主轴电动机 M1
KM2	接触器	CJ0–10，110V	用于控制 M2 电动机正向运转

续表

代号	名　　称	型号与规格	作　　用
KM3	接触器	CJ0–10，110V	用于控制M2电动机反向运转
KM4	接触器	CJ0–10，110V	用于控制M3电动机正向运转
KM5	接触器	CJ0–10，110V	用于控制M3电动机反向运转
KT1	时间继电器	JS7–1，110V	摇臂上升、下降时间继电器
KT2	时间继电器	JS7–1，110V	主轴箱、立柱和摇臂放松、夹紧时间继电器
SQ1–1、SQ1–2	行程开关	HZ4	液压分配转换开关
SQ2、SQ3	行程开关	LX5–11	摇臂放松、夹紧限位开关
YA1	电磁铁	MFJ1–3	主轴箱放松、夹紧
YA2	电磁铁	MFJ1–3	立柱放松、夹紧
SA1	转换开关	HZ5–10	冷却泵电动机M4控制
SA2	转换开关	LW6–2/8071	主轴箱立柱放松、夹紧转换控制
KR1	热继电器	JR0–20/3，整定电流6A	M1电动机过载保护
KR2	热继电器	JR0–20/3，整定电流1.3A	M3电动机过载保护
TC	控制电源变压器	BK–150，380V/110V、24V、6.3V	指示灯、照明灯与控制电路电源
SB1	按钮开关	LAY3–11D	控制电路起动按钮开关
SB2	按钮开关	LAY3–11	主轴电动机M1起动按钮开关
SB3	按钮开关	LAY3–11	摇臂上升按钮开关
SB4	按钮开关	LAY3–11	摇臂下降按钮开关
SB5、SB6	按钮开关	LAY3–11	主轴箱立柱松夹按钮开关
SB7	按钮开关	LAY3–112S/1	控制电源电路停止按钮开关
SB8	按钮开关	LAY3–11D	主轴电动机M1停止按钮开关

15.1.2 普通 Z3040B 型摇臂钻床工作前的电气准备

普通 Z3040B 型摇臂钻床工作前的电气准备情况见表 15–3，供识图时参考。

表 15–3 普通 Z3040B 型摇臂钻床工作前的电气准备情况

项目	具体说明
如图 15–1（b）所示，按下机床起动控制开关 SB1 后，失压继电器 KV 线圈得电吸合，其各组触点就会动作，具体动作情况如下所述	
KV1 闭合	当动合触点 KV1 闭合后自锁，以保证在松开起动控制开关 SB1 后，失压继电器 KV 线圈中的电流通路不会断开
KV2 闭合	当动合触点 KV2 闭合以后，一方面接通了立柱夹紧指示灯 HL3（机床正常工作时 SQ4 是被压下去的，此时其动合触点 SQ4–2 是闭合接通、动断触点 SQ4–1 是断开的）的电流通路而点亮，以示立柱处于夹紧状态；同时，也为立柱放松指示灯 HL2、主轴电动机 M1 旋转指示灯 HL4 的工作做好前期准备

15.1.3 普通 Z3040B 型摇臂钻床主轴电动机 M1 的控制原理

普通 Z3040B 型摇臂钻床主轴电动机 M1 的控制原理见表 15–4，供识图时参考。

表 15–4 普通 Z3040B 型摇臂钻床主轴电动机 M1 的控制原理

序号	项目	具体说明	
1	起动控制	SB2 为主轴电动机 M1 起动开关，当按下该开关后，就接通了 KM1 交流接触器线圈的电流通路而吸合，其各组触点就会动作，具体动作情况如下所述	
		KM1–1 闭合	当动合触点 KM1–1 闭合后，就实现了自锁，以保证在松开起动按钮开关 SB2 后，KM1 线圈中的电流通路不会断开
		KM1–2 闭合	当动合触点 KM1–2 闭合后，就接通了主轴电动机 M1 旋转指示灯 HL4 的电流通路而点亮，以示主轴电动机 M1 进入旋转状态
		KM1–3～KM1–5 闭合	当三组动合主触点 KM1–3～KM1–5 闭合后，就接通了主轴电动机 M1 的三相交流供电，从而使其起动运转

续表

序号	项目	具 体 说 明
2	停止控制	SB8为主轴电动机M1停止开关，当按下该开关后，就断开了KM1交流接触器线圈的电流通路而释放，其各组触点就会复位，主轴电动机M1也断电而停止工作；同时，主轴电动机M1旋转指示灯HL4也熄灭
3	过载保护	主轴电动机M1在运行工作中，如出现过载现象，则控制电路中的热继电器KR1动断触点就会断开，由此也会使KM1交流接触器线圈的电流通路被切断而释放，主轴电动机M1也断电而停止工作

15.1.4 普通Z3040B型摇臂钻床摇臂上升与下降控制原理

普通Z3040B型摇臂钻床摇臂上升与下降控制原理见表15–5，供识图时参考。

表15–5 普通Z3040B型摇臂钻床摇臂上升与下降控制原理

<table>
<tr><th>序号</th><th>项目</th><th colspan="3">具 体 说 明</th></tr>
<tr><td rowspan="7">1</td><td>摇臂工作特点</td><td colspan="3">摇臂要进行上升或下降，均需要在摇臂松开的情况下进行。一旦摇臂上升或下降到要求的位置后，还要将摇臂夹紧</td></tr>
<tr><td>摇臂驱动情况</td><td colspan="3">摇臂的松开或夹紧，是由液压泵电动机M3来驱动，摇臂的升降运动则由摇臂电动机M2来驱动。机床正常情况下，位置行程开关SQ3的动断触点由于被机械装置压下而处于断开状态</td></tr>
<tr><td rowspan="5">摇臂上升控制</td><td colspan="3">SB3为摇臂上升点动按钮开关，当按下该开关后，其动断触点SB3–2断开后，切断了交流接触器KM3线圈电流通路，而动合触点SB3–1闭合后，就接通了时间继电器KT1线圈的电流通路而吸合，其各组触点就会动作，具体动作情况如下所述</td></tr>
<tr><td>KT1–1断开</td><td colspan="2">当断电延时闭合触点KT1–1断开后，就切断了接触器KM5线圈中的电流通路，以防该接触器出现误动作</td></tr>
<tr><td>KT1–3断开</td><td colspan="2">当瞬时动断触点KT1–3断开后，切断了时间继电器KT2、KT3线圈中的电流通路，以防KT2、KT3时间继电器出现误动作</td></tr>
<tr><td rowspan="2">KT1–2闭合</td><td colspan="2">当瞬时动合触点KT1–2闭合后，就接通了接触器KM4线圈的电流通路而吸合，其各组触点就会动作，具体动作情况如下所述</td></tr>
<tr><td>KM4–1断开</td><td>动断触点KM4–1断开后实现了互锁，切断了KM5交流接触器线圈的电流通路，以防KM4接触器工作时，KM5出现误动作工作</td></tr>
</table>

续表

<table>
<tr><th>序号</th><th>项目</th><th colspan="5">具 体 说 明</th></tr>
<tr><td rowspan="6">1</td><td rowspan="6">摇臂上升控制</td><td rowspan="6">KT1–2闭合</td><td>KM4–2～KM4–4闭合</td><td colspan="3">三组动合主触点 KM4–2～KM4–4 闭合接通后，为液压泵电动机 M3 提供三相工作电源，使其得电起动进入正转状态，用于驱动液压泵供给机床正向压力油。正向压力油经二位六通阀进入摇臂松开油缸，驱动活塞和菱形块，使摇臂松开</td></tr>
<tr><td rowspan="5">摇臂松开后</td><td colspan="3">一旦摇臂松开后，活塞杆又通过弹簧及机械装置压开位置开关 SQ2 和松开位置开关 SQ3，也就是使位置开关 SQ3 由断开复位成原来的常闭状态，使位置开关 SQ2 的动断触点 SQ2–2 断开、动合触点 SQ2–1 闭合，前者断开了 KM4 接触器线圈的电流通路，使液压泵电动机 M3 断电停止工作，后者使交流接触器 KM2 线圈电流通路形成而吸合，其各组触点就会动作，具体动作情况如下所述</td></tr>
<tr><td>KM2–1断开</td><td colspan="2">动断互锁触点 KM2–1 断开以后，就切断了 KM3 交流接触器线圈的电流通路，以防 KM2 接触器工作时，KM3 出现误动作工作</td></tr>
<tr><td>KM2–2～KM2–4闭合</td><td colspan="2">三组动合主触点 KM2–2～KM2–4 闭合接通后，为摇臂升降电动机 M2 提供三相工作电源，使其得电起动进入正转状态，进而驱动摇臂上升，一旦摇臂上升到需要高度时，松开摇臂上升点动按钮开关 SB3，时间继电器 KT1、交流接触器 KM2 均断电，摇臂升降电动机 M2 正转停止</td></tr>
<tr><td rowspan="2">KT1–1复位而闭合</td><td colspan="2">由于时间继电器 KT1 是断电延时的，当 KT1 断电后，其瞬时动合触点 KT1–2 复位后断开，瞬时动断触点 KT1–3 复位后闭合，经过一定时间后，断电延时闭合触点 KT1–1 复位而闭合，从而接通了接触器 KM5 线圈的电流通路而吸合，其各组触点就会动作，具体动作情况如下所述</td></tr>
<tr><td>KM5–1断开</td><td>动断触点 KM5–1 断开后实现了互锁，切断了 KM4 交流接触器线圈的电流通路，以防 KM5 接触器工作时，KM4 出现误动作工作</td></tr>
</table>

续表

<table>
<tr><th>序号</th><th>项目</th><th colspan="5">具 体 说 明</th></tr>
<tr><td rowspan="2">1</td><td rowspan="2">摇臂上升控制</td><td rowspan="2">KT1–2闭合</td><td rowspan="2">摇臂松开后</td><td rowspan="2">KT1–1复位而闭合</td><td>KM5–2～KM5–4闭合</td><td>三组动合主触点 KM5–2～KM5–4 闭合接通后，为液压泵电动机 M3 提供反相三相工作电源，使其得电起动进入反转状态，用于驱动液压泵供给机床反向压力油。反向压力油经二位六通阀进入摇臂夹紧油缸，驱动活塞和菱形块，使摇臂夹紧</td></tr>
<tr><td>摇臂夹紧后</td><td>当摇臂夹紧后，活塞杆又通过弹簧片和机械装置松开位置开关 SQ2 及压开位置开关 SQ3，使位置开关 SQ2 复位，为下一次摇臂升降做好前期准备。而位置开关 SQ3 的动断触点断开，从而切断了接触器 KM5 线圈中的电流通路，其各组触点复位后，使液压泵电动机 M3 反转停止，结束了摇臂上升的整个控制过程</td></tr>
<tr><td>2</td><td>摇臂下降控制</td><td colspan="5">摇臂下降的控制过程和摇臂上升控制过程基本相同，仅是把上升过程中的点动按钮开关 SB3 改成下降控制点动按钮开关 SB4，摇臂升降电动机 M2 正转接触器 KM2 改换成反转接触器 KM3，其他情况一样，读者可以自行分析</td></tr>
<tr><td>3</td><td>位置开关 SQ1 作用</td><td colspan="5">在控制电路中，位置开关 SQ1–1 为摇臂上升到顶部的上限位开关，SQ1–2 为摇臂下降到最低部位时的下限位开关</td></tr>
</table>

15.1.5 普通 Z3040B 型钻床立柱和主轴箱松开与夹紧控制原理

普通 Z3040B 型摇臂钻床立柱和主轴箱的松开与夹紧控制原理见表 15–6，供识图时参考。

表 15–6　　普通 Z3040B 型摇臂钻床立柱和主轴箱的松开与夹紧控制原理

<table>
<tr><th>序号</th><th>项目</th><th colspan="3">具 体 说 明</th></tr>
<tr><td>1</td><td>控制开关说明</td><td colspan="3">Z3040B 型普通摇臂钻床的立柱的夹紧及放松控制和主轴箱的松开与夹紧控制既可以单独进行，又可以同时进行。主要由转换开关 SA2、主轴箱立柱松开按钮开关 SB5 和主轴箱立柱夹紧按钮开关 SB6 来进行控制。其中的转换开关 SA2 有三个位置，这三个位置的控制情况见表 15–7</td></tr>
<tr><td rowspan="5">2</td><td rowspan="5">立柱的松开控制</td><td colspan="3">当把转换开关 SA2 置于“左”挡位置时，SA2 接通了 YA2 电磁铁线圈的电流通路。此时如按下立柱和主轴箱放松按钮开关 SB5 后，其动断触点 SB5–2 断开后，切断了接触器 KM5 线圈中的电流通路，以防 KM5 出现误动作；而动合触点 SB5–1 闭合接通后，同时接通了时间继电器 KT2 与 KT3 线圈的电流通路而吸合，使它们各组触点均动作，具体动作情况如下所述</td></tr>
<tr><td>KT2动作情况</td><td colspan="2">时间继电器 KT2 为断电延时型，其瞬时闭合延时断开触点 KT2–3 闭合后，接通了电磁铁 YA2 线圈的电流通路，YA2 动作后接通了立柱放松油压驱动缸的油路；同时，瞬时动合触点 KT2–2 闭合，为接通接触器 KM4 线圈的电流通路做好准备</td></tr>
<tr><td rowspan="3">KT3动作情况</td><td colspan="2">时间继电器 KT3 为通电延时型，当经过一定时间后，其延时闭合瞬时断开触点 KT3–1 闭合，就接通了接触器 KM4 线圈中的电流通路而吸合，其各组触点就会动作，具体动作情况如下所述</td></tr>
<tr><td>KM4–1断开</td><td>动断触点 KM4–1 断开后，切断了 KM5 线圈的电流通路，以防 KM4 工作时，KM5 出现误动作</td></tr>
<tr><td>KM4–2～KM4–4闭合</td><td>三组动合主触点 KM4–2～KM4–4 闭合接通后，为液压泵电动机 M3 提供三相工作电源，使其得电起动进入正转状态，用于驱动液压泵旋转供给机床正向压力油。正向压力油经二位六通阀进入立柱松开油压驱动缸，驱动活塞和菱形块，使立柱松开。同时活塞杆松开位置开关 SQ4，其动断触点 SQ4–1 又闭合、动合触点 SQ4–2 又断开，也就是使指示灯 HL3 熄灭、HL2 点亮，以示立柱已经松开。此时，松开主轴箱立柱放松按钮开关 SB5 后，就结束了立柱放松过程</td></tr>
</table>

续表

<table>
<tr><th>序号</th><th>项目</th><th colspan="2">具体说明</th></tr>
<tr><td rowspan="3">3</td><td rowspan="3">立柱的夹紧控制</td><td colspan="2">在上述情况下，如需要夹紧立柱，则按下主轴和立柱夹紧按钮开关 SB6 后，其动断触点 SB6–2 断开后，切断了接触器 KM4 线圈中的电流通路，以防 KM4 出现误动作；而动合触点 SB6–1 闭合接通后，同时接通了时间继电器 KT2 与 KT3 线圈的电流通路而吸合，仍然使电磁铁 YA2 线圈得电动作，接通立柱夹紧油路驱动缸的油路。
而时间继电器 KT3 的瞬时动合触点 KT3–2 闭合后，接通了接触器 KM5 线圈的电流通路，其各组触点就会动作，具体动作情况如下所述</td></tr>
<tr><td>KM5–1 断开</td><td>动断触点 KM5–1 断开后，切断了 KM4 线圈的电流通路，以防 KM5 工作时，KM4 出现误动作</td></tr>
<tr><td>KM5–2～KM5–4 闭合</td><td>三组动合主触点 KM5–2～KM5–4 闭合接通后，为液压泵电动机 M3 提供反转三相工作电源，使其得电起动进入反转状态，用于驱动液压泵旋转供给机床反向压力油。反向压力油经二位六通阀进入立柱夹紧油压驱动缸，驱动活塞和菱形块，使立柱夹紧。同时活塞杆压下位置开关 SQ4，其动断触点 SQ4–1 又断开、动合触点 SQ4–2 又闭合，也就是使指示灯 HL3 点亮、HL2 熄灭，以示立柱已经夹紧。此时，松开主轴箱立柱夹紧按钮开关 SB6 后，液压泵电动机 M3 反转停止，就结束了立柱夹紧过程</td></tr>
<tr><td>4</td><td>主轴箱的松开与夹紧控制</td><td colspan="2">对主轴箱的松开与夹紧控制，与对立柱的松开与夹紧控制原理基本相同，但此时转换开关 SA2 要置于“右”挡位置，SA2 接通的是 YA1 电磁铁线圈的电流通路，其他操作方式和立柱的放松与夹紧基本系统，读者可自行分析</td></tr>
<tr><td>5</td><td>主轴箱与立柱的同时松开与夹紧控制</td><td colspan="2">如需要对主轴箱与立柱的同时进行松开与夹紧的控制，则应把转换开关 SA2 置于“中间”挡，此时，SA2 同时接通了电磁铁 YA1 与 YA2 线圈的电流通路，由此就可以对主轴箱与立柱的同时进行松开与夹紧的控制，其他操作过程和立柱松开与夹紧控制基本相同，这里不再赘述</td></tr>
</table>

表 15–7　　转换开关 SA2 三个位置的控制情况

SA2 位置	扳向“左”挡	扳向“中间”挡	扳向“右”挡
控制情况	SA2 通过时间继电器 KT2 的瞬间闭合延时断开触点 KT2–3 接通 YA2 电磁铁与控制电路的电源，此时为主轴箱的放松或夹紧操作	SA2 通过时间继电器 KT2 的瞬间闭合延时断开触点 KT2–3 同时接通 YA1 与 YA2 电磁铁线圈的电源，此时为主轴箱和立柱同时进行放松或夹紧操作	SA2 通过时间继电器 KT2 的瞬间闭合延时断开触点 KT2–3 接通 YA1 电磁铁电路的电源，此时为主轴箱放松或夹紧操作

15.1.6 液压泵电动机M3过载保护与冷却泵电动机M4控制原理

普通 Z3040B 型摇臂钻床液压泵电动机 M3 过载保护与冷却泵电动机 M4 控制原理见表 15–8，供识图时参考。

表 15–8 普通 Z3040B 型摇臂钻床 M3 过载保护与 M4 控制原理

序号	项目	具 体 说 明
1	M3 过载保护	SQ3 为位置开关，当其安装位置发生了移动或安装不当，摇臂在夹紧过程中无法把该开关压开时，液压泵电动机 M3 就会出现过载现象，由此就会使控制电路中的 KR2 热继电器动断触点断开，进而就切断了接触器 KM5 线圈中的电流通路而使液压泵电动机 M3 断电停止工作，从而实现了过载保护
2	冷却泵电动机 M4 的控制	SA1 为冷却泵电动机 M4 的控制开关，当把该开关扳倒接通位置时，冷却泵电动机 M4 得到三相交流电源而起动工作，驱动冷却泵为加工工件提供冷却液。当把 SA1 开关扳倒断开位置后，冷却泵电动机 M4 就会断电而停止工作

15.2 普通 Z3040B 型钻床线路常见故障处理与其他钻床故障检修实例

15.2.1 普通 Z3040B 型摇臂钻床线路常见故障处理

普通 Z3040B 型摇臂钻床常见故障现象、故障原因与处理方法见表 15–9，供检修故障时参考。

表 15–9 普通 Z3040B 型摇臂钻床常见故障现象、故障原因与处理方法

序号	故障现象	故障原因	处 理 方 法
1	所有电动机均无法起动，指示与照明灯均不亮	电源总开关 QF1 或 QF2 不良或损坏	对电源总开关 QF1 或 QF2 进行修理或更换新的、同规格的配件
		电源控制变压器 TC 不良或损坏	对电源控制变压器 TC 进行修理或更换新的、同规格的配件

续表

序号	故障现象	故障原因	处理方法
2	所有电动机均无法起动，但指示和照明灯 EL 亮	停机按钮开关 SB7 动断触点接触不良或损坏	对停机按钮开关 SB7 动断触点进行修理或更换新的、同规格的配件
		起动开关按钮 SB1 触点闭合后接触不良或损坏	对起动开关按钮 SB1 进行修理或更换新的、同规格的配件
		欠电压继电器 KV 线圈不良或损坏	对欠电压继电器 KV 线圈进行修理或更换新的、同规格的配件
		欠电压继电器 KV 动合自锁触点 KV1 接触不良或损坏	对欠电压继电器 KV 动合自锁触点 KV1 进行修理或更换新的、同规格的配件
3	主轴电动机 M1 无法起动旋转	三组 KM1–3～KM1–5 主触点接触不良或损坏	对三组 KM1–3～KM1–5 主触点进行修理或更换新的、同规格的配件
		主电路或控制电路中的热继电器 KR1 不良或损坏	对主电路或控制电路中热继电器 KR1 进行修理或更换新的、同规格的配件
		主轴电动机 M1 本身不良或损坏	对 M1 进行修理或更换新的配件
		起动开关按钮 SB2 闭合后触点接触不良或损坏	对起动开关按钮 SB2 进行修理或更换新的、同规格的配件
		停机按钮开关 SB8 动断触点接触不良或损坏	对停机按钮开关 SB8 动断触点进行修理或更换新的、同规格的配件
		接触器 KM1 线圈不良或损坏	对 KM1 线圈进行修理或更换新的、同规格的配件
		交流接触器 KM1 动合自锁触点 KM1–1 接触不良或损坏	对交流接触器 KM1 动合自锁触点 KM1–1 进行修理或更换新的、同规格的配件
4	摇臂既不能上升也不能下降	摇臂升降电动机 M2 本身不良或损坏	对摇臂升降电动机 M2 进行修理或更换新的、同规格的配件
		行程开关 SQ2 的动合触点 SQ2–1 闭合后接触不良或损坏	对行程开关 SQ2 的动合触点 SQ2–1 进行修理或更换新的、同规格的配件

续表

序号	故障现象	故障原因	处 理 方 法
5	摇臂不能上升（其他原因与液压泵电动机 M3 不能正转起动相同，这里不再重述）	三组 KM2–2～KM2–4 主触点接触不良或损坏	对三组 KM2–2～KM2–4 主触点进行修理或更换新的、同规格的配件
		起动开关动合触点 SB3–1 闭合后触点接触不良或损坏	对起动开关按钮 SB3 的动合触点 SB3–1 进行修理或更换新的、同规格的配件
		行程开关 SQ1 的动断触点 SQ1–1 闭合后接触不良或损坏	对行程开关 SQ1 的动断触点 SQ1–1 进行修理或更换新的、同规格的配件
		摇臂下降开关 SB4 的动断触点 SB4–2 触点接触不良或损坏	对摇臂下降开关 SB4 的动断触点 SB4–2 进行修理或更换新的、同规格的配件
		动断触点 KM3–1 接触不良或损坏	对动断触点 KM3–1 进行修理或更换新的、同规格的配件
		接触器 KM2 线圈不良或损坏	对 KM2 线圈进行修理或更换新的配件
6	摇臂不能下降（其他原因与液压泵电动机 M3 不能正转起动相同，这里不再重述）	三组 KM3–2～KM3–4 主触点接触不良或损坏	对三组 KM3–2～KM3–4 主触点进行修理或更换新的、同规格的配件
		摇臂下降起动开关按钮 SB4 的动合触点 SB4–1 闭合后触点接触不良或损坏	对摇臂下降起动开关按钮 SB4 的动合触点 SB4–1 进行修理或更换新的、同规格的配件
		行程开关 SQ1 的动断触点 SQ1–2 闭合后接触不良或损坏	对行程开关 SQ1 的动断触点 SQ1–2 进行修理或更换新的、同规格的配件
		摇臂上升开关按钮 SB3 的动断触点 SB3–2 触点接触不良或损坏	对摇臂上升开关按钮 SB3 的动断触点 SB3–2 进行修理或更换新的、同规格的配件
		动断触点 KM2–1 接触不良或损坏	对动断触点 KM2–1 进行修理或更换新的、同规格的配件
		接触器 KM3 线圈不良或损坏	对 KM3 线圈进行修理或更换新的配件

续表

序号	故障现象	故障原因	处 理 方 法
7	液压泵电动机M3无法正转起动或摇臂无法放松	主电路或控制电路中的热继电器KR2不良或损坏	对主电路或控制电路中热继电器KR2进行修理或更换新的、同规格的配件
		三组KM4–2～KM4–4主触点接触不良或损坏	对三组KM4–2～KM4–4主触点进行修理或更换新的、同规格的配件
		液压泵电动机M3本身不良或损坏	对液压泵电动机M3进行修理或更换新的、同规格的配件
		行程开关SQ2的动断触点SQ2–2闭合后接触不良或损坏	对行程开关SQ2的动断触点SQ2–2进行修理或更换新的、同规格的配件
		时间继电器KT1的瞬时动合触点KT1–2接触不良或损坏	对KT1的瞬时动合触点KT1–2进行修理或更换新的、同规格的配件
		时间继电器KT2的瞬时动断触点KT2–1接触不良或损坏	对KT2的瞬时动断触点KT2–1进行修理或更换新的、同规格的配件
		接触器KM4线圈不良或损坏	对KM4线圈进行修理或更换新的配件
8	液压泵电动机M3无法反转起动或摇臂无法夹紧	三组KM5–2～KM5–4主触点接触不良或损坏	对三组KM5–2～KM5–4主触点进行修理或更换新的、同规格的配件
		行程开关SQ3的动断触点闭合后接触不良或损坏	对行程开关SQ3的动断触点进行修理或更换新的、同规格的配件
		时间继电器KT1的瞬时断开延时闭合动断触点KT1–1接触不良或损坏	对时间继电器KT1的瞬时断开延时闭合动断触点KT1–1进行修理或更换新的、同规格的配件
		动断触点KM4–1接触不良或损坏	对动断触点KM4–1进行修理或更换新的、同规格的配件
		接触器KM5线圈不良或损坏	对KM5线圈进行修理或更换新的配件

续表

序号	故障现象	故障原因	处 理 方 法
9	主轴箱无法松开或夹紧	转换开关 SA2 接触不良或损坏	对转换开关 SA2 进行修理或更换新件
		电磁铁 YA1 线圈不良或损坏	对 YA1 线圈进行修理或更换新的配件
		时间继电器 KT1 的瞬时动断触点 KT1–1 接触不良或损坏	对 KT1 的瞬时动断触点 KT1–1 进行修理或更换新的、同规格的配件
		起动按钮开关 SB5、SB6 的动合触点 SB5–1、SB6–1 闭合后触点接触不良或损坏	对起动按钮开关 SB5、SB6 的动合触点 SB5–1、SB6–1 进行修理或更换新的、同规格的配件
		时间继电器 KT2、KT3 线圈不良或损坏	对时间继电器 KT2、KT3 线圈进行修理或更换新的、同规格的配件
10	冷却泵电动机 M4 无法起动	转换开关 SA1 闭合后接触不良或损坏	对转换开关 SA1 进行修理或更换新的、同规格的配件
		冷却泵电动机 M4 本身不良或损坏	对冷却泵电动机 M4 进行修理或更换新的、同规格的配件

15.2.2 其他普通摇臂钻床常见故障检修实例

普通摇臂钻床常见故障检修实例见表 15–10 和表 15–11，供对号入座检修故障时参考。

表 15–10 普通摇臂钻床常见故障检修实例（一）

型号	故障现象	故障原因	检 修 方 法
Z35 型普通摇臂钻床	十字形手柄 SA1 扳到“中间”位置时，摇臂不能停止	SQ3 和 SQ4 的安装位置发生了移动，致使 KM2 出现了误动作	该故障的典型特征是：摇臂上升到需要的高度时，把十字形手柄 SA1 扳到“中间”位置时，摇臂不能停止。只有断开总电源开关后摇臂才停止上升。具体检查情况如下。 （1）先检查接触器 KM2 是否有机械卡住或触点熔焊现象。可打开摇臂盒，采用螺丝刀按压接触器 KM2 动铁芯，KM2 动铁芯动作灵活，没有发现有机械卡住现象，且触点也没有熔焊情况。 （2）对行程开关 SQ3 和 SQ4 的安装位置重新进行适当的调整后，故障排除

续表

型号	故障现象	故障原因	检修方法
Z35型普通摇臂钻床	主轴电动机M2无法起动	主电路中热继电器KT通路有断相现象	（1）合上电源开关QF1，把SA1扳到“左”挡，接通失压保护继电器KA的电源，KA1闭合接通了控制电路中的电源。然后将SA1扳到“右”挡，接通接触器KN1线圈的供电，观察到接触器KM1能吸合，还听到主轴电动机M2发出“嗡、嗡”声，这是电动机缺相运行的典型特征。 （2）断开主轴电动机M2与外电路的连接线，重新起动机床，接通主轴电动机M2的控制电源。 （3）采用万用表交流500V电压挡，检测主电路中热继电器KT下端的电压，发现有一相电压为0V，但检测热继电器KT上端的380V电压基本正常，说明热继电器KT不良。 （4）更换一只新的、同规格的KT装上后，故障排除
Z3040B型普通摇臂钻床	主轴电动机M1无法起动	停止按钮开关SB8动断触点接触不良	（1）分别合上电源开关QF1和自动空气开关QF2～QF4，按下控制电路起动按钮开关SB1，接通控制电路电源后，按下主轴电动机M1起动按钮开关SB2，观察接触器KM1没有吸合的动作。 （2）在断开机床供电的情况下，采用万用表$R\times100$挡，检测停止按钮开关SB8动断触点之间电阻值很大，而正常值应导通，判断该开关接触不良。 （3）对停止按钮开关SB8动断触点进行修理或更换新的、同规格的配件后，故障排除
	主轴电动机M1起动正常，但摇臂既不能上升也无法下降	液压泵电动机M3绕组烧毁	（1）机床电源起动后，按下摇臂上升起动按钮开关SB3，观察时间继电器KT1与接触器KM4有吸合的动作，但液压泵电动机M3没有起动运转声。 （2）按下摇臂下降起动按钮开关SB4，观察时间继电器KT1与接触器KM4有吸合的动作，但液压泵电动机M3仍然没有起动运转声。 （3）根据上述检查的结果来看，故障范围应在液压泵电动机M3的主电路中。在断开机床供电的情况下，断开液压泵电动机M3与外电路的连接线，重新起动机床，按下摇臂上升起动按钮开关SB3，采用万用表交流500V电压挡，检测主电路中热继电器KR2下端的380V电压均正常。判断问题出在液压泵电动机M3本身。 （4）对液压泵电动机M3进行仔细检查，发现该电动机绕组烧毁，对其进行修理或更换新的、同规格的电动机后，故障排除

续表

型号	故障现象	故障原因	检 修 方 法
Z3050型普通摇臂钻床	机床除摇臂不能上升外，其他功能基本正常	行程开关SQ2安装位置发生了移动或动合触点压合后接触不良	（1）合上电源开关 QF1，按下摇臂上升起动按钮开关SB3，观察接触器KM2没有吸合的动作，说明其供电通路无法形成。 （2）把短导线的一端连接在热继电器KR2电源输出端，导线的另一端连接在接触器动断触点KM3–1下端，观察接触器KM2有吸合的动作，摇臂可上升。 （3）连接在接触器动断触点KM3–1下端的导线保持不动，导线另一端从热继电器KR2电源输出端取下，依次移到动断触点SQ1–1下端、SQ2–1触点下端、SB4–1下端。发现当连接到SQ2–1触点下端时，KM2接触器不能得电吸合，由此说明行程开关SQ2–1动合触点压合后接触不良。 （4）对行程开关SQ2安装位置进行适当调整或对动合触点进行修理后，故障排除
	按下摇臂升或降起动按钮开关SB3或SB4，摇臂无法夹紧	接触器KM4动断触点KM4–1接触不良	（1）合上电源开关 QF1，按下摇臂上升起动按钮开关SB3，观察摇臂可以上升，但松开SB3后，观察到接触器KM5没有吸合的动作，判断问题出在接触器KM5线圈供电通路中。 （2）把短导线的一端连接在热继电器KR2电源输出端，导线的另一端连接在接触器动断触点KM4–1下端，观察接触器KM5有吸合的动作。 （3）连接在接触器动断触点KM4–1下端的导线保持不动，导线另一端从热继电器KR2电源输出端取下，依次移到动断触点SB6–2下端、KT2动断触点下端，接触器KM5均有吸合的动作，由此判断动断触点KM4–1不良。 （4）对动断触点KM4–1进行修理或更换新的、同规格的配件后，故障排除

表15–11　　普通摇臂钻床常见故障检修实例（二）

型号	故障现象	故障原因	检 修 方 法
Z3040摇臂钻床	摇臂无法升降	行程开关SQ2没有动作	对行程开关SQ2的位置进行重新调整并固定牢固
		行程开关SQ2接触不良	对SQ2进行检修或更换新件
		新安装时或大修后，电源相序接反，导致液压泵电动机反转，摇臂夹紧时，压不下SQ2	对电源的相序重新进行调整，以保证液压泵电动机正转

续表

型号	故障现象	故障原因	检修方法
Z3040摇臂钻床	摇臂无法升降	液压系统故障，导致液压泵没有运转	查找液压泵没有运转的原因，并排除故障
		液压系统的油路堵塞	对堵塞处进行彻底地清理，保证油路的畅通
		外界气温太低使油的黏度增大	对机床环境温度进行适当改善，改用黏度低的润滑油
	摇臂上升到设定的位置后，摇臂夹不紧	行程开关 SQ3 动作过早，造成液压泵在没有完成夹紧动作之前提前断电	对行程开关 SQ3 的安装位置进行适当调整，使其满足合适的动作距离要求
		摇臂夹紧力不够	检查液压系统，如活塞杆阀芯是否被卡住；油路是否出现堵塞现象
	立柱、主轴箱无法夹紧或松开现象	用于立柱、主轴箱夹紧或松开的接触器没有吸合	查找立柱、主轴箱夹紧或松开接触器没有吸合的原因并排除故障
		用于立柱、主轴箱夹紧或松开的接触器触点接触不良	对立柱、主轴箱夹紧或松开的接触器进行检修或更换新的、同规格的配件
		按钮开关本身触点接触不良或其连接线路有断裂处	对开关或其连接线路进行检查，排除接触不良或断路处
		油路堵塞	对液压系统、机械部分进行检查和修理，排除堵塞现象
	摇臂上升或下降限位开关失灵	限位开关损坏，其触点不能因开关动作而闭合	查找限位开关触点不能因开关动作而闭合的原因并排除故障
		限位开关触点接触不良或其连接线路有断裂处	对开关触点或其连接线路进行检修，或更换新的配件
		限位开关触点因熔结而无法动作，导致线路始终接通	对限位开关触点进行检修或更换新的、同规格的配件
	主轴电动机刚旋转，熔断器就立即熔断	电动机在正反向运转时，机械机构有卡死现象存在	检查并排除机械机构出现的卡死现象
		进给量太大，导致钻头被铁屑卡住	适当减小钻头的进给量，并随时对钻床的铁屑进行清理

续表

型号	故障现象	故障原因	检修方法
Z3040摇臂钻床	按起动按钮，立柱、主轴箱能夹紧，但松开按钮后，主轴、立柱也会松开	机械菱形块与轴承块的角度方向装错	对机械菱形块与轴承块的角度安装方向进行改正
		机械菱形块的距离不当，使其无法立起来	对机械菱形块的距离进行适当调整，以使夹紧力不致太大

第16章

普通X62W–4、X8120W型铣床线路识图与常见故障处理

所谓普通铣床，是指由交流接触器、继电器等组成的、采用机械触点方式进行功能切换的铣加工设备。

16.1 普通铣床功能、类型与外形说明

普通铣床是一种应用极其广泛的加工各种表面的高效率铣削机床。常见普通铣床的外形示意图见表16–1。

表16–1 常见普通铣床的外形示意图

内容	具体说明
功能说明	普通铣床可用来加工工件平面、斜面、沟槽，装上分度头可以铣削齿轮和螺旋面，装上圆工作台还可以铣削凸轮和弧形槽
类型	铣床按照用途和功能分类有立式铣床、卧式铣床、龙门铣床、仿形铣床、专用铣床等。卧式铣床应用最广泛，其主轴采用水平方式放置，带动铣刀做旋转运动
普通卧式铣床示意图	1 2 3 4 5 6 7 8 9 10 11 12 13 14 15 1—底座；2—主轴电动机；3床身；4—主轴；5悬梁；6刀杆支架；7—工作台；8—工作台左右进给操作手柄；9—溜板；10—工作台前后、上下操作手柄；11—进给变速手柄及变速盘；12—升降工作台；13—进给电动机；14—主轴变速盘；15—主轴变速手柄

16.2 普通 X62W–4 型万能铣床线路识图指导与常见故障处理

X62W–4 型万能铣床是可用来加工如机械齿轮、蜗轮蜗杆等特殊机械零件的一种机加工设备。

16.2.1 普通 X62W–4 型万能铣床线路基本组成与供电特点

普通 X62W–4 型万能铣床线路基本组成与供电特点见表 16–2，供识图时参考。

表 16–2　普通 X62W–4 型万能铣床线路基本组成与供电特点

<table>
<tr><th>序号</th><th>项目</th><th>具 体 说 明</th></tr>
<tr><td>1</td><td>基本组成</td><td>图 16–1（a）所示为 X62W–4 型万能铣床主电路；图 16–1（b）所示为 X62W–4 型万能铣床控制电路电路。电气控制线路图中各元件的代号、名称和型号见表 16–3。下表所示为各开关位置及其动作情况。依据这些表，对读识图 16–1 所示电气控制线路图的工作原理有很大的帮助
<table>
<tr><th colspan="5">主轴转向转换开关</th></tr>
<tr><th rowspan="2">位置</th><th colspan="4">触点动作情况</th></tr>
<tr><th>SA3–1</th><th>SA3–2</th><th>SA3–3</th><th>SA3–4</th></tr>
<tr><td>正转</td><td>断开</td><td>闭合接通</td><td>闭合接通</td><td>断开</td></tr>
<tr><td>停止</td><td>断开</td><td>断开</td><td>断开</td><td>断开</td></tr>
<tr><td>反转</td><td>闭合接通</td><td>断开</td><td>断开</td><td>闭合接通</td></tr>
<tr><th colspan="5">工作台纵向进给开关</th></tr>
<tr><th rowspan="2">位置</th><th colspan="4">触点动作情况</th></tr>
<tr><th>SQ5–1</th><th>SQ5–2</th><th>SQ6–1</th><th>SQ6–2</th></tr>
<tr><td>左</td><td>断开</td><td>闭合接通</td><td>闭合接通</td><td>断开</td></tr>
<tr><td>停</td><td>断开</td><td>闭合接通</td><td>断开</td><td>闭合接通</td></tr>
<tr><td>右</td><td>闭合接通</td><td>断开</td><td>断开</td><td>闭合接通</td></tr>
</table>
</td></tr>
</table>

续表

<table>
<tr><th>序号</th><th>项目</th><th>具 体 说 明</th></tr>
<tr><td>1</td><td>基本组成</td><td>
<table>
<tr><th colspan="5">工作台垂直与横向进给开关</th></tr>
<tr><th rowspan="2">位置</th><th colspan="4">触点动作情况</th></tr>
<tr><th>SQ3–1</th><th>SQ3–2</th><th>SQ4–1</th><th>SQ4–2</th></tr>
<tr><td>前、下</td><td>闭合接通</td><td>断开</td><td>断开</td><td>闭合接通</td></tr>
<tr><td>停</td><td>断开</td><td>闭合接通</td><td>断开</td><td>闭合接通</td></tr>
<tr><td>后、上</td><td>断开</td><td>闭合接通</td><td>闭合接通</td><td>断开</td></tr>
</table>
</td></tr>
<tr><td>2</td><td>供电特点</td><td>X62W–4 型万能铣床主轴电动机 M1 与进给电动机 M2、冷却泵电动机 M3 的供电直接取自三相交流电源，控制系统的供电直接取自控制电源变压器 TC1 输出的 110V 交流电压，照明灯电路的供电取自控制电源变压器 TC2 输出的 24V 交流电压，由 SA4 手动开关操作进行控制。电磁制动离合器 YC1～YC3 的供电取自 TC3 变压器输出的 36V 交流，该电压经桥式整流器 VC 整流为直流后作为 YC1～YC3 的工作电压</td></tr>
</table>

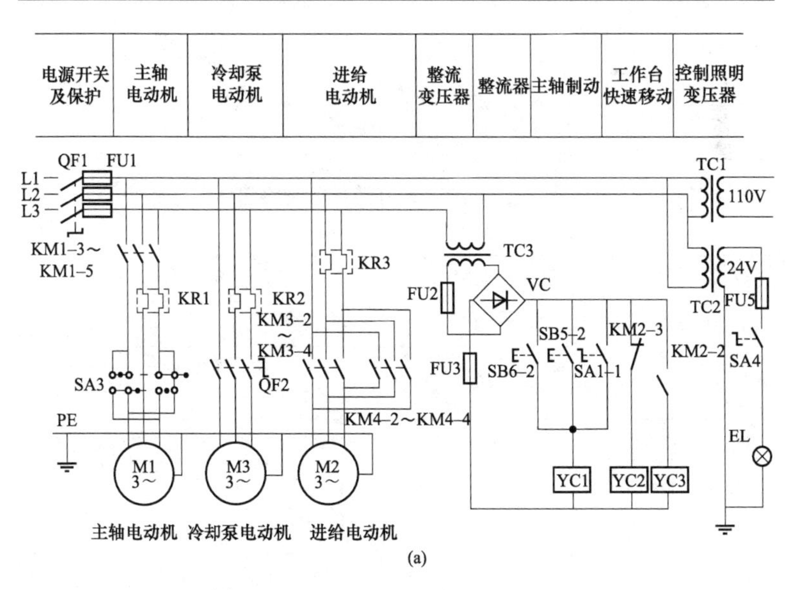

图 16–1 X62W–4 型万能铣床线路（一）

（a）主线路示意图

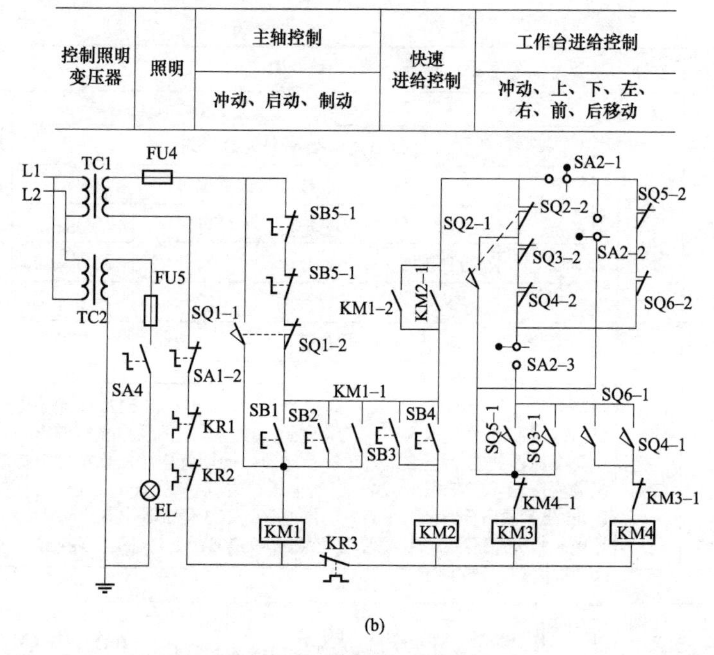

图 16–1　X62W–4 型万能铣床线路（二）

（b）控制线路示意图

表 16–3　　　　普通 X62W–4 型万能铣床线路图各元件代号、名称和型号

代号	名称	型号与规格	作　用
QF1	转换开关	HZ1–60/3J，500V	电源总开关
QF2	转换开关	HZ1–10/3J，500V	用于控制冷却泵电动机 M3 的开关
FU1	熔断器	RL1–60/60	电源总短路和主轴 M1 短路保护
FU2	熔断器	RL1–15/5	整流电路短路保护
FU3	熔断器	RL1–15/5	电磁铁电路短路保护
FU4	熔断器	RL1–15/5	控制电路短路保护
FU5	熔断器	RL1–15/1	工作照明电路短路保护

续表

代号	名称	型号与规格	作　用
M1	主轴电动机	JO2–51–4，7.5kW	驱动主轴旋转
M2	进给电动机	JO2–22–4，1.5kW	驱动工作台六个方向进给
M3	冷却泵电动机	JCB–22，125W	驱动冷却泵旋转
KR1	热继电器	JR0–60/3，整定电流 16A	M1 主轴电动机过载保护
KR2	热继电器	JR0–20/3，整定电流 0.5A	M2 冷却泵电动机过载保护
KR3	热继电器	JR0–20/3，整定电流 1.5A	M3 进给电动机过载保护
KM1	接触器	CJ0–20，线圈电压 110V	用于控制主轴电动机 M1
KM2	接触器	CJ0–10，线圈电压 110V	用于控制快速进给
KM3	接触器	CJ0–10，线圈电压 110V	用于控制 M2 进给电动机正转
KM4	接触器	CJ0–10，线圈电压 110V	用于控制 M2 进给电动机反转
SB1、SB2	按钮	LA2	用于主轴电动机 M1 起动控制按钮开关
SB3、SB4	按钮	LA2	用于快速进给起动按钮控制开关
SB5、SB6	按钮	LA2	主轴电动机 M1 停止、控制按钮开关
YC1	电磁铁	MQ1–5141，36V，15kg	主轴制动
YC2	电磁铁	MQ1–5141，36V，15kg	正常进给
YC3	电磁铁	MQ1–5141，36V，15kg	快速进给
TC1	电源变压器	BK–150，380V/110V	为控制电路提供电源
TC2	电源变压器	BK–50，380V/24V	为照明电路提供电源
TC3	电源变压器	BK–100，380V/36V	为整流电路提供电源
VC	桥式整流器	2CZ	用于把交流电源整流为直流电压
SQ1	行程开关	LX3–11K	主轴冲动控制
SQ2	行程开关	LX3–11K	进给冲动控制
SQ3	行程开关	LX3–11K	向前、向下进给控制
SQ4	行程开关	LX3–11K	向后、向上进给控制

续表

代号	名称	型号与规格	作　用
SQ5	行程开关	LX3–11K	向左进给控制
SQ6	行程开关	LX3–11K	向右进给控制
SA1	转换开关	HZ1–60/3J，500V	换刀制动控制开关
SA2	转换开关	HZ1–60/3J，500V	圆工作台控制开关
SA2	转换开关	HZ3–133，60A/500V	主轴电动机 M1 换相控制开关

16.2.2　普通 X62W–4 型万能铣床主轴电动机 M1 控制原理

普通 X62W–4 型万能铣床主轴电动机 M1 起动与停止控制原理见表 16–4，供识图时参考。

表 16–4　　普通 X62W–4 型万能铣床主轴电动机 M1 起动与停止控制原理

序号	项目	具体说明	
1	M1 起动控制	SB1 或 SB2 为铣床主轴电动机 M1 的两地起动按钮开关，SB5–1 或 SB6–1 为铣床主轴电动机 M1 两地停止按钮开关，它们分别设置在机床不同的地点，以方便在不同处均可以进行操作。 当按下主轴电动机 M1 的两地起动按钮开关 SB1 或 SB2 后，交流接触器 KM1 线圈就会得电吸合，其各组触点就会动作，具体动作情况如下所述	
		KM1–1 闭合	当动合触点 KM1–1 闭合后，就实现了自锁，以保证在松开起动按钮开关 SB1 或 SB2 后，维持 KM1 线圈中的电流通路不会断开
		KM1–3～KM1–5 闭合	当三组动合主触点 KM1–3～KM1–5 闭合接通后，就会使主轴电动机 M1 获得三相交流电压而进入运行状态
		KM1–2 闭合	当动合触点 KM1–2 闭合后，为工作台的各种进给工作做好了前期准备
2	M1 正反转切换	SA3 为主轴电动机 M1 正、反转切换开关，在起动主轴电动机 M1 之前，就可以通过扳动该开关来得到主轴电动机 M1 是正转还是反转	

续表

<table>
<tr><th>序号</th><th>项目</th><th colspan="2">具 体 说 明</th></tr>
<tr><td>3</td><td>M1 停止制动控制</td><td colspan="2">SB5 或 SB6 为铣床主轴电动机 M1 两地停止按钮开关，当按下这两只开关的某一时，其动断触点 SB5–1 或 SB6–1 就会使 KM1 线圈断电释放，各组触点复位后，使主轴电动机 M1 失电；而动合触点 SB5–2 或 SB6–2 闭合后，就接通了 YC1 电磁制动离合器线圈的电流通路而动作，用于对主轴进行制动，进而使主轴迅速停转</td></tr>
<tr><td>4</td><td>主轴变速冲动控制</td><td colspan="2">主轴变速的冲动，主要用于主轴在变速时新转速齿轮组的顺利啮合。主轴变速时，先把变速手柄拉开，然后调整主轴变速盘到所需要的转速，再把变速手柄推回原处。当手柄推回原处时，手柄通过机械装置瞬时压下行程开关 SQ1 后又松开，使其动断触点 SQ1–2 瞬时断开、动合触点 SQ1–1 瞬时闭合，接触器 KM1 瞬时得电，主轴电动机 M1 瞬时起动，由此可以保证新齿轮组的顺利啮合</td></tr>
<tr><td rowspan="3">5</td><td rowspan="3">主轴换刀制动控制</td><td colspan="2">为了保证安全，铣床在换刀时，必须保证主轴不会转动，该铣床设置了换刀制动控制电路，具体情况如下所述</td></tr>
<tr><td>换刀制动</td><td>SA1 转换开关有一挡为“换刀”位置，当将该开关置于该挡位置时，SA1–2 动断触点断开了控制电路供电电源的通路；而 SA1–1 动合触点闭合后，接通了 YC1 电磁制动离合器线圈的电流通路而工作，把主轴制动住</td></tr>
<tr><td>消除换刀制动</td><td>一旦铣床换刀结束后，只要把转换开关 SA1 扳回原处后，就又恢复成铣床原来的正常工作状态</td></tr>
</table>

16.2.3 普通 X62W–4 型万能铣床工作台进给、纵向、横向和垂直控制说明

普通 X62W–4 型万能铣床工作台进给、纵向、横向和垂直控制说明见表 16–5，供识图时参考。

表 16–5 普通 X62W–4 型万能铣床工作台进给、纵向、横向和垂直控制说明

序号	项目	具 体 说 明
1	进给控制说明	进给系统是在主轴电动机 M1 进入运行状态下进行工作的，也就是 KM1–2 动合触点闭合后来进行的。进给电动机 M2 可以驱动工作台进行上、下、左、右、前、后六个方向的运动，分别由工作台纵向操作手柄及工作台横向和垂直操作手柄来进行操作的。转换开

续表

<table>
<tr><th>序号</th><th>项目</th><th colspan="2">具 体 说 明</th></tr>
<tr><td>1</td><td>进给控制说明</td><td colspan="2">关 SA2 用于转换控制机床六个方向进给和圆工作台。该开关的控制情况如下表所列
<table>
<tr><td>开关 SA2 位置</td><td>“断开”位置</td><td>“接通”位置</td></tr>
<tr><td>选择的工作台情况</td><td>在该位置时为不需要圆工作台方式，机床六个方向正常进给，圆工作台不能工作</td><td>在该位置时为需要圆工作台方式，圆工作台工作，机床六个方向不能正常进给</td></tr>
<tr><td>转开关 SA2 触点动作情况</td><td>SA2–1 闭合、SA2–2 断开、SA2–3 闭合</td><td>SA2–1 断开、SA2–2 闭合、SA2–3 断开</td></tr>
</table></td></tr>
<tr><td rowspan="3">2</td><td rowspan="3">工作台纵向控制说明</td><td colspan="2">工作台纵向控制，也就是工作台向左、向右控制方式。工作台纵向控制由工作台纵向操作手柄进行操作。工作台纵向操作手柄有“向左”“向右”和“中间”三个位置，具体说明如下所述</td></tr>
<tr><td>向左或向右移动控制</td><td>当把工作台纵向操作手柄扳向“向左”或“向右”位置时，操作手柄在电气上压合行程开关 SQ5 或 SQ6，在机械上把进给电动机 M2 的动力接通到左、右进给传动丝杆上，使工作台向左或向右移动</td></tr>
<tr><td>限位控制</td><td>工作台左右移动的限位控制是由安装在工作台两端的挡铁块来实现的。一旦工作台移动至左、右极限位置时，挡铁块撞击工作台纵向操作手柄，使其转换到“中间”位置，工作台就会停止运动，从而实现了左、右进给的终端保护</td></tr>
<tr><td>3</td><td>工作台横向和垂直控制说明</td><td colspan="2">工作台横向和垂直控制也就是“向上”“向下”“向前”和“向后”控制。工作台横向和垂直控制是通过工作台横向和垂直手柄来进行操作控制的。工作台横向和垂直手柄有“向上”“向下”“向前”“向后”和“中间”共五个位置。下表中列出了在不同位置时，机床机械与电气系统的工作情况
<table>
<tr><td>工作台横向和垂直手柄位置</td><td>“向上”或“向下”位置</td><td>“向前”或“向后”位置</td><td>“中间”位置</td></tr>
<tr><td>机床机械系统的工作情况</td><td>在机械上由齿轮啮合了垂直进给离合器</td><td>在机械上由齿轮啮合了横向进给离合器</td><td>空挡位置，四个方向的进给均停止</td></tr>
</table></td></tr>
</table>

续表

<table>
<tr><th>序号</th><th>项目</th><th colspan="4">具 体 说 明</th></tr>
<tr><td rowspan="2">3</td><td rowspan="2">工作台横向和垂直控制说明</td><td>工作台横向和垂直手柄位置</td><td>“向前”或“向下”位置</td><td>“向后”或“向上”位置</td><td>“中间”位置</td></tr>
<tr><td>机床电气系统的工作情况</td><td>行程开关 SQ3 被压下，KM3 线圈通电吸合，进给电动机 M2 正转</td><td>行程开关 SQ4 被压下，KM4 线圈通电吸合，进给电动机 M2 反转</td><td>空挡位置，四个方向的进给均停止</td></tr>
</table>

16.2.4 普通 X62W–4 型万能铣床工作台向左进给控制原理

普通 X62W–4 型万能铣床工作台向左进给控制原理见表 16–6，供识图时参考。

表 16–6 普通 X62W–4 型万能铣床工作台向左进给控制原理

<table>
<tr><th>序号</th><th>项目</th><th colspan="2">具 体 说 明</th></tr>
<tr><td rowspan="3">1</td><td rowspan="3">向左进给控制</td><td colspan="2">当把圆工作台转换开关置于“断开”位置，工作台纵向操作手柄扳到“向左”位置时，行程开关 SQ5 被压下后，其动断触点 SQ5–2 断开、动合触点 SQ5–1 闭合。前者切断了 KM4 接触器线圈的电流通路，实现互锁，以防该接触器出现误动作；后者接通后就形成了电流通路：TC1 变压器上端电源→FU4 熔断器→SB6–1 动断触点→SB5–1 动断触点→SQ1–2 动断触点→KM1–2 动合已闭合的触点→SQ2–2 动断触点→SQ3–2 动断触点→SQ4–2 动断触点→SA2–3 闭合触点→SQ5–1 动合已闭合的触点→KM4–1 动断触点→KM3 接触器线圈→KR3 热继电器闭合触点→KR2 热继电器闭合触点→KR1 热继电器闭合触点→SA1–2 闭合触点→TC1 变压器下端电源。
上述电流通路使 KM3 接触器线圈得电而吸合，其各组触点就会动作，具体动作情况如下所述</td></tr>
<tr><td>KM3–1 断开</td><td>当动断触点 KM3–1 断开后，就断开了交流接触器 KM4 线圈中的电流通路，以防止该接触器出现误动作而发生事故</td></tr>
<tr><td>KM3–2～KM3–4 闭合</td><td>当三组动合主触点 KM3–2～KM3–4 闭合接通后，就会使进给电动机 M2 得电进行正向运行状态，驱动工作台向左进给</td></tr>
<tr><td>2</td><td>停止控制</td><td colspan="2">当把工作台操作手柄扳到“中间”位置时，行程开关 SQ5 被松开，其动合触点 SQ5–1 又断开、动断触点 SQ5–2 又闭合，从而使接触器 KM3 线圈断电释放后，M2 电动机停转后工作台也就停止向左进给</td></tr>
</table>

16.2.5 普通 X62W–4 型万能铣床工作台向右进给控制原理

普通 X62W–4 型万能铣床工作台向右进给控制原理见表 16–7，供识图时参考。

表 16–7 普通 X62W–4 型万能铣床工作台向右进给控制原理

<table>
<tr><th>序号</th><th>项目</th><th colspan="2">具 体 说 明</th></tr>
<tr><td rowspan="3">1</td><td rowspan="3">向右进给控制</td><td colspan="2">当把工作台纵向操作手柄扳到“向右”位置时，行程开关 SQ6 被压下后，其动断触点 SQ6–2 断开、动合触点 SQ6–1 闭合。前者切断了 KM3 线圈的电流通路，实现了互锁，以防该接触器出现误动作；后者接通后就形成了电流通路：TC1 变压器上端电源→FU4 熔断器→SB6–1 动断触点→SB5–1 动断触点→SQ1–2 动断触点→KM1–2 动合已闭合的触点→SQ2–2 动断触点→SQ3–2 动断触点→SQ4–2 动断触点→SA2–3 闭合触点→SQ6–1 动合已闭合的触点→KM3–1 动断触点→KM4 接触器线圈→KR3 热继电器闭合触点→KR2 热继电器闭合触点→KR1 热继电器闭合触点→SA1–2 闭合触点→TC1 变压器下端电源。
上述电流通路使 KM4 接触器线圈得电而吸合，其各组触点就会动作，具体动作情况如下所述</td></tr>
<tr><td>KM4–1 断开</td><td>当动断触点 KM4–1 断开后，就断开了交流接触器 KM3 线圈中的电流通路，以防止该接触器出现误动作而发生事故</td></tr>
<tr><td>KM4–2～KM4–4 闭合</td><td>当三组动合主触点 KM4–2～KM4–4 闭合接通后，就会使进给电动机 M2 获得反向供电而进入反向运行状态，驱动工作台向右进给</td></tr>
<tr><td>2</td><td>停止控制</td><td colspan="2">当把工作台操作手柄扳到“中间”位置时，形成开关 SQ6 被松开，其动合触点 SQ6–1 又断开、动断触点 SQ6–2 又闭合，从而使接触器 KM4 线圈断电释放后，M2 电动机停转后工作台也就停止向右进给</td></tr>
</table>

16.2.6 普通 X62W–4 型万能铣床工作台向上移动控制原理

普通 X62W–4 型万能铣床工作台向上进给控制原理见表 16–8，供识图时参考。

表 16–8 普通 X62W–4 型万能铣床工作台向上进给控制原理

<table>
<tr><th>序号</th><th>项目</th><th colspan="2">具 体 说 明</th></tr>
<tr><td rowspan="3">1</td><td rowspan="3">向上进给控制</td><td colspan="2">当把工作台横向和垂直操作手柄扳到“向上”位置时，行程开关 SQ4 被压下后，其动断触点 SQ4–2 断开、动合触点 SQ4–1 闭合。前者切断了接触器 KM3 线圈的电流通路，实现了互锁，以防该接触器出现误动作；后者接通后就形成了电流通路：TC1 变压器上端电源→FU4 熔断器→SB6–1 动断触点→SB5–1 动断触点→SQ1–2 动断触点→KM1–2 动合已闭合的触点→SA2–1 闭合的触点→SQ5–2 动断触点→SQ6–2 动断触点→SA2–3 闭合触点→SQ4–1 动合已闭合的触点→KM3–1 动断触点→KM4 接触器线圈→KR3 热继电器闭合触点→KR2 热继电器闭合触点→KR1 热继电器闭合触点→SA1–2 闭合触点→TC1 变压器下端电源。
上述电流通路使 KM4 接触器线圈得电而吸合，其各组触点就会动作，具体动作情况如下所述</td></tr>
<tr><td>KM4–1 断开</td><td>当动断触点 KM4–1 断开后，就断开了交流接触器 KM3 线圈中的电流通路，以防止该接触器出现误动作而发生事故</td></tr>
<tr><td>KM4–2～KM4–4 闭合</td><td>当三组动合主触点 KM4–2～KM4–4 闭合接通后，就会使进给电动机 M2 获得反向供电而进入反向运行状态，驱动工作台向上进给</td></tr>
<tr><td>2</td><td>停止控制</td><td colspan="2">当把工作台横向和垂直操作手柄扳到“中间”位置时，形成开关 SQ4 被松开，其动合触点 SQ4–1 又断开、动断触点 SQ4–2 又闭合，从而使接触器 KM4 线圈断电释放后，M2 电动机停转后工作台也就停止向上进给</td></tr>
</table>

16.2.7 普通 X62W–4 型万能铣床工作台向下移动控制原理

普通 X62W–4 型万能铣床工作台向下进给控制原理见表 16–9，供识图时参考。

表 16–9 普通 X62W–4 型万能铣床工作台向下进给控制原理

序号	项目	具 体 说 明
1	向下进给控制	当把工作台横向和垂直操作手柄扳到“向下”位置时，行程开关 SQ3 被压下后，其动断触点 SQ3–2 断开、动合触点 SQ3–1 闭合。前者切断了接触器 KM4 线圈的电流通路，实现了互锁，以防该接触器出现误动作；后者接通后就形成了电流通路：TC1 变压器上端电源→FU4 熔断器→SB6–1 动断触点→SB5–1 动断触点→SQ1–2 动断触点→KM1–2

续表

<table>
<tr><th>序号</th><th>项目</th><th colspan="2">具 体 说 明</th></tr>
<tr><td rowspan="3">1</td><td rowspan="3">向下进给控制</td><td colspan="2">动合已闭合的触点→SA2–1 闭合的触点→SQ5–2 动断触点→SQ6–2 动断触点→SA2–3 闭合触点→SQ3–1 动合已闭合的触点→KM4–1 动断触点→KM3 接触器线圈→KR3 热继电器闭合触点→KR2 热继电器闭合触点→KR1 热继电器闭合触点→SA1–2 闭合触点→TC1 变压器下端电源。
上述电流通路使 KM3 接触器线圈得电而吸合，其各组触点就会动作，具体动作情况如下所述</td></tr>
<tr><td>KM3–1 断开</td><td>当动断触点 KM3–1 断开后，就断开了交流接触器 KM4 线圈中的电流通路，以防止该接触器出现误动作而发生事故</td></tr>
<tr><td>KM3–2～KM3–4 闭合</td><td>当三组动合主触点 KM3–2～KM3–4 闭合接通后，就会使进给电动机 M2 获得正向供电而进入正向运行状态，驱动工作台向下进给</td></tr>
<tr><td>2</td><td>停止控制</td><td colspan="2">当把工作台横向和垂直操作手柄扳到“中间”位置时，形成开关 SQ3 被松开，其动合触点 SQ3–1 又断开、动断触点 SQ3–2 又闭合，从而使接触器 KM3 线圈断电释放后，M2 电动机停转后工作台也就停止向下进给</td></tr>
</table>

16.2.8 普通 X62W–4 型万能铣床工作台向前与向后移动控制原理

普通 X62W–4 型万能铣床工作台向前与向后移动控制原理见表 16–10，供识图时参考。

表 16–10 普通 X62W–4 型万能铣床工作台向前与向后移动控制原理

序号	项目	具 体 说 明
1	向前移动	当把工作台横向和垂直操作手柄扳到“向前”位置时，行程开关 SQ3 被压下后，其电气控制过程和“工作台向下移动控制”基本相同，仅是在机械上由齿轮啮合了横向进给离合器
2	向后移动	当把工作台横向和垂直操作手柄扳到“向后”位置时，行程开关 SQ4 被压下后，其电气控制过程和“工作台向上移动控制”基本相同，仅是在机械上由齿轮啮合了横向进给离合器

16.2.9 普通X62W–4型万能铣床工作台六个方向进给连锁与冲动控制原理

普通X62W–4型万能铣床工作台六个方向进给连锁与冲动控制原理见表16–11，供识图时参考。

表16–11 普通X62W–4型万能铣床工作台六个方向进给连锁与冲动控制原理

序号	项目	具 体 说 明
1	六个方向进给连锁控制	X62W–4型万能铣床工作台六个方向进给的连锁控制是由工作台纵向操作手柄和工作台横向和垂直操作手柄来进行控制的，为了保证安全，电气设计上把各个方向的进给进行了互锁。它们是利用SQ3–2、SQ4–2、SQ5–2，SQ6–2这几个动断触点断开后来实现的，这在前面已经介绍过，这里不再重述
2	进给变速冲动作用	进给变速冲动控制是由行程开关SQ2来实现的。与主轴变速冲动一样，进给变速冲动也是为了保证进给变速齿轮快速地啮合而设置的
3	进给变速冲动控制	如果需要进行变速冲动，只要把进给变速盘往外拉，然后转动变速盘，选择好所需要的速度后，把变速盘推进去。此时，行程开关SQ2就会被瞬时压下，其动断触点SQ2–2瞬时断开、动合触点SQ2–1瞬时闭合。后者会瞬时接通接触器KM3线圈的电流通路而后又断开，由此也会使进给电动机M2瞬时正转冲动一下，以使进给变速齿轮顺利啮合

16.2.10 普通X62W–4型万能铣床工作台快速移动控制原理

普通X62W–4型万能铣床工作台快速移动控制原理见表16–12，供识图时参考。

表16–12 普通X62W–4型万能铣床工作台快速移动控制原理

<table>
<tr><th>序号</th><th>项目</th><th colspan="2">具 体 说 明</th></tr>
<tr><td rowspan="2">1</td><td rowspan="2">快速移动控制</td><td colspan="2">如果需要工作台快速移动，可按下两地工作台快速移动起动开关SB3或SB4，KM2线圈就会得电吸合，其各组触点就会动作，具体动作情况如下所述</td></tr>
<tr><td>KM2–1闭合</td><td>当动合触点KM2–1闭合后，就会使该触点输出的电压提供给后级的有关电路，保证它们的工作不受影响</td></tr>
</table>

续表

序号	项目	具体说明	
1	快速移动控制	KM2–3断开	当动断触点KM2–3断开后，就断开了YC2电磁离合器线圈的供电而停止工作
		KM2–2闭合	当动合触点KM2–2闭合后，就接通了电磁离合器YC3线圈中的电流通路而动作，以保证进给电动机M2的快速进给齿轮啮合，M2驱动工作台快速移动
2	停止控制	一旦移动到需要的位置时，松开起动按钮开关SB3或SB4，接触器KM2线圈就会断电，其各组触点就会动作而复位，工作台进给恢复原状	

16.2.11 普通X62W–4型万能铣床圆工作台控制原理

普通X62W–4型万能铣床圆工作台控制原理见表16–13，供识图时参考。

表16–13 普通X62W–4型万能铣床圆工作台控制原理

序号	项目	具体说明
1	控制过程	如果需要对铣床圆工作台进行控制时，把转换开关SA2扳到“接通”位置，此时SA2–1与SA2–3触点均断开、而SA2–2触点闭合，就形成了电流通路：TC1变压器上端电源→FU4熔断器→SB6–1动断触点→SB5–1动断触点→SQ1–2动断触点→KM1–2动合已闭合的触点→SQ2–2闭合的触点→SQ3–2动断触点→SQ4–2动断触点→SQ6–2动断触点→SQ5–2动断触点→SA2–2闭合的触点→KM4–1动断触点→KM3接触器线圈→KR3热继电器闭合触点→KR2热继电器闭合触点→KR1热继电器闭合触点→SA1–2闭合触点→TC1变压器下端。 上述这一电流通路，使KM3接触器线圈得电吸合，其各组触点就会动作（具体动作情况见上述，不再重述），从而使进给电机M2正转，驱动圆工作台工作
2	连锁控制	在圆工作台工作时，工作台六个方向进给均不能进行。这主要是由于无论扳动六个进给方向中的任意一个，均会压下行程开关SQ3～SQ6中的任意一个。而其中任意一个行程开关被压开，均会导致KM3接触器线圈断电，进给电动机M2均会停转，从而实现了六个方向与圆工作台的连锁控制作用

16.2.12 普通 X62W–4 型普通万能铣床线路常见故障处理

普通 X62W–4 型普通万能铣床线路常见故障现象、故障原因与处理方法见表 16–14，供检修故障时参考。

表 16–14 普通 X62W–4 型普通万能铣床线路常见故障处理

序号	故障现象	故障原因	处 理 方 法
1	电动机均无法起动，EL 也不亮	电源总开关 QF1 不良或损坏	对 QF1 进行修理或更换新的配件
		总保护 FU1 熔断器熔断	查找 FU1 熔断器熔断的原因并处理后，再更换新的、同规格的熔断器
2	所有电动机均无法起动，但照明灯 EL 亮	TC1 控制变压器不良或损坏	对 TC1 进行修理或更换新的配件
		控制电路 FU4 熔断器熔断	查找 FU4 熔断的原因后，再换新的配件
		停止按钮开关动断触点 SB5–1 或 SB6–1 接触不良或损坏	对开关动断触点 SB5–1 或 SB6–1 进行修理或更换新的、同规格的配件
		行程开关 SQ1–2 动断触点接触不良或损坏	对行程开关 SQ1–2 动断触点进行修理或更换新的、同规格的配件
		上刀制动开关 SA1–2 动断触点接触不良或损坏	对上刀制动开关 SA1–2 动断触点进行修理或更换新的、同规格的配件
		控制线路中热继电器 KR1 或 KR2 触点不良或损坏	对控制线路中热继电器 KR1 或 KR2 触点进行修理或更换新的、同规格的配件
3	主轴电动机 M1 无法起动	三组 KM1–3～KM1–5 主触点接触不良或损坏	对三组 KM1–3～KM1–5 主触点进行修理或更换新的、同规格的配件
		主电路中 KR1 不良或损坏	对热继电器 KR1 进行修理或更换新件
		转换开关 SA3 不良或损坏	对 SA3 进行修理或换新的配件
		电动机 M1 本身不良或损坏	对主轴电动机 M1 进行修理或更换新件
4	冷却泵电动机 M3 无法起动	主电路中 KR2 不良或损坏	对热继电器 KR2 进行修理或换新配件

续表

序号	故障现象	故障原因	处 理 方 法
4	冷却泵电动机 M3 无法起动	SQ2 触点接触不良或损坏	对转换开关 SQ2 进行修理或换新件
		电动机 M3 本身不良或损坏	对冷却泵电动机 M3 进行修理或换新件
5	主轴无法制动	主轴电动机 M1 停止按钮开关 SB5–2 或 SB6–2 动合触点接触不良或损坏	对主轴电动机 M1 停止按钮开关 SB5–2 或 SB6–2 动合触点进行修理或更换新的、同规格的配件
		电磁铁 YC1 线圈不良或损坏	对 YC1 线圈进行修理或更换新的配件
6	进给电动机 M2 无法起动	主电路或控制电路中热继电器 KR3 不良或损坏	对主电路或控制电路中热继电器 KR3 进行修理或更换新的、同规格的配件
		三组 KM4–2～KM4–4 主触点接触不良或损坏（此时进给电动机 M2 反转不能起动）	对三组 KM4–2～KM4–4 主触点进行修理或更换新的、同规格的配件
		三组 KM3–2～KM3–4 主触点接触不良或损坏（此时进给电动机 M2 正转不能起动）	对三组 KM3–2～KM3–4 主触点进行修理或更换新的、同规格的配件
		M2 本身不良或损坏	对进给电动机 M2 进行修理或更换新件
		KM1–2 接触不良或损坏	对动合触点 KM1–2 进行修理或换新件
		圆工作台转换开关 SA2–3 触点接触不良或损坏	对圆工作台转换开关 SA2–3 触点进行修理或更换新的、同规格的配件
7	工作台左右无法进给	行程开关 SQ2–2、SQ3–2、SQ4–2 动断触点接触不良或损坏	对 SQ2–2、SQ3–3、SQ4–2 动断触点进行修理或更换新的、同规格的配件
		行程开关 SQ5–1 动合触点闭合后接触不良或损坏	对行程开关 SQ5–1 动合触点进行修理或更换新的、同规格的配件
		行程开关 SQ6–1 动合触点闭合后接触不良或损坏	对行程开关 SQ6–1 动合触点进行修理或更换新的、同规格的配件

续表

序号	故障现象	故障原因	处 理 方 法
8	工作台前、后、上、下无法进给	行程开关SQ5-2、SQ6-2动断触点接触不良或损坏	对行程开关SQ5-2、SQ6-2动断触点进行修理或更换新的、同规格的配件
		行程开关SQ3-1动合触点闭合后接触不良或损坏	对行程开关SQ3-1动合触点进行修理或更换新的、同规格的配件
		行程开关SQ4-1动合触点闭合后接触不良或损坏	对行程开关SQ4-1动合触点进行修理或更换新的、同规格的配件
		圆工作台转换开关SA2-1触点接触不良或损坏	对圆工作台转换开关SA2-1触点进行修理或更换新的、同规格的配件
9	工作台无法快速移动	按钮开关SB3或SB4的动合触点压合后接触不良或损坏	对快速进给起动按钮开关SB3或SB4的动合触点进行修理或更换新件
		接触器KM2线圈不良或损坏	对KM2线圈进行修理或更换新的配件
		动合触点KM2-2接触不良或损坏	对动合触点KM2-2进行修理或更换新的、同规格的配件
		电磁铁YC3线圈不良或损坏	对YC3线圈进行修理或更换新的配件
10	主轴不能制动且工作台也无法快速移动	TC3电源变压器不良或损坏	对TC3进行修理或更换新的配件
		FU2或FU3熔断器熔断	查找FU2或FU3熔断器熔断的原因并处理后，再更换新的、同规格的熔断器
		桥式整流器VC不良（如有一桥臂断路）或损坏	对桥式整流器VC进行修理或更换新的、同规格的配件
11	主轴变速无法冲动	行程开关SQ1-1动合触点闭合后接触不良或损坏	对行程开关SQ1-1动合触点进行修理或更换新的、同规格的配件
12	进给变速无法冲动	行程开关SQ2-1动合触点闭合后接触不良或损坏	对行程开关SQ2-1动合触点进行修理或更换新的、同规格的配件
13	圆工作台不能工作	圆工作台转换开关SA2-2动断触点接触不良或损坏	对圆工作台转换开关SA2-2动断触点进行修理或更换新的、同规格的配件
14	工作台无法向相应方向进给	相应方向的行程开关压合后接触不良或损坏	根据实际情况对相应方向的行程开关（SQ3～SQ6）触点进行修理或更换新的、同规格的配件

16.3 普通 X8120W 型万能工具铣床线路识图指导与常见故障处理

图 16–2 所示是工厂常见的普通 X8120W 型万能工具铣床电气控制线路图。其中：M2 为主机铣头电动机，是一种双速工作方式，由 SA2 双速控制开关对其高低转速进行切换，高速时电动机线圈为双星形连接方式，该电动机具有正、反向运转控制线路；M1 为冷却泵电动机，由转换开关 QF2 对其进行通断控制。

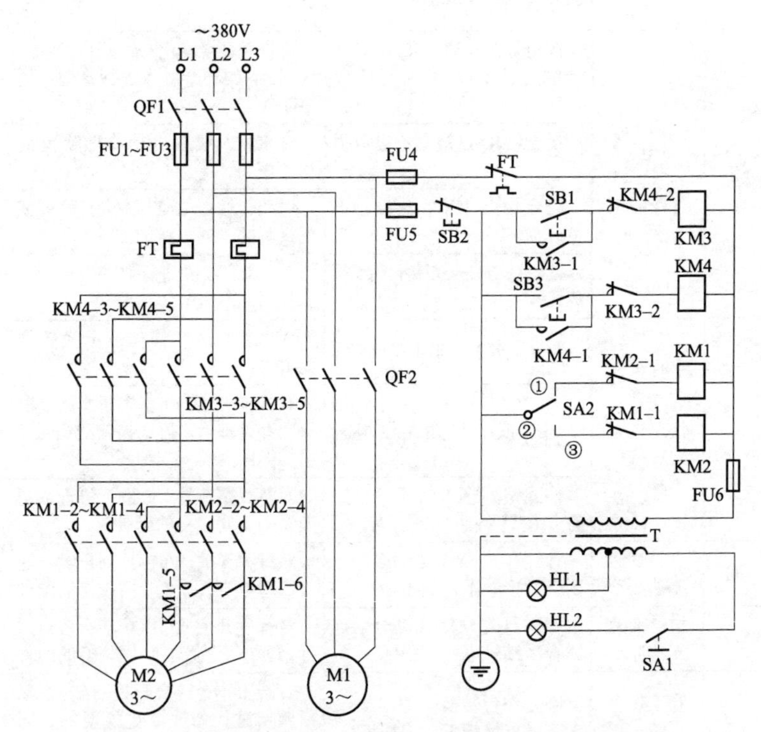

图 16–2 普通 X8120W 型万能工具铣床电气控制线路示意图

16.3.1 普通 X8120W 型万能工具铣床线路识图指导

普通 X8120W 型万能工具铣床线路控制原理见表 16–15，供识图时参考。

表 16–15　普通 X8120W 型万能工具铣床线路控制原理

序号	项目	具 体 说 明	
1	供电情况	当合上铣床供电控制开关 QF1 其触点接通以后，380V 的三相交流电源就会经该开关闭合的触点→FU1～FU3 熔断器后，一路经热继电器 FT 加到 KM4–3～KM4–5、KM3–3～KM3–5 主触点上端和转换开关 QF2 上端，为电动机通电运行作准备；同时，三相电源中的 L1、L3 两相还经 FU4 与 FU5 熔断器为控制电路提供工作电源	
2	主轴高速运转前的线路准备	当需要主轴高速运转时，可将 SA2 双速控制开关置于高速运转位置，其①与②触点就会接通。此时，KM1 交流接触器线圈中的电流通路就会形成，其各组触点就会动作，具体动作情况如下所述	
		KM1–1 断开	动断触点 KM1–1 断开后，就断开了低速运转控制交流接触器 KM2 线圈中的电流通路，以防止该接触器出现误动作而发生事故
		KM1–2～KM1–4 闭合	动合主触点 KM1–2～KM1–4 闭合接通后，为电动机 M2 高速绕组获得工作电源提供准备
		KM1–5 与 KM1–6 闭合	动合触点 KM1–5 与 KM1–6 闭合接通后，使主轴电动机 M2 内部线圈呈双星形连接方式而进入高速运转准备状态
3	主轴高速正向运转	按下正转控制开关 SB1 后，就会使主轴正转控制接触器 KM3 线圈中的电流通路形成，其各组触点就会同时动作，具体动作情况如下所述	
		KM3–1 闭合	动合自锁触点 KM3–1 闭合接通时，就会保证 KM3 线圈中的电流通路不致因松开按钮开关 SB1 后而电源中断
		KM3–2 断开	动断触点 KM3–2 断开后，就断开了反转控制交流接触器 KM4 线圈中的电流通路，以防止该接触器出现误动作而发生事故
		KM3–3～KM3–5 闭合	三组动合主触点 KM3–3～KM3–5 闭合接通后，就会使主轴电动机 M2 得电进行正向运行状态
4	正向停止控制	当主轴高速正向运转需要停机时，按下停机 SB2 后，就断开了 KM3 接触器线圈电流通路，其各组触点就会复位，主轴电机就会断电而停止工作	

续表

序号	项目	具体说明	
5	主轴高速反转控制	按下反转控制开关 SB3 后，就会使主轴反转控制接触器 KM4 线圈中的电流通路形成，其各组触点就会同时动作，具体动作情况如下所述	
		KM4–1 闭合	动合自锁触点 KM4–1 闭合接通时，就会保证 KM4 线圈中的电流通路不致因松开按钮开关 SB3 后而电源中断
		KM4–2 断开	动断触点 KM4–2 断开后，就断开了正转控制交流接触器 KM3 线圈中的电流通路，以防止该接触器出现误动作而发生事故
		KM4–3～KM4–5 闭合	三组动合主触点 KM4–3～KM4–5 闭合接通后，就会使主轴电动机 M2 得电进行反向运行状态
6	主轴低速运转前的线路准备	当需要主轴低速运转时，可将 SA2 双速控制开关置于低速运转位置，其①与③触点就会接通。此时，KM2 交流接触器线圈中的电流通路就会形成，其各组触点就会动作，具体动作情况如下所述	
		KM2–1 断开	动断触点 KM2–1 断开后，就断开了高速运转控制交流接触器 KM1 线圈中的电流通路，以防止该接触器出现误动作而发生事故
		KM2–2～KM2–4 闭合	动合主触点接通后，为电动机 M2 低速绕组获得工作电源提供准备
7	主轴低速正转和反转控制	主轴电动机在低速时的正转和反转控制方式，与高速运转时的工作情况基本相同，这里不再重述，读者可自行分析	
8	冷却泵电动机 M1 控制	当需要冷却泵电动机进入工作状态时，接通控制开关 QF2 以后，三相交流电源就会直接加到冷却泵电动机 M1 上，冷却泵就会得电进入运行状态	

16.3.2 普通 X8120W 型万能工具铣床线路常见故障处理

普通 X8120W 型万能工具铣床线路常见故障现象、故障原因及其检修方法见表 16–16，供故障检修时参考。

表16–16 普通X8120W型万能工具铣床线路常见故障处理

序号	故障现象	故障原因	处理方法
1	通电操作起动开关后，铣头没有反应	FU1～FU5熔断器中熔断现象	采用验电笔在各个熔断器的电源输入与输出端处进行检测，如果检测输入端有电而输出端没有电的熔断器，就说明其熔断。当发现熔断器熔断后，在更换新件之前，还应查找其熔断的原因并处理后，才能更换新的。同规格的熔断器
		电动机M2线圈烧毁	采用500V的绝缘电阻表检查电动机三相绕组之间以及与地之间的绝缘情况，如果绝缘损坏或短路，均应对电动机进行修理或更换新件
		主轴电动机M2负载卡死	此时，可先将电动机与其负载断开，然后再次起动，如起动正常，检测空载电流也没有问题，则应重点对电动机的驱动负载进行检查
		主轴电动机M2轴承损坏卡死	先用手转动电动机如感觉转动相当费力，则应重点检查电动机的轴承内的润滑油是否干枯，轴承上下旷动是否太大
		停止按钮开关SB2接触不良	在断电的情况下，采用万用表电阻挡，检测停止按钮开关SB2闭合触点连接是否可靠，如接触不良则应对其进行修理或更换新的、同规格的配件
		起动按钮开关接触不良	在断电的情况下，采用万用表电阻挡，检测起动按钮开关闭合触点连接是否可靠，如接触不良则应对其进行修理或更换新的、同规格的配件
		KM3交流接触器线圈开路、烧毁短路	在断电的情况下，采用万用表电阻挡，检测KM交流接触器线圈两端电阻，看其是否有开路或短路现象
		动断互锁触点KM4–2接触不良	在断电的情况下，采用万用表电阻挡，检测动断互锁触点KM4–2触点连接是否可靠，如接触不良则应对其进行修理或更换新的、同规格的配件
		KM3交流接触器主触点KM3–3～KM3–5接触不良	在断电的情况下，采用万用表电阻挡，检测KM3交流接触器主触点KM3–3～KM3–5触点连接是否可靠，如接触不良则应对其进行修理或更换新的、同规格的配件

续表

序号	故障现象	故障原因	处理方法
1	通电操作起动开关后，铣头没有反应	热继电器FT动作触点动作后没有复位或接触不良	在断电的情况下，采用万用表电阻挡，检测热继电器FT动断触点是否处于断开状态。如发现处于断开状态，在对其复位之前，还应查找出断开的原因，通常可从以下两个方面进行查找。 （1）检查电动机是否有过载现象，在运转过程中是否有机械卡死现象。 （2）热继电器本身是否损坏，是否为调整不当所致。对于热继电器使用时间过长而导致的损坏，则应更换新的、同电流档次的配件更换；如果热继电器整定电流调整得过小，就应对其重新进行调整
2	铣头电动机M2仅能够低速运转或仅能够高速运转	双速控制开关SA2损坏，仅能够在低速或高速位置起作用	在断电的情况下，采用万用表电阻挡，检测双速控制开关SA2的①与②与①与③触点在拨动时是否可靠接通。如发现有不通，则就说明该开关已经损坏，应更换新的、同规格的配件
		交流接触器KM1或KM2线圈损坏或动作机构卡死	在断电的情况下，拆开KM1或KM2交流接触器灭弧盒，采用螺丝刀手柄将接触器触点闭合，检查其动作机构是否灵活，有无卡死情况，根据检查的情况作相应的修理。对于主触点接触不良情况，则可以更换主触点的动触头或静触头
		交流接触器KM1或KM2互锁触点KM2-1或KM1-1接触不良	在断电的情况下，采用万用表电阻挡，检测交流接触器KM1或KM2互锁触点KM2-1或KM1-1接通情况。如发现接触不良，则应对其进行修理或更换新的、同规格的配件
3	铣头电动机M2仅能够正转或仅能够反转	起动按钮开关SB1或SB3接触不良	在断电的情况下，采用万用表电阻挡，检测起动按钮开关SB1或SB3触点在按下时连接是否可靠，如接触不良则应对其进行修理或更换新的、同规格的配件
		交流接触器互锁动断触点KM3-2或KM4-2接触不良	在断电的情况下，采用万用表电阻挡，检测交流接触器互锁动断触点KM3-2或KM4-2连接是否可靠，如接触不良则应对其进行修理或更换新配件

续表

序号	故障现象	故障原因	处理方法
3	铣头电动机M2仅能够正转或仅能够反转	交流接触器动合自锁触点KM3-1或KM4-1接触不良	在交流接触器吸合的状态下，检测交流接触器动合自锁触点KM3-1或KM4-1能否可靠地接通。如发现不良，则可以采用砂纸对触点进行打磨或对触片进行校正，以保证触点连接可靠
		交流接触器KM3或KM4线圈损坏或动作机构卡死	在断电的情况下，拆开KM1或KM2交流接触器灭弧盒，采用螺丝刀手柄将接触器触点闭合，检查其动作机构是否灵活，有无卡死情况，根据检查的情况作相应的修理。对于主触点接触不良情况，则可以更换主触点的动触头或静触头
4	接通QF2开关后，冷却泵不能工作	QF2控制开关损坏	在断电的情况下，采用万用表电阻挡，在接通QF2控制开关后，检测各个触点之间连接情况。如不能可靠地接通，则应对其进行修理或更换新配件
		冷却泵M1泵叶里进入杂物被卡死	对冷却泵电动机 M1 泵叶里的杂物进行彻底清理
		冷却泵电动机M1本身线圈烧毁	采用 500V 的绝缘电阻表检查电动机三相绕组之间以及与地之间的绝缘情况，如果绝缘损坏或短路，则均应对电动机进行修理或更换新件
		冷却泵电动机M1轴承损坏卡死	先用手转动电动机如感觉转动相当费力，则应重点检查电动机的轴承内的润滑油是否干枯，轴承上下旷动是否太大
5	接通SA1开关后低压照明灯HL2不亮	照明灯HL2与灯座之间接触不良	把灯泡旋紧，看灯泡能否点亮。如仍然不亮，则将灯座内的舌片往外勾出一些后再旋紧灯泡
		HL2灯泡本身损坏	直观检查HL2灯泡本身灯丝是否烧断，灯泡内部是否有冒白烟的痕迹，发现灯泡损坏应更换新灯泡
		照明控制开关SA1接触不良或其连接线路断线	在断电的情况下，采用万用表电阻挡，检测SA1是否有接触不良，其连接线路是否有断线处。发现问题应进行修理或更换
		变压器T一次或二次绕组接线松脱或断线	在断电的情况下，采用万用表电阻挡，检测变压器T一次或二次绕组接线是否有松脱或断线处，发现问题进行修理

续表

序号	故障现象	故障原因	处理方法
5	接通 SA1 开关后低压照明灯 HL2 不亮	照明电路熔断器 FU6 熔断	在断电的情况下，采用万用表电阻挡，检测发现 FU6 如熔断，则应检查变压器 T 等是否有短路现象存在
6	通电后 HL1 指示灯始终不亮	HL1 灯泡本身损坏	在断电的情况下，采用万用表电阻挡，检测灯泡灯丝是否烧断，发现灯泡损坏应更换新的、同规格的灯泡
		照明灯 HL1 与灯座之间接触不良	检查灯座接线连接是否可靠，灯座与指示灯之间接触是否牢靠，找出接触不良处进行修理或更换
		变压器 T 二次绕组断线	在断电的情况下，采用万用表电阻挡，检测变压器 T 二次绕组接线是否有松脱或断线处

第 17 章

普通 XA–6132 系列万能铣床线路识图与常见故障处理

普通 XA–6132 系列万能铣床在工矿企业中应用相当广泛，用来完成各种铣削加工任务。本章将介绍普通 XA–6132 系列万能铣床线路识图与常见故障处理的相关知识。

17.1 普通 XA–6132 系列万能铣床线路识图指导

XA–6132 系列万能铣床具有电磁离合器抱闸制动功能，能利用离合器来快速制动主轴的工作。

17.1.1 普通 XA–6132 系列万能铣床线路基本组成及其特点

普通 XA–6132 系列万能铣床线路如图 17–1 所示。其基本组成及其特点见表 17–1，供识图时参考。

表 17–1　　普通 XA–6132 系列万能铣床线路基本组成及其特点

序号	项目	具体说明	
1	基本组成	XA–6132 系列万能铣床电气控制线路主要由主动力电路、电气控制电路、照明电路三大部分共同构成，采用继电器组合控制方式。其中：主动力电路如图 17–1（a）所示；照明与电磁离合器控制电路如 17–1（b）所示；电气控制电路如图 17–1（c）所示	
2	主动力电路组成特点	普通 XA–6132 系列万能铣床主动力电路主要由三台电动机组合而成，如图 17–1（a）所示，具体说明如下	
		电动机 M1	电动机 M1 用来驱动主轴进行运转，该电动机的供电电压取自总电源开关 QF1 的输出端，分别由交流接触器 KM1 的三组动合主触点 KM1–1～KM1–3 与 KM2 的三组动合主触点 KM2–1～KM2–3 控制其正转、反转

续表

序号	项目	具体说明	
2	主动力电路组成特点	电动机M2	电动机M2用来控制铣床工作台的快速进给。该电动机的供电电压取自熔断器FU1的输出端，分别由交流接触器 KM3 的三组动合主触点 KM3–1～KM3–3与 KM4 的三组动合主触点 KM4–1～KM4–3 控制其正转、反转，以实现工作台作快速进给运动
		电动机M3	电动机M3用来驱动冷却泵进行工作。为铣床工作时提供冷却液，以对加工的零件进行冷却。该电动机的供电电压也取总电源开关QF1的输出端，由继电器KA3的三组动合主触点KA3–1～KA3–3对其供电进行控制
		热继电器FR1与FR2、FR3	热继电器FR1与FR2、FR3的触点串接在继电器控制电路的供电回路中，用于保护相应电动机不会过热损坏。热继电器FR1用于保护主轴电动机M1，热继电器FR2用于保护快速进给电动机M2，热继电器FR3用于保护冷却液泵电动机 M3。一旦电动机过热、超过了设定的温度时，串接在继电器控制电路的供电回路中的热继电器触点就会自动断开，使继电器控制电路的供电回路断开，从而切断了相应交流接触器线圈的供电，铣床因此而停止工作，实现了过热保护功能
		过电流或过载熔断器保护	在普通 XA–6132 系列万能铣床的主电路中，设置了一组熔断器，该组的三只熔断器FU1熔断器设置在铣床的供电进线总开关QF1的输出端之后，用于保护M2电动机和控制电路、照明电路
		断路器保护电路	普通 XA–6132 系列万能铣床的电源进线处设置了电源总开关QF1，QF1是一种低压断路器，也具有保护作用，用来对整台铣床进行短路与过载保护、欠压保护。其内所带的失压线圈，由行程开关SQ7与失压线圈串联在铣床电源的进线端，如图1–1（a）电路的右下部所示；SQ7则安装在铣床配电柜门框边，当柜门打开后，就会使断路器QF1失压跳闸断电，从而实现了安全保护功能
3	控制系统与照明电路的供电特点	普通 XA–6132 系列万能铣床控制系统的供电与照明电路的供电分别由各自的电源变压器提供。相关电路如图17–1（b）所示。该这三只电源变压器一次侧的380V交流供电取自L1与L2相线上，该电压经各个电源变压器变压（降压）隔离以后，从其二次侧输出相应的交流低压提供给相应的电路使用，具体情况如下所述	

续表

序号	项目	具体说明	
3	控制系统与照明电路的供电特点	照明电路的供电	照明电路的供电电压取自电源变压器T3二次侧的交流24V电压输出端，该电压通过FU5熔断器、SA5旋转式自锁开关提供给照明灯泡HL1的。SA5开关用于控制照明灯的点亮与熄灭，FU5熔断器为保护元件
		电磁离合器电路的供电	电磁离合器电路的供电电压取自电源变压器T2二次侧的交流28V电压输出端，该电压通过FU3熔断器、经由VD1～VD4四只整流二极管组成的桥式整流电路整流，得到的直流 U_{CC} 电压提供给电磁离合器电路。其中的YB为主轴停止时的制动离合器
		继电器控制电路的供电	继电器控制电路的供电电压取自电源变压器T1二次侧的交流110V电压输出端，该电压通过FU2熔断器直接提供给继电器控制电路，作为该电路的工作电压。如图17–1（c）所示

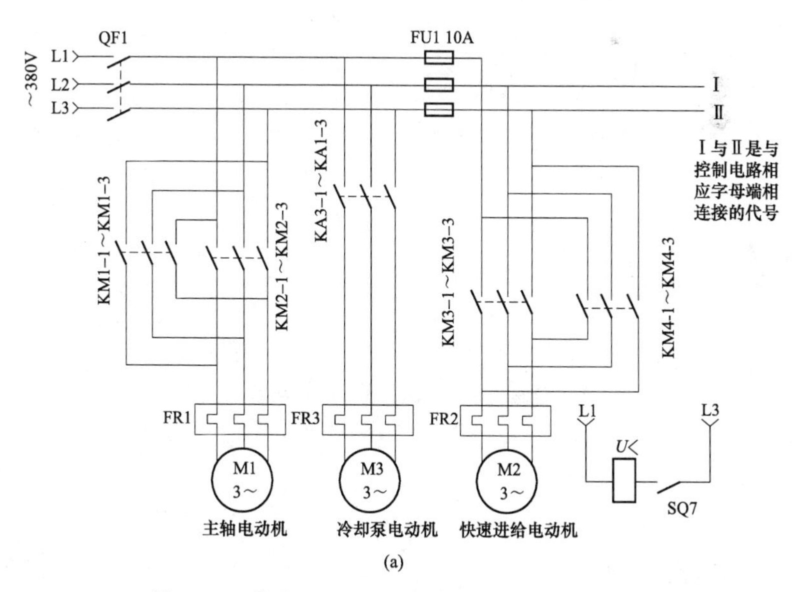

图17–1 普通XA–6132系列万能铣床线路（一）
（a）主动力线路示意图

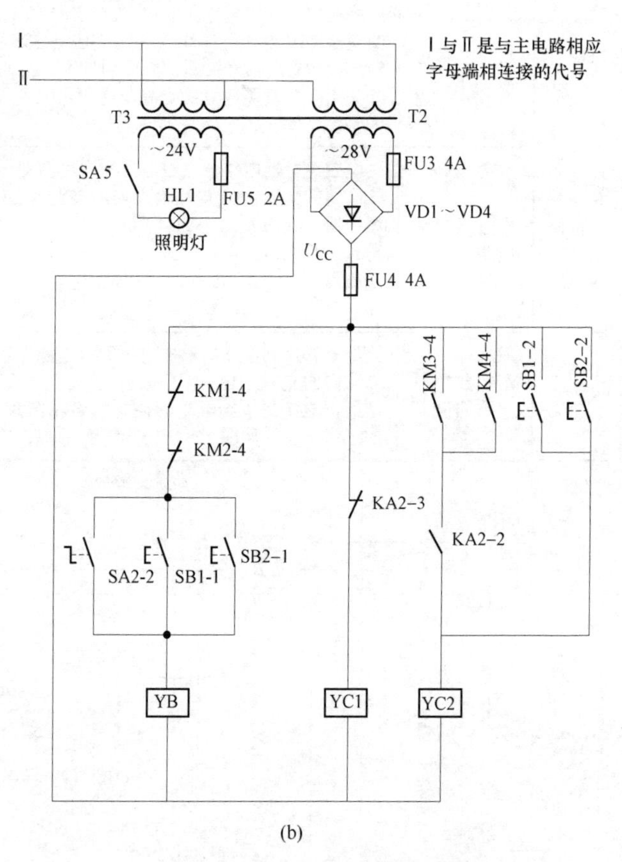

图 17-1 普通 XA-6132 系列万能铣床线路（二）

（b）电磁离合器与照明供电线路示意图

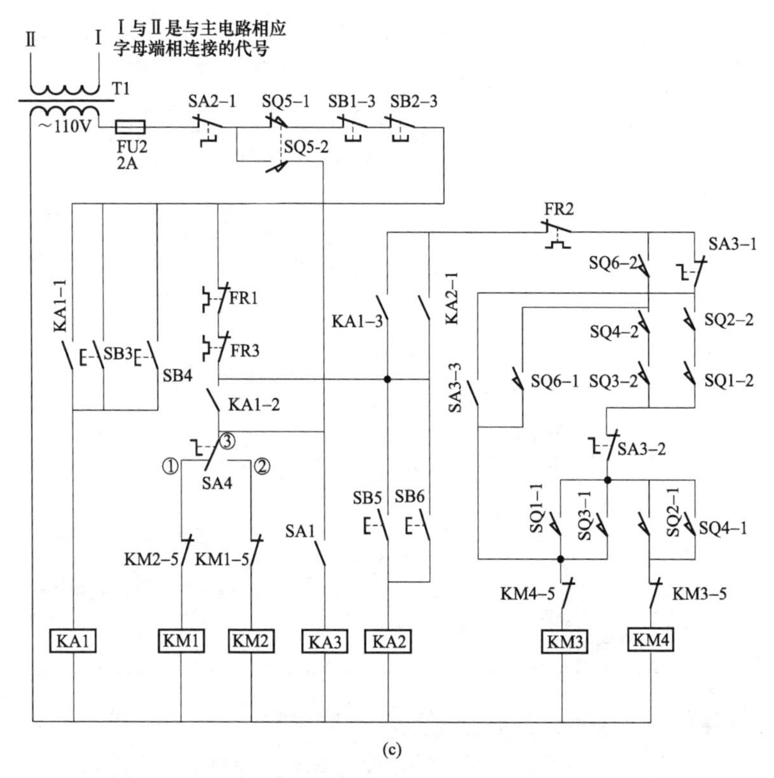

图 17–1　普通 XA–6132 系列万能铣床线路（三）

（c）电气控制线路示意图

17.1.2　普通 XA–6132 系列万能铣床上刀制动控制原理

普通 XA–6132 系列万能铣床上刀制动控制原理见表 17–2，供识图时参考。

表 17–2　　普通 XA–6132 系列万能铣床上刀制动控制原理

序号	项目	具体说明
1	上刀制动控制	SA2 为主轴上刀制动控制转换开关，其有两组触点，一组动断触点 SA2–1 串联在交流 110V 电源的控制回路中，如图 17–1（c）所示；另一组动合触点 SA2–2 连接在制动离合器 YB 线圈的供电通路中，并联在停止开关 SB1、SB2 两端。当主轴进行上刀时，就应先将转换开关 SA2 扳到制动位置，这样，SA2 开关的两组触点就会动作，具体动作情况如下所述

续表

序号	项目	具体说明	
1	上刀制动控制	SA2–1 断开	当扳动转换开关 SA2 使其动断触点 SA2–1 断开以后，就会使整个继电器控制电路的供电断开而不会出现误工作现象
		SA2–2 闭合	当扳动转换开关 SA2 使其动合触点 SA2–2 闭合接通以后，就形成了电流通路：电源变压器 T2 二次侧输出的交流 28V 电压，经熔断器 FU3→VD1～VD4 组成的桥式整流电路整流，得到的正输出端电压 U_{CC}→FU4 熔断器→交流接触器 KM1 动断的 KM1–4 触点→交流接触器 KM2 动断的 KM2–4 触点→转换开关 SA2 动合已闭合的触点 SA2–2→制动电磁离合器 YB 线圈→VD1～VD4 桥式整流电路的负极端。 上述这一回路，使电磁离合器 YB 线圈得电工作，铣床主轴被迅速制动不能运转
2	上刀结束后的操作	当上刀工作结束以后，应将转换开关 SA2 扳回原位，使其断开的动断触点 SA2–1 重新复位接通，使交流 110V 电源的控制回路恢复；闭合接通的动合触点 SA2–2 重新复位断开，使电磁离合器 YB 线圈断电停止制动工作，以保证主轴可以正常起动工作，否则主轴不能起动工作	

17.1.3 普通 XA–6132 系列铣床主轴电动机 M1 正转控制原理

普通 XA–6132 系列万能铣床主轴电动机 M1 正转控制原理见表 17–3，供识图时参考。

表 17–3 普通 XA–6132 系列万能铣床主轴电动机 M1 正转控制原理

项目	具体说明
普通 XA–6132 系列万能铣床的继电器控制电路如图 17–1（c）所示。当合上铣床总电源开关 QF1 以后，外线的三相供电就会进入铣床电路，进一步就可以对铣床进行操作。 如果旋钮开关 SA4 的①与③触点接通以后，当按下起动按钮 SB3 或 SB4 以后，就会形成电流通路：电源变压器 T1 二次侧输出的交流 110V 输出电压的右端→FU2 熔断器→主轴上刀制动控制旋转式锁定开关闭合的 SA2–1 触点→行程开关 SQ5 动断触点 SQ5–1→停止动断开关 SB1–3→停止动断开关 SB2–3→起动按钮 SB3 或 SB4 闭合的触点→KA1 继电器线圈→电源变压器 T1 二次侧输出的交流 110V 电压的左端，形成回路。	

续表

<table>
<tr><th>项目</th><th colspan="2">具 体 说 明</th></tr>
<tr><td colspan="3">上述这一供电通路，使继电器 KA1 线圈得电工作，其多组触点就会动作，具体动作情况如下所述</td></tr>
<tr><td>KA1–1
闭合</td><td colspan="2">当继电器 KA1 线圈得电工作以后，其自锁动合触点 KA1–1 就会闭合接通实现自锁，以使松开起动按钮开关 SB3 或 SB4 以后，保持继电器 KA1 线圈中的供电通路不致断开，维持其正常的工作不受影响</td></tr>
<tr><td rowspan="4">KA1–2
闭合</td><td colspan="2">当继电器 KA1 线圈得电工作以后，其动合触点 KA1–2 闭合接通以后，从而就形成了电流通路：电源变压器 T1 二次侧输出的交流 110V 输出电压的右端→FU2 熔断器→主轴上刀制动控制旋转式锁定开关闭合的 SA2–1 触点→行程开关 SQ5 动断触点 SQ5–1→停止动断开关 SB1–3→停止动断开关 SB2–3→热继电器动断的 FR1 触点→热继电器动断的 FR3 触点→动合已经闭合的触点 KA1–2→旋钮开关 SA4 闭合的①与③触点→KM2–5 动断触点→KM1 交流接触器线圈→电源变压器 T1 二次侧输出的交流 110V 电压的左端，形成回路。
上述这一供电通路，使交流接触器 KM1 线圈得电工作，其多组触点就会动作，具体动作情况如下所述</td></tr>
<tr><td>KM1–5
断开</td><td>当交流接触器 KM1 线圈得电工作以后，其互锁动断触点 KM1–5 就会断开，从而切断了主轴反转控制交流接触器 KM2 线圈的供电通路，以防在 KM1 工作时，交流接触器 KM2 出现同时工作的误动作现象</td></tr>
<tr><td>KM1–4
断开</td><td>当交流接触器 KM1 线圈得电工作以后，其互锁动断触点 KM1–4 就会断开，从而切断了主轴制动电磁离合器 YB 线圈的供电通路，以防在 KM1 工作时，主轴制动电磁离合器 YB 出现同时工作的误动作现象</td></tr>
<tr><td>KM1–1～
KM1–3
闭合</td><td>当交流接触器 KM1 线圈得电工作以后，如图 17–1（a）所示，其三组动合主触点 KM1–1～KM1–3 就会闭合接通，从而使主轴电动机 M1 得电工作，用来驱动主轴正向运转</td></tr>
<tr><td>KA1–3
闭合</td><td colspan="2">当继电器 KA1 线圈得电工作以后，其动合触点 KA1–3 闭合接通以后，为交流接触器 KM3 或 KM4 的工作做好准备</td></tr>
</table>

17.1.4 普通 XA–6132 系列铣床主轴电动机 M1 反转控制原理

普通 XA–6132 系列万能铣床主轴电动机 M1 反转控制原理见表 17–4，供识图时参考。

表 17–4　　普通 XA–6132 系列万能铣床主轴电动机 M1 反转控制原理

<table>
<tr><th>项目</th><th colspan="2">具 体 说 明</th></tr>
<tr><td colspan="3">普通 XA–6132 系列万能铣床的继电器控制电路如图 17–1（c）所示。当合上铣床总电源开关 QF1 以后，外线的三相供电就会进入铣床电路，进一步就可以对铣床进行操作。
如果旋钮开关 SA4 的②与③触点接通以后，当按下起动按钮 SB3 或 SB4 以后，就会形成电流通路：电源变压器 T1 二次侧输出的交流 110V 输出电压的右端→FU2 熔断器→主轴上刀制动控制旋转式锁定开关闭合的 SA2–1 触点→行程开关 SQ5 动断触点 SQ5–1→停止动断开关 SB1–3→停止动断开关 SB2–3→起动按钮 SB3 或 SB4 闭合的触点→KA1 继电器线圈→电源变压器 T1 二次侧输出的交流 110V 电压的左端，形成回路。
上述这一供电通路，使继电器 KA1 线圈得电工作，其多组触点就会动作，具体动作情况如下所述</td></tr>
<tr><td>KA1–1
闭合</td><td colspan="2">当继电器 KA1 线圈得电工作以后，其自锁动合触点 KA1–1 就会闭合接通实现自锁，以使松开起动按钮开关 SB3 或 SB4 以后，保持继电器 KA1 线圈中的供电通路不致断开，维持其正常的工作不受影响</td></tr>
<tr><td rowspan="4">KA1–2
闭合</td><td colspan="2">当继电器 KA1 线圈得电工作以后，其动合触点 KA1–2 闭合接通以后，从而就形成了电流通路：电源变压器 T1 二次侧输出的交流 110V 输出电压的右端→FU2 熔断器→主轴上刀制动控制旋转式锁定开关闭合的 SA2–1 触点→行程开关 SQ5 动断触点 SQ5–1→停止动断开关 SB1–3→停止动断开关 SB2–3→热继电器动断的 FR1 触点→热继电器动断的 FR3 触点→动合已经闭合的触点 KA1–2→旋钮开关 SA4 闭合的②与③触点→KM1–5 动断触点→KM2 交流接触器线圈→电源变压器 T1 二次侧输出的交流 110V 电压的左端，形成回路。
上述这一供电通路，使交流接触器 KM2 线圈得电工作，其多组触点就会动作，具体动作情况如下所述</td></tr>
<tr><td>KM2–5
断开</td><td>当交流接触器 KM2 线圈得电工作以后，其互锁动断触点 KM2–5 就会断开，从而切断了主轴反转控制交流接触器 KM1 线圈的供电通路，以防在 KM2 工作时，交流接触器 KM1 出现同时工作的误动作现象</td></tr>
<tr><td>KM2–4
断开</td><td>当交流接触器 KM2 线圈得电工作以后，其互锁动断触点 KM2–4 就会断开，从而切断了主轴制动电磁离合器 YB 线圈的供电通路，以防在 KM2 工作时，主轴制动电磁离合器 YB 出现同时工作的误动作现象</td></tr>
<tr><td>KM2–1～
KM2–3
闭合</td><td>当交流接触器 KM2 线圈得电工作以后，如图 17–1（a）所示，其三组动合主触点 KM2–1～KM2–3 就会闭合接通，从而使主轴电动机 M1 得电工作，用来驱动主轴反向运转</td></tr>
<tr><td>KA2–1
闭合</td><td colspan="2">当继电器 KA2 线圈得电工作以后，其动合触点 KA2–1 闭合接通以后，为交流接触器 KM3 或 KM4 的工作做好准备</td></tr>
</table>

17.1.5 普通 XA–6132 系列铣床主轴电动机 M1 停止控制原理

普通 XA–6132 系列万能铣床主轴电动机 M1 停止控制原理见表 17–5，供识图时参考。

表 17–5 普通 XA–6132 系列万能铣床主轴电动机 M1 停止控制原理

序号	项目	具 体 说 明
1		为了铣削加工操作方便，在普通 XA–6132 系列万能铣床的正面与侧面均设置了起动与停止按钮开关。SB3 与 SB4、SB1 与 SB2 这四只按钮开关就是分别安装在铣床正面和侧面的起动和停止按钮开关。其中的 SB1 与 SB2 均为停止按钮开关，各自均有三组触点，采用联动工作方式，有一组动断触点 SB1–3、SB2–3，有两组动合触点 SB1–1、SB1–2 与 SB2–1、SB2–2。两组停止按钮开关 SB1 与 SB2 的工作原理完全相同，以 SB1 停止按钮开关为例，其工作原理为：当需要停车时，按下停止按钮开关 SB1 以后，就会使其三组触点均动作，具体动作情况如下所述
	SB1–3 断开	当按下停止按钮开关 SB1 动断触点 SB1–3 断开以后，就会使 KA1 继电器线圈断电释放，其各组触点就会复位，进而也会使交流接触器 KM1 或 KM2、KM3 或 KM4 均断电释放后复位，使主轴电动机 M1、进给电动机 M2 均断电停止工作
	SB1–1 闭合	当按下停止按钮开关 SB1 动合触点 SB1–1 闭合以后，就形成了电流通路：电源变压器 T2 二次侧输出的交流 28V 电压，经熔断器 FU3→VD1～VD4 组成的桥式整流电路整流，得到的正输出端电压 U_{CC}→FU4 熔断器→交流接触器 KM1 动断的 KM1–4 触点→交流接触器 KM2 动断的 KM2–4 触点→停止按钮开关 SB1–1 闭合的触点→制动电磁离合器 YB 线圈→VD1～VD4 桥式整流电路的负极端。 上述这一回路，使 YB 线圈得电工作，铣床主轴被迅速制动停止运转
	SB1–2 闭合	在上述主轴被迅速制动停止运转的同时，在停止按钮开关 SB1 动合触点 SB1–2 闭合以后，就形成了电流通路：电源变压器 T2 二次侧输出的交流 28V 电压，经熔断器 FU3→VD1～VD4 组成的桥式整流电路整流，得到的正输出端电压 U_{CC}→FU4 熔断器→停止按钮开关 SB1–2 闭合的触点→制动电磁离合器 YX2 线圈→VD1～VD4 桥式整流电路的负极端。 上述这一回路，使电磁离合器 YC2 线圈得电工作，从而“卸除”铣床工作台快速进给机械离合器，使工作台快速停止行走
2	使用 SA4 应注意	上面已经说过，按钮开关 SA4 为主轴电动机 M1 的正、反转切换开关，在进行正、反转切换时，必须在停机状态下进行，然后再重新起动 M1 电动机

17.1.6 普通 XA–6132 系列万能铣床冷却泵电动机 M3 控制原理

普通 XA–6132 系列万能铣床冷却泵电动机 M3 控制原理见表 17–6，供识图时参考。

表 17–6 普通 XA–6132 系列万能铣床冷却泵电动机 M3 控制原理

序号	项目	具 体 说 明
1	起动控制	如图 17–1（c）所示，SA1 为冷却泵电动机 M3 自锁式控制旋钮开关，当铣床主轴进入工作状态以后，接通该开关，就形成了电流通路：电源变压器 T1 二次侧输出的交流 110V 输出电压的右端→FU2 熔断器→主轴上刀制动控制旋转式锁定开关闭合的 SA2–1 触点→行程开关 SQ5 动断触点 SQ5–1→停止动断开关 SB1–3→停止动断开关 SB2–3→热继电器动断的 FR1 触点→热继电器动断的 FR3 触点→动合已经闭合的触点 KA1–2→自锁式旋钮开关 SA1 闭合的触点→KA3 继电器线圈→电源变压器 T1 二次侧输出的交流 110V 电压的左端，形成回路。 上述这一供电通路，使继电器 KA3 线圈得电工作，其三个动合触点 KA3–1～KA3–3 闭合以后，接通冷却液电动机 M3 的供电，就会使冷却泵电动机 M3 进入工作状态
2	停止控制	当断开冷却泵电动机 M3 控制旋钮开关 SA1 以后，就会使继电器 KA3 线圈断电，其三组动合已闭合的主触点 KA3–1～KA3–3 又复位断开，从而切断了冷却泵电动机 M3 的供电使其停止工作

17.1.7 普通 XA–6132 系列万能铣床主轴变速瞬间冲动控制原理

普通 XA–6132 系列万能铣床主轴变速瞬间冲动控制原理见表 17–7，供识图时参考。

表 17–7 普通 XA–6132 系列万能铣床主轴变速瞬间冲动控制原理

项目	具 体 说 明
为了保证变速时变速齿轮容易啮合，普通 XA–6132 系列万能铣床的控制电路中设置了主轴瞬间冲动装置，是由行程开关 SQ5 通过控制主轴电动机 M1 的瞬间通电来实现的，如图 17–1（c）所示	

续表

项目	具 体 说 明
在图 17–1（c）所示电路中，SQ5 组成的切断自锁回路的点动控制电路的工作原理为：当拉或推变速手柄时，就会使行程开关 SQ5 被压下，该开关的两组触点就会动作，具体动作情况如下所述	
SQ5–1 断开	当行程开关 SQ5 的动断 SQ5–1 触点断开以后，就切断了 KA1 继电器线圈的供电通路，使其各组触点均动作而复位，使被控制电路恢复到原状态
SQ5–2 闭合	当行程开关 SQ5 的动合 SQ5–2 触点闭合以后，就瞬间接通了 KM1 或 KM2 交流接触器线圈的供电通路，使其各组触点均动作，动作过程如上述，从而使主轴电动机 M1 作瞬时正向（SA4 开关的触点③与①之间接通时）或反向转动（SA4 开关的触点③与②之间接通时）

17.1.8 普通 XA–6132 系列万能铣床工作台进给电动机 M2 及其控制方式

普通 XA–6132 系列万能铣床工作台进给电动机 M2 及其控制方式见表 17–8，供识图时参考。

表 17–8 普通 XA–6132 系列万能铣床工作台进给电动机 M2 及其控制方式

项目	具 体 说 明
普通 XA–6132 系列万能铣床设置有水平工作台和圆形工作台，以满足加工各种不同形状零部件的需求，具体情况说明如下	
水平工作台	水平工作台可以进行左右两个方向的纵向进给工作方式、前后两个方向的横向进给工作方式以及上、下两个进给方向的升降进给工作方式
圆形工作台	普通 XA–6132 系列万能铣床设置的圆形工作台，可以进行旋转运动，以便于实现各种不同形状的铣加工
操作方式	如图 17–1（a）所示，M2 为工作台进给电动机，其控制采用了机械—电气开关联动的手柄操作方式。该铣床在同一时刻每次只能完成一个进给运动，通过水平工作台操作手柄、圆工作台转换开关、纵向进给操作手柄、十字操作手柄等进行控制。 当采用上述方法选定一种操作方式以后，电动机 M2 的正、反转就是所选定进给运动的两个进给方向。所以，操作手柄所指的方向，就是工作台的运动方向

17.1.9 普通 XA–6132 系列万能铣床工作台向左进给运动原理

普通 XA–6132 系列万能铣床工作台向左进给运动控制原理见表 17–9，供识图时参考。

表 17–9 普通 XA–6132 系列万能铣床工作台向左进给运动控制原理

<table>
<tr><th>项目</th><th colspan="2">具 体 说 明</th></tr>
<tr><td colspan="3">当将操作手柄向左压下行程开关 SQ2 使其两组触点动作以后，就会实现工作台向左进给运动的动作，具体动作情况如下所述</td></tr>
<tr><td rowspan="4">SQ2–1
闭合</td><td colspan="2">电源变压器 T1 二次侧输出的交流 110V 输出电压的右端→FU2 熔断器→主轴上刀制动控制旋转式锁定开关闭合的 SA2–1 触点→行程开关 SQ5 动断触点 SQ5–1→停止动断开关 SB1–3→停止动断开关 SB2–3→热继电器动断的 FR1 触点→热继电器动断的 FR3 触点→动合已经闭合的触点 KA1–3 或 KA2–1→热继电器动断的 FR2 触点→行程开关 SQ6–2 动断触点→行程开关 SQ4–2 动断触点→行程开关 SQ3–2 动断触点→自锁式旋钮开关 SA3 闭合的触点→行程开关 SQ2 动合已闭合的触点 SQ2–1→交流接触器 KM3 动断触点 KM3–5→交流接触器 KM4 线圈→电源变压器 T1 二次侧输出的交流 110V 电压的左端，形成回路。
上述这一供电通路，使交流接触器 KM4 线圈得电工作，其多组触点就会动作，具体动作情况如下所述</td></tr>
<tr><td>KM4–5
断开</td><td>当交流接触器 KM4 线圈得电工作以后，其互锁动断触点 KM4–5 就会断开，从而切断了 KM3 交流接触器线圈的供电通路，以防在 KM4 工作时，KM3 出现同时工作的误动作现象</td></tr>
<tr><td>KM4–1～
KM4–3
闭合</td><td>当交流接触器 KM4 线圈得电工作以后，如图 17–1（a）所示，其三组动合主触点 KM4–1～KM4–3 就会闭合接通，从而使进给电动机 M2 得电反向运转，用来驱动工作台进行向左进给运动</td></tr>
<tr><td>KM4–4
闭合</td><td>当交流接触器 KM4 线圈得电工作以后，如图 17–1（b）所示，其动合触点 KM4–4 闭合接通以后，为主轴反转控制离合器 YC2 线圈准备工作提供供电</td></tr>
<tr><td>SQ2–2
断开</td><td colspan="2">当行程开关 SQ2 动断触点 SQ2–2 断开以后，切断了该支路的供电，以保证交流接触器 KM4 线圈正常稳定的工作</td></tr>
<tr><td>停止
控制</td><td colspan="2">当将操作手柄置于中间“0”位置时，行程开关 SQ2 的动合已闭合的触点 SQ2–1 重新断开，交流接触器 KM4 线圈就会断电释放，进给电动机 M2 也就断电停转，工作台就会停止向左进给运动</td></tr>
</table>

17.1.10 普通 XA–6132 系列万能铣床工作台向右进给运动原理

普通 XA–6132 系列万能铣床工作台向右进给运动控制原理见表 17–10，供识图时参考。

表 17–10 普通 XA–6132 系列万能铣床工作台向右进给运动控制原理

<table>
<tr><th>项目</th><th colspan="2">具 体 说 明</th></tr>
<tr><td colspan="3">当将操作手柄向右压下行程开关 SQ1 使其两组触点动作以后，就会实现工作台向右进给运动的动作，具体动作情况如下所述</td></tr>
<tr><td rowspan="4">SQ1–1 闭合</td><td colspan="2">当行程开关 SQ1 动合触点 SQ1–1 闭合以后，就形成了电流通路：电源变压器 T1 二次侧输出的交流 110V 输出电压的右端→FU2 熔断器→主轴上刀制动控制旋转式锁定开关闭合的 SA2–1 触点→行程开关 SQ5 动断触点 SQ5–1→停止动断开关 SB1–3→停止动断开关 SB2–3→热继电器动断的 FR1 触点→热继电器动断的 FR3 触点→动合已经闭合的触点 KA1–3 或 KA2–1→热继电器动断的 FR2 触点→行程开关 SQ6–2 动断触点→行程开关 SQ4–2 动断触点→行程开关 SQ3–2 动断触点→自锁式旋钮开关 SA3 闭合的触点 SA3–2→行程开关 SQ1 动合已闭合的触点 SQ1–1→交流接触器 KM4 动断触点 KM4–5→交流接触器 KM3 线圈→电源变压器 T1 二次侧输出的交流 110V 电压的左端，形成回路。
上述这一供电通路，使交流接触器 KM3 线圈得电工作，其多组触点就会动作，具体动作情况如下所述</td></tr>
<tr><td>KM3–5 断开</td><td>当交流接触器 KM3 线圈得电工作以后，其互锁动断触点 KM3–5 就会断开，从而切断了 KM4 交流接触器线圈的供电通路，以防在 KM3 工作时，KM4 出现同时工作的误动作现象</td></tr>
<tr><td>KM3–1～KM3–3 闭合</td><td>当交流接触器 KM3 线圈得电工作以后，如图 17–1（a）所示，其三组动合主触点 KM3–1～KM3–3 就会闭合接通，从而使进给电动机 M2 得电正向运转，用来驱动工作台进行向右进给运动</td></tr>
<tr><td>KM3–4 闭合</td><td>当交流接触器 KM3 线圈得电工作以后，如图 17–1（b）所示，其动合触点 KM3–4 闭合接通以后，为主轴反转控制离合器 YC2 线圈准备工作提供供电</td></tr>
<tr><td>SQ1–2 断开</td><td colspan="2">当行程开关 SQ1 动断触点 SQ1–2 断开以后，切断了该支路的供电，以保证交流接触器 KM3 线圈正常稳定的工作</td></tr>
<tr><td>停止控制</td><td colspan="2">当将操作手柄置于中间“0”位置时，行程开关 SQ1 的动合已闭合的触点 SQ1–1 重新断开，交流接触器 KM3 线圈就会断电释放，进给电动机 M2 也就断电停转，工作台就会停止向右进给运动</td></tr>
</table>

17.1.11 普通 XA–6132 系列万能铣床工作台向前（向下）运动原理

普通 XA–6132 系列万能铣床工作台向前（向下）运动控制原理见表 17–11，供识图时参考。

表 17–11 普通 XA–6132 系列万能铣床工作台向前（向下）运动控制原理

<table>
<tr><th>项目</th><th colspan="2">具 体 说 明</th></tr>
<tr><td colspan="3">当将操作手柄向前（向下）压下行程开关 SQ3 使其两组触点动作以后，就会实现工作台向前（向下）进给运动的动作，具体动作情况如下所述</td></tr>
<tr><td rowspan="4">SQ3–1 闭合</td><td colspan="2">当行程开关 SQ3 动合触点 SQ3–1 闭合以后，就形成了电流通路：电源变压器 T1 二次侧输出的交流 110V 输出电压的右端→FU2 熔断器→主轴上刀制动控制旋转式锁定开关闭合的 SA2–1 触点→行程开关 SQ5 动断触点 SQ5–1→停止动断开关 SB1–3→停止动断开关 SB2–3→热继电器动断的 FR1 触点→热继电器动断的 FR3 触点→动合已经闭合的触点 KA1–3 或 KA2–1→热继电器动断的 FR2 触点→自锁开关 SA3–1 闭合触点→行程开关 SQ2–2 动断触点→行程开关 SQ1–2 动断触点→自锁式旋钮开关 SA3 闭合的 SA3–2 触点→行程开关 SQ3 动合已闭合的触点 SQ3–1→交流接触器 KM4 动断触点 KM4–5→交流接触器 KM3 线圈→电源变压器 T1 二次侧输出的交流 110V 电压的左端，形成回路。
上述这一供电通路，使交流接触器 KM3 线圈得电工作，其多组触点就会动作，具体动作情况如下所述</td></tr>
<tr><td>KM3–5 断开</td><td>当交流接触器 KM3 线圈得电工作以后，其互锁动断触点 KM3–5 就会断开，从而切断了 KM4 交流接触器线圈的供电通路，以防在 KM3 工作时，KM4 出现同时工作的误动作现象</td></tr>
<tr><td>KM3–1～KM3–3 闭合</td><td>当交流接触器 KM3 线圈得电工作以后，如图 17–1（a）所示，其三组动合主触点 KM3–1～KM3–3 就会闭合接通，从而使进给电动机 M2 得电正向运转，用来驱动工作台进行向前（向下）进给运动</td></tr>
<tr><td>KM3–4 闭合</td><td>当交流接触器 KM3 线圈得电工作以后，如图 17–1（b）所示，其动合触点 KM3–4 闭合接通以后，为主轴反转控制离合器 YC2 线圈准备工作提供供电</td></tr>
<tr><td>SQ3–2 断开</td><td colspan="2">当行程开关 SQ3 动断触点 SQ3–2 断开以后，切断了该支路的供电，以保证交流接触器 KM3 线圈正常稳定的工作</td></tr>
<tr><td>停止控制</td><td colspan="2">当工作台运动至终点时，安装在铣床相应位置上的限位挡铁撞击手柄凸起部分，使操作手柄返回到中间“0”位置时，被压的行程开关 SQ3 的动合已闭合的触点 SQ3–1 重新断开，交流接触器 KM3 线圈就会断电释放，进给电动机 M2 也就断电停转，工作台就会停止向前（向下）进给运动</td></tr>
</table>

17.1.12 普通 XA–6132 系列万能铣床工作台向后（向上）运动原理

普通 XA–6132 系列万能铣床工作台向后（向上）运动控制原理见表 17–12，供识图时参考。

表 17–12 普通 XA–6132 系列万能铣床工作台向后（向上）运动控制原理

<table>
<tr><th>项目</th><th colspan="2">具 体 说 明</th></tr>
<tr><td colspan="3">当将操作手柄向后（向上）压下行程开关 SQ4 使其两组触点动作以后，就会实现工作台向后（向上）进给运动的动作，具体动作情况如下所述</td></tr>
<tr><td rowspan="4">SQ4–1
闭合</td><td colspan="2">当行程开关 SQ4 动合触点 SQ4–1 闭合以后，就形成了电流通路：电源变压器 T1 二次侧输出的交流 110V 输出电压的右端→FU2 熔断器→主轴上刀制动控制旋转式锁定开关闭合的 SA2–1 触点→行程开关 SQ5 动断触点 SQ5–1→停止动断开关 SB1–3→停止动断开关 SB2–3→热继电器动断的 FR1 触点→热继电器动断的 FR3 触点→动合已经闭合的触点 KA1–3 或 KA2–1→热继电器动断的 FR2 触点→自锁式旋钮开关 SA3–1 闭合触点→行程开关 SQ2–2 动断触点→行程开关 SQ1–2 动断触点→自锁式旋钮开关 SA3 闭合的 SA3–2 触点→行程开关 SQ4 动合已闭合的触点 SQ4–1→交流接触器 KM3 动断触点 KM3–5→交流接触器 KM4 线圈→电源变压器 T1 二次侧输出的交流 110V 电压的左端，形成回路。
上述这一供电通路，使交流接触器 KM4 线圈得电工作，其多组触点就会动作，具体动作情况如下所述</td></tr>
<tr><td>KM4–5
断开</td><td>当交流接触器 KM4 线圈得电工作以后，其互锁动断触点 KM4–5 就会断开，从而切断了 KM3 交流接触器线圈的供电通路，以防在 KM4 工作时，KM3 出现同时工作的误动作现象</td></tr>
<tr><td>KM4–1～
KM4–3
闭合</td><td>当交流接触器 KM4 线圈得电工作以后，如图 17–1（a）所示，其三组动合主触点 KM4–1～KM4–3 就会闭合接通，从而使进给电动机 M2 得电反向运转，用来驱动工作台进行向后（向上）进给运动</td></tr>
<tr><td>KM4–4
闭合</td><td>当交流接触器 KM4 线圈得电工作以后，如图 17–1（b）所示，其动合触点 KM4–4 闭合接通以后，为主轴反转控制离合器 YC2 线圈准备工作提供供电</td></tr>
<tr><td>SQ4–2
断开</td><td colspan="2">当行程开关 SQ4 动断触点 SQ4–2 断开以后，切断了该支路的供电，以保证交流接触器 KM4 线圈正常稳定的工作</td></tr>
<tr><td>停止
控制</td><td colspan="2">当工作台运动至终点时，安装在铣床相应位置上的限位挡铁撞击手柄凸起部分，使操作手柄返回到中间“0”位置时，被压的行程开关 SQ4 的动合已闭合的触点 SQ4–1 重新断开，交流接触器 KM4 线圈就会断电释放，进给电动机 M2 也就断电停转，工作台就会停止向后（向上）进给运动</td></tr>
</table>

17.1.13 普通 XA–6132 系列万能铣床工作台超程保护原理

普通 XA–6132 系列万能铣床工作台超程保护原理见表 17–13，供识图时参考。

表 17–13 普通 XA–6132 系列万能铣床工作台超程保护原理

序号	项目	具体说明
1	工作台运动必要条件	普通 XA–6132 系列万能铣床的工作台垂直和横向运动中，要求纵向操作手柄应处于手柄的“0”位置，也就是 SA3–2、SQ1–2、SQ2–2 动断触点应处于可靠的闭合状态，否则垂直和横向运动将无法进行
2	超程保护	铣床工作台超程保护就是上述的在工作台运动至终点时，安装在铣床相应位置上的限位挡铁撞击手柄凸起部分，使操作手柄返回到中间“0”位置，以使交流接触器 KM3 或 KM4 线圈断电释放，进给电动机 M2 断电停转，从而实现了工作台超程保护

17.1.14 普通 XA–6132 系列万能铣床进给状态下工作台快速移动原理

普通 XA–6132 系列万能铣床进给状态下工作台快速移动控制原理见表 17–14，供识图时参考。

表 17–14 普通 XA–6132 系列万能铣床进给状态下工作台快速移动原理

项目	具体说明
工作台快速移动是在工作台在进给状态下进行的，在此情况下，由于交流接触器 KM3 或 KM4 的三组动合主触点处于闭合接通状态，故当按下按钮开关 SB5 或 SB6（这两只按钮开关设置在两处，以便于在不同的位置进行操作）以后，就形成了电流通路：电源变压器 T1 二次侧输出的交流 110V 输出电压的右端→FU2 熔断器→主轴上刀制动控制旋转式锁定开关闭合的 SA2–1 触点→行程开关 SQ5 动断触点 SQ5–1→停止动断开关 SB1–3→停止动断开关 SB2–3→热继电器动断的 FR1 触点→热继电器动断的 FR3 触点→按钮开关 SB5 或 SB6 动合已闭合的触点→KA2 继电器线圈→电源变压器 T1 二次侧输出的交流 110V 电压的左端，形成回路。 上述这一供电通路，使继电器 KA2 线圈得电工作，其多组触点就会动作，具体动作情况如下所述	

续表

<table>
<tr><th>项目</th><th colspan="2">具 体 说 明</th></tr>
<tr><td>KA2–3断开</td><td colspan="2">当继电器KA2线圈得电工作以后，其动断触点KA2–3就会断开，从而切断了电磁离合器YC1线圈的供电通路</td></tr>
<tr><td>KA2–2闭合</td><td colspan="2">当交流接触器KA2线圈得电工作以后，其动合触点KA2–2就会闭合接通，从而又形成了电流通路：电源变压器T2二次侧输出的交流28V电压，经熔断器FU3→VD1～VD4组成的桥式整流电路整流，得到的正输出端电压U_{CC}→FU4熔断器→交流接触器KM3或KM4动合已闭合的触点KM3–4或KM4–4→继电器动合已闭合的KA2–2触点→制动电磁离合器YX2线圈→VD1～VD4桥式整流电路的负极端。
上述这一回路，使电磁离合器YC2线圈得电工作，从而“沟通”了铣床快速移动机械传动链，实现了工作台的快速运动</td></tr>
<tr><td rowspan="3">从快速进给状态恢复到原来的进给速度</td><td colspan="2">当松开按钮开关SB5或SB6以后，继电器KA2线圈的供电通路断开，其各组触点就会自动复位，具体动作情况如下所述</td></tr>
<tr><td>KA2–3闭合</td><td>当继电器KA2线圈断电以后，其动断已断开的触点KA2–3又会闭合接通，使电磁离合器YC1线圈的供电通路重又形成</td></tr>
<tr><td>KA2–2断开</td><td>当继电器KA2线圈断电以后，其动合已闭合的触点KA2–2又会断开，从而切断了电磁离合器YC2线圈的供电通路。
这样，由于电磁离合器YC1线圈得电、电磁离合器YC2线圈断电，从而“卸除”了沟通铣床快速移动的机械传动链，工作台立即停止了快速移动，但仍然按照原来的进给速度继续运动</td></tr>
<tr><td>需要说明的问题</td><td colspan="2">普通XA–6132铣床的工作台进给运动必须在主轴电机起动以后进行，也就是说，工作台进给运动必须在继电器KA1线圈得电吸合以后，其动合触点KA1–3闭合接通进给交流接触器KM3、KM4线圈的供电通路以后，进给运动才可以实现</td></tr>
</table>

17.1.15 普通XA–6132系列万能铣床主轴没起动时工作台快速运动原理

普通XA–6132系列万能铣床主轴没起动时工作台快速运动原理见表17–15，供识图时参考。

表17–15 普通XA–6132系列万能铣床主轴没起动时工作台快速运动原理

<table>
<tr><th>项目</th><th>具 体 说 明</th></tr>
<tr><td colspan="2">普通XA–6132系列万能铣床的工作台在主轴没有起动时，也可以进行快速运动，具体情况如下所述</td></tr>
</table>

续表

项目	具 体 说 明
工作台快速移动	先将操作手柄打到所需要的位置，然后按下按钮开关 SB5 或 SB6，使继电器 KA2 线圈得电吸合以后，其动合触点 KA2–1 闭合接通以后，接通了进给控制交流接触器 KM3 或 KM4 线圈的供电通路，就可以使 KM3 或 KM4 线圈得电工作。 与此同时，如上述所述，继电器 KA2 线圈得电吸合以后，其串接在电磁离合器 YC1 线圈供电回路中的 KA2–3 动断触点就会断开，串接在电磁离合器 YC2 线圈供电回路中的 KA2–2 动合触点闭合接通。 这样，由于电磁离合器 YC2 线圈得电、电磁离合器 YC1 线圈断电，“沟通”了铣床快速移动的机械传动链，从而使工作台快速移动
工作台停止快速移动	当松开按钮开关 SB5 或 SB6 以后，继电器 KA2 线圈断电释放，其串接在电磁离合器 YC1 线圈供电回路中的 KA2–3 动断触点就重新恢复接通状态，串接在电磁离合器 YC2 线圈供电回路中的 KA2–2 动合触点重新恢复断开状态。 这样，由于电磁离合器 YC1 线圈得电、电磁离合器 YC2 线圈断电，“卸除”了铣床快速移动的机械传动链；同时，由于 KA2–1 动合已闭合的触点也恢复为断开状态，也切断了交流接触器 KM3 或 KM4 线圈的供电通路，KM3 或 KM4 因此也就断电释放，从而使工作台立即停止了快速移动

17.1.16 普通 XA–6132 系列万能铣床工作台变速冲动控制原理

普通 XA–6132 系列万能铣床工作台变速冲动控制原理见表 17–16，供识图时参考。

表 17–16 普通 XA–6132 系列万能铣床工作台变速冲动控制原理

项目	具 体 说 明
如图 17–1（c）所示，行程开关 SQ6 就是作为变速冲动开关来使用的，其有一组动合触点 SQ6–1，一组动断触点 SQ6–2，该行程开关受蘑菇形手柄的控制。当将该手柄向前拉到位，再反向推回时，就可以借助孔盘复位过程中瞬时压动行程开关 SQ6，使其动合触点闭合接通、动断触点断开来实现变速冲动的，具体情况如下所述	
SQ6–2 断开	当行程开关 SQ6 被瞬时压动其动断触点 SQ6–2 断开以后，就切断了去 KM3 或 KM4 交流接触器线圈的供电通路

续表

项目	具体说明
SQ6–1闭合	当行程开关SQ6被瞬时压动其动合触点SQ6–1闭合接通以后，就形成了电流供电通路：电源变压器T1二次侧输出的交流110V输出电压的右端→FU2熔断器→主轴上刀制动控制旋转式锁定开关闭合的SA2–1触点→行程开关SQ5动断触点SQ5–1→停止动断开关SB1–3→停止动断开关SB2–3→热继电器动断的FR1触点→热继电器动断的FR3触点→KA1继电器动合已闭合的KA1–3触点→热继电器动断的FR2触点→SA3旋转式自锁开关SA3–1闭合的触点→行程开关SQ2动断触点SQ2–2→行程开关SQ1动断触点SQ1–2→行程开关SQ3动断触点SQ3–2→行程开关SQ4动断触点SQ4–2→行程开关SQ6动合已闭合接通的触点SQ6–1→交流接触器KM4动断触点KM4–5→交流接触器KM3线圈→电源变压器T1二次侧输出的交流110V电压的左端，形成回路。 上述这一供电通路，使继电器KM3线圈得电工作，其多组触点就会动作。动作过程与上相同，从而使进给电动机M2作瞬时变速冲动，以便于齿轮能够顺利地啮合

17.1.17 普通XA–6132系列万能铣床圆形工作台旋转运动工作原理

普通XA–6132系列万能铣床圆形工作台旋转运动工作原理见表17–17，供识图时参考。

表17–17 普通XA–6132系列万能铣床圆形工作台旋转运动工作原理

项目	具体说明
圆形工作台是普通XA–6132系列万能铣床的一种附件，该工作台既可以采用手动回转，也可以通过进给电动机M2经机械传动机构来进行驱动。是通过操作转换开关SA3来控制圆形工作台的旋转运动的。在使用圆形工作台时，铣床工作台不能进行其他方向的进给运动，具体情况如下所述	
圆形工作台的沟通	旋转式转换开关SA3的两组动断触点处于常态接通位置时，为工作台工作方式；SA3的两组动断触点处于断开位置时，为圆形工作台工作方式。此时，纵向和十字操作手柄均在“0”位置，行程开关SQ1～SQ4动断触点处于闭合状态，也就是圆形工作台与铣床工作台形成了电气机械连锁关系。 使用圆形工作台时，应先将旋转式转换开关SA3扳到断开（圆形工作台工作方式）位置，工作台各个操作手柄置于“0”位置，以使圆形工作台旋转机械传动链与铣床进行沟通

续表

项目	具 体 说 明
圆形工作台采用机械传动机构驱动工作原理	起动主轴电动机 M1，继电器 KA1、交流接触器 KM1（或 KM2）及 KM3 相继接通，交流接触器 KM3 线圈的供电回路为：电源变压器 T1 二次侧输出的交流 110V 输出电压的右端→FU2 熔断器→主轴上刀制动控制旋转式锁定开关闭合的 SA2–1 触点→行程开关 SQ5 动断触点 SQ5–1→停止动断开关 SB1–3→停止动断开关 SB2–3→热继电器动断的 FR1 触点→热继电器动断的 FR3 触点→KA1 继电器动合已闭合的 KA1–3 触点→热继电器动断的 FR2 触点→行程开关 SQ6 动断触点 SQ6–2→行程开关 SQ4 动断触点 SQ4–2→行程开关 SQ3 动断触点 SQ3–2→行程开关 SQ1 动断触点 SQ1–2→行程开关 SQ2 动断触点 SQ2–2→旋转式自锁开关 SA3 动合已闭合的触点 SA3–3→交流接触器 KM4 动断触点 KM4–5→交流接触器 KM3 线圈→电源变压器 T1 二次侧输出的交流 110V 电压的左端，形成回路。 上述这一供电通路，使继电器 KM3 线圈得电工作，其多组触点就会动作。动作过程与上相同，从而使进给电动机 M2 作正向运转，驱动圆形工作台进行旋转运动

17.1.18 普通 XA–6132 型铣床主轴电动机 M1 与进给电动机 M2 顺序控制原理

主轴电动机 M1 与进给电动机 M2 的顺序控制，是由继电器 KA1、KA2 的两组动合触点 KA1–1、KA2–1 并联控制来实现的。其控制原理在上述原理已经作过介绍，这里不再重述。

17.2 普通 XA–6132 系列万能铣床线路常见故障处理

普通 XA–6132 系列万能铣床常见故障的原因及其检修方法见表 17–18，供检修时参考。该表中的各种故障通常情况下均可以采用万用表来进行检查、判断。

表 17–18 普通 XA–6132 系列万能铣床常见故障的原因及其检修方法

序号	故障现象	故障原因	检修方法
1	合上电源总开关 QF1，主轴电动机 M1 就会起动运转	起动开关 SB3、SB4、行程开关 SQ5 中的某一出现短路	测量查找短路的元件，修理或更换新的配件

续表

序号	故障现象	故障原因	检修方法
1	合上电源总开关QF1，主轴电动机M1就会起动运转	交流接触器KM1或KM2的主触点有粘连熔焊现象	检查和更换新的、同规格的配件
2	起动主轴电动机时有较响的“嗡嗡”声，主轴不能起动	这种故障多为电动机缺相，可能是KM1或KM2的主触点出现接触不良或损坏现象	对交流接触器KM1或KM2的主触点进行检查，排除接触不良现象
3	主轴电动机M1不能起动	熔断器FU1、FU2已经熔断	查找熔断器熔断的原因并处理后，再更换新的熔断器
		T1电源变压器二次侧没有110V交流电压输出	检查T1电源变压器一次绕组是否损坏
		转换开关SA2处于“上刀制动”位置	将转换开关SA2置于原位，使其动断触点SA2–2处于闭合接通状态
		停止开关SB1、SB2的动断触点SB1–3、SB2–3接触不良	检修或更换新的、同规格的按钮停止开关SB1、SB2
		行程开关SQ5的动断触点SQ5–1接触不良	检修或更换新的、同规格的行程开关SQ5
		热继电器FR1、FR3因过载而导致其动断触点跳开	查找热继电器FR1、FR3过载的原因并处理之
		继电器KA1本身损坏	更换新的继电器KA1
4	主轴电动机反转正常，不能正转	旋钮开关SA4损坏	更换新的旋钮开关SA4
		串接在交流接触器KM1线圈供电回路中的KM2–5动断触点接触不良	修理接触不良的KM2–5动断触点，修理无效时应更换新的、同规格的配件
		交流接触器KM1本身损坏	更换新的交流接触器KM1

续表

序号	故障现象	故障原因	检修方法
5	主轴电动机起动 M1 正常，但一松开起动按钮就停机	这种故障主要是由于交流接触器自锁触点接触不良引起的，主要检查 KA1–1 自锁触点	应重点检查 KA1 的动合触点 KA1–1 在 KA1 线圈吸合时接触是否良好
6	主轴、进给运动正常，但主轴停车时不能快速制动	主轴制动离合器 YB 供电回路中的交流接触器 KM1 或 KM2 的动断触点 KM1–4 或 KM2–4 接触不良	检查动断触点 KM1–4 或 KM2–4 接触的连接情况，并进行修理或更换新件
		电磁离合器 YB 线圈本身损坏	更换新的电磁离合器 YB
		停止按钮开关 SB1 或 SB2 没有完全按压到底，使电磁离合器 YB 线圈不能得电工作，造成主轴制动失效	将停止按钮开关 SB1 或 SB2 完全按压到底进行试验，看主轴停车时能否快速制动
7	工作台仅能够向右进给，不能向左进给	行程开关 SQ2 触点接触不良	修理或更换行程开关 SQ2
		交流接触器 KM3 串接在交流接触器 KM4 线圈供电回路中的动断触点 KM3–5 接触不良	修理动断触点 KM3–5 或更换新的、同规格的 KM3 交流接触器
		接触器 KM4 线圈本身损坏	更换新的 KM4 交流接触器
8	主轴电动机 M1 工作正常，但工作台快、慢速进给运动均失效	电动机 M2 本身损坏	检修电动机 M2，或更换新的、同规格的电动机
		热继电器 FR3 因过载导致其动断触点跳开	查找热继电器 FR3 过载的原因并处理之
9	工作台不能快速进给，主轴制动失灵	变压器 T2 二次侧输出的电压异常	查找变压器 T2 二次侧输出电压异常的原因并处理之
		熔断器 FU3 或 FU4 熔断	查找熔断器 FU3 或 FU4 熔断的原因处理后，再更换新的、同规格的熔断器
		整流桥 VD1～VD4 损坏	测量检查确认损坏后，更换新的、同规格的配件

续表

序号	故障现象	故障原因	检修方法
10	主轴电动机起动后，圆形工作台的旋转运动不能完成	纵向或十字操作手柄在归“0”位置没有到位，致使四只行程开关SQ4～SQ1中的某一的动断触点没有闭合到位	对纵向或十字操作手柄在归“0”情况进行检查
		转换开关SA3的动合触点SA3–3接触不良	对动合触点SA3–3的接触情况进行检查或更换
11	圆工作台运动、变速进给冲动均正常，但工作台其他进给运动均不动作	转换开关SA3的动断触点SA3–1或SA3–2接触不良	对动断触点SA3–1或SA3–2接触情况进行检查或更换
12	主轴电动机M1工作正常，但冷却泵电动机M3不能起动工作	旋转自锁开关SA1本身损坏	对旋转自锁开关SA1进行检查或更换新的、同规格的旋转自锁开关SA1
		继电器KA3本身损坏	更换新的继电器KA3
		冷却泵电动机M3本身损坏	对冷却泵电动机M3进行检查或更换新的配件
13	操作SA5照明灯开关时，照明灯不能点亮	照明灯灯泡本身损坏	更换新的、同规格的灯泡换上
		照明灯操作开关SA5本身损坏	检查照明灯操作开关SA5的接触情况
		熔断器FU5熔断	查找熔断器FU5熔断的原因后，在更换新的、同规格的熔断器
		电源变压器T3本身损坏	对电源变压器T3进行检查，当其损坏后，应进行更换

第 18 章

其他普通铣床线路识图与常见故障处理

本章先介绍普通 X52K 型立式升降台铣床线路的识图与故障处理，而后介绍一些普通铣床常见故障检修实例，希望能对读者有所帮助。

18.1 普通 X52K 型立式升降台铣床线路识图指导

X52K 型普通立式升降台铣床是工矿企业使用较为广泛的一种金属铣加工设备。图 18–1 所示为其连接线路图。

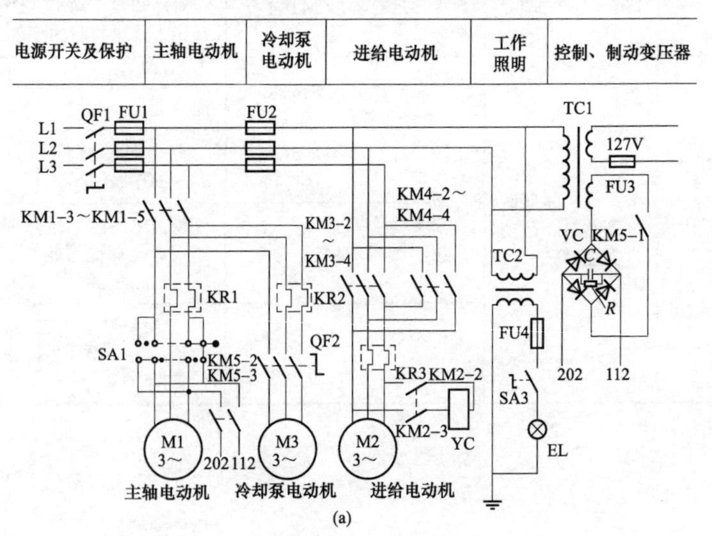

图 18–1 X52K 型普通立式升降台铣床（一）

（a）主线路示意图；

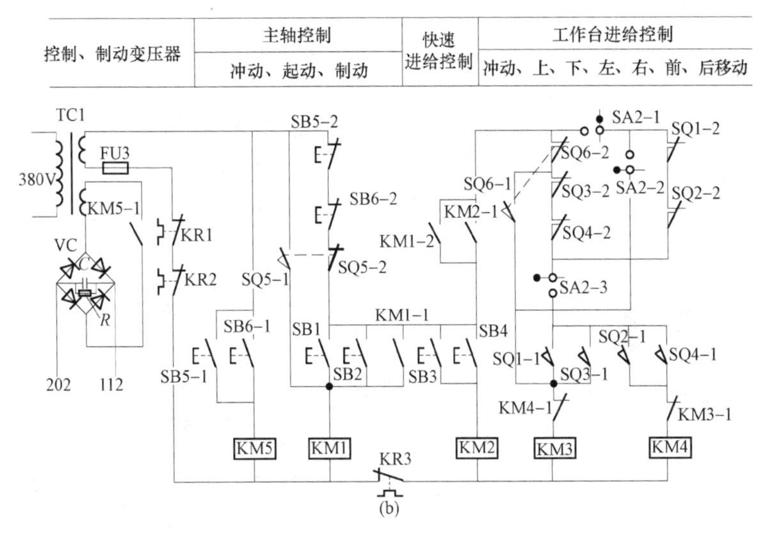

图 18–1　X52K 型普通立式升降台铣床（二）

（b）控制线路示意图

18.1.1　普通 X52K 型立式升降台铣床线路基本结构与供电特点

普通 X52K 型立式升降台铣床线路基本结构与供电特点见表 18–1，供识图时参考。

表 18–1　　普通 X52K 型立式升降台铣床线路基本结构与供电特点

序号	项目	具体说明
1	基本结构	图 18–1（a）所示为 X52K 型普通立式升降台铣床主电路；图 18–1（b）所示为 X52K 型普通立式升降台铣床控制电路。电气控制线路图中各元件的代号、名称和型号见表 18–2。依据该表，对读识图 18–1 所示电气控制线路图的工作原理有很大的帮助
2	供电特点	X52K 型普通立式升降台铣床主轴电动机 M1 与进给电动机 M2、冷却泵电动机 M3 的供电直接取自三相交流电源，控制电源变压器 TC1 的一次侧电压取自三相交流电源的 L1、L2 两相，该变压器输出的 127V 交流电压作为控制系统的供电，输出的交流 55V 电压作为桥式整流器 VC 的输入电压，整流后得到的直流电压作为主轴电动机 M1 的能耗制动电压。

续表

序号	项目	具体说明
2	供电特点	电源变压器 TC2 的一次侧电压也取自三相交流电源的 L1、L2 两相，输出的 36V 交流电压作为工作照明灯 EL 的供电，由 SA3 转换开关进行控制

表 18–2 普通 X52K 型立式升降台铣床线路图各元件代号、名称和型号

代号	名称	型号与规格	作用
QF1	控制开关	HZ1–60/E26，三极	电源总开关
QF2	控制开关	HZ1–10/E16，三极	用于控制 M3 起动、停止开关
FU1	熔断器	RL1–60/35	M1 与电源总短路保护
FU2	熔断器	RL1–15/10	电动机 M2 短路保护
FU3	熔断器	RL1–15/6	用于控制电路短路保护
FU4	熔断器	RL1–15/4	工作照明灯短路保护
M1	主轴电动机	JO2–52–4，7.5kW	驱动主轴旋转
M2	进给电动机	JO2–22–4，1.5kW	驱动工作台移动
M3	冷却泵电动机	JCB—22，125W	驱动冷却泵旋转
KR1	热继电器	JR0–40 整定电流 16A	主轴电动机 M1 过载保护
KR2	热继电器	JR0–10 整定电流 3.5A	冷却泵电动机 M3 过载保护
KR3	热继电器	JR0–10 整定电流 0.42A	进给电动机 M2 过载保护
KM1	接触器	CJ0–20，线圈电压 127V	用于控制砂轮电动机
KM2	接触器	CJ0–10，线圈电压 127V	用于控制工作台快速移动
KM3	接触器	CJ0–20，线圈电压 127V	用于控制进给电动机 M2 正转
KM4	接触器	CJ0–10，线圈电压 127V	用于控制进给电动机 M2 反转
KM5	接触器	CJ0–20，线圈电压 127V	用于控制主轴制动

续表

代号	名称	型号与规格	作 用
SB1、SB2	按钮	LA2	主轴电动机 M1 起动控制开关
SB3、SB4	按钮	LA2	快速进给起动控制开关
SB5、SB6	按钮	LA2	M1 的停止及制动控制开关
TC1	电源变压器	BK–1000，380V/127V/55V	为电磁吸盘提供电源
TC2	照明变压器	BK–50，380/36V	提供工作照明电源
VC	桥式整流器	ZXA，100B，54/39–4	用于把 55V 的交流变成直流电压提供给电磁铁 YC
YC	电磁铁	MQ1–5142，15kg，380V	用于控制工作台快速移动
SQ1	行程开关	LX1–11K	用于工作台向左控制
SQ2	行程开关	LX1–11K	用于工作台向右控制
SQ3	行程开关	LX3–131	用于工作台向前或向下控制
SQ4	行程开关	LX3–131	用于工作台向后或向上控制
SQ6	行程开关	LX3–11K	用于主轴变速冲动控制
	行程开关	LX3–11K	用于进给变速冲动控制
SA1	转换开关	HZ3–133，500V	用于主轴正、反转控制
SA2	转换开关	HL1–10/E16，三极	圆工作台控制开关
SA3	转换开关	LS2–2	机床工作照明灯控制开关

18.1.2 普通 X52K 型铣床主轴电动机 M1 起动与停止控制原理

普通 X52K 型立式升降台铣床主轴电动机 M1 起动与停止控制原理见表 18–3，供识图时参考。

表 18-3 普通 X52K 型立式升降台铣床主轴电动机 M1 起动与停止控制原理

<table>
<tr><th>序号</th><th>项目</th><th colspan="2">具 体 说 明</th></tr>
<tr><td rowspan="4">1</td><td rowspan="4">起动控制</td><td colspan="2">SB1 或 SB2 为铣床主轴电动机 M1 的两地起动按钮开关，SB5–2 或 SB6–2 为铣床主轴电动机 M1 两地停止按钮开关，它们分别设置在机床不同的地点，以方便在不同处均可以进行操作。
当按下主轴电动机 M1 的两地起动按钮开关 SB1 或 SB2 后，交流接触器 KM1 线圈就会得电吸合，其各组触点就会动作，具体动作情况如下所述</td></tr>
<tr><td>KM1–1 闭合</td><td>当动合触点 KM1–1 闭合后，就实现了自锁，以保证在松开起动按钮开关 SB1 或 SB2 后，维持 KM1 线圈中的电流通路不会断开</td></tr>
<tr><td>KM1–3～KM1–5 闭合</td><td>当三组动合主触点 KM1–3～KM1–5 闭合接通后，就会使主轴电动机 M1 获得三相交流电压而进入运行状态</td></tr>
<tr><td>KM1–2 闭合</td><td>当动合触点 KM1–2 闭合后，为工作台的各种进给工作做好了前期准备</td></tr>
<tr><td>2</td><td>正反转切换</td><td colspan="2">SA1 为主轴电动机 M1 正、反转切换开关，在起动主轴电动机 M1 之前，就可以通过扳动该开关来得到主轴电动机 M1 是正转还是反转</td></tr>
<tr><td rowspan="3">3</td><td rowspan="3">停止制动控制</td><td colspan="2">SB5 或 SB6 为铣床主轴电动机 M1 两地停止按钮开关，当按下这两只开关的某一只时，其动断触点 SB5–2 或 SB6–2 就会使 KM1 线圈断电释放，各组触点复位后，使主轴电动机 M1 失电；而动合触点 SB5–1 或 SB6–1 闭合后，就接通了 KM5 接触器线圈的电流通路而吸合，其各组触点就会动作，具体动作情况如下所述</td></tr>
<tr><td>KM5–1 闭合</td><td>当动合触点 KM5–1 闭合后，就接通了桥式整流器的输入端约为 55V 的交流电源，使整流器输出直流电压</td></tr>
<tr><td>KM5–2 与 KM5–3 闭合</td><td>当动合触点 KM5–2 与 KM5–3 闭合后，就会将上述整流器输出的直流电压接入主轴电动机 M1 的两相绕组中，使主轴电动机 M1 进行能耗制动而使主轴迅速停转，以实现迅速停机的目的</td></tr>
</table>

18.1.3 普通 X52K 型立式升降台铣床进给控制原理

普通 X52K 型立式升降台铣床进给控制原理见表 18–4，供识图时参考。

表 18–4　普通 X52K 型立式升降台铣床进给控制原理

<table>
<tr><th>序号</th><th>项目</th><th colspan="2">具 体 说 明</th></tr>
<tr><td>1</td><td>进给控制说明</td><td colspan="2">进给系统是在主轴电动机 M1 进入运行状态下进行工作的，也就是 KM1–2 动合触点闭合后来进行的。进给电动机 M2 可以驱动工作台进行上、下、左、右、前、后六个方向的运动，分别由工作台纵向操作手柄及工作台横向和垂直操作手柄来进行操作的。转换开关 SA2 用于转换控制机床六个方向进给和圆工作台。该开关的控制情况与 X62W–4 型万能铣床的表 16–5 中所列相同</td></tr>
<tr><td rowspan="3">2</td><td rowspan="3">工作台向左进给控制</td><td colspan="2">当把圆工作台转换开关 SA2 置于“断开”位置，工作台纵向操作手柄扳到“向左”位置时，行程开关 SQ1 被操纵杆压下后，其动断触点 SQ1–2 断开、动合触点 SQ1–1 闭合。前者切断了 KM4 接触器线圈的电流通路，实现互锁，以防该接触器出现误动作；后者接通后就形成了电流通路：TC1 变压器上端电源→SB5–2 动断触点→SB6–2 动断触点→SQ5–2 动断触点→KM1–2 动合已闭合的触点→SQ6–2 动断触点→SQ3–2 动断触点→SQ4–2 动断触点→SA2–3 闭合触点→SQ1–1 动合已闭合的触点→KM4–1 动断触点→KM3 接触器线圈→KR3 热继电器闭合触点→KR2 热继电器闭合触点→KR1 热继电器闭合触点→FU3 熔断器→TC1 变压器下端电源。
上述电流通路使 KM3 接触器线圈得电而吸合，其各组触点就会动作，具体动作情况如下所述</td></tr>
<tr><td>KM3–1 断开</td><td>当动断触点 KM3–1 断开后，就断开了交流接触器 KM4 线圈中的电流通路，以防止该接触器出现误动作而发生事故</td></tr>
<tr><td>KM3–2～KM3–4 闭合</td><td>当三组动合主触点 KM3–2～KM3–4 闭合接通后，就会使进给电动机 M2 得电进行正向运行状态，驱动工作台向左进给</td></tr>
<tr><td>3</td><td>工作台向左进给停止控制</td><td colspan="2">当把工作台操作手柄扳到“中间”位置时，形成开关 SQ1 被松开，其动合触点 SQ1–1 又断开、动断触点 SQ1–2 又闭合，从而使接触器 KM3 线圈断电释放后，M2 电动机停转后工作台也就停止向左进给</td></tr>
<tr><td>4</td><td>工作台向右进给控制</td><td colspan="2">当把工作台纵向操作手柄扳到“向右”位置时，行程开关 SQ2 被压下后，其动断触点 SQ2–2 断开、动合触点 SQ2–1 闭合。前者切断了接触器 KM3 线圈的电流通路，实现了互锁，以防该接触器出现误动作；后者接通后 KM4 接触器线圈就会得电吸合，使进给电动机 M2 得电进行反向运行状态，驱动工作台向右进给</td></tr>
</table>

续表

序号	项目	具 体 说 明
5	工作台向前或向下移动控制	当把工作台上下前后操作手柄扳到“向前”或“向下”位置时，行程开关 SQ3 被操纵杆压下后，其动断触点 SQ3–2 断开、动合触点 SQ3–1 闭合。前者切断了接触器 KM4 线圈的电流通路，实现了互锁，以防该接触器出现误动作；后者接通后使 KM3 接触器线圈得电而吸合，进给电动机 M2 正转。X52K 型普通铣床操纵杆的机械系统在“向前”位置时，就会使横向进给离合器被接通，进给电动机 M2 驱动工作台向前移动；而操纵杆在“向下”位置时，则接通了垂直进给离合器，进给电动机 M2 驱动工作台向下移动
6	工作台向后或向上移动控制	当把工作台上下前后操作手柄扳到“向后”或“向上”位置时，行程开关 SQ4 被操纵杆压下后，其动断触点 SQ4–2 断开、动合触点 SQ4–1 闭合。前者切断了接触器 KM3 线圈的电流通路，实现了互锁，以防该接触器出现误动作；后者接通后使 KM4 接触器线圈得电而吸合，进给电动机 M2 反转。X52K 型普通铣床操纵杆的机械系统在“向后”位置时，就会使横向进给离合器被接通，进给电动机 M2 驱动工作台向后移动；而操纵杆在“向上”位置时，则接通了垂直进给离合器，进给电动机 M2 驱动工作台向上移动

18.1.4 普通 X52K 型立式升降台铣床变速冲动控制原理

普通 X52K 型立式升降台铣床变速冲动控制原理见表 18–5，供识图时参考。

表 18–5 普通 X52K 型立式升降台铣床变速冲动控制原理

序号	项目	具 体 说 明
1	主轴变速冲动控制	主轴变速的冲动，主要用于主轴在变速时新转速齿轮组的顺利啮合。主轴变速时，应先停止主轴电动机 M1 的运行，然后把主轴转速盘拉出，转动变速盘，选择好所需要的转速，再把转速盘推回原处。当手柄推回原处时，手柄通过机械及弹簧装置瞬时压下行程开关 SQ5 后又松开，使其动断触点 SQ5–2 瞬时断开、动合触点 SQ5–1 瞬时闭合，接触器 KM1 线圈瞬时得电吸合，从而使主轴电动机 M1 瞬时起动，给主轴一个短时的冲动，由此可以保证新齿轮组的顺利啮合
2	工作台变速冲动控制	工作台变速冲动控制是由行程开关 SQ6 来实现的。与主轴变速冲动的原理一样，冲动行程开关 SQ6–1 的动合触点瞬时闭合，接触器 KM3 瞬时得电动作，进给电动机 M2 瞬时正转冲动一下，以使进给变速齿轮顺利啮合

18.1.5 普通 X52K 型铣床工作台快速移动与工作台控制原理

普通 X52K 型立式升降台铣床工作台快速移动与工作台控制原理见表 18–6，供识图时参考。

表 18–6 普通 X52K 型立式升降台铣床工作台快速移动与工作台控制原理

<table>
<tr><th>序号</th><th>项目</th><th colspan="2">具 体 说 明</th></tr>
<tr><td rowspan="3">1</td><td rowspan="3">工作台快速移动控制</td><td colspan="2">如果需要工作台快速移动，应把工作台扳向需要快速进给的位置，然后按下两地工作台快速移动起动按钮开关 SB3 或 SB4，接触器 KM2 线圈就会得电吸合，其各组触点就会动作，具体动作情况如下所述</td></tr>
<tr><td>KM2–1 闭合</td><td>当动合触点 KM2–1 闭合后，就实现了自锁，以保证在松开起动按钮开关 SB3 或 SB4 后，维持 KM2 线圈中的电流通路不会断开</td></tr>
<tr><td>KM2–2 与 KM2–3 闭合</td><td>当动合触点 KM2–2 与 KM2–3 闭合后，就接通了 YC 电磁离合器线圈的供电而动作，通过机械系统使工作台快速进给齿轮被啮合，工作台就可以向所需的进给方向快速移动</td></tr>
<tr><td>2</td><td>工作台快速移动停止控制</td><td colspan="2">一旦移动到需要的位置时，松开起动按钮开关 SB3 或 SB4，接触器 KM2 线圈就会断电，其各组触点就会动作而复位，工作台进给恢复原状</td></tr>
<tr><td>3</td><td>圆工作台控制</td><td colspan="2">如果需要对铣床圆工作台进行控制时，把转换开关 SA2 扳到“圆工作”位置，此时 SA2–1 与 SA2–3 触点均断开、而 SA2–2 触点闭合，进给电动机 M2 就会驱动圆工作台进行圆周运动，但不能进行六个方向的进给</td></tr>
</table>

18.2 普通 X52K 型铣床线路常见故障处理与其他铣床故障检修实例

18.2.1 普通 X52K 型立式升降台铣床线路常见故障处理

普通 X52K 型立式升降台铣床常见故障现象、故障原因与处理方法见表 18–7，供检修故障时参考。

表 18–7 普通 X52K 型铣床常见故障现象、故障原因与处理方法

序号	故障现象	故障原因	处理方法
1	所有电动机均无法起动，EL也不亮	电源总开关 QF1 不良或损坏	对 QF1 进行修理或更换新的配件
		FU1 或 FU2 熔断器熔断	查找FU1或FU2熔断器熔断的原因并处理后，再更换新的、同规格的熔断器
2	所有电动机均无法起动，但照明灯 EL 可亮	FU3 熔断器熔断	查找 FU3 熔断器熔断的原因并处理后，再更换新的、同规格的熔断器
		控制线路中热继电器 KR1 或 KR2 触点不良或损坏	对控制线路中热继电器 KR1 或 KR2 触点进行修理或更换新的、同规格的配件
		停机开关 SB5–2 或 SB6–2 动断触点接触不良或损坏	对停机按钮开关 SB5–2 或 SB6–2 动断触点进行修理或更换新的、同规格的配件
		行程开关 SQ5–2 动断触点闭合后接触不良或损坏	对行程开关 SQ5–2 动断触点进行修理或更换新的、同规格的配件
		TC1 控制变压器不良或损坏	对 TC1 进行修理或更换新的配件
3	主轴电动机 M1 无法起动工作	主电路中热继电器 KR1 不良或损坏	对主电路中热继电器 KR1 进行修理或更换新的、同规格的配件
		正、反向转换开关 SA1 不良或损坏	对正、反向转换开关 SA1 进行修理或更换新的、同规格的配件
		主轴电动机 M1 本身不良或损坏	对主轴电动机 M1 进行修理或更换新的、同规格的配件
		接触器 KM1 线圈不良或损坏	对 KM1 线圈进行修理或更换新的配件
4	M1 与 M3 均无法起动工作	三组 KM1–3～KM1–5 主触点接触不良或损坏	对三组 KM1–3～KM1–5 主触点进行修理或更换新的、同规格的配件
5	冷却泵电动机 M3 无法起动	主电路中热继电器 KR2 不良或损坏	对主电路中热继电器 KR2 进行修理或更换新的、同规格的配件

续表

序号	故障现象	故障原因	处理方法
5	冷却泵电动机M3无法起动	转换开关QF2触点闭合后接触不良或损坏	对转换开关QF2触点进行修理或更换新的、同规格的配件
		冷却泵电动机M3本身不良或损坏	对冷却泵电动机M3进行修理或更换新的、同规格的配件
6	主轴无法制动	主电路中动合触点KM5–2或KM5–3闭合不良或损坏	对动断触点KM5–2或KM5–3进行修理或更换新的、同规格的配件
		控制电路中动合触点KM5–1闭合后接触不良或损坏	对动断触点KM5–1进行修理或更换新的、同规格的配件
		桥式整流器VC不良或损坏	对VC进行检查或更换新的配件
		接触器KM5线圈不良或损坏	对KM5线圈进行修理或更换新的配件
		停机开关SB5–1或SB6–1动合触点接触不良或损坏	对停机按钮开关SB5–1或SB6–1动合触点进行修理或更换新的、同规格的配件
7	进给电动机M2无法起动	主电路或控制电路中热继电器KR3不良或损坏	对主电路或控制电路中热继电器KR3进行修理或更换新的、同规格的配件
		三组KM3–2～KM3–4主触点闭合后接触不良或损坏（此时仅正转无法起动）	对三组KM3–2～KM3–4主触点进行修理或更换新的、同规格的配件
		三组KM4–2～KM4–4主触点闭合后接触不良或损坏（此时仅反转无法起动）	对三组KM4–2～KM4–4主触点进行修理或更换新的、同规格的配件
		进给电动机M2本身不良或损坏	对进给电动机M2进行修理或更换新的、同规格的配件
		动合触点KM1–2接触不良或损坏	对动合触点KM1–2进行修理或更换新的、同规格的配件
		圆工作台转换开关SA2–3触点接触不良或损坏	对圆工作台转换开关SA2–3触点进行修理或更换新的、同规格的配件

续表

序号	故障现象	故障原因	处 理 方 法
8	工作台无法左、右进给	行程开关 SQ6–2、SQ3–2、SQ4–2 动断触点接触不良或损坏	对行程开关 SQ6–2、SQ3–2、SQ4–2 动断触点进行修理或更换新的、同规格的配件
		行程开关 SQ1–1 动合触点压合后接触不良或损坏	对行程开关 SQ1–1 动合触点进行修理或更换新的、同规格的配件
		行程开关 SQ2–1 动合触点压合后接触不良或损坏	对行程开关 SQ2–1 动合触点进行修理或更换新的、同规格的配件
9	工作台无法前后、上下进给	行程开关 SQ1–2、SQ2–2 动断触点接触不良或损坏	对行程开关 SQ1–2、SQ2–2 动断触点进行修理或更换新的、同规格的配件
		圆工作台转换开关 SA2–1 触点接触不良或损坏	对圆工作台转换开关 SA2–1 触点进行修理或更换新的、同规格的配件
		行程开关 SQ3–1、SQ4–1 动合触点压合后不良或损坏	对行程开关 SQ3–1、SQ4–1 动合触点进行修理或更换新的、同规格的配件
10	工作台无法快速进给移动	快速进给起动按钮开关 SB3 或 SB4 动合触点闭合后接触不良或损坏	对快速进给起动按钮开关 SB3 或 SB4 动合触点进行修理或更换新的、同规格的配件
		接触器 KM2 线圈不良或损坏	对 KM2 线圈进行修理或更换新的配件
		控制电路中 KM2–1 动合触点闭合后接触不良或损坏	对控制电路中 KM2–1 动合触点进行修理或更换新的、同规格的配件
		主电路中 KM2–2 或 KM2–3 动合触点闭合后接触不良或损坏	对主电路中 KM2–2 或 KM2–3 动合触点进行修理或更换新的、同规格的配件
		YC 电磁铁线圈不良或损坏	对 YC 进行修理或更换新的配件
11	主轴变速无法冲动	行程开关 SQ5–1 动合触点压下后接触不良或损坏	对行程开关 SQ5–1 动合触点进行修理或更换新的、同规格的配件

续表

序号	故障现象	故障原因	处理方法
12	进给变速无法冲动	行程开关SQ6–1动合触点压下后接触不良或损坏	对行程开关SQ6–1动合触点进行修理或更换新的、同规格的配件
13	圆工作台不能工作	圆工作台转换开关SA2–2触点闭合后接触不良或损坏	对圆工作台转换开关SA2–2触点进行修理或更换新的、同规格的配件
14	工作台无法向相应的方向移动进给	相应方向的行程开关压合后接触不良或损坏	根据实际情况对相应方向的行程开关（SQ1～SQ4）触点进行修理或更换新的、同规格的配件

18.2.2 其他普通铣床常见故障检修实例

其他普通铣床常见故障检修实例见表18–8与表18–9，供对号入座检修故障时参考。

表18–8　　普通铣床常见故障检修实例（一）

型号	故障现象	故障原因	检修方法
X62型普通万能铣床	机床除了工作台无法左、右移动外，其他进给功能基本正常	行程开关SQ2–2动断触点接触不良	（1）合上电源总开关QF1，起动主轴电动机M1，把工作台纵向操作手柄分别扳到“向左”“向右”位置，把短导线的一端连接在行程开关SQ2–2上端，导线另一头连接在圆工作台转换开关SA2–3下端，工作台可向左或向右移动，说明行程开关SQ5–1和SQ6–1触点压合后连接良好，问题出在SQ2–2、SQ3–2、SQ4–2与圆工作台转换开关SA2–3这几只元件中。 （2）考虑到SQ2–2因经常进给受冲动而损坏率较高，故采用万用表电阻挡先对该动断触点进行检测，发现其触点接触不良。 （3）对动断触点SQ2–2进行修理或更换新的配件后，故障排除
	主轴无法制动、且工作台也无法快速进给	桥式整流器VC有一臂断路	（1）在断开机床供电的情况下，检查熔断器FU2与FU3的熔芯没有损坏。 （2）合上电源总开关QF1，采用万用表50V交流电压挡检测TC3变压器二次绕组输出的36V电压基本正常。 （3）采用万用表50V直流电压挡，检测桥式整流器VC输出端输出的约35V电压仅约为15V左右，故判断VC有一臂断路。 （4）更换新的、同规格的桥式整流器VC后，故障排除

续表

型号	故障现象	故障原因	检修方法
X52K型普通立式升降台铣床	主轴电动机M1无法起动	桥式整流器VC有一臂断路	（1）合上电源总开关 QF1，按下主轴电动机M1起动按钮开关SB1或SB2，观察接触器KM1可吸合动作，但主轴电动机M1没有起动运行。判断故障出在主轴电动机M1的主电路。 （2）在断开机床供电的情况下，断开主轴电动机M1与外电路的连接线，接通QF1，按下起动按钮开关SB1或SB2，在KM1吸合的情况下，万用表500V交流电压挡检测转换开关SA1下端与电动机断开的连接线上的电压，均在380V左右，基本正常，判断为主轴电动机M1本身有问题。 （3）采用万用表 $R\times10$ 电阻挡对主轴电动机M1绕组的直流电阻进行检测，结果发现其有一相绕组断路。 （4）对主轴电动机M1的绕组进行修理或更换新的、同规格的电动机后，故障排除
	主轴电动机M1无法制动	接触器KM5–1动合触点闭合后因烧灼而接触不良	（1）按下停止按钮开关SB5或SB6后，观察接触器KM5线圈有吸合的动作。 （2）采用万用表250V直流电压挡，检测桥式整流器VC输出两端（数字202与112之间）电压为0V，万用表改用250V交流电压挡，检测桥式整流器VC输入两端的电压也为0V，但检测变压器TC1输出的约55V交流电压基本正常，判断接触器KM5–1动合触点闭合后接触不良。 （3）对动合触点KM5–1进行修理或更换新的配件后，故障排除

表18–9　　普通铣床常见故障检修实例（二）

型号	故障现象	故障原因	检修方法
X8126型铣床	主电动机不能起动运转	交流供电电源没有提供给机床	合上总电源开关，把转换开关置于接通位置
		交流输入端的熔断器已经熔断	查找熔断器熔断的原因并处理后，再更换新的、同规格的熔断器
		起动按钮开关本身触点接触不良或其连接线路有断裂处	对起动按钮开关本身或其连接线路进行修理或更换

续表

型号	故障现象	故障原因	检 修 方 法
X8126型铣床	主电动机不能起动运转	起动交流接触器没有动作或触点出现接触不良	对起动交流接触器线圈进行检查，看其是否开路或烧毁，磁铁是否被卡住，对触点进行修理或更换
		主电动机热继电器脱扣或损坏	对热继电器进行手动复位或对其进行修理或更换新的、同规格的配件
		主电动机内部线圈断线或烧毁	对电动机内部断线处进行修理或重绕、更换新的线圈绕组
	进给电动机不能起动运转	主轴电动机的联动机构出现了问题	联动机构用于保证只有主电动机起动后，才会起动进给电动机）对主轴电动机的联动机进行拆修，发现问题应进行修理或更换
		主令开关本身损坏或其连接线路有断裂处	对主令开关本身及其连接线路进行修理或更换新件
		限位开关本身损坏或被压住，失去了限位作用	对限位开关本身进行修理或更换新的、同规格的配件
		进给电动机控制交流接触器没有动作或其触点接触不良	对进给电动机控制线路和交流接触器线圈进行检查，看其是否有断线处，发现问题应进行修理或更换
		进给电动机热继电器脱扣或损坏	对热继电器进行手动复位或对其进行修理或更换新的、同规格的配件
	进给电动机仅能一个方向运转	主令开关出现局部损坏	对主令开关进行修理或更换新件
		有一个方向的限位开关损坏或被压住，失去了限位作用	对限位开关本身进行修理或更换新的、同规格的配件
	冷却泵电动机不能起动运转	冷却泵电动机控制开关本身损坏或接触不良，或相关连接线路出现断裂现象	对冷却泵电动机控制开关本身或其连接线路进行检查、修理或更换新的、同规格的配件
		冷却泵电动机控制交流接触器没有吸合或其接触不良	对冷却泵电动机控制线路和交流接触器线圈进行检查，看其是否有断线处，发现问题应进行修理或更换

续表

型号	故障现象	故障原因	检 修 方 法
X8126型铣床	冷却泵电动机不能起动运转	冷却泵电动机热继电器脱扣或损坏	对冷却泵电动机热继电器进行手动复位或对其进行修理或更换新件
		冷却泵电动机内部线圈断线或烧毁	对电动机内部断线处进行修理或重绕、更换新的线圈绕组
X52KX型铣床	主电动机不能起动运转	交流供电电源没有提供给机床	合上总电源开关，把转换开关置于接通位置
		交流输入端的熔断器已经熔断	查找熔断器熔断的原因并处理后，再更换新的、同规格的熔断器
		起动交流接触器没有动作或主触点出现接触不良	对起动交流接触器线圈进行检查，看其是否开路或烧毁，磁铁是否被卡住，对主触点进行修理或更换
		主电动机热继电器脱扣或损坏	对热继电器进行手动复位或对其进行修理或更换新的、同规格的配件
		正反转转换开关未置于起动位置	把正反转转换开关扳倒起动位置后试机
		主电动机内部线圈断线或烧毁	对电动机内部断线处进行修理或重绕、更换新的线圈绕组
		按钮或点动开关接触不良或相关连接线路出现断裂	对按钮或点动开关的触点或其连接线路进行检查、修理或更换新的、同规格的配件
	主电动机点动功能失效	点动开关位置发生了改变	由于点动开关经常受到频繁的冲击，一旦其位置发生改变，就会导致压不上开关或接触不良。故应进行修理或更换新件，并对开关动作的距离进行适当调整
	工作台在各个方向均不能进给	主电动机没有运转或联动机构有问题，因为只有主电动机起动后进给才能工作	对主轴电动机的联动机进行拆修，发现问题应进行修理或更换
		限位开关本身位置发生了变化或其本身被碰撞损坏或被压住，失去了限位作用	对限位开关本身的位置进行适当调整，或对其进行修理或更换新的、同规格的配件

续表

型号	故障现象	故障原因	检 修 方 法
X52KX型铣床	工作台在各个方向均不能进给	变速点动开关在复位时不能闭合或出现接触不良现象	对变速点动开关的触点进行修理，或更换新的、同规格的配件
		进给电动机热继电器脱扣或损坏	对进给电动机热继电器进行手动复位或对其进行修理或更换新的、同规格的配件
		电动机连接线脱落或绕组断路	将电动机脱落的连接线重新连接好或对电动机绕组进行修理或更换新的、同规格的线圈
	工作台左、右进给正常，但前、后进给失效	限位开关SQ1–1或SQ2–2本身触点接触不良或其连接线路断裂	对限位开关SQ1–1或SQ2–2的位置进行适当调整，调整无效应对其触点进行修理或更换，或对其连接线路进行修理或更换新的、同规格的导线
		操作工作台向前、后或上、下时，限位开关SQ3–2或SQ4–2被压开，使两个进给交流接触器电流回路处于断开状态	对限位开关SQ3–2或SQ4–2的位置进行适当调整，以保证触点闭合后可靠接通
	工作台快速移动功能失效	电磁铁线圈本身损坏或烧毁	对电磁铁线圈进行检查修理或更换新的、同规格的配件
		因大的冲击力导致电磁铁线圈受振而使其连接线松动或出现断裂现象	对电磁铁线圈连接线路进行检查修理或更换新的、同规格的配件
		工作台快速移动开关本身接触不良或其连接线路出现断裂现象	对工作台快速移动开关本身或其连接线路进行检查、修理或更换新的、同规格的配件
		工作台快速移动控制交流接触器没有吸合或其触点接触不良	对快速移动交流接触器线圈进行检查，看其是否开路或烧毁，磁铁是否被卡住，对主触点进行修理或更换

第19章

普通镗床线路识图与常见故障处理

普通镗床是指采用接触器、继电器等作为控制元件的机床，这类机床在制造类企业中被广泛应用。本章先介绍应用较为广泛的普通 T612 卧式镗床线路识图与常见故障的处理方法，然后再提供一些其他镗床常见故障的检修实例供维修对号入座参考。

19.1 普通镗床功能与外形说明

普通镗床是一种应用极其广泛的镗削各种孔类工件的机床。常见普通镗床的外形示意图见表 19–1。

表 19–1 常见普通镗床的外形示意图

内容	具体说明
功能说明	普通镗床是用来加工孔的，也就是采用镗刀镗削工件上已铸出或已粗钻的孔，其加工精度和表面质量远高于钻床。除此之外，万能镗床还可以用于钻孔、扩孔、绞孔，加上车螺纹附件后还可以车削螺纹，装上平旋盘刀架还可以加工大的孔径、端面和外圆
普通卧式镗床示意图	1－后立柱；2－导轨；3－尾架；4－后立柱底座；5－床身；6－工作台；7－下溜板；8－上溜板；9－镗轴；10－花盘；11－前立柱；12－导轨；13－镗头架

19.2　普通 T612 卧式镗床线路识图指导

T612 型普通卧式镗床可以用来镗孔和钻孔，是一种精密的孔加工及孔与孔之间距离要求精密加工的机床。

19.2.1　普通 T612 型卧式镗床线路结构

图 19–1（a）所示为 T612 型普通卧式镗床主电路；图 19–1（b）所示为 T612 型普通卧式镗床照明与控制电路供电电路；图 19–1（c）所示为 T612 型普通卧式镗床控制电路（一）；图 19–1（d）所示为 T612 型普通卧式镗床控制电路（二）。

19.2.2　普通 T612 型卧式镗床主线路

图 19–1（a）所示为 T612 型普通卧式镗床主电路。该电路采用 380V 三相交流电源供电，图中主要元器件作用见表 19–2。

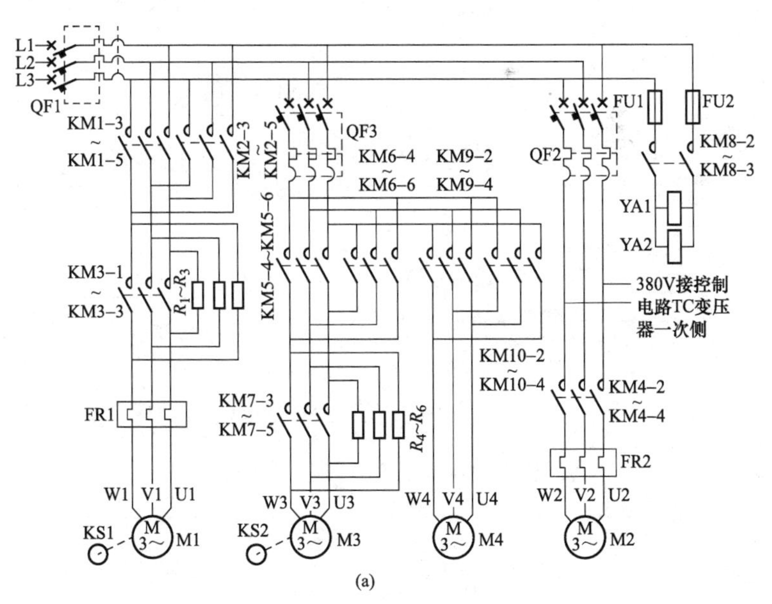

图 19–1　T612 型普通卧式镗床线路（一）

（a）主线路示意图

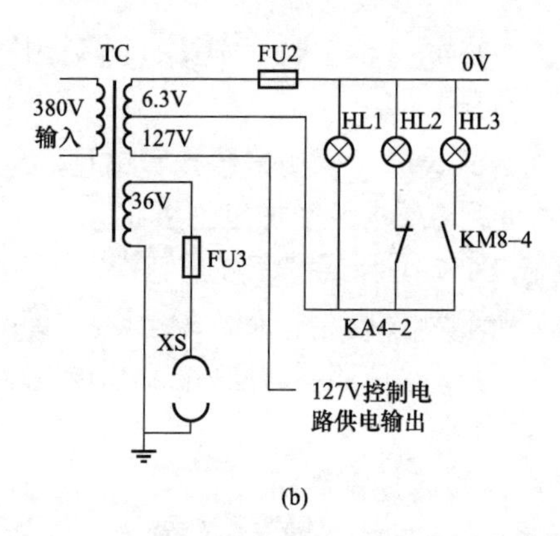

(b)

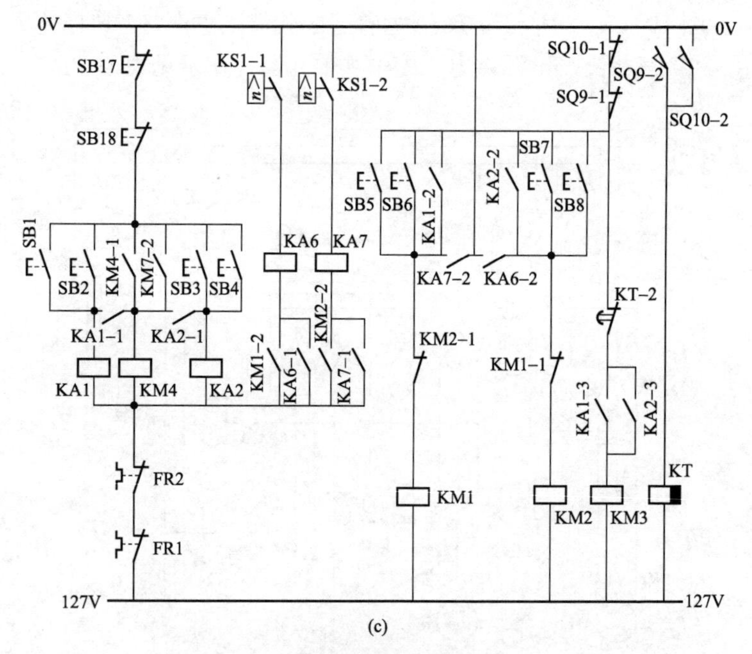

(c)

图 19-1 T612 型普通卧式镗床线路（二）

（b）照明与控制电路供电线路；

（c）控制线路（一）

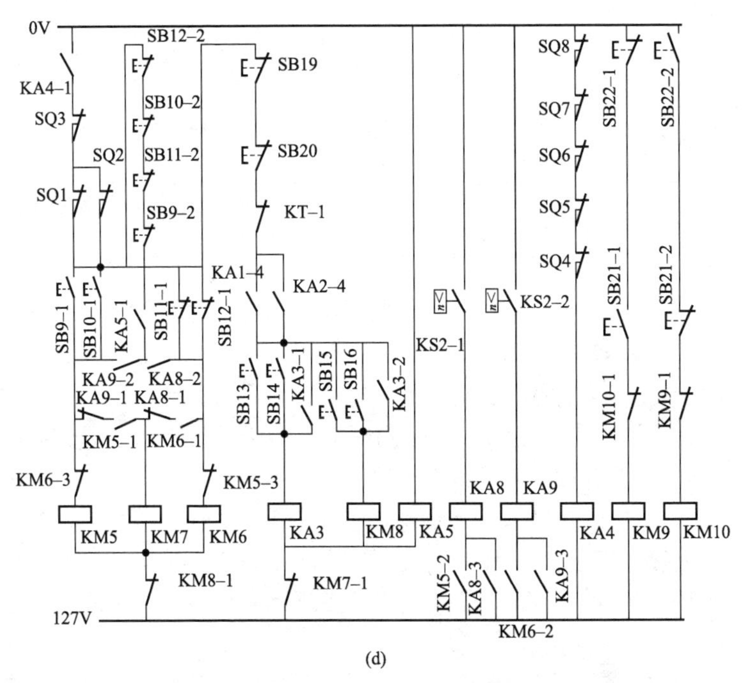

图 19–1 T612 型普通卧式镗床线路（三）

（d）控制线路（二）

表 19–2 普通 T612 型卧式镗床主电路中主要元器件的作用

元器件编号	作用	具 体 说 明
QF1～QF3	低压断路器	QF1 为机床电源总开关；QF2 为油泵电动机 M2 和控制回路电源控制开关；QF3 为快速移动电动机 M3 和工作台回转电动机 M4 电源控制开关。这三只低压断路器均具有短路和过载保护功能，当 QF1 与 QF2 闭合接通后，控制变压器 TC 的一次侧就会得电工作，操纵台上的供电指示灯 HL1 就会点亮
M1	主轴电动机	该电动机由交流接触器 KM1、KM2 控制，KM3 用于短接制动限流电阻 R_1～R_3，FR1 热继电器用于 M1 的过载保护
M2	油泵电动机	该电动机由交流接触器 KM4 控制，FR2 热继电器用于 M2 的过载保护

续表

元器件编号	作用	具 体 说 明
M3	快速移动电动机	该电动机由交流接触器 KM5、KM6 控制，KM7 用于短接反接制动限流电阻 R_4～R_6
M4	工作台回转电动机	工作台回转电动机 M4 由交流接触器 KM9、KM10 触点的动作进行控制

19.2.3 普通 T612 型卧式镗床照明与控制线路的供电

普通 T612 型卧式镗床照明与控制电路的供电线路如图 19–1（b）所示。其中：TC 为电源变压器，其一次侧两端连接在主电路 QF2 低压断路器输出的 380V 电源两端上，经降压后输出三组交流低压 6.3V、36V、127V。6.3V 作为信号指示电源，36V 作为照明供电，127V 作为控制系统的供电。HL1～HL3 为信号指示灯，HL1 为供电接通指示灯、HL2 为限位指示灯、HL3 为进给指示灯。

19.2.4 普通 T612 型卧式镗床主轴电动机 M1 的正反向控制原理

如图 19–1（c）所示，主轴电动机 M1 正反向控制由起动按钮开关 SB1（或 SB2）、SB3（或 SB4），正反转起动中间继电器 KA1、KA2，正反转接触器 KM1、KM2 等构成。主轴电动机 M1 的正反向控制原理见表 19–3，供识图时参考。

表 19–3 普通 T612 型卧式镗床主轴电动机 M1 的正反向控制原理

序号	项目	具 体 说 明		
1	正向起动控制	SB1（或 SB2）为正向起动按钮开关，当按下该开关后，就会使中间继电器 KA1 线圈得电工作，其各组触点就会动作，具体动作情况如下所述		
		KA1–1 闭合	动合触点 KA1–1 闭合接通后，就会使交流接触器 KM4 线圈得电工作，其各组触点就会动作，具体动作情况如下所述	
			KM4–1 闭合	动合自锁触点 KM4–1 闭合接通后就实现了自锁，以保证在松开起动按钮开关 SB1 或 SB2 后，维持 KM4 线圈中的电流通路不会断开

续表

<table>
<tr><th>序号</th><th>项目</th><th colspan="4">具 体 说 明</th></tr>
<tr><td rowspan="9">1</td><td rowspan="9">正向起动控制</td><td>KA1–1闭合</td><td>KM4–1～KM4–4闭合</td><td colspan="2">三组动合主触点KM4–1～KM4–4闭合接通后，就会使油泵电动机M2得电工作，以保证机床工作时的润滑</td></tr>
<tr><td rowspan="6">KA1–2闭合</td><td colspan="3">动合触点KA1–2闭合接通后，就会使交流接触器KM1线圈得电工作，其各组触点就会动作，具体动作情况如下所述</td></tr>
<tr><td>KM1–1断开</td><td colspan="2">动断触点KM1–1断开后，就切断了反转控制交流接触器KM2线圈中的电流通路，以防止该接触器出现误动作而发生事故</td></tr>
<tr><td rowspan="3">KM1–2闭合</td><td colspan="2">动合触点KM1–2闭合接通后，就接通了中间继电器KA6线圈下部连接线，为KA6线圈的工作做好前期准备，一旦M1转速达到一定值时，速度继电器KS1动作，其正转动合触点KS1–1就会闭合接通，KA6线圈得电工作，其各组触点就会动作</td></tr>
<tr><td>KA6–1闭合</td><td>动合触点KA6–1闭合接通后，就实现了自锁，以保证KA6线圈供电通路不致断开</td></tr>
<tr><td>KA6–2闭合</td><td>动合触点KA6–2闭合接通后，为反接制动时KM2接触器的工作做好前期准备</td></tr>
<tr><td>KM1–3～KM1–5闭合</td><td colspan="2">三组动合主触点KM1–3～KM1–5闭合接通后，就接通了主轴电动机M1正向运行状态所需相序的三相供电通路，为M1工作做好准备</td></tr>
<tr><td>KA1–3闭合</td><td colspan="3">动合触点KA1–3闭合接通后，就会使交流接触器KM3线圈得电工作，其三组动合主触点KM3–1～KM3–3闭合接通后，就会使主轴电动机M1得电进入正向起动运行状态</td></tr>
<tr><td>KA1–4闭合</td><td colspan="3">动合触点KA1–4闭合接通后，就接通了中间继电器KA3线圈上部连接线，为KA3线圈的工作做好前期准备</td></tr>
<tr><td rowspan="2">2</td><td rowspan="2">反向起动控制</td><td colspan="4">如图19–1（c）所示，SB3（或SB4）为反向起动按钮开关，当按下该开关后，就会使中间继电器KA2线圈得电工作，其各组触点就会动作，具体动作情况如下所述</td></tr>
<tr><td>KA2–1闭合</td><td colspan="3">动合触点KA2–1闭合接通后，就会使交流接触器KM4线圈得电工作，其各组触点就会动作，具体动作情况如下所述</td></tr>
</table>

续表

<table>
<tr><th>序号</th><th>项目</th><th colspan="4">具 体 说 明</th></tr>
<tr><td rowspan="10">2</td><td rowspan="10">反向起动控制</td><td rowspan="2">KA2–1闭合</td><td>KM4–2闭合</td><td colspan="2">动合自锁触点 KM4–2 闭合接通后就实现了自锁，以保证在松开起动按钮开关 SB3 或 SB4 后，维持 KM4 线圈中的电流通路不会断开</td></tr>
<tr><td>KM4–2～KM4–4闭合</td><td colspan="2">三组动合主触点 KM4–2～KM4–4 闭合接通后，就会使油泵电动机 M2 得电工作，以保证机床工作时的润滑</td></tr>
<tr><td rowspan="6">KA2–2闭合</td><td colspan="3">动合触点 KA2–2 闭合接通后，就会使交流接触器 KM2 线圈得电工作，其各组触点就会动作，具体动作情况如下所述</td></tr>
<tr><td>KM2–1断开</td><td colspan="2">动断触点 KM2–1 断开后，就切断了正转控制交流接触器 KM1 线圈中的电流通路，以防止该接触器出现误动作而发生事故</td></tr>
<tr><td rowspan="3">KM2–2闭合</td><td colspan="2">动合触点 KM2–2 闭合接通后，就接通了中间继电器 KA7 线圈下部连接线，为 KA7 线圈的工作做好前期准备。一旦 M1 转速达到一定值时，速度继电器 KS1 动作，其反转动合触点 KS1–2 就会闭合接通，KA7 线圈得电工作，其各组触点就会动作，具体动作情况如下所述</td></tr>
<tr><td>KA7–1闭合</td><td>动合触点 KA7–1 闭合接通后，就实现了自锁，以保证 KA7 线圈的供电通路不致断开</td></tr>
<tr><td>KA7–2闭合</td><td>动合触点 KA7–2 闭合接通后，为反接制动时 KM1 接触器的工作做好前期准备</td></tr>
<tr><td>KM2–3～KM2–5闭合</td><td colspan="2">三组动合主触点 KM2–3～KM2–5 闭合接通后，就接通了主轴电动机 M1 反向运行状态所需相序的三相供电通路，为 M1 工作做好准备</td></tr>
<tr><td>KA2–3闭合</td><td colspan="3">动合触点 KA2–3 闭合接通后，就会使交流接触器 KM3 线圈得电工作，其三组动合主触点 KM3–1～KM3–3 闭合接通后，就会使主轴电动机 M1 得电进入反向起动运行状态</td></tr>
<tr><td>KA2–4闭合</td><td colspan="3">动合触点 KA2–4 闭合接通后，就接通了中间继电器 KA3 线圈上部连接线，为 KA3 线圈的工作做好前期准备</td></tr>
</table>

19.2.5　普通 T612 型卧式镗床主轴停车反接制动控制原理

如图 19–1（c）所示，主轴停车反接制动控制电路由停机按钮开关 SB17（或 SB18）、速度继电器 KS1–1，中间继电器 KA6、KA7，接触器 KM1、KM2、KM3 等组成。普通 T612 型卧式镗床主轴停车反接制动控制原理见表 19–4，供识图时参考。

表 19–4　　普通 T612 型卧式镗床主轴停车反接制动控制原理

<table>
<tr><th>序号</th><th>项目</th><th colspan="2">具 体 说 明</th></tr>
<tr><td rowspan="3">1</td><td rowspan="3">正转停机反接制动</td><td colspan="2">SB17（或 SB18）为停机按钮开关，当按下该开关后，KA1、KM4、KM1、KM3 线圈均断电后，其各组触点均会释放复位，当 KM1–1 动断触点复位又接通后，使 KM2 线圈得电工作，其各组触点就会动作，具体动作情况如下所述</td></tr>
<tr><td>KM2–1 断开</td><td>动断触点 KM2–1 断开后，就切断了正转控制交流接触器 KM1 线圈中的电流通路，以防止该接触器出现误动作而发生事故</td></tr>
<tr><td>KM2–3～KM2–5 闭合</td><td>三组动合主触点 KM2–3～KM2–5 闭合接通后，三相交流电源就会通过限流电阻 R_1～R_3 加到 M1 电动机上进行反接制动。
一旦 M1 转速下降到 100r/min 时，速度继电器 KS1 动作，其反转动合触点 KS1–1 就会断开，KA6、KM2 线圈均断电释放复位，主轴电动机 M1 停机制动结束</td></tr>
<tr><td rowspan="3">2</td><td rowspan="3">反转停机反接制动</td><td colspan="2">SB17（或 SB18）为停机按钮开关，当按下该开关后，KA2、KM4、KM2、KM3 线圈均断电后，其各组触点均会释放复位，当 KM2–1 动断触点复位又接通后，使 KM1 线圈得电工作，其各组触点就会动作，具体动作情况如下所述</td></tr>
<tr><td>KM1–1 断开</td><td>动断触点 KM1–1 断开后，就切断了反转控制交流接触器 KM2 线圈中的电流通路，以防止该接触器出现误动作而发生事故</td></tr>
<tr><td>KM1–3～KM1–5 闭合</td><td>三组动合主触点 KM1–3～KM1–5 闭合接通后，三相交流电源就会通过限流电阻 R_1～R_3 加到 M1 电动机上进行反接制动。
一旦 M1 转速下降到 100r/min 时，速度继电器 KS1 动作，其反转动合触点 KS1–2 就会断开，KA7、KM1 线圈均断电释放复位，主轴电动机 M1 停机制动结束</td></tr>
</table>

19.2.6 普通 T612 型卧式镗床主轴点动控制原理

如图 19–1（c）所示，主轴点动控制电路由 SB5（或 SB6）、SB7（或 SB8）、正反转点动控制接触器 KM1、KM2 等组成。普通 T612 型卧式镗床主轴点动控制原理见表 19–5，供识图时参考。

表 19–5　　普通 T612 型卧式镗床主轴点动控制原理

<table>
<tr><th>序号</th><th>项目</th><th colspan="3">具 体 说 明</th></tr>
<tr><td rowspan="6">1</td><td rowspan="6">正转点动控制</td><td colspan="3">SB5（或 SB6）为主轴正转点动控制按钮开关，当按下该开关后，KM1 接触器线圈得电工作，其各组触点均会动作，具体动作情况如下所述</td></tr>
<tr><td colspan="2">KM1–1 断开</td><td>动断触点 KM1–1 断开后，就切断了反转控制交流接触器 KM2 线圈中的电流通路，以防止该接触器出现误动作而发生事故</td></tr>
<tr><td colspan="2">KM1–3～KM1–5 闭合</td><td>三组动合主触点 KM1–3～KM1–5 闭合接通后，三相交流电源就会通过限流电阻 R_1～R_3 加到 M1 电动机上，以使 M1 进入低速正向运转</td></tr>
<tr><td rowspan="3">KM1–2 闭合</td><td colspan="2">动合触点 KM1–2 闭合接通后，就接通了中间继电器 KA6 线圈下部连接线，一旦 M1 电动机转速达到一定值时，速度继电器 KS1–1 动合触点闭合接通，使 KA6 继电器线圈得电工作，其各组触点闭合接通，具体动作情况如下所述</td></tr>
<tr><td>KA6–1 闭合</td><td>动合触点 KA6–1 闭合接通后自锁，以保证 KA6 继电器线圈不会断电</td></tr>
<tr><td>KA6–2 闭合</td><td>动合触点 KA6–2 闭合接通后，为停机制动时交流接触器 KM2 线圈工作做好前期准备</td></tr>
<tr><td>2</td><td>正转点动制动控制</td><td colspan="3">当松开主轴正转点动控制按钮开关 SB5（或 SB6）后，KM1 线圈就会断电，其各组触点就会释放复位，当其 KM1–1 复位重又接通后，就会使 KM2 接触器线圈得电工作，其各组触点就会动作，具体动作情况如上述所述，使 M1 制动停机</td></tr>
<tr><td rowspan="3">3</td><td rowspan="3">反转点动控制</td><td colspan="3">SB7（或 SB8）为主轴反转点动控制按钮开关，当按下该开关后，KM2 接触器线圈得电工作，其各组触点均会动作，具体动作情况如下所述</td></tr>
<tr><td colspan="2">KM2–1 断开</td><td>动断触点 KM2–1 断开后，就切断了正转控制交流接触器 KM1 线圈中的电流通路，以防止该接触器出现误动作而发生事故</td></tr>
<tr><td colspan="2">KM2–3～KM2–5 闭合</td><td>三组动合主触点 KM2–3～KM2–5 闭合接通后，三相交流电源就会通过限流电阻 R_1～R_3 加到 M1 电动机上，以使 M1 进入低速反向运转</td></tr>
</table>

续表

<table>
<tr><th>序号</th><th>项目</th><th colspan="3">具 体 说 明</th></tr>
<tr><td rowspan="3">3</td><td rowspan="3">反转点动控制</td><td rowspan="3">KM2–2闭合</td><td colspan="2">动合触点KM2–2闭合接通后，就接通了中间继电器KA7线圈下部连接线，一旦M1电动机转速达到一定值时，速度继电器KS1–2动合触点闭合接通，使KA7继电器线圈得电工作，其各组触点闭合接通，具体动作情况如下所述</td></tr>
<tr><td>KA7–1闭合</td><td>动合触点KA7–1闭合接通后自锁，以保证KA7继电器线圈不会断电</td></tr>
<tr><td>KA7–2闭合</td><td>动合触点KA7–2闭合接通后，为停机制动时交流接触器KM1线圈工作做好前期准备</td></tr>
<tr><td>4</td><td>反转点动制动控制</td><td colspan="3">当松开主轴反转点动控制按钮开关SB7（或SB8）后，KM2线圈就会断电，其各组触点就会释放复位，当其KM2–1复位重又接通后，就会使KM1接触器线圈得电工作，其各组触点就会动作，具体动作情况如上述所述，使M1制动停机</td></tr>
</table>

19.2.7 普通T612型卧式镗床限位保护功能说明

普通T612型卧式镗床限位保护功能说明见表19–6，供识图时参考。相关线路如图19–1（d）所示。

表19–6 普通T612型卧式镗床限位保护功能说明

<table>
<tr><th>序号</th><th>项目</th><th colspan="2">具 体 说 明</th></tr>
<tr><td>1</td><td>限位开关作用</td><td colspan="2">如图19–1（d）所示，限位保护电路由中间继电器KA4与位置开关SQ4、SQ5、SQ6、SQ7、SQ8组成。这几只限位开关的作用如下表所列
<table>
<tr><th>编号</th><th>作用</th><th>编号</th><th>作用</th></tr>
<tr><td>SQ4</td><td>用于限制上滑座行程</td><td rowspan="2">SQ7</td><td rowspan="2">用于限制主轴伸出移动行程</td></tr>
<tr><td>SQ5</td><td>用于限制下滑座行程</td></tr>
<tr><td>SQ6</td><td>用于限制主轴返回行程</td><td>SQ8</td><td>用于限制主轴行程</td></tr>
</table>
</td></tr>
<tr><td rowspan="3">2</td><td rowspan="3">限位指示</td><td colspan="2">当限位开关均没有动作时，继电器KA4线圈得电工作，其各组触点均会动作，具体动作情况如下所述</td></tr>
<tr><td>KA4–1闭合</td><td>当动合触点KA4–1闭合接通后，就接通了快速移动电动机与进给控制电路的供电</td></tr>
<tr><td>KA4–2断开</td><td>当动断触点KA4–2断开后，就切断了限位指示灯HL2的供电通路而熄灭，以示限位电路进入工作状态</td></tr>
</table>

19.2.8 普通 T612 型卧式镗床进给控制原理

如图 19–1（d）所示，进给有自动进给与点动进给两种控制方式，主要由自动进给按钮 SB13（或 SB14）、点动进给按钮 SB15（或 SB16）、继电器 KA3、接触器 KM8 与牵引电磁铁 YA1、YA2 等构成。普通 T612 型卧式镗床进给控制原理见表 19–7，供识图时参考。

表 19–7　　普通 T612 型卧式镗床进给控制原理

<table>
<tr><th>序号</th><th>项目</th><th colspan="3">具 体 说 明</th></tr>
<tr><td rowspan="6">1</td><td rowspan="6">自动进给控制</td><td colspan="3">SB13（或 SB14）为自动进给按钮开关，当按下该开关后，KA3 继电器线圈得电工作，其各组触点就会动作，具体动作情况如下所述</td></tr>
<tr><td>KA3–1 闭合</td><td colspan="2">动合触点 KA3–1 闭合接通后，就实现了自锁，以保证在松开按钮开关 SB13 或 SB14 后，维持 KA3 线圈中的电流通路不会断开</td></tr>
<tr><td rowspan="4">KA3–2 闭合</td><td colspan="2">动合触点 KA3–2 闭合接通后，接触器 KM8 线圈就会得电工作，其各组触点就会动作，具体动作情况如下所述</td></tr>
<tr><td>KM8–1 断开</td><td>动断触点 KM8–1 断开后，就切断了快速移动电动机 M3 控制电路的供电通路，以防该电路出现误动作</td></tr>
<tr><td>KM8–2、KM8–3 闭合</td><td>动合主触点 KM8–2、KM8–3 闭合接通后，牵引电磁铁 YA1、YA2 线圈就会得电吸合，进行自动进给控制</td></tr>
<tr><td>KM8–4 闭合</td><td>如图 19–1（b）所示，动合触点 KM8–4 闭合接通后，就会使进给信号指示灯 HL3 点亮，以示自动进给开始</td></tr>
<tr><td>2</td><td>点动进给控制</td><td colspan="3">SB15（或 SB16）为点动进给开关，当按下该开关后，KM8 线圈得电工作，其各组触点就会动作，具体动作情况与上相同，但不能自锁，点动进给开始；当松开 SB15（或 SB16）时，KM8、YA1、YA2 相继断电，点动进给就会停止</td></tr>
</table>

19.2.9 普通 T612 型卧式镗床主轴变速与进给量变换控制原理

普通 T612 型卧式镗床主轴变速与进给量变换控制原理见表 19–8，供识图时参考。

表 19–8　　普通 T612 型卧式镗床主轴变速与进给量变换控制原理

<table>
<tr><th>序号</th><th>项目</th><th colspan="3">具 体 说 明</th></tr>
<tr><td rowspan="5">1</td><td rowspan="5">主轴变速</td><td colspan="3">如果需要主轴直接变速动作，应拉出主轴变速手柄，以使位置开关 SQ9 被压下后，其两组触点就会动作，具体动作情况如下所述</td></tr>
<tr><td>SQ9–1 断开</td><td colspan="2">如图 19–1（c）所示，动断触点 SQ9–1 断开后，就切断了 KM1、KM3 线圈的供电，进而使 M1 主轴电动机停止工作</td></tr>
<tr><td rowspan="3">SQ9–2 闭合</td><td colspan="2">动合触点 SQ9–2 闭合接通后，就会使时间继电器 KT 线圈得电工作，其各组触点就会动作，具体动作情况如下所述</td></tr>
<tr><td>KT–1 断开</td><td>动断触点 KT–1 断开后，就切断了进给控制电路的电源</td></tr>
<tr><td>KT–2 断开</td><td>延时闭合动断触点 KT–2 断开，由于惯性作用 KS1–1 闭合，使 KA6 与 KM2 线圈均得电工作，M1 串入限流电阻 R_1～R_3 对电动机反接制动，当速度下降到 100r/min 时，速度继电器 KS1–1 动合触点断开，KA6 与 KM2 线圈均断电释放，各组触点复位后，主轴电动机 M1 停机。
如果齿轮啮合不好，可将变速手柄拉出后再次推入使位置开关 SQ9–1 触点作瞬间闭合动作，使主轴电动机 M1 进行瞬间旋转，直到齿轮啮合良好为止</td></tr>
<tr><td>2</td><td>进给量变换</td><td colspan="3">进给量变换的工作过程和主轴变速基本相同。不同之处仅是拉出的是进给变速手柄，受压动作的是进给量变换位置开关 SQ10</td></tr>
</table>

19.2.10 普通 T612 型卧式镗床快速移动电动机 M3 控制原理

可动机构的快速移动是由 M3 电动机来驱动实现的。如图 19–1（d）所示，该电路主要由正向快速移动按钮 SB9（或 SB10），反向快速移动按钮 SB11（或 SB12），正反转控制接触器 KM5、KM6，限流电阻 R_4～R_6 及其控制接触器 KM7，速度继电器 KS2，中间继电器 KA8、KA9 等构成。普通 T612 型卧式镗床快速移动电动机 M3 控制原理见表 19–9，供识图时参考。

表 19–9　　普通 T612 型卧式镗床快速移动电动机 M3 控制原理

<table>
<tr><th>序号</th><th>项目</th><th colspan="3">具 体 说 明</th></tr>
<tr><td rowspan="11">1</td><td rowspan="11">正向快速移动</td><td colspan="3">SB9（或 SB10）为正向快速移动按钮开关，当按下该开关后，接触器 KM5 线圈就会得电工作，其各组触点就会动作，具体动作情况如下所述</td></tr>
<tr><td>KM5–3 断开</td><td colspan="2">动断触点 KM5–3 断开后，切断了接触器 KM6 线圈的供电通路，以防该接触器出现误动作</td></tr>
<tr><td rowspan="4">KM5–1 闭合</td><td colspan="2">动合触点 KM5–1 闭合接通后，就会使 KM7 线圈得电工作，其各组触点就会动作，具体动作情况如下所述</td></tr>
<tr><td>KM7–1 断开</td><td>动断触点 KM7–1 断开后，就切断了进给控制接触器 KM8 与 KA3 继电器线圈的供电通路</td></tr>
<tr><td>KM7–2 闭合</td><td>动合触点 KM7–2 闭合接通后，接触器 KM4 线圈就会得电工作，其各组触点就会动作，具体动作情况上面已经介绍过，这里不再重述</td></tr>
<tr><td>KM7–3～KM7–5 闭合</td><td>如图 19–1（a）所示，三组动合主触点 KM7–3～KM7–5 闭合接通后，R_4～R_6 限流电阻就会被短接，为快速移动电动机 M3 起动运转做好准备</td></tr>
<tr><td>KM5–4～KM5–6 闭合</td><td colspan="2">如图 19–1（a）所示，三组动合主触点 KM5–4～KM5–6 闭合接通后，就会使快速移动电动机 M3 获得正转供电而起动运转</td></tr>
<tr><td rowspan="4">KM5–2 闭合</td><td colspan="2">动合触点 KM5–2 闭合接通后，就接通了 KA8 继电器线圈下部的连接线，一旦快速移动电动机 M3 的速度高于 120r/min 后，速度继电器 KS2 动合触点 KS2–1 就会闭合接通，就会使 KA8 继电器线圈得电工作，其各组触点就会动作，具体动作情况如下所述</td></tr>
<tr><td>KA8–3 闭合</td><td>如图 19–1（d）所示，动合触点 KA8–3 闭合接通后，就实现了自锁，以保证 KA8 线圈的供电不致断开</td></tr>
<tr><td>KA8–1 断开</td><td>动断触点 KA8–1 断开后，就实现了互锁，以防接触器 KM7 线圈出现误动作</td></tr>
<tr><td>KA8–2 闭合</td><td>动合触点 KA8–2 闭合接通后，为接触器 KM6 线圈得电和 M3 电动机反接制动做好前期准备</td></tr>
</table>

续表

序号	项目	具 体 说 明	
2	正向反接制动	当松开 SB9（或 SB10）按钮开关后，接触器 KM5 与 KM7 线圈断电后其各组触点就会复位，当动断触点 KM7–1 复位闭合后，就会使 KA5 继电器线圈得电工作，如图 19–1（d）所示，其动合触点 KA5–1 闭合接通后，就会使接触器 KM6 线圈得电工作，其各组触点均会动作，具体动作情况如下所述	
		KM6–3 断开	动断触点 KM6–3 断开后，就切断了接触器 KM5 线圈的供电通路，以防该接触器出现误动作
		KM6–4～KM6–6 闭合	三组动合主触点 KM6–4～KM6–6 闭合接通后，就会使 M3 电动机串入限流电阻 R_4～R_6 来进行反接制动。 一旦 M3 电动机转速下降到 100r/min 时，速度继电器 KS2–1 动合触点又断开，KA8 与 KM6 线圈均断电释放，其各组触点复位后，快速移动电动机 M3 就会断电停止工作
3	反向快速移动与制动	反向快速移动与制动的工作过程和正向快速移动与制动的工作过程相似，参与控制的电器为按钮 SB11（或 SB12），接触器 KM6、KM5、KM7，速度继电器 KS2 的反转动合触点 KS2–2，中间继电器 KA5 与 KA9	
4	互锁保护	为了防止快速移动和进给运动同时发生，控制电路采用接触器 KM8 的动断触点 KM8–1 与 KM7 的动断触点 KM7–1 进行互锁来实现保护	

19.2.11 普通 T612 型卧式镗床工作台回转电动机 M4 控制原理

如图 19–1（d）所示，工作台回转电动机 M4 控制电路主要由正反转点动控制按钮 SB21、SB22，正反转控制接触器 KM9、KM10 构成。普通 T612 型卧式镗床工作台回转电动机 M4 控制原理见表 19–10，供识图时参考。

表 19–10 普通 T612 型卧式镗床工作台回转电动机 M4 控制原理

序号	项目	具 体 说 明
1	联动开关 SB21 与 SB22	SB21 与 SB22 按钮开关均有两组联动的触点，SB21 的两组联动触点分别为：动断触点 SB21–2 与动合触点 SB21–1；SB22 的两组联动触点分别为：动断触点 SB22–1 与动合触点 SB22–2

续表

序号	项目	具体说明	
2	工作台正转回转	SB21 为工作台正转回转开关，当按下该开关后，其动断触点 SB21–2 断开后，就切断了 KM10 线圈的电流通路；动合触点 SB21–1 闭合接通后，KM9 接触器线圈得电吸合，其各组触点就会动作，具体动作情况如下所述	
		KM9–1 断开	动断触点 KM9–1 断开后，就切断了 KM10 线圈的电流通路，以防该接触器出现误动作
		KM9–2～KM9–4 闭合	三组动合主触点 KM9–2～KM9–4 闭合接通后，就会使 M4 电动机得电驱动工作台正向回转
3	工作台反转回转	SB22 为工作台反转回转按钮开关，当按下该开关后的工作过程与工作台正转回转过程十分相似，读者可自行分析	

19.2.12 普通 T612 型卧式镗床其他保护电路原理

在 T612 型镗床控制电路中，还设置了工作台横向进给或主轴箱进给与主轴或平旋盘进给互锁电路，主要由 SQ1 与 SQ2 来实现。当两种进给的操纵手柄同时合上时，SQ1 与 SQ2 均会被压下，其动断触点断开后，就切断了进给和快速控制电路电源的通路，以保证两种进给不能同时发生，防止机床和刀具被损坏。

另外，当时间继电器 KT 线圈得电工作后，瞬动动断触点 KT–1 断开后，就切断了进给控制电路的电源通路，以保证主轴变速和进给量变换时，不会发生进给运动。

19.3 普通 T612 型镗床常见故障处理与其他镗床故障检修实例

19.3.1 普通 T612 型卧式镗床常见故障处理

普通 T612 型卧式镗床常见故障现象、故障原因与处理方法见表 19–11，供检修故障时参考。

表 19–11 普通 T612 型卧式镗床常见故障处理

故障现象	故障原因	处理方法
所有电动机均无法起动，电源指示灯 HL1 也不亮	电源总开关 QF1 不良或损坏	对电源总开关 QF 进行修理或更换新件
	FU2 熔断器熔断	查找 FU2 熔断器熔断的原因并处理后，再更换新的、同规格的熔断器
	电源控制变压器 TC 不良或损坏	对 TC 进行修理或更换新的配件
主轴电动机 M1 与油泵电动机 M2 均无法起动	停机按钮开关 SB17 或 SB18 动断触点接触不良或损坏	对停机按钮开关 SB17 或 SB18 动断触点进行修理或更换新的、同规格的配件
	热继电器 FR2 或 FR1 触点动作后没有复位或接触不良	对热继电器 FR2 或 FR1 动断触点进行修理或更换新的、同规格的配件
	主轴电动机 M1 本身不良或损坏	对主轴电动机 M1 进行修理或更换新件
主轴电动机 M1 无法正向（或反向）起动，油泵电动机 M2 也不能起动工作	正向（或反向）起动按钮开关 SB1（或 SB2）触点不良或损坏	对 SB1（或 SB2）进行修理或更换新的、同规格的配件
	中间继电器 KA1（或 KA2）线圈不良或损坏	对中间继电器 KA1（或 KA2）线圈进行修理或更换新的、同规格的配件
	交流接触器 KM1（或 KM2）线圈不良或损坏	对交流接触器 KM1（或 KM2）线圈进行修理或更换新的、同规格的配件
	动断触点 KM2–1（或 KM3–1）接触不良或损坏	对动断触点 KM2–1（或 KM2–1）进行修理或更换新的、同规格的配件
	中间继电器动合触点 KA1–2（或 KA2–2）接触不良或损坏	对中间继电器动合触点 KA1–2（或 KA2–2）进行修理或更换新的、同规格的配件
主轴电动机 M1 可正常起动工作，但油泵电动机 M2 不能起动工作	交流接触器 KM4 线圈不良或损坏	对 KM4 线圈进行修理或更换新的配件
	QF2 低压断路器不良或损坏	对 QF2 进行修理或更换新的配件
	三组 KM4–2～KM4–4 动合主触点闭合后接触不良或损坏	对三组 KM4–2～KM4–4 动合主触点进行修理或更换新的、同规格的配件
	油泵电动机 M2 本身不良或损坏	对 M2 进行修理或更换新的配件

续表

故障现象	故障原因	处理方法
M1起动正常，但正向（或反向）制动功能失效	速度继电器KS1–1（或KS1–2）动合触点接触不良或损坏	对速度继电器KS1–1（或KS1–2）动合触点进行修理或更换新的、同规格的配件
	中间继电器KA6（或KA7）线圈不良或损坏	对中间继电器KA6（或KA7）进行修理或更换新的、同规格的配件
主轴正转（或反转）点动失效	正转（或反转）点动按钮开关SB5（或SB6）不良或损坏	对正转（或反转）点动按钮开关SB5（或SB6）进行修理或更换新的、同规格的配件
快速移动电动机M3不起动，HL2指示灯点亮	位置开关开关SQ4～SQ8动断触点中有触点接触不良或损坏	对SQ4～SQ8动断触点进行检查，对接触不良的触点进行修理或更换新的配件
	中间继电器KA4线圈不良或损坏	对中间继电器KA4进行修理或更换新的、同规格的配件
快速移动电动机M3无法起动，但限位指示灯HL2处于熄灭状态	QF3低压断路器不良或损坏	对QF3进行修理或更换新的、同规格配件
	中间继电器动合触点KA4–2接触不良或损坏	对中间继电器动合触点KA4–2进行修理或更换新的、同规格的配件
	位置开关SQ1～SQ3动断触点中有触点接触不良或损坏	对SQ1～SQ3动断触点进行检查，对接触不良的触点进行修理或更换新的配件
	动断触点KM8–1接触不良或损坏	对KM8–1进行修理或更换新的配件
	交流接触器KM7线圈不良或损坏	对KM7线圈进行修理或更换新的配件
	三组KM7–3～KM7–5主触点接触不良或损坏	对三组KM7–3～KM7–5主触点进行修理或更换新的、同规格的配件
	快速移动电动机M3不良或损坏	对M3进行修理或更换新的配件

续表

故障现象	故障原因	处理方法
快速移动电动机M3正转（或反转）无法起动工作	正向（或反向）起动按钮开关SB9–1、SB10–1（或SB11–1、SB12–1）触点不良或损坏	对SB9–1、SB10–1（或SB11–1、SB12–1）进行修理或更换新的、同规格的配件
	交流接触器KM5（或KM6）线圈不良或损坏	对交流接触器KM5（或KM6）线圈进行修理或更换新的、同规格的配件
	动断触点KM6–3（KM5–3）接触不良或损坏	对动断触点KM6–3（KM5–3）进行修理或更换新的、同规格的配件
	三组KM5–4～KM5–6（或KM6–4～KM6–6）主触点接触不良或损坏	对三组KM5–4～KM5–6（或KM6–4～KM6–6）主触点进行修理或更换新的配件
快速移动电动机M3制动失效	中间继电器KA5线圈不良或损坏	对中间继电器KA5进行修理或更换新的、同规格的配件
	动合触点KA5–1闭合后接触不良或损坏	对动合触点KA5–1进行修理或更换新的、同规格的配件
	动断按钮开关SB9–2～SB12–2闭合后接触不良或损坏	对动断按钮开关SB9–2～SB12–2进行修理或更换新的、同规格的配件
快速移动电动机M3正转（或反转）制动失效	速度继电器KS2–1（或KS2–2）动合触点闭合后接触不良或损坏	对速度继电器KS2–1（或KS2–2）进行修理或更换新的、同规格的配件
	动合触点KA5–2（或KM6–2）闭合后接触不良或损坏	对动合触点KA5–2（或KM6–2）进行修理或更换新的、同规格的配件
	中间继电器KA8（或KA9）线圈不良或损坏	对中间继电器KA8（或KA9）进行修理或更换新的、同规格的配件
工作台回转电动机M4无法正转（或反转）起动工作	正转按钮开关SB21–1（或SB22–2）接触不良或损坏	对正转按钮开关SB21–1（或SB22–2）进行修理或更换新的、同规格的配件
	动断触点KM10–1（KM9–1）接触不良或损坏	对动断触点KM10–1（KM9–1）进行修理或更换新的、同规格的配件

续表

故障现象	故障原因	处理方法
工作台回转电动机M4无法正转（或反转）起动工作	接触器KM9（KM10）线圈不良或损坏	对接触器KM9（KM10）线圈进行修理或更换新的、同规格的配件
	三组动合主触点KM9–2～KM9–4（或KM10–2～KM10–4）接触不良或损坏	对接触器主触点KM9–2～KM9–4（或KM10–2～KM10–4）进行修理或更换新的、同规格的配件
自动与点动进给控制功能均失效	进给停止控制按钮开关SB19或SB20接触不良或损坏	对进给停止控制按钮开关SB19或SB20进行修理或更换新的、同规格的配件
	时间继电器瞬时动断触点KT–1接触不良或损坏	对时间继电器瞬时动断触点KT–1进行修理或更换新的、同规格的配件
	FU1熔断器熔断	查找FU1熔断器熔断的原因并处理后，再更换新的、同规格的熔断器
	三组动合主触点KM8–2～KM8–4接触不良或损坏	对接触器主触点KM8–2～KM8–4进行修理或更换新的、同规格的配件
	接触器KM8线圈不良或损坏	对KM8线圈进行修理或更换新的配件
	电磁铁YA1或YA2不良或损坏	对YA1或YA2进行修理或更换新的配件
	KA1或KA2动合触点KA1–4或KA2–4闭合后接触不良或损坏	对动合触点KA1–4或KA2–4进行修理或更换新的、同规格的配件
自动进给控制功能失效	中间继电器KA3线圈不良或损坏	对KA3进行修理或更换新的配件
	中间继电器动合触点KA3–2闭合后接触不良或损坏	对中间继电器动合触点KA3–2进行修理或更换新的、同规格的配件
	自动进给按钮开关SB13或SB14接触不良或损坏	对动进给按钮开关SB13或SB14进行修理或更换新的、同规格的配件
点动进给控制功能失效	点动进给按钮开关SB15或SB16接触不良或损坏	对点动进给按钮开关SB15或SB16进行修理或更换新的、同规格的配件

19.3.2 其他普通镗床常见故障检修实例

其他普通镗床常见故障检修实例见表 19–12，供检修同类故障时进行对号入座地查找。

表 19–12 其他普通镗床常见故障检修实例

型号	故障现象	故障原因	检修方法
T611 型镗床	机床没有快速进给或只有单方向运动	快速移动控制交流接触器异常	对快速移动交流接触器线圈进行检查，看其是否开路或烧毁，磁铁是否被卡住，对主触点进行修理或更换
			对快速移动控制交流接触器连接线路进行检查，发现问题进行修理或更换
		快速手柄撞块没有到位微动开关本身不良	快速手柄撞块没有到位，导致微动开关压不上或微动开关本身不良，对快速手柄撞块的机械系统的相对位置进行调整，以保证撞块可以有效地控制限位开关，或对微动开关本身进行检查、修理或更换
		快速移动电动机部分问题	对快速移动电动机本身或其连接线路进行检查、修理或更换
	镗床的镗杆不能旋转	各相关交流接触器没有动作或其触点接触不良	在按压起动按钮的同时，仔细观察各个交流接触器的动作情况，对不能动作的接触器，应检查其不能动作的原因。如果相关接触器均可以动作，则应进一步检查它们的触点是否有接触不良现象
		变速开关压不实	变速开关压不实而造成各交流接触器动作混乱。对变速开关的机械撞块系统的相关位置进行适当调整，以保证微动开关压合闭合后可靠接通
		各按钮开关部分异常	对按钮开关或其连接线路进行检查、修理或更换新的配件。对于触点出现的接触不良，应对其进行修整或更换复位弹簧等
		热继电器脱扣或热元件烧坏	查找热继电器脱扣或烧坏的原因并进行处理后再进行手动复位，更换相同规格的热元件
		主轴电动机部分故障	对主轴电动机本身或其连接线路进行检查、修理或更换新的、同规格的配件

续表

型号	故障现象	故障原因	检修方法
T611型镗床	镗杆转速转换失灵	微动开关本身没有压实	微动开关本身没有压实，致使只有低速或只有高速。对相关微动开关进行检查，看其是否有接触不良现象，其位置是否发生了变动，发现问题进行修理
		各交流接触器触点部分异常	对各交流接触器触点或其连接线路进行检查，发现问题应进行修理或更换
		时间继电器没有动作	时间继电器没有动作，其触点不能按时动作或虽动作但接触不良。对时间继电器动作及其接触情况进行检查，看其控制回路以及延时动作情况或触点接触是否可靠
	镗杆控制失灵	制动接触器的动断触点烧结	制动接触器的动断触点烧结，造成制动电磁铁无法释放，使主电动机失去制动，对制动接触器的动断触点进行修理或更换新的、同规格的触点
		制动电磁铁故障	对制动电磁铁线圈或其衔铁部分进行修理或更换新的、同规格的制动电磁铁
		整流桥或续流二极管击穿损坏	对采用能耗制动的镗床，经常会由于整流桥或续流二极管击穿损坏，致使制动直流电源消失，对能耗制动直流供电电源电路中的整流器或续流二极管进行检查、更换
		速度继电器内部触点松脱	对采用速度继电器进行反接制动的镗床，经常会由于速度继电器内部触点松脱，致使制动无力或失去制动，对速度继电器内部松脱的触点进行调整、修理或更换
		速度继电器内部触点簧片过紧	当速度继电器内部触点簧片过紧，就会使制动猛烈，甚至导致反向运转对速度继电器内部触点簧片进行适当调整，紧固接线螺钉

续表

型号	故障现象	故障原因	检修方法
T68–2型普通卧式镗床	主轴电动机M1无法高速旋转	时间继电器KT的瞬时断开延时闭合动合触点KT2闭合后接触不良	（1）合上电源总开关QF1，把高、低速变速手柄扳到“高速”挡位置，按下主轴正转起动按钮开关SB3，主轴电动机M1可低速正转起动，但经过几秒后，主轴电动机M1又自动停止，观察接触器KM5没有吸合动作声。 （2）把短导线的一端连接在时间继电器KT的瞬时断开延时闭合动合触点KT2上端，导线另一端连接到接触器KM4–1动断触点的下端，接触器KM5有吸合的动作，且主轴电动机M1可以高速起动旋转。 （3）保持连接在时间继电器KT的瞬时断开延时闭合动合触点KT2上端的导线一端不动，把导线的另一端连接到KT2下端，接触器KM5有吸合的动作，且主轴电动机M1可以高速起动旋转。判断瞬时断开延时闭合动合触点KT2接触不良。 （4）对瞬时断开延时闭合动合触点KT2进行修理或更换新的、同规格的配件后，故障排除
	主轴变速时没有冲动动作	速度继电器SR2的动断触点SR2–1接触不良	（1）合上电源总开关QF1，把短导线的一端连接在行程开关SQ1下端，导线另一端连接到行程开关SQ6下端，主轴电动机M1可低速起动。 （2）保持连接到行程开关SQ6下端的导线一端不动，把导线的另一端分别连接到SQ3–2动断触点下端、速度继电器动断触点SR2–1下端，结果查出为速度继电器SR2的动断触点SR2–1接触不良。 （3）适当对速度继电器SR2的压力弹簧及压力进行适当调整，或对动断触点SR2–1进行修理或更换新的、同规格的配件后，故障排除

续表

型号	故障现象	故障原因	检修方法
T2130型深孔钻镗床	运行中突然全部电动机断电停止工作，过约6min左右可重新起动，但运行一段时间故障重复出现	停机开关SB2受严重污垢，呈接触不良现象	（1）经检测发现机床正常进刀量镗削时，各个电动机的工作电流均没有超过3/5额定电流，三相电流也基本平衡。 （2）采用短导线分别短接各热继电器动断触点两端，故障依然存在（依据电气控制原理图分析，即使为某个热继电器动作，也不可能会导致整个控制回路断电）。 （3）在控制电气回路跳闸后，立即测量分级各段电压输入点，如图19–2所示，发现控制电路的127V交流控制电压正常，由此说明控制变压器输出的电压没有问题。但检测图19–2中A与B两点之间的电压仅为48V左右，显然这就是问题的所在。 （4）采用短导线分别短接限位开关SQ1、停止按钮开关SB1与SB2两端时，发现短接SB2两端后，故障不再出现。 （5）拆卸SB2开关进行检查，发现其触点上有许多糊状油污，估计是冷态时SB2可接通电路，一旦通电触点温度上升使接触电阻变大到一定程度时，控制回路中各个执行元件就会因欠电压而跳闸；而当断电冷却一段时间触点接触电阻下降到一定程度时，机床又可起动，从而出现了本例故障。 （6）对停止按钮开关SB2触点之间的油污进行一次彻底地清理后，故障排除

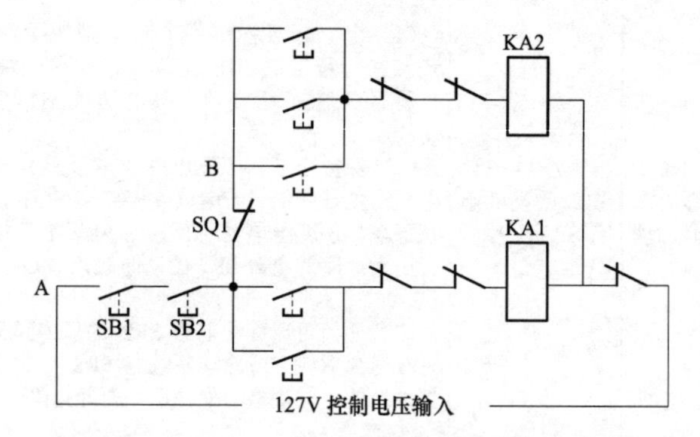

图19–2　普通T2130型深孔钻镗床局部控制线路图

第 20 章

普通刨床线路识图与常见故障处理

普通刨床在机械制造业应用相当广泛，这类机床线路相对较为简单，有了以上各章的读识基础后，读懂该类线路就容易多了。本章介绍两种较常见刨床线路的识图与常见故障的处理。

20.1 普通 B665 型牛头刨床控制线路识图指导与常见故障处理

由于 B665 型普通牛头刨床价格便宜、操作方便，因此在一些中小型工矿企业中被广泛应用。

20.1.1 普通 B665 型牛头刨床控制线路组成

图 20–1 所示为普通 B665 型牛头刨床线路。该刨床的组成特点见表 20–1，供识图时参考。

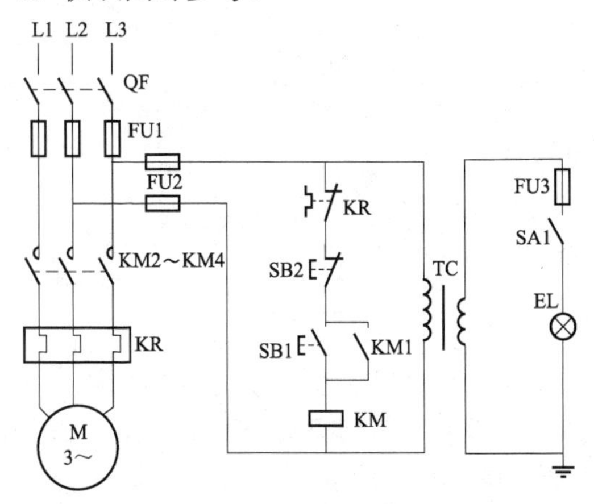

图 20–1 普通 B665 型牛头刨床控制线路示意图

表 20–1　　普通 B665 型牛头刨床控制电路组成特点

序号	项目	具体说明
1	主电路	图 20–1 所示为 B665 型普通牛头刨床控制电路，其主电路主要由电动机 M、交流接触器 KM2～KM4 动合主触点、电动机 M 过载保护热继电器 KR、熔断器 FU1、电源总开关 QF 组成
2	控制电路	控制电路主要由电动机 M 过载保护热继电器 KR 动断触点、停止控制按钮开关 SB2、起动按钮开关 SB1、接触器 KM 线圈、熔断器 FU2 组成
3	照明电路	机床照明电路主要由电源变压器 TC、照明灯控制开关 SA1、照明灯 EL 和熔断器 FU3 组成

20.1.2　普通 B665 型牛头刨床线路识图指导

普通 B665 型牛头刨床线路工作原理见表 20–2，供识图时参考。

表 20–2　　普通 B665 型牛头刨床线路工作原理

<table>
<tr><th>序号</th><th>项目</th><th colspan="2">具体说明</th></tr>
<tr><td rowspan="3">1</td><td rowspan="3">起动控制</td><td colspan="2">SB1 为 B665 型普通牛头刨床起动按钮开关，当按下该开关后，就会使接触器 KM 线圈得电吸合，其各组触点就会动作，具体动作情况如下所述</td></tr>
<tr><td>KM1 闭合</td><td>当动合触点 KM1 闭合后，就实现了自锁，以保证在松开起动按钮开关 SB1 后，维持 KM 线圈中的电流通路不会断开</td></tr>
<tr><td>KM1–2～KM1–4 闭合</td><td>当三组动合主触点 KM1–2～KM1–4 闭合接通后，就会使电动机 M1 得电进入运行状态，带动刨头在工作台纵横运动</td></tr>
<tr><td>2</td><td>照明控制</td><td colspan="2">TC 照明电源变压器一次绕组的 380V 交流电源取自 L2、L3 两相电源，经降压为 36V 后从 TC 二次侧输出。当闭合 SA1 开关后，该电压就会加到照明灯 EL 两端，使其点亮对机床进行照明</td></tr>
</table>

20.1.3　普通 B665 型牛头刨床常见故障检修

普通 B665 型牛头刨床常见故障现象、故障原因与处理方法见表 20–3，供检修故障时参考。

表 20–3　　普通 B665 型牛头刨床常见故障处理

序号	故障现象	故障原因	处理方法
1	电动机无法起动，照明灯 EL 也不亮	电源总开关 QF 不良或损坏	对电源总开关 QF 进行修理或更换新的、同规格的配件
		FU1 或 FU2 熔断器熔断	查找 FU1 或 FU2 熔断器熔断的原因并处理后，再更换新的、同规格的熔断器
2	电动机无法起动，但照明灯 EL 亮	停机按钮开关 SB2 动断触点接触不良或损坏	对停机按钮开关 SB2 动断触点进行修理或更换新的、同规格的配件
		主电路或控制线路中热继电器 KR 不良或损坏	对主电路或控制线路中热继电器 KR 进行修理或更换新的、同规格的配件
		起动开关按钮 SB1 触点闭合后接触不良或损坏	对起动开关按钮 SB1 触点进行修理或更换新的、同规格的配件
		交流接触器 KM 线圈不良或损坏	对交流接触器 KM 线圈进行修理或更换新的、同规格的配件
3	电动机可起动，但照明灯 EL 不亮	FU3 熔断器熔断	查找 FU3 熔断器熔断的原因并处理后，再更换新的、同规格的熔断器
		照明灯 EL 不良或损坏	对照明灯 EL 进行修理或更换新的、同规格的配件
		TC 照明电源变压器不良或损坏	对 TC 照明电源变压器进行修理或更换新的、同规格的配件
		照明灯控制开关 SA1 闭合后接触不良或损坏	对照明灯控制开关 SA1 进行修理或更换新的、同规格的配件

20.2 普通 B690 型牛头刨床线路识图指导与常见故障处理

B690 型普通牛头刨床是一种在中、小型工矿企业应用范围较广泛的金属刨加工设备。

20.2.1 普通 B690 型牛头刨床线路结构与供电特点

图 20–2 所示为普通 B690 型牛头刨床电气控制线路。该刨床的结构与供电特点见表 20–4，供识图时参考。

表 20–4 普通 B690 型牛头刨床线路结构与供电特点

项目	具 体 说 明
结构特点	该机床在主轴电动机 M1 的驱动下，带动“牛头”刨刀在机械凸轮的驱动下进行往返运动，以便对工件进行刨加工。而工作台驱动电动机 M2 用于驱动工作台快速移动，由于该电机为短时点动控制，故其没有设置过载保护
供电特点	B690 型普通牛头刨床主轴电动机 M1 与工作台快速移动电动机 M2 的供电均直接取自三相交流电源，电源变压器 TC 的一次侧电压取自三相交流电源的 L1、L2 两相，该变压器输出的 36V 交流电压作为工作照明灯 EL 的供电

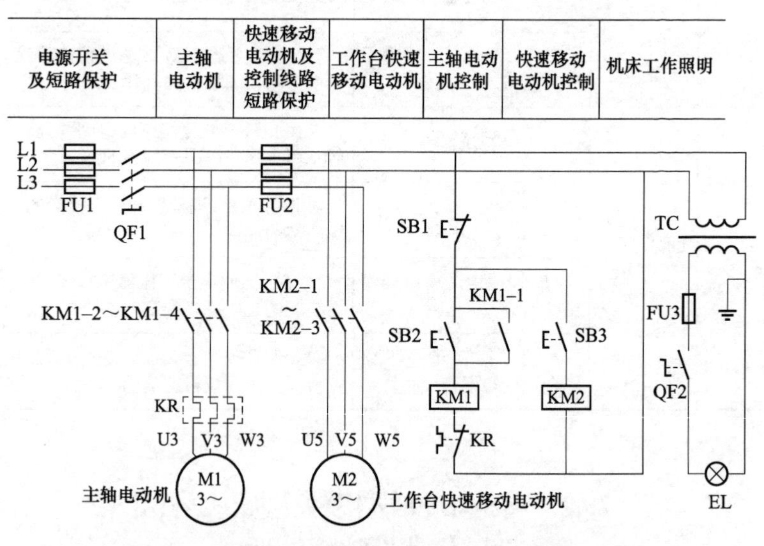

图 20–2 普通 B690 型牛头刨床电气控制线路示意图

20.2.2 普通 B690 型牛头刨床线路识图指导

普通 B690 型牛头刨床线路的控制原理见表 20–5，供识图时参考。

表 20–5　　普通 B690 型牛头刨床线路的控制原理

<table>
<tr><th>序号</th><th>项目</th><th colspan="2">具 体 说 明</th></tr>
<tr><td rowspan="3">1</td><td rowspan="3">主轴电动机 M1 起动控制</td><td colspan="2">SB2 为主轴电动机 M1 的起动按钮开关，当按下该开关后，交流接触器 KM1 线圈就会得电吸合，其各组触点就会动作，具体动作情况如下所述</td></tr>
<tr><td>KM1–1 闭合</td><td>当动合触点 KM1–1 闭合后，就实现了自锁，以保证在松开起动按钮开关 SB2 后，维持 KM1 线圈中的电流通路不会断开</td></tr>
<tr><td>KM1–2～KM1–4 闭合</td><td>当三组动合主触点 KM1–2～KM1–4 闭合接通后，就会使主轴电动机 M1 得电进行运转，驱动“牛头”刨刀对工件进行刨削加工</td></tr>
<tr><td>2</td><td>主轴电动机 M1 停止控制</td><td colspan="2">SB1 为主轴电动机 M1 的停止按钮开关，当按下该开关后，交流接触器 KM1 线圈就会断电释放，其各组触点就会复位，主轴电动机 M1 也就停止工作</td></tr>
<tr><td>3</td><td>工作台快速移动电动机 M2 起动控制</td><td colspan="2">SB3 为工作台快速移动电动机 M2 的点动按钮开关，当按下该开关后，交流接触器 KM2 线圈就会得电吸合，其三组动合主触点 KM2–1～KM2–3 闭合接通后，就会使工作台快速移动电动机 M2 得电进行运转，驱动工作台快速移动</td></tr>
<tr><td>4</td><td>M2 的停止控制</td><td colspan="2">当松开点动按钮开关 SB3 以后，交流接触器 KM2 线圈就会断电释放，工作台快速移动电动机 M2 也停止运转</td></tr>
<tr><td>5</td><td>照明灯的控制</td><td colspan="2">B690 型普通牛头刨床工作照明灯的电源取自电源变压器 TC 的二次侧输出的 36V 交流电压，QF2 为工作照明灯的控制开关</td></tr>
</table>

20.2.3　普通 B690 型牛头刨床线路常见故障处理

普通 B690 型牛头刨床线路常见故障现象、故障原因与处理方法见表 20–6，供检修故障时参考。

表 20–6　　普通 B690 型牛头刨床线路常见故障处理

序号	故障现象	故障原因	处理方法
1	两台电动机均无法起动，照明灯 EL 也不亮	FU1 或 FU2 熔断器熔断	查找 FU1 或 FU2 熔断器熔断的原因并处理后，再更换新的、同规格的熔断器

续表

序号	故障现象	故障原因	处理方法
1	两台电动机均无法起动，照明灯 EL 也不亮	电源总开关 QF1 不良或损坏	对电源总开关 QF1 进行修理或更换新的、同规格的配件
2	两电动机均无法起动，但 EL 亮	停机按钮开关 SB1 动断触点接触不良或损坏	对停机按钮开关 SB1 动断触点进行修理或更换新的、同规格的配件
3	主轴电动机 M1 无法起动	主电路或控制线路中热继电器 KR 不良或损坏	对主电路或控制线路中热继电器 KR 进行修理或更换新的、同规格的配件
		主轴电动机 M1 本身不良或损坏	对主轴电动机 M1 进行修理或更换新的、同规格的配件
		起动开关按钮 SB2 触点闭合后接触不良或损坏	对起动开关按钮 SB2 触点进行修理或更换新的、同规格的配件
		三组 KM1-2～KM1-4 主触点闭合后接触不良或损坏	对三组 KM1-2～KM1-4 主触点进行修理或更换新的、同规格的配件
		交流接触器 KM1 线圈不良或损坏	对交流接触器 KM1 线圈进行修理或更换新的、同规格的配件
4	工作台快速移动电动机 M2 无法起动	KM2-1～KM2-3 主触点闭合后接触不良或损坏	对三组 KM2-1～KM2-3 主触点进行修理或更换新的、同规格的配件
		工作台快速移动电动机 M1 本身不良或损坏	对工作台快速移动电动机 M2 进行修理或更换新的、同规格的配件
		点动开关按钮 SB3 触点闭合后接触不良或损坏	对点动开关按钮 SB3 触点进行修理或更换新的、同规格的配件
		交流接触器 KM2 线圈不良或损坏	对交流接触器 KM2 线圈进行修理或更换新的、同规格的配件

续表

序号	故障现象	故障原因	处理方法
5	工作照明灯不亮	电源变压器 TC 不良或损坏	对电源变压器 TC 进行修理或更换新的、同规格的配件
		FU3 熔断器熔断	查找 FU3 熔断器熔断的原因并处理后，再更换新的、同规格的熔断器
		照明灯开关 QF2 触点闭合后接触不良或损坏	对照明灯开关 QF2 触点进行修理或更换新的、同规格的配件
		照明灯泡 EL 本身损坏	更换新的、同规格的照明灯泡

参 考 文 献

[1] 杨利明. 普通机床电气线路分析与故障处理 [N]. 成都：电子报 2008 合订本（下册），2008：780.
[2] 贺哲荣，肖峰. 机床电气控制线路故障维修 [M]. 西安：西安电子科技大学出版社，2012.
[3] 君兰工作室. 维修电工实用技能 [M]. 北京：科学出版社，2011.
[4] 孙克军，闫和平，严晓斌. 农村电工手册 [M]. 北京：机械工业出版社，2002.
[5] 郑风翼. 电工识图 [M]. 北京：人民邮电出版社，2004.